全国农业高等院校规划教材
农业部兽医局推荐精品教材

宠物解剖及组织胚胎

● 包玉清 韩行敏 主编

中国农业科学技术出版社

图书在版编目（CIP）数据

宠物解剖及组织胚胎/包玉清，韩行敏主编．—北京：中国农业科学技术出版社，2008.8
全国农业高等院校规划教材．农业部兽医局推荐精品教材
ISBN 978-7-80233-570-7

Ⅰ．宠…　Ⅱ．①包…②韩…　Ⅲ．①观赏动物－动物解剖学－高等学校－教材②观赏动物－兽医学：组织学（生物）－高等学校－教材③观赏动物－兽医学：胚胎学－高等学校－教材　Ⅳ．S852.1

中国版本图书馆 CIP 数据核字（2008）第 081283 号

责任编辑　孟　磊
责任校对　贾晓红　康苗苗

出版发行　中国农业科学技术出版社
　　　　　北京市中关村南大街 12 号　邮编：100081
电　　话　（010）82106632（编辑室）
传　　真　（010）62121228
社 网 址　http://www.castp.cn
经　　销　新华书店北京发行所
印　　刷　北京华忠兴业印刷有限公司
开　　本　787 mm×1 092 mm　1/16
印　　张　19.5
字　　数　456 千字
版　　次　2008 年 8 月第 1 版　2008 年 8 月第 1 次印刷
定　　价　32.00 元

《宠物解剖及组织胚胎》

编 委 会

主　　编　包玉清　韩行敏

副 主 编　李景荣　程广东　杨彩然

编　　者　（按姓氏笔画排序）

马　骥　黑龙江农业经济职业学院

包玉清　黑龙江民族职业学院

李景荣　黑龙江生物科技职业学院

李建柱　信阳农业高等专科学校

陈　敏　信阳农业高等专科学校

陈　荣　内蒙古农业大学

杨兴东　周口农业职业学院

杨彩然　河北科技师范学院

庞淑华　黑龙江畜牧兽医职业学院

郭洪梅　山东畜牧兽医职业学院

韩行敏　黑龙江畜牧兽医职业学院

程广东　佳木斯大学医学院

主　　审　杨银凤　内蒙古农业大学

王子轼　江苏畜牧兽医职业技术学院

序

中国是农业大国，同时又是畜牧业大国。改革开放以来，我国畜牧业取得了举世瞩目的成就，已连续20年以年均9.9%的速度增长，产值增长近5倍。特别是“十五”期间，我国畜牧业取得持续快速增长，畜产品质量逐步提升，畜牧业结构布局逐步优化，规模化水平显著提高。2005年，我国肉、蛋产量分别占世界总量的29.3%和44.5%，居世界第一位，奶产量占世界总量的4.6%，居世界第五位。肉、蛋、奶人均占有量分别达到59.2千克、22千克和21.9千克。畜牧业总产值突破1.3万亿元，占农业总产值的33.7%，其带动的饲料工业、畜产品加工、兽药等相关产业产值超过8 000亿元。畜牧业已成为农牧民增收的重要来源，建设现代农业的重要内容，农村经济发展的重要支柱，成为我国国民经济和社会发展的基础产业。

当前，我国正处于从传统畜牧业向现代畜牧业转变的过程中，面临着政府重视畜牧业发展、畜产品消费需求空间巨大和畜牧行业生产经营积极性不断提高等有利条件，为畜牧业发展提供了良好的内外部环境。但是，我国畜牧业发展也存在诸多不利因素。一是饲料原材料价格上涨和蛋白饲料短缺；二是畜牧业生产方式和生产水平落后；三是畜产品质量安全和卫生隐患严重；四是优良地方畜禽品种资源利用不合理；五是动物疫病防控形势严峻；六是环境与生态恶化对畜牧业发展的压力继续增加。

我国畜牧业发展要想改变以上不利条件，实现高产、优质、高效、生态、安全的可持续发展道路，必须全面落实科学发展观，加快畜牧业增长方式转变，优化结构，改善品质，提高效益，构建现代畜牧业产业体系，提高畜牧业综合生产能力，努力保障畜产品质量安全、公共卫生安全和生态环境安全。这不仅需要全国人民特别是广大畜牧科教工作者长期努力，不断加强科学研究与科技创新，不断提供强大的畜牧兽医理论与科技支撑，而且还需要培养一大批掌握新理论与新技术并不断将其推广应用的专业人才。

培养畜牧兽医专业人才需要一系列高质量的教材。作为高等教育学科建设的一项重要基础工作——教材的编写和出版，一直是教改的重点和热点之一。为了支持创新型国家建设，培养符合畜牧产业发展各个方面、各个层次所需的复合型人才，中国农业科学技术出版社积极组织全国范围内有较高学术水平和多年教学理论与实践经验的教师精心编写出版面向21世纪全国高等农林院校，反映现代畜牧兽医科技成就的畜牧兽医专业精品教材，并进行有益的探索和研究，其教材内容注重与时俱进，注重实际，注重创新，注重拾遗补缺，注重对学生能力、特别是农业职业技能的综合开发和培养，以满足其对知识学习和实践能力的迫切需要，以提高我国畜牧业从业人员的整体素质，切实改变畜牧业新技术难以顺利推广的现状。我衷心祝贺这些教材的出版发行，相信这些教材的出版，一定能够得到有关教育部门、农业院校领导、老师的肯定和学生的喜欢。也必将为提高我国畜牧业的自主创新能力和增强我国畜产品的国际竞争力作出积极有益的贡献。

国家首席兽医官
农业部兽医局局长

二〇〇七年六月八日

前　言

《宠物解剖及组织胚胎》是在《教育部关于加强高职高专教育人才培养工作的意见》、《关于加强高职高专教育教材建设的若干意见》、《关于全面提高高等职业教育教学质量的若干意见》等文件精神的指导下，由中国农业科学技术出版社组织国内有关高职高专院校和部分大学的教师以及有关院校实训基地的教师共同编写完成的教材。

在编写过程中突破了以往《家畜解剖学及组织胚胎学》教材的传统模式，结合高职高专院校现代教学规律和教学目标，充分考虑了教材与教学相互关系，重点针对高职高专宠物医学专业的教学特点，在编写思路上有所创新，在编写内容上以应用技术为主，在编写结构上简略清晰，确保教材的前瞻性、创新性、实用性，新增加了实验实训技能等方面的考核及实习项目，以满足高等职业院校宠物医学、动物医学、畜牧兽医专业学生及畜牧兽医临床工作人员的学习、参考的需要。

《宠物解剖及组织胚胎》系为高职高专院校宠物医疗专业学生编写的教材之一。主要以常见宠物的大体解剖和组织学构造及其胚胎发育过程等内容为主，简要概述了犬、猫、鸽、鱼等动物的解剖学及组织胚胎学的相关内容。全书共分14章。第一章为组织胚胎基础，主要讲述构成动物机体的基本组织、细胞和形态构造以及动物胚胎的发育过程；第二章为运动系统，主要讲述犬、猫的骨、骨连结和肌肉的基本形态及构造；第三章为被皮系统，主要讲述皮肤的结构及其衍生物；第四章为内脏概论，主要讲述内脏的基本概念、内脏器官的基本形态和结构；第五章为消化系统，主要讲述犬、猫的消化系统器官的形态及构造；第六章为呼吸系统，主要讲述犬、猫的呼吸系统器官的形态及构造；第七章为泌尿系统，主要讲述犬、猫的泌尿系统器官的形态及构造；第八章为生殖系统，主要讲述犬、猫的生殖系统器官的形态及构造；第九章为心血管系统，主要讲述犬、猫的心血管的基本形态及构造；第十章为淋巴系统，主要讲述犬、猫的淋巴系统的基本形态及构造；第十一章为神经系统，主要讲述犬、猫的神经系统的基本形态及构造；第十二章为内分泌系统，主要讲述犬、猫的内分泌系统的基本形态、构造及其主要功能；第十三章为感觉器官，主要讲述犬、猫的眼和耳的基本形态及构造；第十四章为其他动物的解剖特征，主要讲述鸽和鱼类的解剖特征。另外，结合高职高专院校教学特点，在书后还专门增加了实验实训，其内容主要包括实训技能考核的要点和要求，以及十九个实验项目。

在本书的编写过程中，得到了东北农业大学徐世文教授的大力支持，承蒙内蒙古农业大学杨银凤和江苏畜牧兽医职业技术学院王子轼的审定，并参阅了国内外兽医界同仁的有关书籍和资料，在此一并致以衷心的感谢。

《宠物解剖及组织胚胎》的编者们虽经尽心竭力，书中缺点错误在所难免，诚请广大读者批评指正，不吝赐教，是所感致。

编　者

2008 年 5 月 20 日

目　录

绪　论

宠物解剖及组织胚胎是研究宠物身体的形态结构及其发生发展规律的科学。它包括宠物解剖、宠物组织和宠物胚胎三部分。

一、宠物解剖及组织胚胎的内容

（一）宠物解剖

其广义的含义包括宠物大体解剖和宠物显微解剖两部分，我们这里指的是宠物大体解剖。解剖学是一门古老的科学，主要是借助解剖器械（刀、剪等）用切割的方法，通过肉眼观察研究宠物体各器官的形态、构造、位置及相互关系。用放大镜或解剖镜研究介于大体与显微解剖的宏微观结构，也属于解剖学范畴。

宠物解剖由于研究目的不同，又有许多分支。按照宠物体的功能系统（如运动系统、消化系统等）阐述宠物体形态结构的称为宠物系统解剖学；根据临床应用的需要，按部位（如颈部、胸部等）记述各器官排列位置、关系的称为宠物局部解剖学；研究宠物体不同生长发育阶段，各器官结构变化规律的称为宠物发育解剖学。其他还有功能解剖学、X 射线解剖学等，也都是根据不同研究目的而产生的分支。

（二）宠物组织

是研究宠物体微细结构及其与功能关系的科学。其研究内容又包括细胞、基本组织和器官组织三个部分。

1. 细胞

是宠物体形态结构的基本单位，是宠物体新陈代谢、生长发育、繁殖分化的形态基础。因此，只有在研究细胞的基本结构和功能的基础上才能学习基本组织。

2. 组织

是由来源相同、形态和功能相似的细胞群和细胞间质组成的结构。组织分为上皮组织、结缔组织、肌肉组织和神经组织四大类，基本组织就是研究上述四种组织的形态结构和功能特点的。

3. 器官

是由几种不同组织按一定规律结合在一起构成的。每种器官都能完成一定的生理功能。器官分为两大类：中空性器官与实质性器官。中空性器官是内部有较大腔体的器官，如食管、胃、肠、气管、膀胱、血管等。实质性器官是内部没有大腔的器官，如肝、脾、肺、肾、肌肉等。器官组织就是研究在正常情况下机体内各器官的微细结构、功能及其相互关系。

4. 系统

由几个功能上密切相关的器官，联合在一起，彼此分工合作来完成体内某一方面的生理机能，这些器官就构成一个系统。如口腔、咽、食管、胃、肠及消化腺等器官，有机地联系起来，共同完成对食物的消化、吸收功能，叫消化系统。

5. 有机体

由上述各器官系统构成有机体。

（三）宠物胚胎

是研究宠物体个体发生规律的科学。即研究从受精开始到个体形成，整个胚胎发育过程的形态、功能变化规律及其与环境条件的关系。其内容包括宠物胚胎的早期发育（卵裂、原肠形成、三胚层形成与分化等）、器官发生以及胎膜和胎盘。

二、学习宠物解剖及组织胚胎的目的和方法

宠物解剖及组织胚胎是宠物医疗专业的专业基础课之一，与其他专业基础课和专业课（如宠物生理学、宠物繁殖学、宠物营养学、宠物诊疗学等）都有着密切的联系，它是学好上述课程必不可少的基础。

学习宠物解剖及组织胚胎必须运用科学的逻辑思维，在分析的基础上进行归纳综合，以期达到整体地、全面地掌握和认识宠物体各部的形态结构特征的目的。

（一）形态与功能的统一

宠物的各个器官都有其固有的功能，如眼司视、耳司听等。形态结构是一个器官完成功能活动的物质基础，反之，功能的变化又能导致该器官形态结构的改变。因此，形态与功能是相互依存又相互影响的；一个器官的成形，除在胚胎发生过程中有其内在因素外，还受出生后周围环境和功能条件的影响。认识和理解形态与功能相互制约的规律，可以在生理所限范围内，有意识地改变生活条件和功能活动，促使形态结构向人类需要的方向发展。

（二）局部与整体的统一

宠物体是一个完整的有机体，任何器官系统都是有机体不可分割的组成部分，局部可以影响整体，整体也可以影响局部。我们虽按各个系统研究宠物体各部解剖构造，但应该从整体的角度来理解局部，认识局部，以建立局部与整体统一的观念。

（三）相对静止与发生发展的统一

发生发展是宇宙间物质运动的基本规律之一，宠物的生物学进化当然也遵循这一法

则。应该运用发生发展的观点，适当联系种系和个体的发生，进而认识宠物的形态结构。这样既研究了宠物解剖学的具体知识，又增进了对宠物的由来、发展规律以及器官变异的理解，从而使分散的、孤立的器官形态描述成为有规律性的、更加接近事物内在本质的科学知识。

（四）理论与实践的统一

理论与实践的统一，是进行科学实验的一项重要原则，研究宠物解剖学更应遵循这个原则。宠物解剖学是一门形态科学，宠物的品种繁多，形态各异，结构复杂，需要我们在正确理论指导下，坚持实践第一的观点，方可全面、准确地认识宠物体形态构造、位置关系及其发生发展规律。

三、宠物体各部位名称

宠物体是两侧对称的，可分为头、躯干、四肢三部分（图 0－1）。

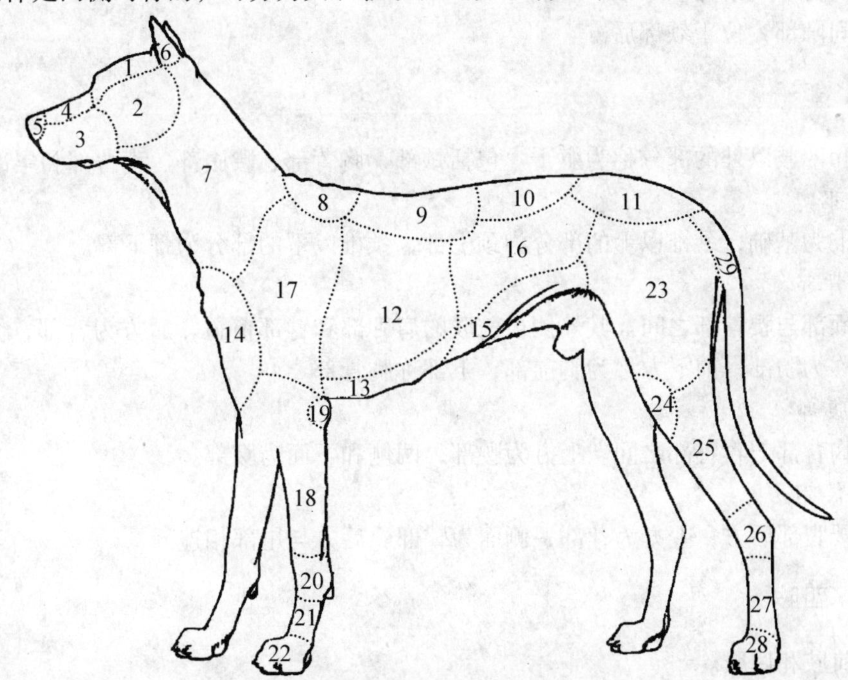

图 0－1　犬体各部位名称

1. 额部　2. 咬肌部　3. 颊部　4. 鼻部　5. 鼻镜　6. 耳部　7. 颈部　8. 鬐甲　9. 背腰　10. 腰部　11. 荐臀部　12. 胸侧部　13. 胸下部　14. 前胸部　15. 腹下部　16. 腹部　17. 肩背部　18. 前臂部　19. 肘部　20. 腕部　21. 掌部　22. 指部　23. 股部　24. 膝部　25. 小腿部　26. 跗部　27. 跖部　28. 趾部　29. 尾部

（一）头

以内眼角和颧弓为界又可分为上方的颅部与下方的面部。

1. 颅部

枕部 位于颅部后方，两耳之后。

顶部 位于枕部的前方。

额部 位于顶部的前方。

颞部 位于顶部两侧，耳眼之间。

耳廓部 指耳及耳根附近。

2. 面部

眶下部 位于眼眶前下方。

鼻部 位于额部前方，以鼻骨为基础，包括鼻背、鼻尖、鼻孔、鼻翼、鼻镜。

唇部 包括上唇和下唇。

颊部 位于咬肌部前下方。

咬肌部 位于颞部下方。

眼部 包括眼和眼睑，眼睑包括上眼睑、下眼睑、第三眼睑。

颏部 位于唇下方。

下颌间隙部 位于颏部后方。

（二）躯干

除头和四肢以外的部分称为躯干。包括颈部、胸背部、腰腹部、荐臀部和尾部。

1. 颈部

以颈椎为基础，颈椎以上的部分为颈上部，颈椎以下的部分为颈下部。

2. 胸背部

位于颈部与腰荐部之间。其外侧被前肢的肩胛部和臂部覆盖，后方为背部，侧面以肋骨为基础称为肋部，前下方称为胸前部，下部称胸骨部。

3. 腰腹部

位于胸背部与荐臀部之间。上方为腰部，两侧和下面为腹部。

4. 荐臀部

位于腰腹部后方，上方为荐部，侧面为臀部。后方与尾部相连。

（三）四肢

包括前肢和后肢。

1. 前肢

借肩胛和臂部与躯干的胸背部相连。自上而下依次可分为肩胛部、臂部、前臂部、前脚部（包括腕部、掌部、指、爪）。

2. 后肢

由臀部与荐部相连。可分为股部、小腿部、后脚部（包括跗部、跖部、趾、爪）。

四、宠物体的轴、面与方位

为了说明宠物体各部结构的位置关系，必须了解有关定位用的轴、面与方位术语。以下以犬为例加以说明（图0－2）。

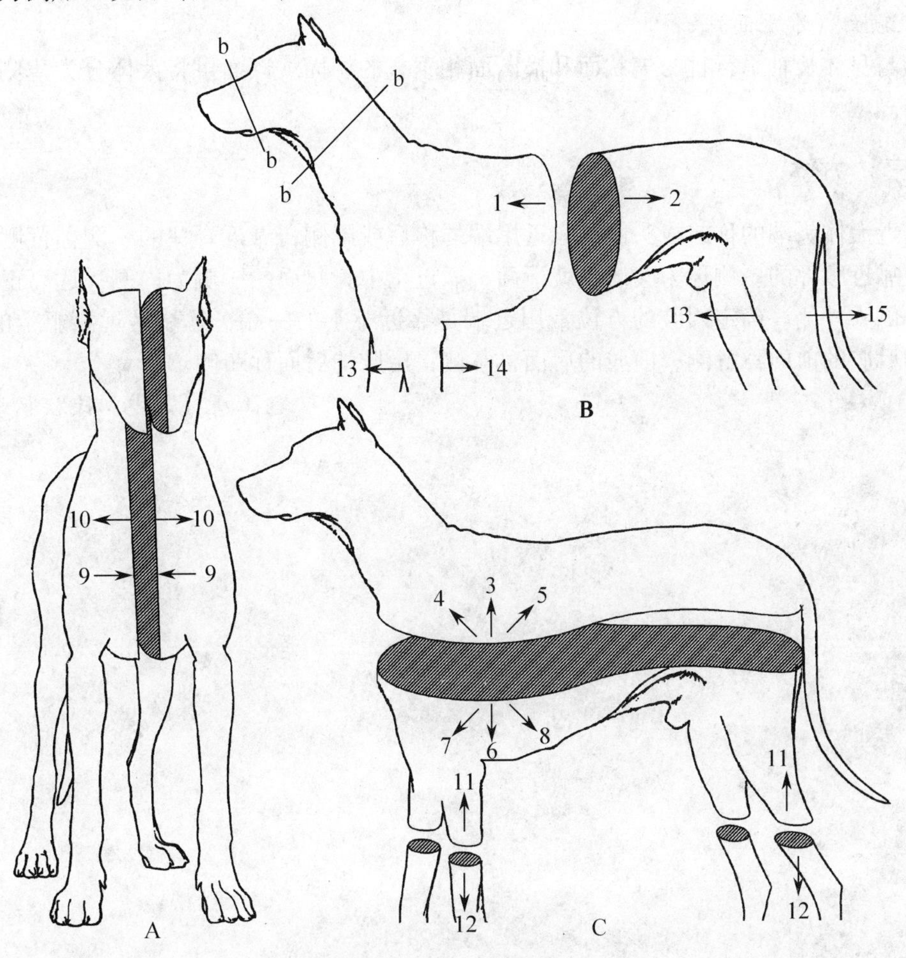

图0－2　三个基本切面及方位

A. 正中矢状　B. 横断面　C. 额面（水平面）　b－b. 横断面

1. 前　2. 后　3. 背侧　4. 前背侧　5. 后背侧　6. 腹侧　7. 前腹侧　8. 后腹侧　9. 内侧　10. 外侧　11. 近端　12. 远端　13. 背侧　14. 掌侧　15. 跖侧

（一）轴

犬是以四足着地的，其身体长轴（或称纵轴），从头端至尾端，是和地面平行的。长轴也可用于四肢和各器官，均以纵长的方向为基准。如四肢的长轴则是由四肢上端至四肢下端，为与地面垂直的轴。

（二）面

1. 矢状面

是与犬体长轴平等而与地面垂直的切面。居于体正中的矢状切面，可将犬体分为完全相等的两半，称为正中矢状面；与正中矢状面平等的其他矢状面称侧矢状面。

2. 横断面

是与犬体长轴垂直的切面，位于躯干的横断面可将犬体分为前后两部分。与器官长轴垂直的切面也称横断面。

3. 额面（水平面）

为与身体长轴平行且与矢状面和横断面相垂直的切面。额面可将犬体分为背侧和腹侧两部分。

（三）方位

靠近犬体头端的称前或头侧；靠近尾端的称后或尾侧；靠近脊柱的一侧称背侧也就是上面；靠近腹部的一侧称为腹侧也就下面；靠近正中矢状面的一侧为内侧；远离正中矢状面的一侧为外侧。确定四肢的方位常用近端是靠近躯干的一端；远端是远离躯干的一端。前肢和后肢的前面称背侧；前肢的后面称掌侧；后肢的后面称跖侧。

包玉清（黑龙江民族职业学院）

第一章　组织胚胎基础

第一节　细胞

细胞是构成生物体形态结构和生命活动的基本单位。构成细胞的基本物质是原生质（又称原浆），主要由蛋白质、核酸、脂类、糖类等有机物以及水和无机盐等无机物组成。动物机体的结构都是由细胞和细胞分化的产物——细胞间质共同构成的。细胞和细胞间质构成机体的各种组织、器官和系统，从而构成一个完整的有机体，表现出一切生命活动（图 1－1）。

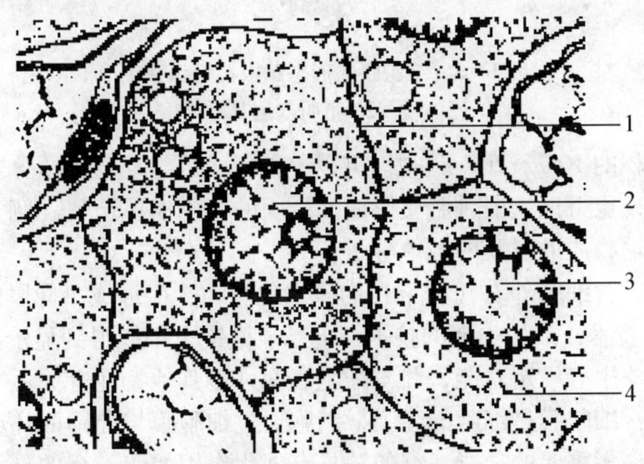

图 1－1　细胞结构模式图

1. 细胞膜　2. 染色质　3. 细胞核　4. 细胞质

构成动物体的细胞形态多种多样，有圆形、椭圆形、立方形、柱状、扁平状、梭形、星形。细胞的形态是与其分布的位置和功能相适应的，如在血液中流动的血细胞呈球形；能舒缩的肌细胞呈长梭形；能接受刺激并传导冲动的神经细胞有长的突起等。

细胞的大小相差悬殊，小的只有几微米，如小脑颗粒细胞直径为 0.4μm，大的可达数厘米，如鸡的卵细胞。

一、细胞的结构

（一）细胞膜

细胞膜（即质膜）一般厚7～10nm（70～100Å），在光镜下一般难以分辨。用普通电子显微镜能看出膜是由三层结构组成，内外两层是电子致密的暗层，中间是一亮层，这是一般膜的典型情况，因而被称为单位膜（图1－2）。细胞内的大部分膜都是这种单位膜，但其厚度差别很大。一般认为暗层是蛋白质成分，中间亮区是由两层呈极性定向排列的磷脂分子组成，它们的疏水部分向内连在一起形成两层磷脂分子间的界线，亲水基因伸向外部而与蛋白质相连。双层磷脂分子对膜的结构性质起重要作用并形成通透性屏障。

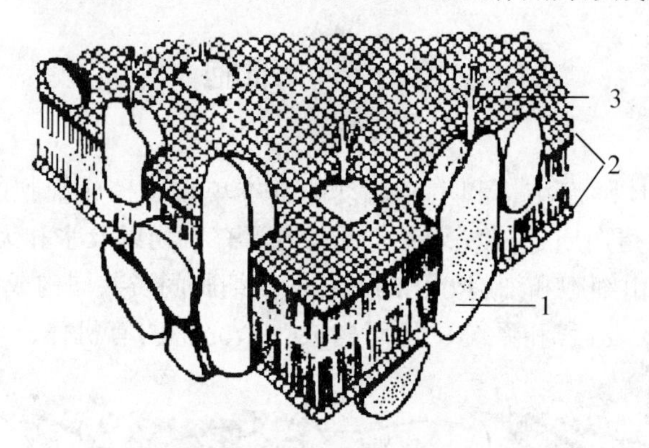

图1－2　细胞膜的液态镶嵌模型示意图

1. 蛋白质　2. 脂质双层　3. 糖链

蛋白质占膜体积的10%～20%，它们可以单独或者成组地与脂质分子的亲水端相连在膜的内、外表面上，也可以镶嵌进脂质层内或从膜的一侧横贯至另一侧。蛋白质是建造磷脂分子的酶，或运输物质通过膜的载体分子。

细胞膜外都裹有含细胞外衣（糖竿）的碳水化合物，而形成不同厚度的一层膜，在光学显微镜下用PAS技术，或用类似的技术在电子显微镜下都能得到显示。糖竿起一种粘附剂作用，在免疫现象中有一定功能，并与细胞表面许多其他特性有关。

细胞膜的功能：细胞膜是细胞的界膜，细胞通过细胞膜与周围的环境进行着复杂的联系。镶嵌蛋白具有许多重要的功能。有的是具有催化作用的酶，有的是膜内外物质交换的载体或导体；有的是受体或是具有特异性的抗原等等。细胞表面的糖蛋白和糖脂与细胞分化、细胞识别、细胞粘连、膜抗原相受体物质交换等功能密切相关。此外，表在蛋白还参与细胞的入胞作用、出胞作用及变形运动、吞噬等活动。总之细胞膜在细胞内外物质交换，调节细胞内的各种代谢以及参与免疫活动中起着重要的作用。

（二）细胞质

细胞质主要由基质、细胞器和内含物组成。

1. 基质

基质呈均质透明状，具有一定的黏滞性。其主要成分水分占75%、蛋白质占25%，其余为脂类和碳水化合物和无机盐。各种细胞器的生理活动、细胞的变形运动、吞噬作用及细胞分裂等均与细胞基质有密切关系。

2. 细胞器

细胞器是指细胞内具有一定形态结构和特定生理功能的小器官。光镜下只能看到线粒体、高尔基复合体及中心体等细胞器。电镜下根据细胞器有无膜的包埋分为膜相结构及非膜相结构两大类。属于膜相结构的有线粒体、内质网、高尔基复合体、溶酶体及微体等；属于非膜相结构的有核糖体、微管、微丝及中心体等。下面简要介绍各种细胞器的结构及其主要功能。

（1）核糖体　核糖体是由核糖核酸和蛋白质组成的致密颗粒，大小约为15×25nm。它由两个大小不等的亚基构成。当需要合成蛋白质时则组合成核糖体，不需要时即分离为亚基（图1-3）。

核糖体有的呈单个存在称单核糖体、有的几个串联在一起呈串球状或螺旋状排列，称多核糖体。穿行于大小亚基之间的是一条信使核糖核酸（mRNA）。

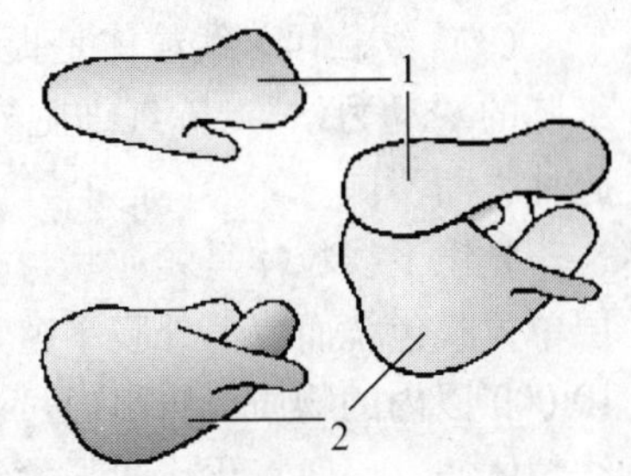

图1-3　核糖体结构模式图

1. 小亚基　2. 大亚基

游离核糖体主要用来合成细胞本身的结构蛋白，供细胞代谢、生长和增殖使用。在分化低的细胞或蛋白质合成旺盛的细胞内含量较多。核糖体附着在膜上的称为附着核糖体，主要合成向细胞外释放的分泌蛋白质。

（2）内质网　内质网是一种扁囊状或管泡状膜性结构、根据表面有无核糖体附着分为两种。有核糖体附着的称为粗面内质网，无核糖体附着的称为滑面内质网。

①粗面内质网　粗面内质网是相互连通的扁聚状或管泡状膜性结构。膜表面附有核糖体。核糖体的大亚基一端与内质网膜相连，中尖管开口于网池。其主要功能是参与蛋白质的合成和运输。故合成分泌蛋白质旺盛的细胞、粗面内质网发达，如产生抗体的浆细胞和分泌多种酶的胰腺细胞（图1-4）。

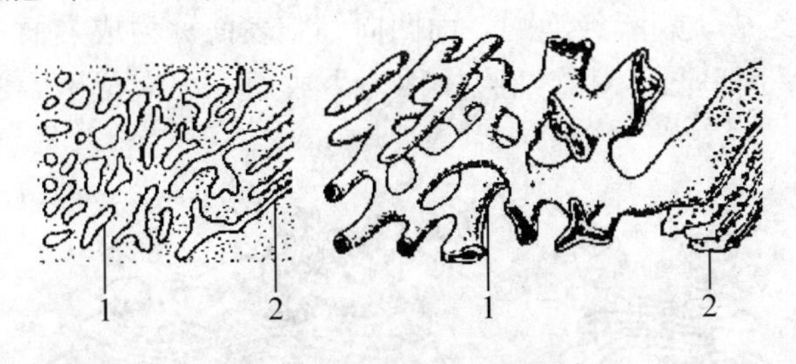

图1-4　内质网模式图

1. 滑面内质网　2. 粗面内质网

②滑面内质网　滑面内质网表面光滑。无核糖体附着、其管状或泡状的膜性结构常互相通连成网状的管泡系统。多数细胞的滑面内质网较少，但在某些细胞中滑面内质网丰富、如分泌类固醇激素的细胞、小肠吸收细胞、肝细胞等有丰富的滑面内质网。骨骼肌、心肌细胞内的滑面内质网与钙离子、氯离子的释放与储存等功能有关。

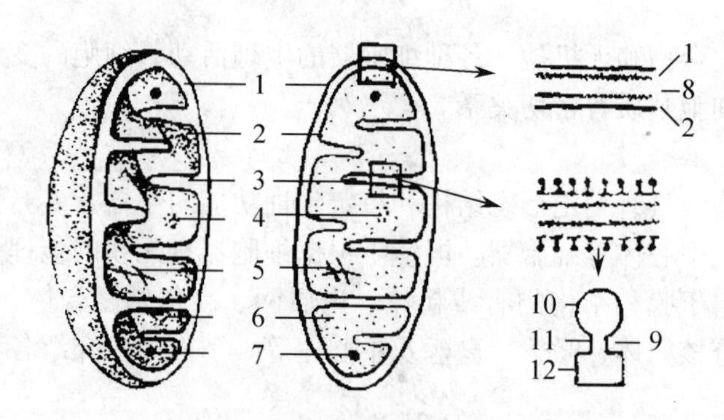

图1-5　线粒体结构模式图

1. 外膜　2. 内膜　3. 嵴　4. RNA　5. DNA　6. 基质　7. 基质颗粒
8. 膜间腔　9. 内膜颗粒　10. 头部　11. 柄　12. 基片

（3）线粒体　线粒体是提供细胞生命活动所需能量的细胞器，所以，线粒体又被称为细胞的“动力站”。除红细胞外，所有的细胞都有线粒体，但其形状、数目、大小等依细胞种类而不同。

光镜下线粒体呈颗粒状，一般长约2～6μm，直径约0.2μm。电镜下，线粒体是由两层单位膜包绕而成。外膜平整、表面光滑、厚约5～6nm，膜上有1～2nm小孔，分子量在10 000以内的物质可自由通过。内膜向线粒体内折叠，形成许多极状或管状的小嵴，称为线粒体嵴，一般氧化代谢强的细胞（如心肌细胞），其嵴较多。外膜和内膜之间的8nm宽的间隙称为外腔，嵴与嵴之间的腔隙称为内腔，其间充满线粒体基质。线粒体内膜和嵴的表面整齐排列着9～10nm大小的颗粒，称为内膜基粒或基本粒子，它由头、柄和基片三部分组成（图1-5）。线粒体存在着生物氧化的各种酶系，可以产生一系列生物化学反应，产生大量的ATP，供给细胞活动所需能量。

（4）高尔基复合体　在光镜下多位于细胞核的一侧，呈网状结构，故又称为内网器（图1-6）。电镜下可将高尔基复合体分成三个部分，即扁平囊泡、大泡和小泡组成。扁平囊泡构成高尔基的主体部分，是由一些（4～8个）排列整齐的扁囊组成、每个扁囊是由双层平行光滑的膜组成。扁囊经泡的一面凹向细胞表面称为成熟面。在这一面分布着大泡（或分泌泡）。另一面呈凸形对着细胞核称为生成面。小泡位于生成面，数量较多，体积较小。

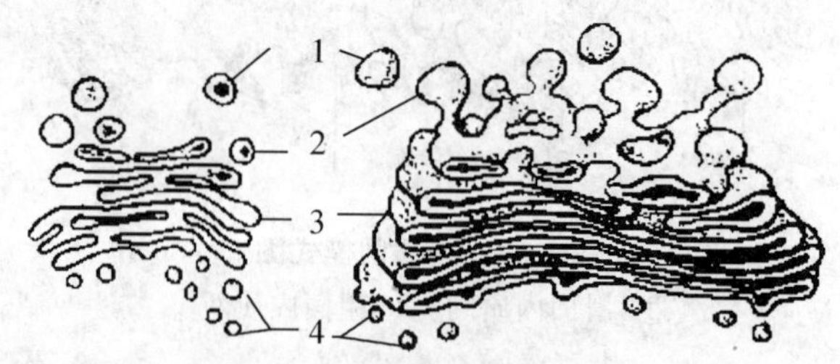

图1-6　高尔基复合体模式图

1. 分泌泡　2. 大泡　3. 扁平囊　4. 小泡

高尔基体在细胞的分泌过程中起主要作用，它贮积和浓缩从内质网来的蛋白质成分，并往往通过加入一种高尔基体本身合成的碳水化合物来改变其成分，在高尔基体中也可以有脂类加到碳水化合物成分中，因此高尔基体所释放出来的分泌产物可以是糖蛋白或是糖脂。形成细胞外衣的黏多糖也是以此种方式合成的。在粗面内质网中合成蛋白质，在高尔基体中与糖成分结合。

高尔基复合体的功能：①由粗面内质网合成的蛋白质运到高尔基复合体进行加工浓缩，形成分泌颗粒。②具有浓缩和转移被细胞吸收的物质。③粗面内质网合成各种水解酶转移到高尔基复合体形成初级溶酶体。④高尔基复合体内有多种糖酶，与多糖的合成有关。糖基转移酶可在肽链上加上糖基形成糖蛋白分泌物。

（5）溶酶体　呈圆形或椭圆形的小泡，大小不一，直径约0.2～0.8μm，外包界膜，内含多种酸性水解酶，并以酸性磷酸酶作为标志酶的细胞器。溶酶体执行细胞的“消化”功能，它能将外源性大分子、病菌、异物或衰老死亡的细胞碎片、破损的细胞器和过多的分泌颗粒水解。在骨发生和再生过程中，破骨细胞的溶酶体酶参与陈旧骨基质的吸收和清除。具有吞噬能力的细胞富含溶酶体，哺乳动物的红细胞缺溶酶体。溶酶体破裂，酸性水解酶进入细胞质时，可引起细胞自溶。

（6）过氧化体　又称微体。是由单位膜构成的圆形或卵圆形小泡，内含过氧化氢酶和多种氧化酶，以及类脂和多糖等。过氧化体不含酸性磷酸酶，这是与溶酶体的主要区别。过氧化体的功能与细胞内物质的氧化以及过氧化氢的形成有关。同时，对过量起毒害细胞作用的过氧化氢进行分解，从而调节控制过氧化氢的含量。过氧化体多数存在于肾、肝和具有吞噬能力的细胞内。

（7）中心体　位于细胞中央近核处，由两个长轴互相成直角的中心粒和周围一团浓密的细胞质（称中心球）构成。在电镜下，中心粒（图1－7）是由成对圆筒状小体构成，直径为0.1～0.5μm，长0.3～0.7μm，最长的可达2μm。每个圆筒壁由九组微管有规律地呈风车族翼状排列而成。每组又是由A、B、C三个更小的微管组成。再将微管放大，每条微管是由13根直径约为45Å的丝状结构组成。其成分主要是管蛋白，它们与细胞有丝分裂时所出现纺锤丝的成分相似，所以中心体与细胞分裂有关。若中心体遭受破坏，细胞即失去分裂能力。此外中心体还参与细胞运动结构的形成，如纤毛、鞭毛等。

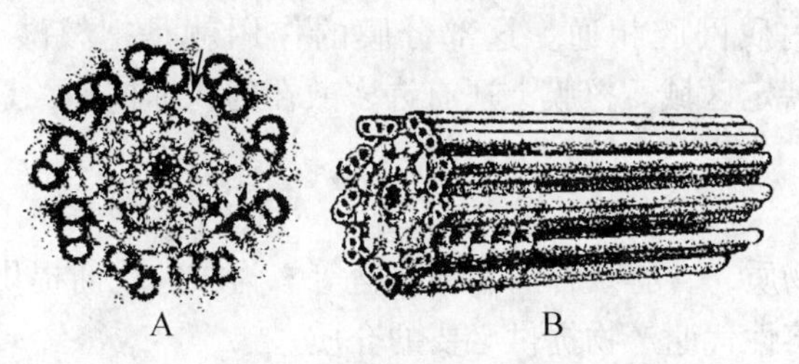

图1－7　中心粒电子显微镜模式图

A. 中心体横断面，周壁由9组三联微管构成，微管间有连络纤维（箭头表示），中央为轮幅状结构　B. 中心体的立体图，其基部有6段轮幅状结构

（8）微丝　为直径50～150Å长度不等的细丝，均匀分布或集合成束。在上皮细胞和神经细胞内的微丝，具有支持作用。在肌细胞内的微丝称肌微丝，具有收缩功能，肌原纤维即由肌微丝集合而成。

（9）微管　为直径180～250Å的细管，长度不定，由微管蛋白组成。它存在于一些细胞的细胞质内或细胞的纤毛和鞭毛中，细胞分裂时所出现的纺锤丝也是由许多微管聚集而成的。

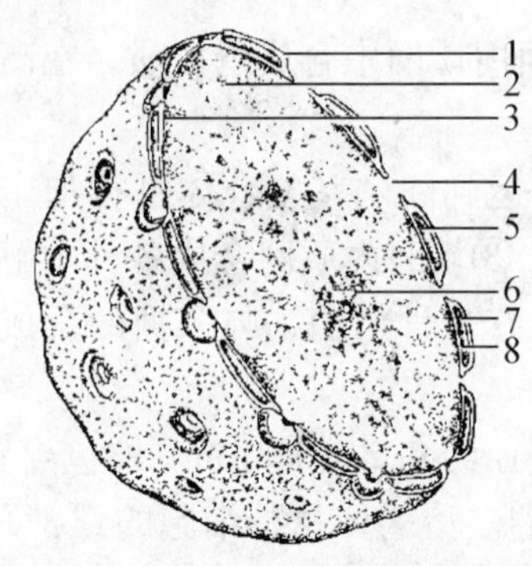

图1-8　电镜下细胞核结构模式图

1. 核膜　2. 常染色质　3. 异染色质　4. 核孔　5. 核周隙　6. 核仁　7. 核膜外层　8. 核膜内层

3. 内含物

内含物为广泛存在于细胞内的营养物质和代谢产物，包括糖原、脂肪蛋白质和色素等。其数量和形态可随细胞不同生理状态和病理情况而改变。

（三）细胞核

细胞核（图1-8）是细胞的重要组成部分，是细胞遗传物质的储存场所和细胞机能的控制中心。畜体内除成熟红细胞没有核外，其余细胞均有细胞核。其主要功能是蕴藏遗传信息，在一定程度上控制细胞的代谢、分化和繁殖等活动。多数细胞只有一个核，但也有两个和多个核的，如有的肝细胞是双核的，骨骼肌细胞核可达数百个。

细胞核的形状往往与细胞的形状相适应，一般在球形、立方形和多边形的细胞，其核多呈球形；扁平和柱状细胞的核呈椭圆形；细长呈纤维状的细胞，核为杆状；白细胞的核为分叶状。核的形状随细胞的功能而改变，如平滑肌细胞收缩时，核可由杆状变为螺旋状扭曲。细胞核通常位于细胞的中央，也有位于基底部或偏于一侧的。核的体积一般为细胞体积的1/4～1/3，失去正常比例时，往往发生细胞分裂或导致细胞死亡。

细胞核的形态构造在生活周期的不同阶段，变化很大。细胞在两次分裂之间的时期，称为间期，间期的细胞核具有相对稳定的结构，由核膜、核质、核仁和染色质组成。

1. 核膜

为一层很薄的膜。电镜下核膜（图1-8）是双层单位膜的结构。双层膜之间的间隙为核周隙。核膜外层的表面附有核蛋白体，形状与粗面内质网颇为相似。外层膜可与内质网相连续。核周隙与内质网腔相通。这部分膜的作用就是把核酸（细胞内的遗传物质DNA）集中于细胞内特定区域。核膜上还有许多散在的孔称核孔，是核与细胞质之间进行物质交换的通道。

2. 核质

为无结构的胶状物质，含有各种酶和无机盐等。为核内代谢提供稳定的良好环境，也为核内物质运输和可溶性代谢产物提供必要的介质。

3. 核仁

为一种圆形致密小体，一般细胞有1～2个，也有3～5个的，个别细胞无核仁（如中性粒细胞）。核仁的化学成分主要是核糖核酸（RNA）和蛋白质。核仁是核内的重要结构，是形成核蛋白体的部位，核蛋白体形成后通过核孔进入细胞质内，参与蛋白质的合成。

4. 染色质

主要由蛋白质和脱氧核糖核酸（DNA）组成的蛋白质丝，易被碱性染料着色，所以称为染色质丝。DNA是由双螺旋状的脱氧核糖核苷酸组成的巨大分子。目前认为全部遗传基因都存在于DNA分子中。

在间期细胞核内的染色质按其结构状态可分为常染色质和异染色质两种（图 1－9）。常染色质呈解螺旋状态，所以不易看出，多位于细胞中央，是正在执行功能的部分（复制 DNA 和合成 RNA）。异染色质呈不活泼的螺旋状，多位于核的边缘部分，在光镜下呈粒状或块状，被碱性染料染成蓝色。

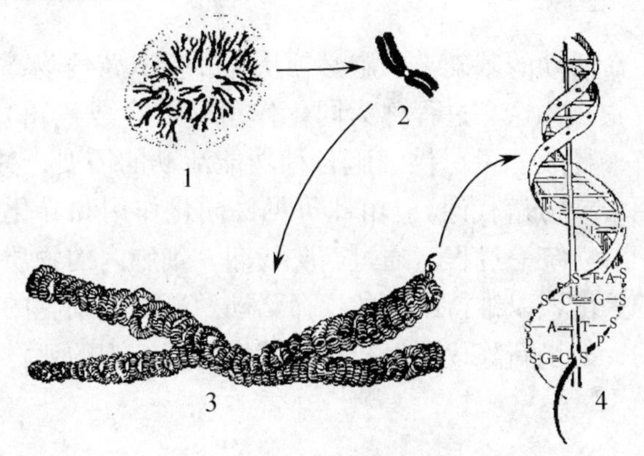

图 1－9　染色体结构模式图

1. 示细胞有丝分裂中期的染色体　2. 分离后的染色体　3. 染色体放大后示螺旋状盘绕的染色丝　4. 示螺旋状排列的 DNA
（A. 腺嘌呤　C. 胞嘧啶　G. 鸟嘌呤　T. 胸腺嘧啶　P. 磷酸　S. 脱氧核糖）

当细胞进入分裂期时，每条染色质丝均高度螺旋化，变粗变短，成为一条条的染色体（图 1－10）。由此可见，染色质和染色体实际上是同一物质的不同功能状态。染色体上有一相对不着色而且直径较小的部位称着丝点，即纺锤丝的附着点。在着丝点两侧的染色体部分常称为染色体臂。根据着丝点的位置和染色体管的相对长度，可分为四种类型：①等臂（中间着丝点），为两臂长度相等，着丝点在染色体的中央；②近等臂（近中间着丝点），为着丝点接近中央，短臂与长臂的比例不到 1∶2；③末端着丝点，即着丝点在染色体末端；④近末端着丝点，即着丝点接近染色体的一侧末端，短臂和长臂的比例为 1∶2 或超过 1∶2。

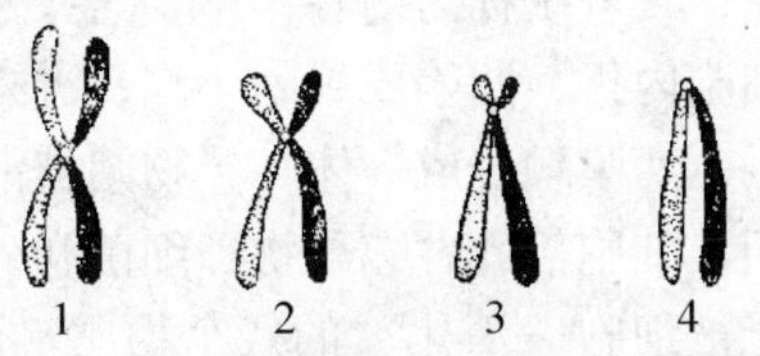

图 1－10　染色体类型图解（有丝分裂中期）

1. 等臂着丝点　2. 近等臂着丝点　3. 近末端着丝点　4. 末端着丝点

各种动物的染色体具有特定的数目和形态。如犬 78 条，猫 38 条，兔 44 条，鸽 80 条，正常动物体细胞的染色体为双倍体（即染色体成对），而成熟的性细胞其染色体是单倍体。在成对的染色体中有一对为性染色体。哺乳动物的性染色体又可分 x 和 y，它们与性别决定有关。雌性动物体细胞的性染色体为 xx；雄性动物的则为 xy。在家禽中，雌性为 zw、雄性为 zz。在遗传学上常根据染色体的数目、大小和形态结构特征，将染色体分群，称为染色体组型。

二、细胞的生命现象

（一）新陈代谢

新陈代谢是细胞生命活动的基础。细胞必须从外界摄取营养物，经过消化、吸收，改变为细胞本身所需要的物质，这一过程称为同化作用（或合成代谢）；另一方面，细胞本身的物质又不断地分解，释放能量，供细胞各种功能活动的需要，并把废物排出细胞外，这一过程称为异化作用（或分解代谢）。由此可见，同化作用和异化作用是新陈代谢两个互相依存、互为因果的对立统一过程。通过新陈代谢，细胞内的物质不断得到更新保持和调整细胞内、外环境的平衡，以维持细胞的生命活动。所以说细胞的一切功能活动都是建立在新陈代谢基础上的，如果新陈代谢停止了，就意味着细胞的死亡。

（二）感应性

感应性是细胞对外界刺激发生反应的能力。细胞种类不同，其感应性也有所不同，如神经细胞受刺激后能产生兴奋和传导冲动；刺激肌细胞可使之收缩；刺激腺细胞可使之分泌；细菌和异物的刺激可引起吞噬细胞的变形运动和吞噬活动；受抗原物质刺激后，浆细胞可产生抗体等。这些都是细胞对外界刺激发生反应的表现形式。

（三）细胞的运动

生活的细胞在各种环境条件刺激下，均能表现出不同的运动形式。常见的有变形运动、舒缩运动、纤毛运动和鞭毛运动等。

（四）细胞的内吞和外吐

细胞从周围环境摄取固体物质（如细菌）的过程，称为吞噬作用；从周围环境摄取液体物质的过程，称为吞饮作用，二者统称为内吞作用。这些作用过程均概括为细胞膜或细胞衣与外界物质接触，继之细胞内折，凹陷成封闭小泡，进入胞质，胞质中的溶酶体逐渐与吞噬小体或吞饮小泡相接触，两膜融合成一体，异物则被溶酶体的酶系消化。高等动物体中的某些细胞具有吞噬作用，细胞借此吞噬异物、细菌和死亡的细胞碎片。

细胞的分泌物或一些不能被细胞“消化”的残余物质（残余体），在细胞内逐渐移至细胞内表面，通过与细胞膜的融合、重组而后将内容物排出，这种排出过程称为外吐（或外倾作用），典型的如分泌细胞排出分泌物的过程。

（五）细胞的繁殖

细胞的繁殖或增殖是通过细胞分裂来实现的。机体的生长发育、细胞的更新、创伤的修复以及个体的延续等，都是以细胞分裂来完成的。细胞从前一次分裂结束到下一次分裂结束，称为一个繁殖周期简称为细胞周期。每个繁殖周期又可分为细胞分裂间期（不分裂期）和分裂期（有丝分裂期）。细胞总是交替地处于这两个阶段（图1－11）。细胞分裂方式包括无丝分裂和有丝分裂。

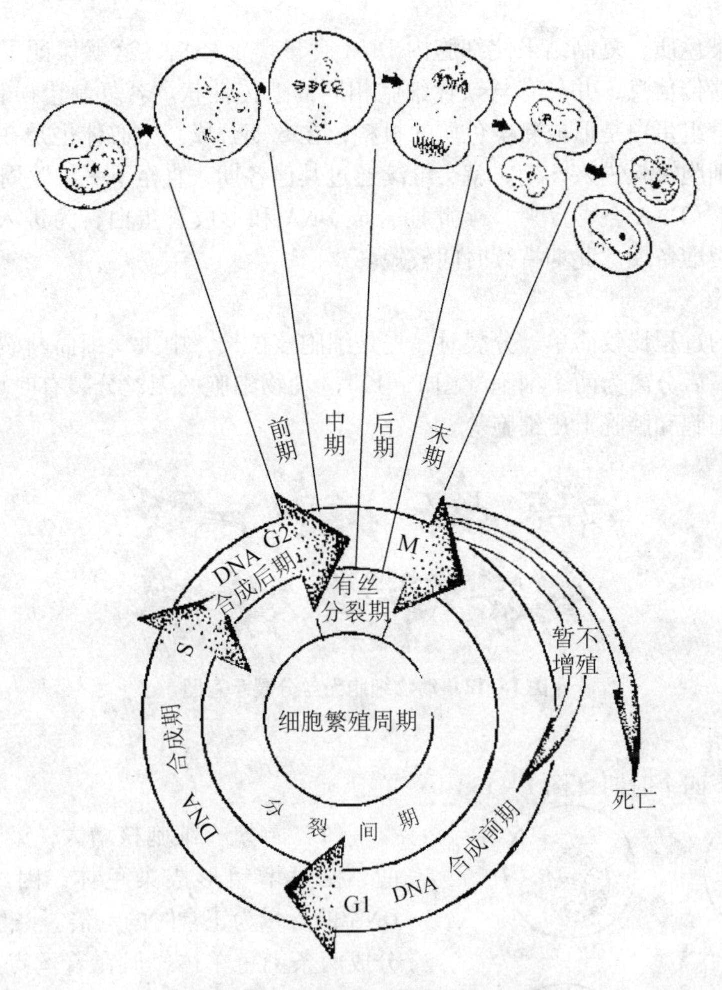

图1－11 细胞繁殖周期结构模式图

1. 分裂间期

分裂间期是指细胞从一次分裂结束到下一次分裂开始之间的时期，为下一次分裂做准备的阶段，常将其分成三个分期：即DNA合成前期（简称G1期）、DN A合成期（简称S期）和DNA合成后期（简称G2期）。间期的长短随细胞而异。细胞完成合成DNA，即进入分裂期（简称M期）。

（1）G1期（第一间隙期） 又称DNA合成前期，是指前一次细胞分裂之后至DNA自我复制之前的一段时期，此期细胞主要是合成各种蛋白质和酶，执行各自的功能活动，并为DNA复制及有关蛋白质合成做准备，还合成诱导DNA合成的物质等。G1期的长短随细胞种类不同而异。动物细胞进入G1期后，因细胞种类、分工不同有三种不同的前途：①细胞不能继续增殖分裂，通过分化、衰老直至死亡，如神经元、角质细胞和成熟红细胞等。②细胞暂时离开细胞周期进入G0期，处于暂时的休止状态，如当肝、肾组织内的细胞大量损伤而需要增殖补充时，又重新进入细胞周期，此类细胞称G0细胞或非增殖细胞。③细胞继续增殖离开G1期进入S期，并通过其他各期完成细胞分裂，如骨髓细胞、消化管黏膜上皮细胞等。

（2）S期（DNA合成期） 此期细胞准确进行DNA自我复制，复制顺序先是常染色质、随后是异染色质，复制结果使细胞内 DNA 含量增加一倍，这就保证了分裂后的子细胞具有足够的遗传信息，并具有与亲代细胞相同的遗传性状。若复制错误就会引起变异，出现异常细胞。组蛋白是形成新染色质的材料，在 S 期合成。中心体也是在 S 期复制。在正常情况下，细胞一旦进入 S 期，就会继续通过其他各期，直至下一细胞周期的 G1 期。

（3）G2 期（DNA 合成后期） 此期合成 DNA 和形成管蛋白，为进入 M 期做准备，常称为有丝分裂准备期。此期持续时间较短。

2. 无丝分裂

无丝分裂的过程比较简单，分裂时，先是细胞核拉长，中央变细而断裂为二。同时整个细胞也拉长最后分离为两个细胞（图 1－12）。动物细胞的无丝分裂有时可见于白细胞、肝细胞、软骨细胞和膀胱上皮细胞等。

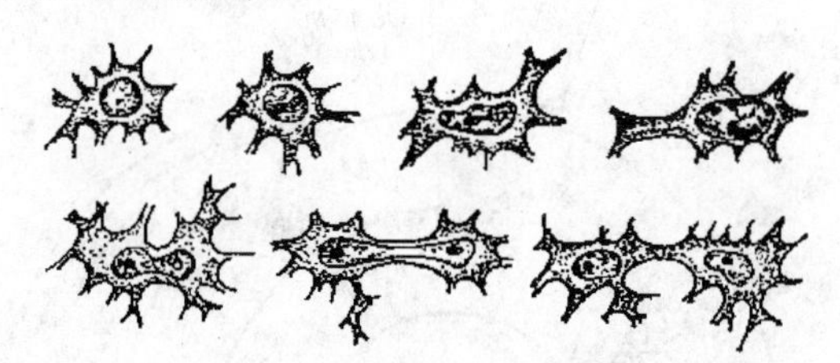

图 1－12 动物细胞无丝分裂示意图

3. 有丝分裂

可分为以下四个时期（图 1－13）。

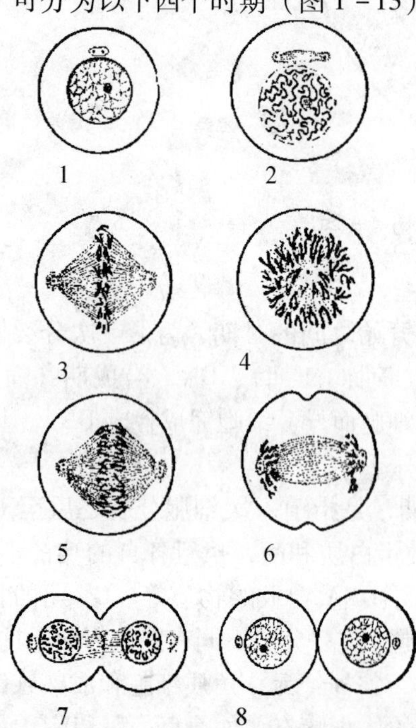

图 1－13 细胞有丝分裂模式图

1. 分裂间期 2. 前期 3. 中期 4. 中期（从细胞一极观察） 5. 早后期 6. 晚后期 7. 早末期 8. 晚末期（分成两个子细胞）

（1）前期 细胞核增大，染色质丝逐渐卷曲，变短增粗形成染色体，因经 S 期，所以 DNA 的含量为正常时的一倍。染色体开始纵裂，分成两条染色单体，但在着丝点处相连。与此同时，核仁核膜消失。细胞内的两个中心粒向两极移动，并伸出放射状丝芒形成星体。分向两极的中心粒之间有许多细丝相连呈纺锤状，称为纺锤体。电镜下，纺锤丝是成束排列的微管。

（2）中期 每条染色体纵裂为二。全部染色体集中在一个平面上，这个平面位于纺锤体的中央，并和纺锤体的纵轴垂直，称为赤道板。每一染色体的一定部位上有一狭窄部，称为着丝点，上有纺锤丝粘着。

（3）后期 每条染色体从着丝点处分离，各自形成染色单体，分别在染色体丝的牵引下逐渐向细胞两极移动，结果在细胞的两极各有一组数目完全相等的染色体。与此同时赤道部的细胞质窄缩，并不断加深，整个细胞向两极伸长。

（4）末期　从于染色体到达两极至两个新细胞形成的过程。染色体到达两极后分散成染色质。外有新的核膜包围，核仁相继出现。细胞质溢缩和起沟，最后断裂分开，形成两个新的子细胞。

4. 减数分裂

也是有丝分裂的一种形式，仅出现在生殖细胞的成熟过程中。这种有丝分裂的特点是同源染色体的配对（联会）和染色体的数目减半。在减数分裂过程中，来自父本和来自母本的同源染色体配对并互相靠拢。此时每条染色体已分为两条染色单体，并彼此交换一部分。然后配对的染色体分离，重新组合分配给两个子细胞，因此每个子细胞含有半数的染色体。

（六）细胞的分化、衰老和死亡

1. 细胞的分化

指胚胎细胞或幼稚细胞（未分化细胞）转变为各种形态、功能不同细胞的过程，即细胞在形态结构上和生理功能上取得专门化的过程。如受精卵经分裂繁殖，形成早期胚胎，细胞的形态结构基本相似，生理功能也无很大差异，随着胚胎进一步生长和发育，使出现了在形态结构和生理功能上完全不同的细胞。如神经细胞和腺细胞等。这种由相同到不同，由共性到特性的演变就叫细胞分化。一般来说，分化程度低的细胞，其分裂繁殖的潜力较强，如间充质；分化程度较高的细胞其分裂繁殖的潜力较弱或完全丧失，如神经细胞。还有些细胞不断地分裂繁殖，同时又不断地进行着分化，如原血细胞和精原细胞，这些细胞通常在形态上表现出细胞核大、核仁明显、染色浅、细胞质嗜碱性，这种幼稚的细胞（低分化细胞）常称为干细胞。

细胞的分化既受到内部遗传的影响，而且也受外界环境的影响。如某些化学药物、激素、维生素缺乏等因素，可引起细胞异常分化或抑制细胞分化。

2. 细胞的衰老与死亡

生物体所有细胞都经历了最初的新生、未分化阶段、分化、生长、平衡、衰老、死亡和解体等过程而告终。因此，细胞的衰老和死亡是正常的发育过程，也是机体发育的必然规律。目前所知的细胞衰老和死亡的材料多系病理条件下所发生的不正常现象的过程，而关于细胞自然衰老和死亡的知识还很贫乏，衰老和死亡是细胞发展过程中的必然规律。衰老的细胞主要表现为代谢活动降低，生理功能减弱，并出现形态结构的改变。不同类型的细胞，其衰老进程很不一致。一般来说，寿命长的细胞，衰老出现很慢，如神经细胞和心肌细胞；寿命短的细胞，衰老较快，如红细胞和表皮的上皮细胞等。

衰老的细胞濒临死亡时，除了代谢降低、生理功能减弱外，形态也发生显著的变化，如细胞质出现膨胀或缩小，嗜酸性增强；脂肪增多，出现空泡；色素的蓄积等。核固缩，进而崩裂成碎片，称为核崩溃。当核内染色质出现溶解，则称核溶解，最后整个细胞解体死亡。在体内死亡的细胞被吞噬细胞所吞噬或自溶解体随排泄物排出体外。在体表死亡的细胞则自行脱落。

第二节　基本组织

细胞是构成畜体结构和功能的基本单位。大量在结构和功能上密切相关的细胞，由细胞间质结合起来形成的细胞群体，称组织。每种组织可看作是向一定功能方向分化的细胞群体，根据组织的一些共同的结构和功能特点，可分为上皮组织、结缔组织、肌组织和神经组织四大类。上皮组织起源于外、中、内三个胚层；结缔组织和肌组织起源于中胚层；神经组织起源于外胚层。

一、上皮组织

上皮组织由密集排列的细胞和极少量细胞间质组成具有保护、分泌、吸收、排泄、感觉等功能。被覆于畜体表面、中空状器官和囊状器官的腔面及体腔表面的上皮，称被覆上皮；具有分配功能的上皮，称腺上皮，具有感受某种物理或化学性刺激的上皮，称感觉上皮或神经上皮。

上皮组织虽然在分布位置和功能上有所不同，但其组织结构具有共同特征：细胞成分多，间质成分极少，大多数上皮细胞有极性，朝向体表或中空性器官的腔面称游离面，与其相对的一面，称基底面，基底面与深层的结缔组织之间借一薄层基膜彼此相连。上皮组织中富含神经末梢，但一般缺血管和淋巴管分布，靠渗透方式通过基膜与深层的结缔组织间进行物质交换。

（一）被覆上皮

习惯上所称的上皮系指被覆上皮，由于功能和分布位置的不同，结构也有所差异。构成皮肤的复层扁平上皮，起着防止机械损伤、水分蒸发和微生物侵入的作用，是畜体的重要屏障。营养物质的吸收和废物的排泄也需通过上皮，如肠管的柱状上皮和肾小管上皮在消化吸收以及尿的生成等过程均起着重要的作用。

根据上皮细胞的形态和排列层数的不同，可将被覆上皮分为以下几种类型。

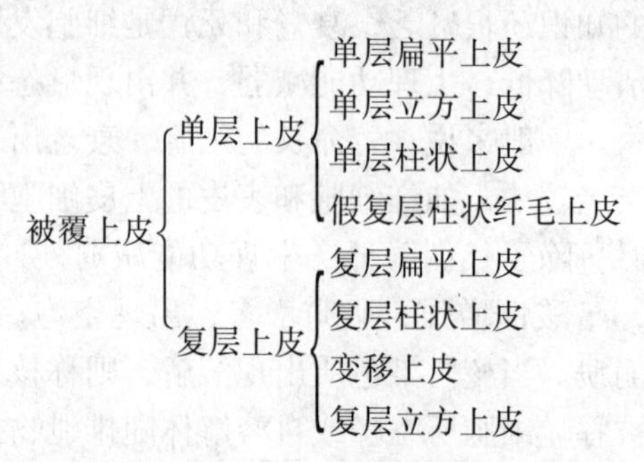

1. 单层上皮

细胞呈单层排列，每个细胞的基底面均与基膜相贴。

（1）*单层扁平上皮*　由一层多边形扁平细胞组成，彼此以锯齿状边缘相嵌合，顶面观呈鳞片状，侧面观呈梭形，胞核扁圆，位于细胞中央（图 1－14）。细胞间有少量黏合质。

单层扁平上皮分布于肾小管髓袢降支、唾液腺闰管等处。此外，分布于心段、血管和淋巴管内壁表面的内皮；分布于胸腹腔内脏外表面以及胸膜、腔膜和心包膜表面的间皮也是单层扁平上皮。内皮表面光滑，可减少血液和淋巴流动时的阻力。间皮表面光滑而湿润，利于内脏器官的活动。

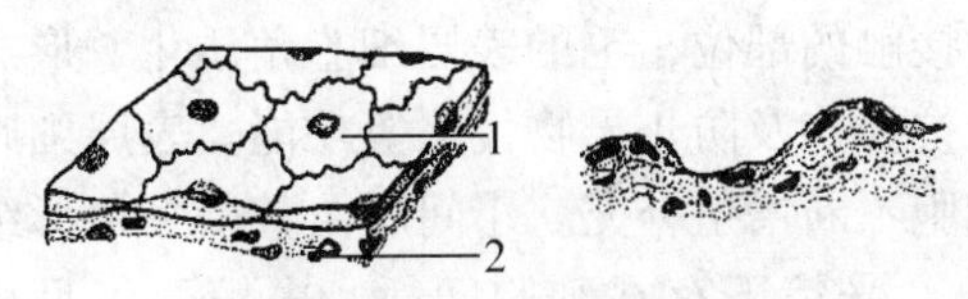

图 1－14　单层扁平上皮

1. 扁平细胞　2. 结缔组织

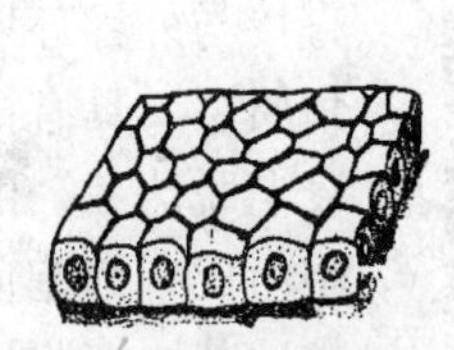

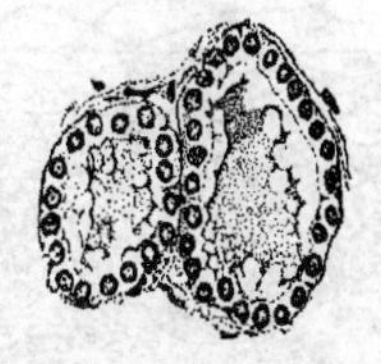

图 1－15　单层立方上皮（立体结构及切片）

（2）单层立方上皮　细胞剖面呈正立方形，表面观则呈多边形，胞核大而圆，位于细胞中央，如肺的细支气管上皮、肾集合管上皮和卵巢表面的生殖上皮等。肾近端小管的单层立方上皮游离面可见微绒毛（图 1－15）。

（3）单层柱状上皮　由一层棱柱状细胞紧密排列，侧面观呈长方形，表面观则呈多角形，核椭圆，长轴与细胞一致位于细胞近基部。单层柱状上皮分布于胃、肠、输卵管、子宫等器官的内腔面和某些腺体及其大排泄管内（图 1－16）。

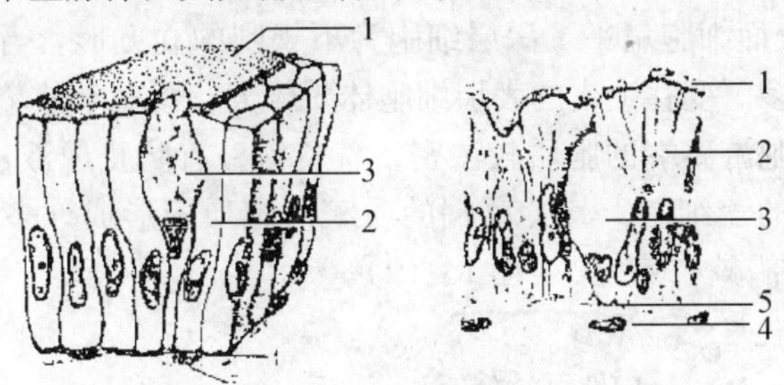

图 1－16　单层柱状上皮（立体结构及切片）

1. 纹状缘　2. 柱状上皮　3. 杯状细胞　4. 基膜　5. 结缔组织

（4）假复层柱状纤毛上皮　由高低不同的柱状细胞、梭形细胞和锥形细胞组成，柱状细胞游离缘有纤毛。由于细胞的高度不同，细胞核不在同一水平面上，形似复层，但每个细胞的基底面均附着于基膜上，实为单层，故有假复层之称。纤毛细胞之间常有杯状细胞分布。假复层柱状纤毛上皮主要分布于呼吸道的内表面能借纤毛的摆动，清除细胞分泌物及吸附的细菌、尘埃等（图 1－17）。

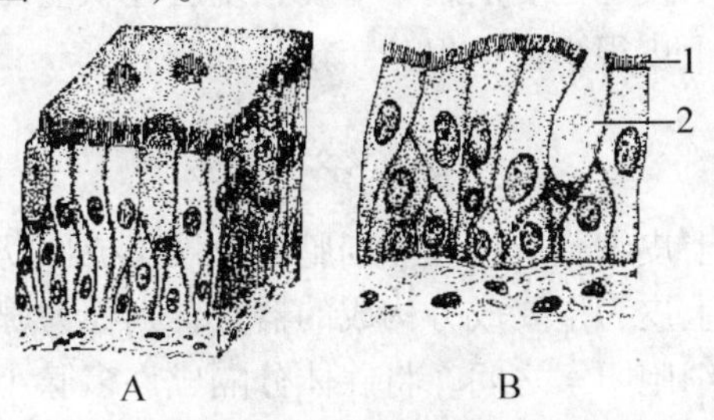

图 1－17　假复层柱状纤毛上皮

A. 模式图　B. 犬气管的假复层柱状纤毛上皮

1. 纤毛　2. 杯状细胞

2. 复层上皮

由两层以上的上皮细胞组成，仅基底层细胞位于基膜上，根据表层细胞形态的不同可分以下几种类型。

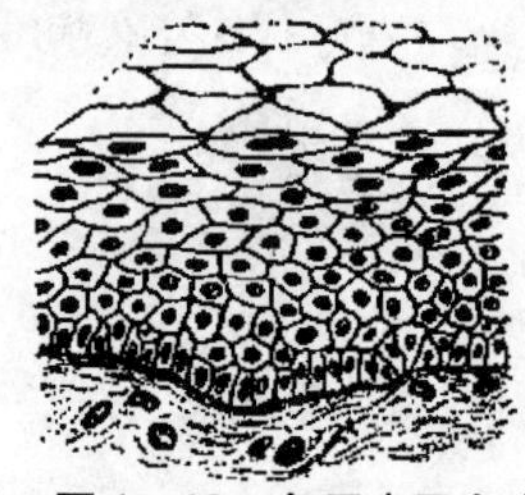

图 1－18　复层扁平上皮

(1) 复层扁平上皮　又称复层鳞状上皮，表层细胞扁平，是直接与外界环境或外物接触的部位，毛的表层细胞角质化，形成角质层，具有抗摩擦、抗损伤及防止异物侵入等功能。表层细胞衰老脱落后，由深层细胞不断增殖补充。小间层由数层多角形细胞组成，细胞间隙明显，光镜下存在细胞间桥，电镜下可见桥粒。基层细胞呈矮核状，体积较小，核椭圆形，有较强的增殖能力，常见有丝分裂像。基层细胞的基底面直接与基膜相贴易于获得营养。复层扁平上皮分布于皮肤、口腔、食管、阴道等处。角化复层扁平上皮深层的结缔组织往往向上皮中突入，形成乳头。乳头中含有丰富的血管，对上皮的营养供应和运输代谢产物具有重要作用。复层扁平上皮具有抵抗机械和化学刺激的作用，受伤后也易于修复，所以是一种保护作用较强的上皮组织（图 1－18）。

(2) 变移上皮　此类上皮只分布于排尿管道，如肾盏、肾盂、输尿管和膀胱等处的黏膜。细胞的层数和形态随器官的功能状态而变动，如膀胱被尿液充满时，上皮细胞层次减少，仅有 2～3 层，表面细胞扁平，深层细胞为不规则的立方形。当膀胱收缩，尿液排空时，上皮细胞层次变多。变移上皮的表层细胞体积较大，覆盖于数个深层细胞表面，称盖细胞。光镜下，盖细胞游离端的胞质较浓密，着色深，有防止尿液侵蚀的作用，称壳层。电镜下发现收缩状态的盖细胞，其游离端的质膜向胞质内形成许多内褶，而当器官扩张时，盖细胞的胞膜内褶减少或消失（图 1－19）。

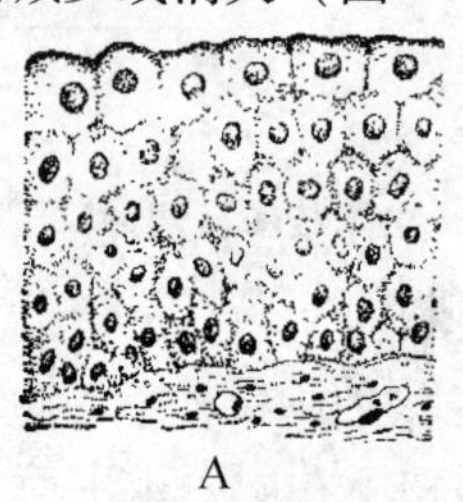

A

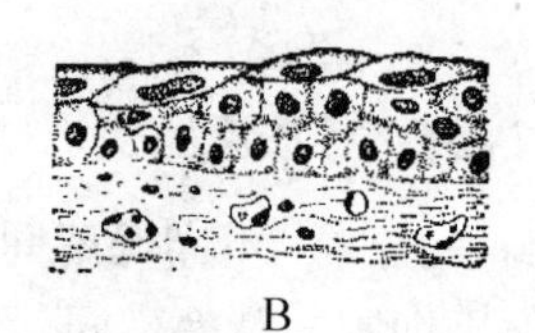

B

图 1－19　变移上皮（膀胱）

A. 收缩状态　B. 扩张状态

睾丸曲精细管的生精上皮也是复层扁平上皮，复层柱状上皮仅分布于眼睑结膜和外分泌腺的大导管。复层立方上皮很少见，仅分布于汗腺的导管。

(二) 腺上皮

由具有分泌功能的腺上皮细胞所构成。细胞多数聚集成团状、索状、泡状或管状，也有单个分散存在的。以腺上皮为主要成分构成的器官，则称为腺体。腺体外面被覆结缔组织被膜，被膜伸入腺上皮细胞团索之间，将腺体分隔成许多腺小叶，同时有血管、神经伴随结缔组织进入腺体内。

腺上皮在胚胎时期，系由原始的上皮细胞索向深层结缔组织内生长、分化而形成。如果腺体的导管与表面上皮有联系，其分泌物可经导管排到器官腔内或体表，这种腺体称为外分泌腺，亦称为有管腺，如汗腺、唾液腺、胃腺等。如果在发生过程中，上皮细胞索与表面的上皮脱离，不形成导管，腺细胞则呈索状、团状排列，它们之间具有丰富血管和淋巴管，腺的分泌物（激素）通过渗透进入血液或淋巴而由体液传递到机体各部，这种腺体则称为内分泌腺，亦称无管腺，如甲状腺、肾上腺和脑垂体等（图 1－20）。

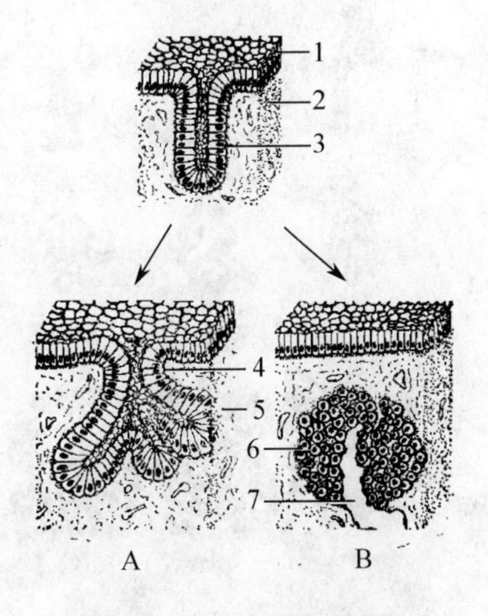

图 1－20　腺上皮发生模式图

A. 外分泌腺　B. 内分泌腺
1. 上皮组织　2. 结缔组织
3. 腺　4. 导管部　5. 分泌部
6. 细胞团　7. 毛细血管

腺体的分泌物对机体的物质代谢、生长发育和繁殖等方面起着极其重要的作用。

下面着重叙述外分泌腺的一般构造、特征和种类。

1. 外分泌腺的一般构造

外分泌腺分单细胞腺和多细胞腺。

（1）单细胞腺　指单独分布于上皮细胞之间的腺细胞，如呼吸道和肠上皮细胞之间的杯状细胞。这种细胞呈典型的高脚酒杯状，核位于细胞细窄的下部，分泌颗粒充满在细胞宽阔的上部。杯状细胞分泌黏液，有润滑和保护上皮的作用。

（2）多细胞腺　由许多细胞组成，包括分泌部和导管部两部分。

①分泌部或腺末房　由一层腺细胞围成，中央的空腔称腺腔。腺细胞的分泌物首先排入腺腔内。腺细胞和周围结缔组织之间也有一层基膜。在有些腺体的基膜腺细胞间，有一种星形的、互相连接的篮状细胞或称肌上皮细胞，收缩时有助于腺末房排出分泌物。基膜周围结缔组织内有丰富的毛细血管、神经和淋巴管。

②导管部或排泄管　为分泌物排出的管道，管壁由两层组织组成。外层为结缔组织；内层为上皮层，通常由非分泌性的上皮细胞所构或。上皮细胞的形状因管径大小而异，小排泄管常为单层立方上皮，大排泄管则多为单层或复层上皮。

2. 多细胞腺的分类

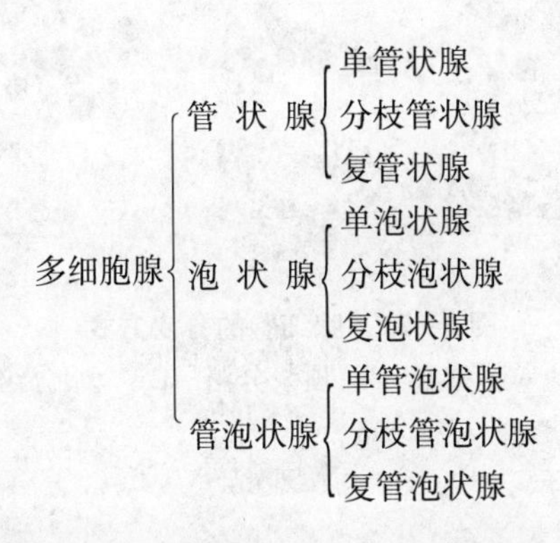

根据腺末房的形状和导管分枝情况的不同，多细胞腺可分为（图 1－21）：①单管状腺，如汗腺和肠腺等；②分枝管状腺，如胃腺和子宫腺；③复管状腺，如肝脏；④分枝泡状腺，如皮脂腺；⑤复管泡状腺，如唾液腺、胰腺和乳腺。

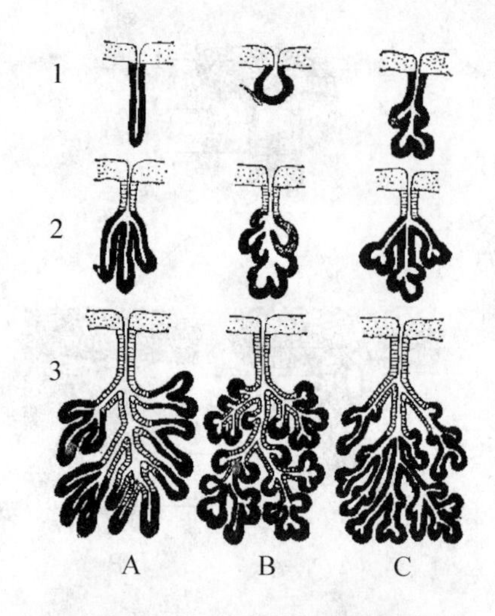

图1－21　各种多细胞腺模式图

（黑色示分泌部　横线示导管部）

A. 管状腺　B. 泡状腺　C. 管泡状腺

1. 单腺　2. 分枝腺　3. 复腺

根据分泌物的性质可分为浆液腺、黏液腺和混合腺三类。

（1）浆液腺　腺泡（分泌部）由浆液性腺细胞组成。这种腺细胞多呈锥形，胞核圆形，染色较浅，位于细胞基底部，细胞顶部的细胞质内含有嗜酸性分泌颗粒（酶原颗粒）。浆液腺的分泌物较稀薄，有的含有酶，如腮腺和胰腺。

（2）黏液腺　腺泡由黏液性腺细胞组成。这种细胞多呈矮柱状、立方形或锥形，核多为扁平状，染色较深，位于细胞的基底部；顶部胞质内含有嗜碱性的分泌颗粒（黏原颗粒）。黏液腺分泌物黏稠，具有润滑和保护等作用。如舌腺、腮腺以及反刍兽和肉食兽的短管舌下腺等。

（3）混合腺　腺泡由浆液性腺细胞和黏液性腺细胞共同组成。常见的形式是浆液性腺细胞位于腺泡的末端或者几个浆液性腺细胞附贴于黏液性腺泡的一侧，在切片上呈半月形排列，称为半月。混合腺的分泌物兼有黏液和浆液。如颌下腺和舌下腺等。

3. 腺细胞的分泌方式

（1）局部分泌　腺细胞所形成的有包膜的分泌颗粒，逐渐移向细胞的游离面，尔后分泌颗粒的包膜与细胞膜融合，以胞吐方式排出分泌物，细胞膜本身不受损坏（图1－22A）。如唾液腺和胰腺。

（2）顶浆分泌　细胞形成的分泌物逐渐向细胞游离面突出，随后包着细胞膜排出。损伤部分的细胞膜很快被修复（图1－22B）。如乳腺（脂滴）和汗腺的分泌。

（3）全浆分泌　腺细胞的分泌物形成后，细胞则解体连同分泌物一起排出，尔后由邻近的腺细胞增殖补充（图1－22C）。如皮脂腺等。

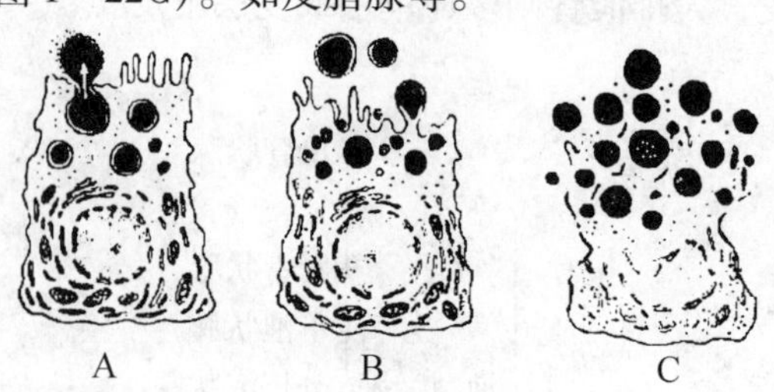

图1－22　腺细胞的分泌方式

A. 局部分泌　B. 顶浆分泌　C. 全浆分泌

（三）感觉上皮

又称神经上皮，是具有特殊感觉功能的特化的上皮。上皮游离端往往有纤毛，另一端与感觉神经纤维相连。它们分布在舌、鼻、眼、耳等感觉器官内，具有味觉、嗅觉、视觉和听觉等功能。

二、结缔组织

结缔组织的形态多样，分布很广，亦由细胞和细胞间质构成，但细胞种类较多，数量较少。细胞间质多，主要由丝状的纤维和液态、胶体或固体状的基质组成。少量的细胞分散于大量间质之中。结缔组织按其形态结构的不同可分四大类：固有结缔组织、血液和淋巴、软骨组织和骨组织。

结缔组织均起源于间充质（图 1－23）。间充质是胚胎早期的结缔组织，由间充质细胞和基质组成，无纤维存在。间充质细胞里多突起的星形或梭形相邻细胞的突起互相连接成网，胞核大，呈椭圆形，淡染，核仁明显，胞质呈弱嗜碱性。基质呈胶样无定形，主要成分为糖蛋白。间充质除分化成各种结缔组织外，还形成过渡性的胚性结缔组织，如脐带内的黏液性结缔组织；瓣胃乳头内的支持组织；鸟类冠的支持组织。胚性结缔组织的主要特征是除基质外，还含有较多的胶原纤维和黏多糖蛋白。

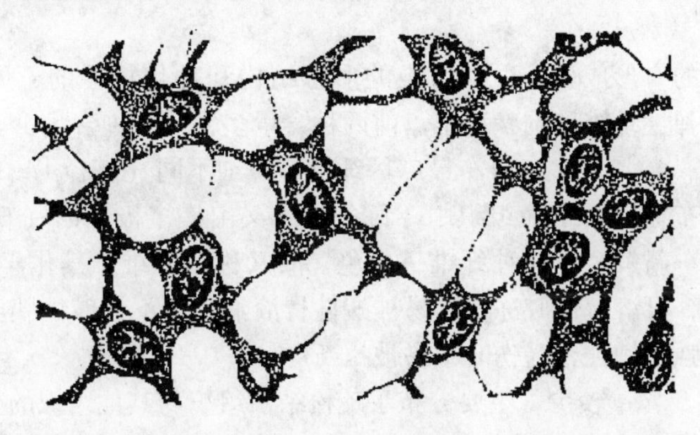

图 1－23 间充质

根据结缔组织的形态结构，可分为疏松结缔组织、致密结缔组织、脂肪组织、网状组织、软骨组织、骨组织、血液和淋巴。

（一）疏松结缔组织

疏松结缔组织又称蜂窝组织，是一种白色而带黏性的疏松柔软组织，形态不固定具有一定的弹性和韧性。广泛分布在皮下和各种器官内，起连接、支持、保卫、营养、运输代谢产物等多种重要作用。疏松结缔组织由细胞、纤维和基质三种成分组成，基质含量较多。细胞和纤维含量较少，分散存在于基质中。

1. 细胞成分

有多种类型，主要有成纤维细胞、组织细胞、肥大细胞和浆细胞等。

（1）成纤维细胞　是最基本的细胞成分，数量最多遍布于结缔组织中，常与纤维靠近。细胞呈扁平不规则形，具有突起；核大，呈卵圆形，染色质少，有 1～2 个核仁；胞质呈弱嗜碱性；细胞轮廓不清。成纤维细胞在结缔组织中处于不同的发育阶段。功能降低的老龄细胞，胞体较小；染色较深，核仁不明显；胞质很少，呈弱嗜酸性，这时称为纤维细胞。成纤维细胞具有形成纤维和基质的功能。在机体生长发育时期和创伤修复过程中，尤为明显。

(2) 组织细胞　数量较多，分布较广，常与毛细血管靠近。组织细胞与成纤维细胞相似，但细胞较小，核也较小，染色较深，不显核仁；细胞质染色较深，细胞轮廓清晰。组织细胞具有多种功能，当机体局部细菌感染时，能做变形运动，游走到发炎部位，大量吞噬细菌和坏死物质，故又称巨噬细胞。正常情况下，能吞噬衰老或死亡的红细胞；摄取维生素 C 颗粒；吸取并储存脂肪粒，转变为脂肪细胞。此外，它还参与免疫活动。

(3) 肥大细胞　大都沿血管附近分布。细胞较大，呈球形或卵圆形；核小，染色较浅；细胞质中充满粗大的异染性颗粒。颗粒内含有肝素和组织胺，有参与抗凝血、增加毛细血管通透性和促使血管扩张等作用。

(4) 浆细胞　多见于淋巴组织、胃肠道、呼吸道和输卵管等固有膜内。细胞呈球形、卵圆形或梨形，大小不一。核圆形，偏居于细胞一侧，核内染色质成块状，沿核膜呈辐射状排列，状如车轮。"车轮状核"是浆细胞结构上的重要特征。细胞质嗜碱性，靠近胞核处有一浅色区。浆细胞是产生抗体的细胞，在免疫反应中具有重要的作用。

2. 纤维

是细胞间质中的有形成分。根据纤维的形态结构和理化特性的不同，可分为三种类型：即胶原纤维、弹性纤维和网状纤维。前两种含量多，后一种含量少。

(1) 胶原纤维　数量最多，分布最广。纤维呈粗细不同（直径 1～12μm）、长短不一的分枝状，交织分布在疏松结缔组织中。每条纤维又由许多极细的（直径 0.2～0.5μm）胶原纤维合并而成。新鲜时，这种纤维呈白色，故又称白纤维。其化学成分为胶原蛋白，加热或用弱酸处理，可溶解成胶冻状；易被酸性胃液消化，不被碱性胰液消化。纤维呈波浪形，能弯曲，有强的韧性，受伤时不易被拉断。

(2) 网状纤维　含量较少，主要分布于疏松结缔组织与其他组织的交界处，如上皮组织的基膜、脂肪组织、毛细血管周围等处均可见到细致的网状纤维。网状纤维与胶原纤维的化学成分基本相同，扫描电镜下，网状纤维就是不成束，而交织成网的胶原纤维，也具有周期性横纹。网状纤维在 H－E 染色时不易着色，但易被硝酸银镀染成黑色，故又称嗜银纤维。

(3) 弹性纤维　呈黄色，又称黄纤维，折光性强，有弹性，粗细不等，直径约 0.2～1.0μm。电镜下，弹性纤维由集合成束的微原纤维埋在较多均质的弹性蛋白中。沸水、弱酸和弱碱中弹性纤维不溶解，易被胰液消化，但胃蛋白酶对其无作用。常规 H－E 染色时不易着色，用地衣红染色时呈紫红色。

3. 基质

是一种无定型黏稠状的胶体物质，无色而透明。主要成分为透明质酸（一种黏多糖蛋白），有阻止进入体内异物扩散的作用。除透明质酸外，基质中还含有大量的组织液，是由毛细血管渗透而来，通过它实现组织与血液之间的物质交换。

(二) 致密结缔组织

致密结缔组织由大量紧密排列的纤维成分和少量的细胞成分（主要为成纤维细胞）构成，基质含量少，形态固定，故又称定型致密结缔组织。根据纤维排列方向的不同，又分为不规则和规则的两种致密结缔组织。

不规则致密结缔组织以胶原纤维为主，纤维排列方向不规则互相交织构成坚固的纤维膜。如真皮、骨膜、软骨膜和巩膜等。

规则致密结缔组织，有的以胶原纤维为主，如肌腱（图1－24）；有的以弹性纤维为主，如项韧带（图1－25）。纤维排列十分规则而致密其排列方向与该组织所受牵引力的方向相一致。肌腱有很强的韧性和抗牵引力，项韧带则有很大的弹性。

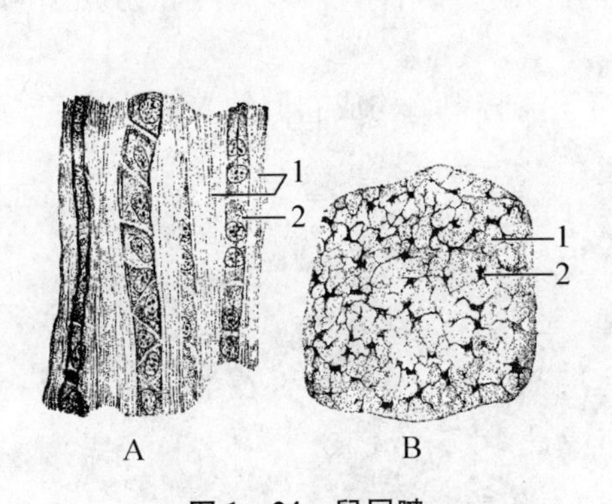

图1－24　鼠尾腱

A. 纵切　B. 横切

1. 胶原纤维束　2. 腱细胞

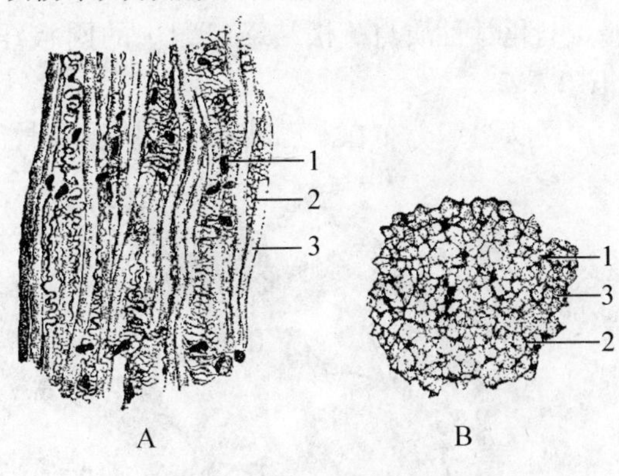

图1－25　牛项韧带

A. 纵切　B. 横切

1. 成纤维细胞核　2. 胶原纤维　3. 弹性纤维

（三）脂肪组织

由大量脂肪细胞聚集而成，细胞表面包绕着致密而纤细的网状纤维，基质含量极少。少量疏松结缔组织和小血管伸入脂肪组织内，将其分隔成许多小叶。脂肪细胞呈球形或卵圆形，由于细胞的堆积和挤压，有时就变为多角形。整个细胞被一滴脂肪所占，细胞质和细胞核被挤到细胞的外围，呈一狭窄的指环状带。在普通切片中，由于脂滴被溶解，细胞呈现为大空泡状（图1－26）。

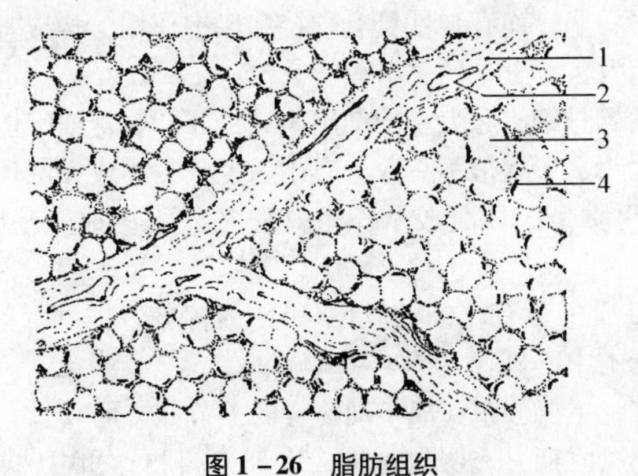

图1－26　脂肪组织

1. 小叶间结缔组织　2. 微血管　3. 脂肪细胞　4. 脂肪细胞核

脂肪组织主要分布在皮下、肠系膜、腹膜、大网膜以及某些器官的周围。其主要功能是贮存脂肪并参与能量代谢，是体内最大的能量库。此外，脂肪组织还有支持、保护和维持体温等作用。

（四）网状组织

网状组织由网状细胞、网状纤维和基质构成。网状细胞为星形多细胞，突起互相连接成网，脂核大而染色浅，核仁明显，胞质丰富。网状细胞能形成网状纤维，有些网状细胞还具有吞噬作用。网状纤维有分支，互相交织成网，紧贴在网状细胞的表面。纤维的形态特点与化学性质与疏松结缔组织中的网状纤维完全相同，但含量很多。网孔内充满基质（图1－27）。

网状组织分布在淋巴结、脾、胸腺和骨髓等组织器官中，构成它们的支架。

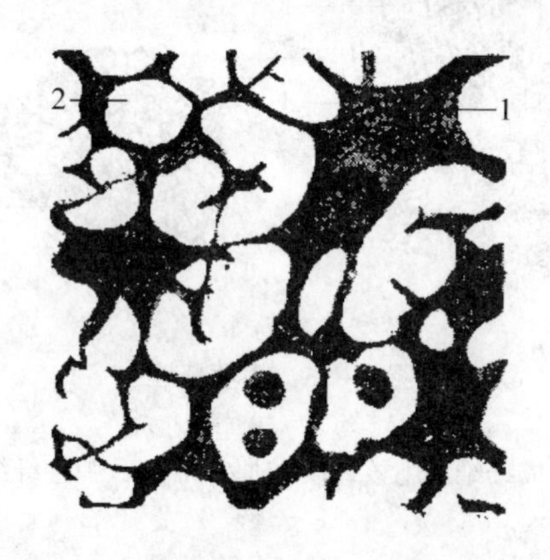

图1－27　网状组织（硝酸银镀染）

1. 网状细胞与网状纤维　2. 网眼

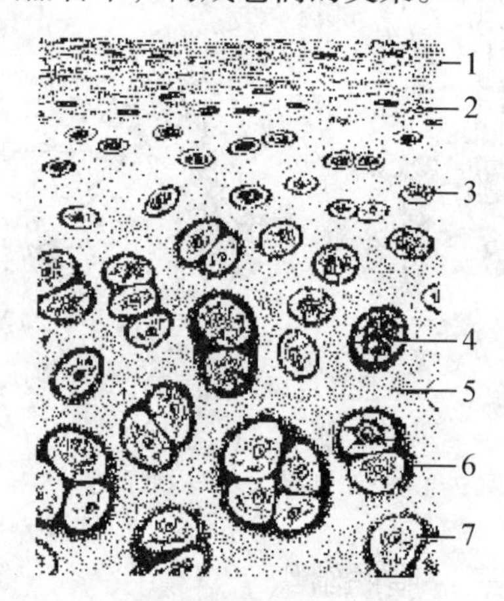

图1－28　透明软骨

1. 软骨膜　2. 软骨膜内层细胞　3. 幼稚软骨细胞　4. 软骨细胞　5. 软骨基质　6. 软骨囊　7. 软骨陷窝

（五）软骨组织

软骨组织简称软骨，坚韧而有弹性具有支持和保护作用，构成耳、鼻、喉、气管和支气管等器官的支架，以及大部分骨的关节软骨。

软骨组织由少量的软骨细胞和大量的细胞间质构成。软骨细胞埋藏在由软骨基质形成的软骨陷窝中。细胞大小、形状很不一致，有小扁平状的，或大圆球形的；有的分散，有的则聚集成群。软骨间质呈固体凝胶状，由基质和纤维构成。基质的主要化学成分是软骨。

（1）透明软骨　基质中含有较细的胶原纤维，排列散乱。因纤维的折光率与基质相近，因而在普通染色标本中不显著（图1－28）。

透明软骨分布最广，主要分布在成年动物骨的关节面、肋软骨、鼻中隔软骨、喉、气管和支气管等处。在胚胎时期，透明软骨构成大部分四肢骨和中轴骨，以后被骨所代替。生活状态时呈半透明玻璃状，坚韧而有弹性。

（2）弹性软骨　基质中含有弹性纤维交织成密网，普通标本中易见到（图1－29）。弹性软骨分布在耳壳、会厌和咽鼓管等处。新鲜时，略显黄色不透明，具有弹性。

（3）纤维软骨　基质中含有大量粗大的胶原纤维束，呈平行或不规则排列；细胞成行分布在纤维束之间，基质极少（图 1－30）。

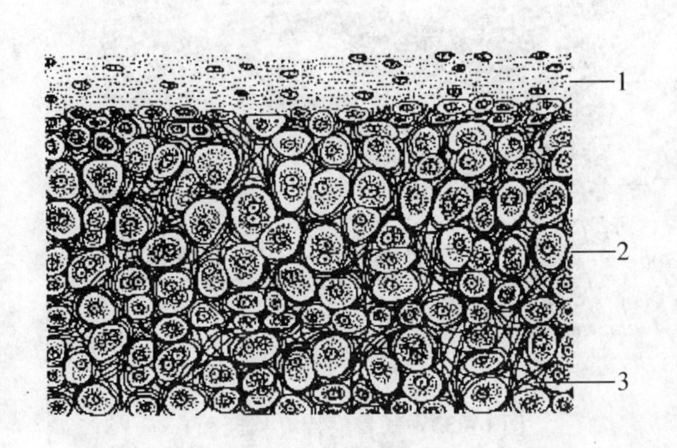

图 1－29　弹性软骨

1. 软骨膜　2. 软骨细胞　3. 弹性纤维

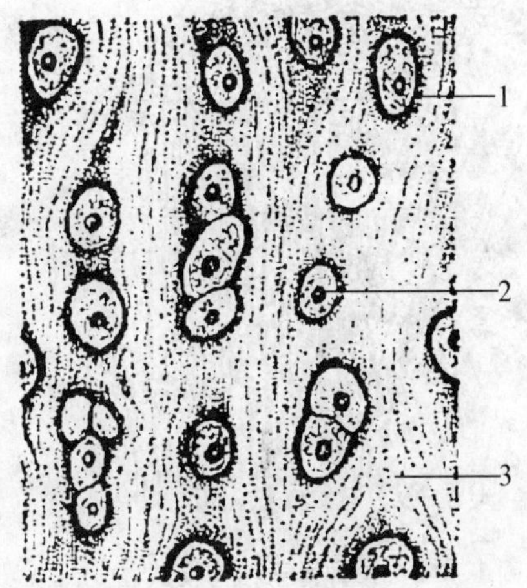

图 1－30　纤维软骨

1. 软骨囊　2. 软骨细胞　3. 胶原纤维束

纤维软骨在软骨中最少见分布在椎间盘、半月板和耻骨联合等处。它是软骨组织和致密结缔组织（如肌腱）之间的一种过渡类型。新鲜时，呈不透明的乳白色，具有很大的抗压能力。

大多数软骨组织的表面（关节软骨的关节面除外）均覆盖着一层由致密结缔组织构成的软骨膜。膜内的细胞成分有分裂增生能力，是软骨生长和再生的来源。

软骨内无血管，其营养来源和代谢产物的运出，是依靠基质的渗透和扩散作用，然后再与软骨膜的血管进行物质交换。

（六）骨组织

是动物体内（除牙齿的釉质外）最坚硬的组织，构造很复杂（图 1－31），它和软骨组织一起构成动物体的支架，具有支持和保护作用。

骨组织由骨细胞、纤维和基质构成。

①骨细胞　为扁平多突细胞，埋藏在由基质形成的骨陷窝中（图 1－32）。从陷窝通出许多骨小管，相邻骨小管互相贯通。骨细胞伸出的突起，即通过骨小管，与邻近细胞突起相连。老年动物的骨细胞已失去突起和胞核，胞浆退化被吸收，因而骨陷窝中仅留下一团颗粒状的物质。

②纤维　与胶原纤维相似，称骨胶纤维。它们大都组成致密的纤维束，与基质中的骨黏蛋白黏合在一起。

③基质　由有机物和无机物共同组成。有机物为黏多糖蛋白，称骨骼蛋白。无机物常称为骨盐，主要成分是羟基磷灰石，此外还含有少量的 Mg^{2+}、Na^{+}、F^{+} 和 CO_3^{2-} 等。骨盐沉积在纤维上，使骨组织具有坚硬性。

正常情况下，骨中的钙与血液中的钙经常处于动态平衡和不断更新中；骨将得不到应有的钙而变软，结果发生软骨症。根据骨组织中纤维排列情况的不同，可分为两种骨组织即粗纤维骨和板层骨。

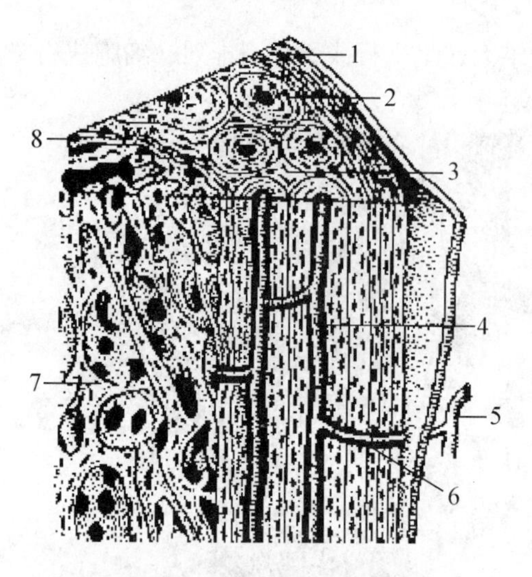

图 1－31　长骨骨干结构模式图

1. 外环骨板　2. 骨单位　3. 间骨板
4. 中央管　5. 血管　6. 穿通管
7. 骨松质　8. 内环骨板

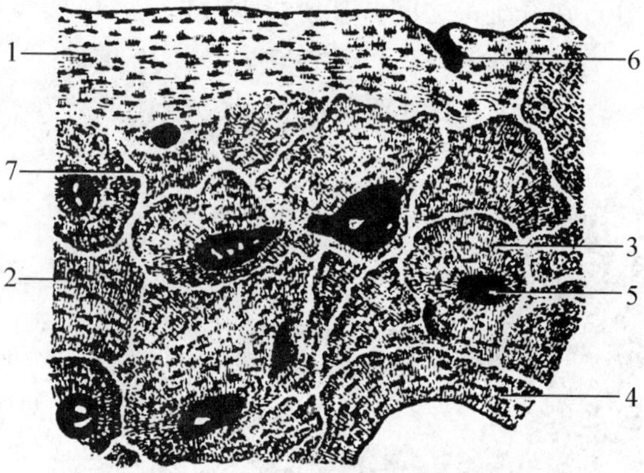

图 1－32　长骨磨片（横断面）

1. 外环骨板　2. 间骨板　3. 哈佛氏系统
4. 内环骨板　5. 哈佛氏管　6. 伏克曼氏管
7. 黏合线

1. 粗纤维骨

粗纤维骨的纤维呈粗细不同的小束，散乱地排列在基质中，骨细胞大。如低等脊椎动物与高等脊椎动物胚胎和幼年时期的骨。后者在骨发生过程中逐渐被板层骨所代替。

2. 板层骨

板层骨是高等脊椎动物骨骼的基本构造。由粗细大致相等的致密纤维束，呈有规则地分层排列，每层纤维与基质共同构成板层结构，称为骨板。

骨细胞被夹在骨板之间，胞体紧贴骨板表面细胞，突起则伸入骨板中，相邻骨板内的纤维方向，纵横交错以适应机械力学的要求。

根据骨板排列松、密程度的不同，板层骨又分为骨松质和骨密质两种。

（1）骨松质　分布在长骨的骨端及短骨内部。骨板只有一种简单的重叠排列方式，数层骨板构成粗细不同的骨小梁。骨小梁以不同方式交错着其间的孔隙充满着红骨髓。

（2）骨密质　分布在骨的表面，结构致密而复杂。以长骨为例：在横断面上可见几种不同排列方式的骨板。其中最主要的一种是分布于骨密质中央的哈佛氏骨板，它是呈多层（约 5～22 层）同心圆排列的圆筒状骨板。在哈佛氏骨板中心有一纵行的管道，称为哈佛氏管，是血管、神经的通路。哈佛氏骨板和哈佛氏管合称哈佛氏系统或称骨单位（图 1－33）。哈佛氏管与骨板中的骨小管相通，它们与骨陷窝一起构成一个复杂的互相

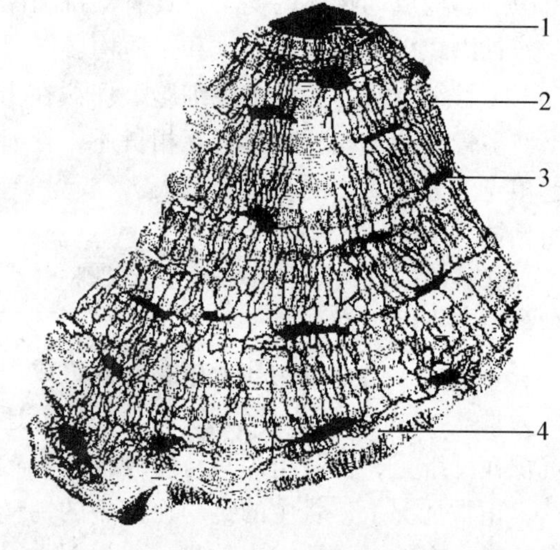

图 1－33　部分哈佛氏系统（横断面高倍镜观察）

1. 哈佛氏管　2. 骨小管　3. 骨陷窝　4. 黏合线

通连的管道系统。通过这个管道系统实现血液与骨细胞之间的物质交换。

在哈佛氏系统之间，填充着另一种骨板，称间骨板，形状不规则，是骨生长过程中骨单位的遗迹（图1-32）。哈佛氏骨板与骨间板之间有一条黏合线，是一种含有大量骨盐的黏合质。

骨密质外表面和内表面还有第三种骨板分别称为外环骨板和内环骨板，它们均环绕骨干排列（图1-32）。外环骨板层数较多，最外一层与外膜紧密相接；骨板中可见一些与表面成垂直分布的管泛称伏克里氏管，骨外膜来的血管神经，由此进入骨质内。伏克曼氏管与哈佛氏管相通。内环骨板因骨髓腔面凹凸不平而排列不规则，骨板层数也较少，最内一层衬以骨内膜；骨板中也有垂直穿行的伏克曼氏管。

骨密质内、外面均被覆着一层纤维性结缔组织的骨膜。骨外膜较厚，骨内膜甚薄。骨外膜又分两层，外层致密有保护作用，内含有许多粗大的纤维束，并穿入骨质内，可固定骨膜。内层由大量细胞和少量纤维构成。骨膜中有丰富的血管、淋巴管和神经末梢，有营养和感觉作用。骨膜内面的细胞具有分裂繁殖和分化为成骨细胞及破骨细胞的能力。成骨细胞有造骨功能，可形成骨质。破骨细胞参与骨质的吸收过程。

（七）血液及淋巴

血液与淋巴是流动在血管和淋巴管内的液体性结缔组织。由细胞成分（各种血细胞和淋巴细胞）和大量的细胞间质（血浆和淋巴浆）组成。

1. 血液

血液在新鲜状态时，呈红色，不透明，具有一定的黏稠性。其生理功能有运输氧和营养物质，供各组织细胞利用，并把组织细胞所产生的代谢产物运走；运输各种激素到有关组织或器官，实现体液调节；血液中的白细胞能吞噬细菌和异物、产生抗体，具有免疫作用；此外，还能维持组织细胞生理活动所需要的适宜环境。因此，血液是动物体内一种十分重要的结缔组织。

大多数哺乳动物的全身血量约占体重的7%～8%，其中血浆占血液成分的45%～65%，血细胞则占35%～55%。血液的成分见表1-1：

表1-1　血液成分简表

血液	血　浆	纤维蛋白原		
		血清（水、血清蛋白、球蛋白、脂质、葡萄糖、酶、激素、无机盐、代谢废物等）		
	血细胞	红细胞		
		白细胞	有粒白细胞	嗜中性粒细胞
				嗜酸性粒细胞
				嗜碱性粒细胞
			无粒白细胞	单核细胞
				淋巴细胞
		血小板		

（1）血浆　为血液的细胞间质成分，呈淡黄色，有黏稠性。其中水分约占91%，其余9%为各种溶解状态的有机物和无机物，如纤维蛋白原、血清蛋白、球蛋白、脂质、葡萄糖、酶、激素、无机盐及代谢产物等。血液流出血管后，即凝成血块，这是由于溶解状态的纤维蛋白原转变为不溶状态的纤维蛋白所致。血浆中除去纤维蛋白原，剩下的淡黄色

清亮液体，叫血清。

（2）红细胞　是一种高度分化的细胞。大多数哺乳动物的红细胞呈两面凹陷的圆盘状（图1－34），骆驼和鹿的为卵圆形，无细胞核和细胞器。鸟类的红细胞呈卵圆形，细胞中央有一个椭圆形的核。红细胞很小，其大小在各种动物中略有差异。在1mm^3血内的红细数量，随动物品种、年龄、性别、地理条件不同而异（表1－2）。

表1－2　主要动物红细胞的直径和数量

动物各别	每mm^3血液中红细胞数（万）
犬	6.8
猫	8.0
兔	5.7
鸽	3.2

图1－34　扫描电镜下的红细胞

红细胞的胞浆内含有60%的水分和40%的其他物质。后者主要为血红蛋白（约占其他物质的90%）。血红蛋白是一种复合的色素蛋白，由球蛋白和四个分子的亚铁血红素结合构成。这种色素蛋白决定了红细胞的颜色。单个红细胞呈黄绿色，大量红细胞聚集则呈红色。血红蛋白易与氧结合而成氧合血红蛋白，还能与二氧化碳结合而成还原血红蛋白，故红细胞是氧和二氧化碳的携带者。

红细胞在血流中经常出现更新现象，其寿命平均为120天。衰老的红细胞大都被脾和肝内的巨噬细胞所吞噬。新生的红细胞不断从红骨髓产生，从而使红细胞总数维持在一定的水平。

（3）白细胞　是具有细胞核和细胞器的典型细胞。比红细胞大，在1mm^3血内的数量远比红细胞为少。其数量因动物种类不同而有差别，在同一个体中，也由于年龄和生理情况的不同而有一定范围的变化。

白细胞种类很多，根据细胞内有无特殊颗粒，分为有粒白细胞和无粒白细胞两类。有粒白细胞又分为嗜中性、嗜酸性和嗜碱性三种。无粒白细胞又分为单核细胞和淋巴细胞两种。

①嗜中性粒细胞　细胞呈球形，直径为7～15μm。核的形状随细胞发育程度而改变，由肾形、杆形到分叶形，年龄越老，核的分叶越多。在正常血涂片中，三叶的核居多，每叶间有细的核丝相连。核染成较深的蓝紫色（羊的核分叶最多）。细胞质染色浅，其中含有许多均匀分布的特殊颗粒。动物嗜中性粒细胞的特殊颗粒很细，在细胞质中一般不明显（山羊的较明显）。这种颗粒可被酸性和碱性染料染成淡紫红色。鸡的颗粒粗大，呈短杆状，可被酸性染料染为红色。由于颗粒具有多种嗜色性，故又称为异嗜性粒细胞。在特殊颗粒间，还有一种少量的大的嗜天青颗粒，能被天青染料染为紫红色。经生化分析，发现嗜中性特殊颗粒和嗜天青颗粒中含有多种酶活性物质，如碱性磷酸酶、溶菌酶、过氧化酶、DNA酶、RNA酶等。这些酶类与溶酶体中的一些酶类很相似，因此，这两种颗粒具有细胞内消化作用。嗜中性粒细胞是一种很活泼的白细胞，有趋化性，当机体内有细菌侵入时，可从血管中游出，并向细菌靠拢，然后用伪足把细菌吞噬，最后被细胞质内的颗粒

所消化。死亡的嗜中性粒细胞、溶解的组织碎片和细菌一起形成脓液。嗜中性粒细胞的数量较多，在各种动物中占白细胞的比例见表1-3。它在血液中的寿命大约为五天。新生的细胞从红骨髓中产生。

②嗜酸性粒细胞　细胞呈球形，直径为8～20μm。核有肾形和分叶形，一般为二叶，染成较浅的蓝紫色。细胞质内含有折光性强的粗大的嗜酸性颗粒，一般染成亮橘红色。马的颗粒最大，密集布满在细胞质中。颗粒中含有多种酶与嗜中性粒细胞颗粒中的相类似，但过氧化酶活性更高，缺少溶菌酶。嗜酸性粒细胞有缓慢的变形运动，其功能尚不十分清楚。在某处发生过敏反应时，此处可见到嗜酸性粒细胞聚集，血液中这种细胞增多，推测与过敏反应有关；某些寄生虫感染时，血液中这种细胞也增多。近年来研究表明，它能聚集在抗原-抗体反应的部位，并能吞噬不溶性的抗原-抗体复合物，从而阐明在过敏反应时这种细胞增多的原因。嗜酸性粒细胞的数量很少，在各种动物中占白细胞的比例见表1-3。它的寿命比嗜中性粒细胞短。新生细胞在红骨髓中产生。

③嗜碱性粒细胞　细胞略小于嗜酸性粒细胞。核常呈S形或2～4个分叶形，染成很浅的蓝紫色。细胞质中含有大小不等的特殊的嗜碱性颗粒染成深蓝紫色，常将核覆盖。嗜碱性粒细胞的功能不十分清楚。经组织化学分析，原粒内含有组织胺、肝素和慢反应物质。嗜碱性颗粒释放以后，其肝素具有抗凝血作用，组织胺和慢反应物质参与过敏反应。嗜碱性粒细胞的数量最少，在各种动物中占白细胞的比例见表1-3。新生细胞在红骨髓中产生。

④单核细胞　呈球形，体积最大，直径为10～20μm。胞核呈卵圆形、肾形和马蹄形，马和牛的常为分叶形，染成蓝紫色；细胞质丰富，染成浅灰蓝色，其中常可见到散在的嗜天青颗粒。颗粒中含有氧化酶。单核细胞具有明显的吞噬功能。当机体发炎时，它就游出血管外，变为巨噬细胞，消灭有害物质。单核细胞数量较少，在各种动物中占白细胞的比例见表1-3。其寿命一般为三天。细胞来源说法不一，多数认为是由红骨髓产生。

⑤淋巴细胞　淋巴细胞占白细胞总数的20%～30%。细胞呈球形，大小不等。可分大、中、小三种。小淋巴细胞数目最多，直径6～8μm。胞核圆形，一侧常有小凹陷，染色质致密呈块状，着色深。胞质少，呈嗜碱性，染成蔚蓝色，含有少量嗜天青颗粒。颗粒内不含过氧化物酶。中淋巴细胞直径8～11μm，大淋巴细胞直径12～15μm。胞质较多。核染色质较疏松。电镜下可见大量的游离核糖体（图1-35）。淋巴细胞的形态虽然相似，但并非同一类群。根据其来源及功能，淋巴细胞可分为T淋巴细胞、B淋巴细胞、K细胞和NK细胞。

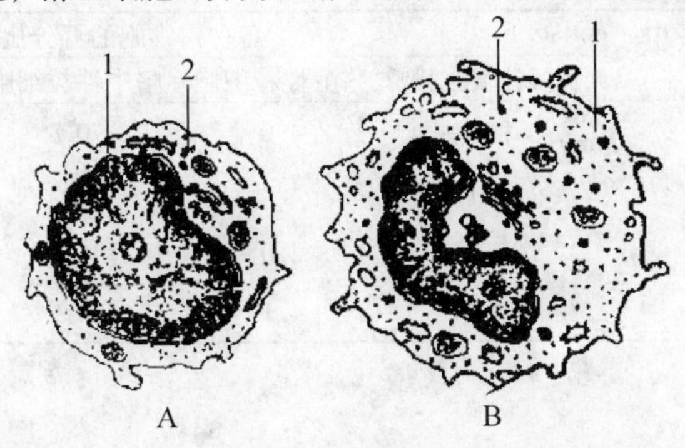

图1-35　淋巴细胞和单核细胞超微结构模式图

A. 淋巴细胞　B. 单核细胞 1. 游离核糖体　2. 嗜天青颗粒

（4）血小板　血小板是骨髓中巨核细胞胞质脱落的碎片。呈双凸圆盘状，大小不一。直径2～4μm。血涂片上多呈不规则形状，成群分布于血细胞之间，血小板周围呈透明的浅蓝色，称透明区；中央部分有紫蓝色颗粒，称颗粒区。电镜下，血小板膜表面有一层酸性黏多糖组成的糖衣；可吸附血浆中的蛋白质等物质。胞膜内陷成许多弯曲的管道，使血小板有较大的表面积。透明区有环形的微管，以维持血小板的形态，微管之间有微丝，具有收缩功能。颗粒区内有线粒体、糖原、血小板颗粒及小管系（图1－36）。血小板颗粒内含凝血因子酸性磷酸酶等与凝血有关的物质，血小板在凝血和止血中起重要作用。当血管损伤时，血小板凝集在损伤处释放出多种与凝血有关的因子，促进凝血酶的生成；此酶可使呈溶解状态的纤维蛋白原转变成细丝的纤维蛋白，将血细胞网络在一起形成血块而止血。正常人血小板数量为10万～30万/mm^3。当血小板数量低于10万/mm^3为血小板减少症，低于5万/mm^3时则有自发出血危险。血小板的功能主要与凝血有关。

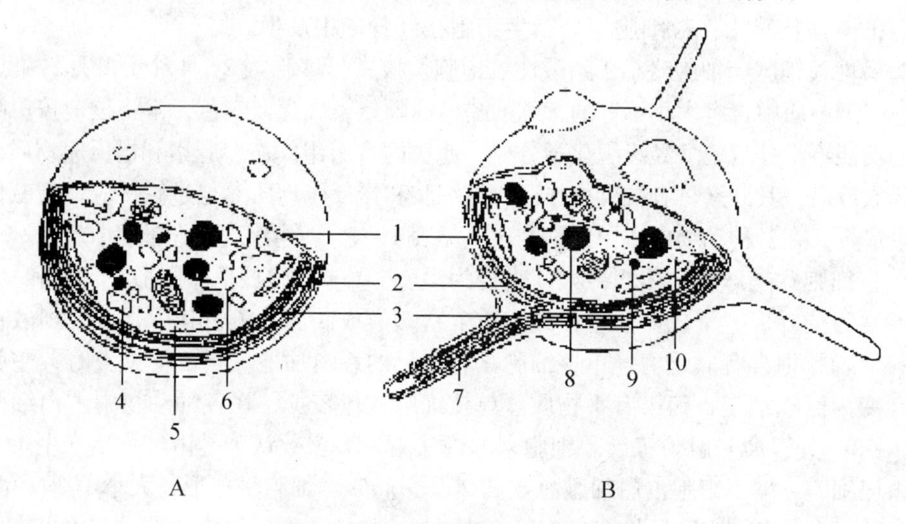

图1－36　血小板超微结构模式图

A. 静止相　B. 机能相

1. 糖衣　2. 微丝　3. 微管　4. 开放小管断面　5. 致密小管系　6. 开放小管系　7. 伪足　8. 特殊颗粒　9. 致密颗粒　10. 糖原颗粒

表1－3　成年健康动物血液白细胞数值及分类百分比（平均值）

动物种别	每mm^3血液中白细胞数（千）	各种白细胞的百分比				
		嗜碱性粒细胞	嗜酸性粒细胞	嗜中性粒细胞	淋巴细胞	单核细胞
犬	11.5	稀少	4.0	70.8	20.0	5.2
猫	16.0	0.1	5.4	59.5	31.0	4.0
兔	9.0	5.0	2.0	46.0	39.0	8.0
鸽	2.4	6.2	4.1	33.5	58.5	3.0

2. 淋巴液

由液态的淋巴浆和悬浮于其中的血细胞构成。淋巴浆的成分和血浆相似，有凝固性但比较慢。血细胞主要为小淋巴细胞，单核细胞较少，有时还有少量的嗜酸性粒细胞。

三、肌组织

肌组织是动物各种运动的基础。如四肢的运动、胃肠的运动、心脏的跳动，都有赖于肌组织的舒缩来实现的。

肌组织以细胞成分为主，肌细胞细而长，所以也叫肌纤维。肌细胞内含有肌原纤维，它是肌细胞收缩的形态基础。

肌组织根据形态结构、生理特性和分布的不同，可分为三种类型：即平滑肌、骨骼肌和心肌。

（一）骨骼肌

骨骼肌主要分布在骨骼上，因其肌纤维明显有横纹，也叫横纹肌。

肌纤维呈长柱状，末端呈圆锥形，其长短及粗细，随肌肉的种类及生理状况而异。一般长约1～40mm，直径10～100μm。

肌纤维表面有一层不明显的肌膜。

每条肌纤维含有很多细胞核，最多可达几百个。因此，骨骼肌纤维属于多核细胞。核一般为椭圆形位于肌纤维的边缘，染色质呈小块状，有1～2个核仁（图1－37）。

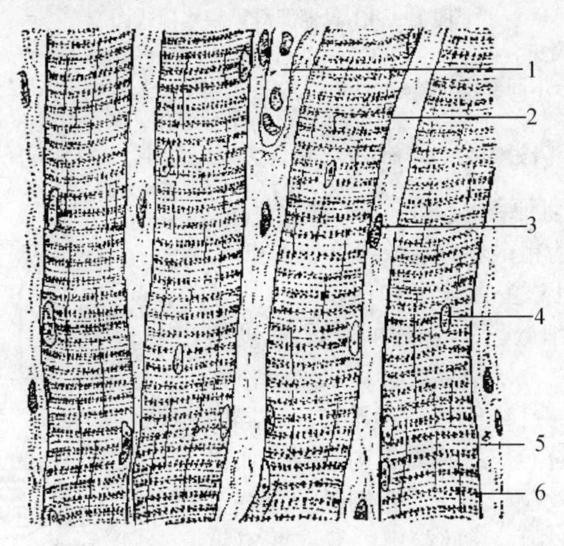

图1－37 骨骼肌纤维纵切

1. 毛细血管 2. 肌纤维膜 3. 成纤维细胞 4. 肌细胞核
5. 明带（Ⅰ带） 6. 暗带（A带）

肌浆内含有丰富的肌原纤维。肌原纤维呈细丝状，与肌纤维长轴平行排列。骨骼肌的肌原纤维与平滑肌的肌原纤维不同，每条肌原纤维上可见到折光性不同的明带和暗带。明、暗带相间排列，在同一根肌纤维内的肌原纤维，明带和暗带分别排在同一平面上，因此显示出横纹（图1－37）。

在偏振光显微镜下观察，明带呈较暗的单折光性或各相同性，故又称I带；暗带呈较明亮的双折光性或各相异性，故又称A带。用铁苏木精染色，明带着色较浅，暗带着色较深，因此，横纹更为明显。A 带中央有一条浅低称 H 带，在 H 带正中还可见有一条深线，称 M 线。I 带中央也有一条深线，称 Z 线。两条 Z 线间的部分称为肌节，是肌肉收缩的形态学结构单位（图 1－38）。

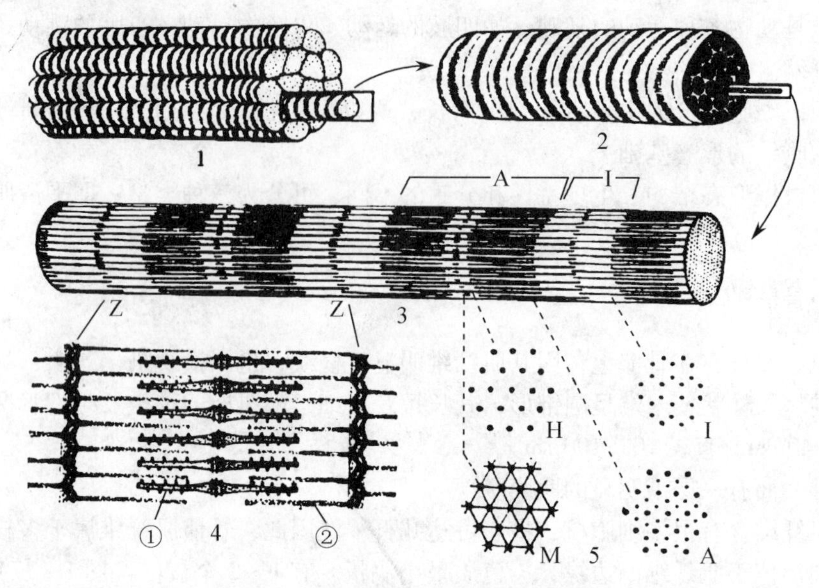

图 1－38　骨骼肌纤维结构模式图

1. 肌纤维束　2. 一条肌纤维　3. 一根肌原纤维　4. 一节肌节（模式图）　5. 肌原纤维横切示不同部位肌微丝排列　①肌球蛋白微丝及其横突　②肌动蛋白微丝　A. A 带及过 A 带横切面　I. I 带及过 I 带横切面　H. H 带及过 H 带横切面　M. M 线及过 M 线横切面　Z. Z 线（两 Z 线之间为一段肌节）

在电镜下观察，肌原纤维由许多肌微丝组成，肌微丝有两种，一种为粗微丝，直径约 100～200Å，长度约 10.5μm，由肌球蛋白分子构成，又称肌球蛋白微丝。另一种为细微丝，直径约 50Å，长度约 2μm，主要由肌动蛋白分子构成，又称肌动蛋白微丝。这些肌微丝在肌原纤维中呈平行排列，各居固定位置，彼此保持一定距离，甚为规则整齐。如粗微丝位于暗带，细微丝位于明带，粗细微丝重叠于 H 带以外的其他暗带。因此，暗带中的 H 带只有粗微丝，暗带中的其他部分则有粗细两种微丝，明带中则只有细微丝。M 线是由每条粗微丝中心伸出一些更细微的丝突而形成 Z 线，是由细微丝分出的细纹而构成（图 1－38）。肌肉收缩是由于交错穿插的两组肌微丝彼此滑动而引起（图 1－39）。

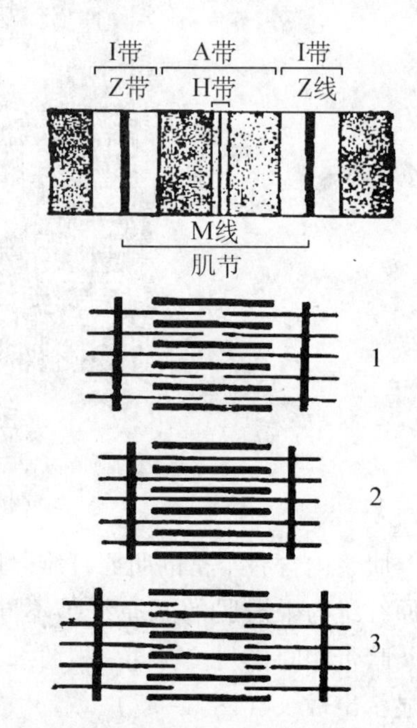

图 1－39　不同收缩状态肌微丝简化图解

1. 静止状态　2. 收缩状态　3. 舒缩状态

除肌原纤维外，肌浆中还含有肌红蛋白、糖原颗粒和丰富的线粒体（又叫肌粒）。此外，还有一种特殊的结构叫肌浆网，它是一种滑面内质网，呈管状（叫肌小管）或囊状（叫终末池），像花边样套管包围着每根肌原纤维。终末池内含有钙离子，它对肌原纤维的收缩和舒张具有重要作用。

在电镜下观察还发现一种T系统是由横管或T小管构成。T小管是肌纤维膜内陷形成的，与肌原纤维相垂直，不与肌浆网的管道系统相通，但紧靠终末池。T小管与终末池组成三联管（图1-40）。

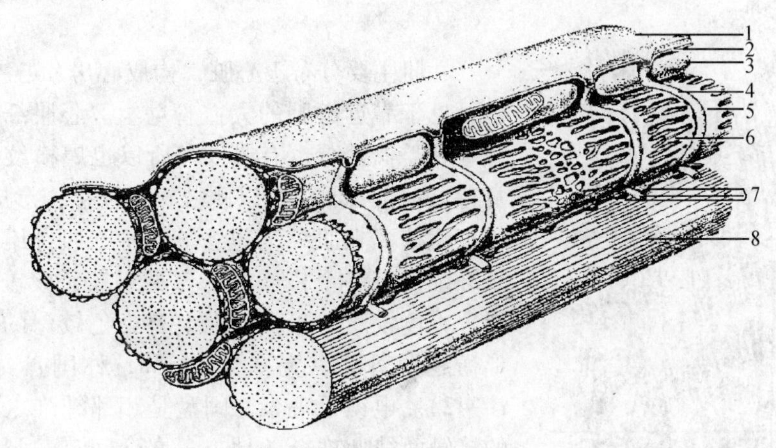

图1-40　骨骼肌纤维的肌浆网和T小管

1. 肌纤维膜的基板　2. 肌纤维膜的胞浆膜　3. 线粒体　4. T小管
5. 肌浆网的终末池　6. 肌浆网　7. 三联管（中央为T小管，两侧为终末池）　8. 肌原纤维

在肌纤维中，肌原纤维均匀分布，但也有排列成小束，称肌柱，其横切面叫孔亥姆区。肌纤维中，肌原纤维多而肌浆少，称白肌纤维；肌浆多而肌原纤维少，称红肌纤维。白肌收缩力强，收缩较快，持续时间较短，故又称快肌；红肌纤维收缩力较弱，收缩较慢，但较持久，故又称慢肌。

（二）平滑肌

平滑肌由成束或成层的平滑肌细胞构成，排列整齐。主要分布在胃肠道、呼吸道、泌尿生殖道以及血管和淋巴管等管壁内。

平滑肌细胞一般呈长梭形，平均直径约10μm，长约100μm。妊娠子宫壁内的平滑肌纤维可长达500μm，而小动脉壁上的肌细胞只有25μm。由此可见，在不同的器官或在器官的不同功能状态下，肌纤维的大小是不同的。

细胞中央有一个核，呈棒状或椭圆形，内含纤细的染色质网，并有1～2个核仁。肌纤维收缩时，核可扭曲成螺旋状。

肌细胞质通常称肌浆，新鲜状态下或在一般染色切片上不显任何结构，经特殊方法处理或用特殊染色，可显示出与纤维长轴平行排列的肌原纤维。肌原纤维细而光滑，无横纹。在电镜下观察它是由更细的肌微丝束组成的。经生化分析，肌原纤维中含有两种纤维蛋白，即肌动蛋白和肌球蛋白，它们是肌细胞收缩的物质基础。肌浆中的其余成水平分布在核的周围和肌原纤维之间，其中糖原颗粒是肌细胞收缩的能量来源。

在肌细胞的表面，包有一层不明显的肌纤维膜。

平滑肌细胞在不同的器官，分布情况不同，如在小肠绒毛、淋巴结被膜和小梁等处，为单个分散存在；皮肤的竖毛肌则形成小束；在消化道和子宫壁等则成层分布。在肌束或肌层的肌细胞平行排列，通常相邻细胞的排列是以一个细胞的尖端与另一个细胞的中部相嵌。肌束或肌层之间由疏松结缔组织间隔。结缔组织伸入肌束或肌层内与肌纤维膜紧密相连，收缩时可使其成为一整体。

平滑肌收缩有节律，缓慢而持久。

（三）心肌

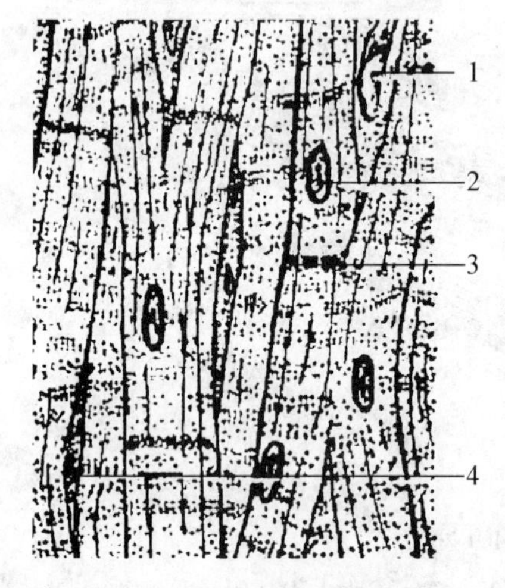

图 1－41　心肌细胞纵切

1. 毛细血管　2. 心肌细胞核　3. 闰盘　4. 结缔组织

心肌主要分布于心脏，构成心房和心室壁的肌层，也可见于靠近心脏的大血管壁上。心肌纤维与骨骼肌纤维有类似处，也有横纹，所以也属横纹肌但有其本身特点：①心肌纤维以侧枝相互连接，形成网状结构；②细胞核不在肌纤维边缘，而位于肌纤维中央，每一条纤维仅有一个核，偶尔可见双核，核较大，呈卵圆形，着色较浅；③肌纤维上有染色较深的粗线，以梯形横越肌纤维，宽 0.5～1μm，称闰盘（图 1－41、1－42）。电镜下观察，闰盘是相邻纤维之间凹凸不平的接触面彼此嵌合的地方，嵌合间有一裂隙，相当于细胞间隙，肌原纤维没有通过该裂隙；④肌浆很多，内含丰富的线粒体和糖原颗粒；⑤肌原纤维较多分布于肌纤维边缘，明、暗带不如骨骼肌的明显；⑥肌浆网不如骨骼肌的发达；⑦T 小管比骨骼肌的大。

心肌纤维收缩力量强，持续时间长，不出现强直收缩。

心脏内除一般的心肌纤维外，还有少量特殊的心肌纤维，分布在心脏的传导系统内。传导系统包括窦房结、房室结和房室束。分布在结内的特殊细胞是一种比较原始的细胞，比普通心肌纤维小，颜色苍白，有起动作用，故又叫起搏细胞或 P 细胞。分布在左、右分支的房室束内的特殊纤维，叫浦肯野氏纤维，它比一般心肌纤维粗；肌浆含量多，内含丰富的线粒体和糖原颗粒；肌原纤维少，分布在肌纤维边缘，排列不甚规则；有 1～2 个细胞核（图 1－43）。

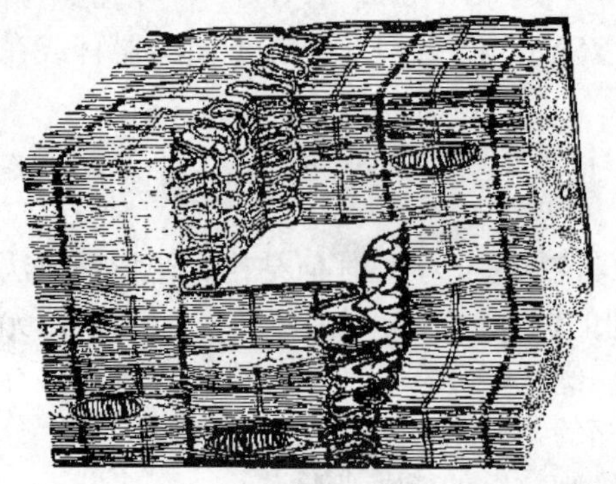

图 1－42　心肌闰盘模式图

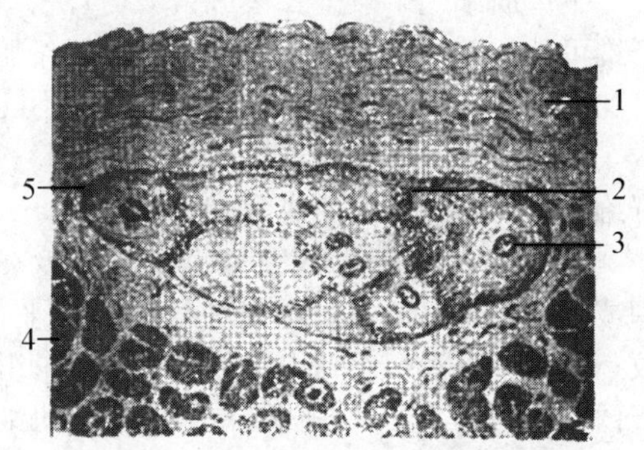

图 1－43　浦肯野氏纤维横切面

1. 心内膜　2. 浦肯野氏纤维胞浆外围的肌原纤维　3. 核　4. 心肌纤维　5. 浦肯野氏纤维

四、神经组织

动物所以能很好地适应内、外环境，表现出各种生命活动如运动、摄食、饮水、消化等都是通过神经系统的作用来实现的。神经系统主要由神经组织构成。

神经组织有神经细胞和神经胶质细胞两种主要成分。

神经细胞为高度分化的细胞，是神经系统的结构和功能单位，故又称神经元。神经元的结构特点是具有较长的突起，有接受刺激、传导冲动和支配调节器官活动的作用。如内、外环境的刺激不断作用于分布在身体各部分的感觉神经末梢（或感受器）而引起冲动。冲动由感觉神经（或传入神经）传入脊髓和脑，然后从脑和脊髓通过运动神经（或传出神经），将冲动传出到效应器，从而引起该器官的活动。这条冲动传导路径，称为反射弧。

神经胶质细胞在结构和功能上与神经细胞不同，是神经系统的辅助成分，起支持、营养和保护等作用。

神经组织在体内分布广泛，构成脑、脊髓和外周神经等。外周神经的末端伸入器官组织内，构成神经末梢。

（一）神经元

神经元是神经组织的主要成分，由细胞体和突起构成。细胞体包括细胞核及其周围的细胞质。突起从细胞体伸出，分为两种：一种是树枝状的短突，称树突；另一种是细长的单突，称轴突（图1－44）。

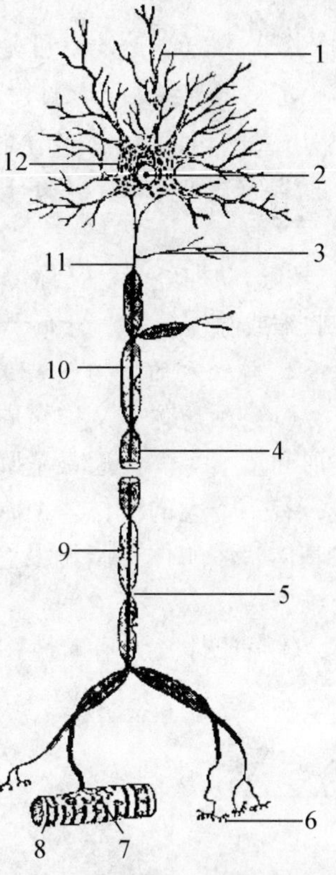

图1－44　运动神经元模式图

1. 树突　2. 神经细胞核　3. 侧枝　4. 雪旺氏鞘　5. 朗飞氏结　6. 神经末梢　7. 运动终板　8. 肌纤维　9. 雪旺氏细胞核　10. 髓鞘　11. 轴突　12. 尼氏体

1. 神经元的类型

神经元的种类很多，现主要按胞突数目及神经元功能进行分类。

（1）按胞突数目分类　可分为三种。

①假单极神经元　看来只有一个突起从细胞体伸出，但在胚胎时期则为两个，后来这两个突起在靠近胞体的基部合并为一，伸出胞体不远，呈“丁”字或“丫”字形分枝，一支走向外周器官，称外用突，另一支走向脑或脊髓，称中央突。它不是真正的单极，故名假单极神经元。如脊神经节细胞（图1－45）。

②双极神经元　有两个方向相反的突起从细胞体伸出，一个为树突，另一个为轴突。如嗅觉细胞和视网膜中的双极细胞等（图1－45）。

③多极神经元　有三个以上的突起从细胞体伸出。一个为轴突，其余均为树突（图1－45）。这种神经元在体内分布最广，形态多样，胞体大小不等。如大脑皮质中的锥体细胞、脊髓复角运动神经元和交感神经节细胞等。

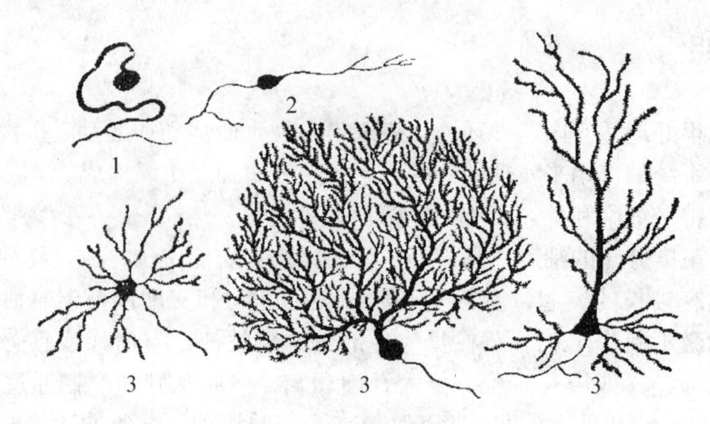

图1－45　神经元的类型

1. 假单极神经元　2. 双极神经元　3. 多极神经元

(2) 按功能分类　可分为三种。

①感觉神经元　又称传入神经元。能感受内、外环境的刺激并转变为神经冲动，进而将冲动传至脑和脊髓。大多分布于外周神经系统中。假单极或双极神经元多数属这种类型。

②联络神经元　又称中间神经元，起联络作用。大多分布于脑和脊髓中，属多极神经元。

③运动神经元　又称传出神经元。能将中枢的冲动传至外周部分的效应器，引起肌纤维收缩或腺体分泌。分布于中枢神经系统和植物性神经节内，属多极神经元。

2. 神经元的结构

(1) 细胞体　又称核周体。大小不等，直径4～100μm；形状有圆形、梨形、梭形、锥形和星形等。核通常呈圆形，位于胞体中央，染色质为细粒状，散布于核内，核膜明显，有一个大的核仁。细胞膜不明显，细胞质又称神经浆，为半流动体，除线粒体、高尔基体、溶酶体、脂滴及色素外，神经细胞还有两种特有的成分，即尼氏体和神经原纤维。

①尼氏体　为嗜碱性物质，光镜下呈斑块状分枝，又称虎斑，仅存在于胞体和树突内，轴突内则不见（图1－46）。电镜下观察，尼氏体由密集平行排列的粗面内质网构成。因此，它与蛋白质合成有关。

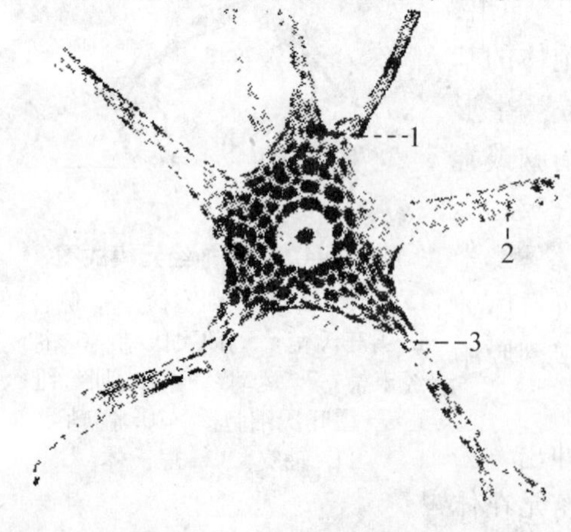

图1－46　神经元的尼氏体

1. 尼氏体　2. 轴丘与轴突　3. 树突

②神经原纤维　光镜下为嗜银性细丝状物质，成束排列。在胞体内大都交织成网，在树突和轴突内，则顺突起全长呈纵行排列（图1－47）。电镜下观察，在胞体和胞突内，可见许多微管和微丝。标本经固定和镀银后，微管和微丝聚集成束，银盐沉积其上，即成为光镜下所见的神经原纤维。

神经原纤维的作用不甚清楚，过去曾认为它有传导神经兴奋的作用，但根据近代电生理学研究，发现传导发生在轴膜上，似与原纤维无关。最近研究发现，可能与运输某些物质有关，但尚待进一步证实。

（2）细胞突

①树突　为胞体伸出的树枝状突起，一般都较短。分支多少和长短因神经元种类而异。树突内也含有尼氏体和神经原纤维。其表面往往可见棘刺状小芽，是其他神经元的终端与树突形成的突触接触点。

树突可接受由感受器或其他神经元传来的冲动，并将其传至胞体，分支越多，接受冲动的面积越大。

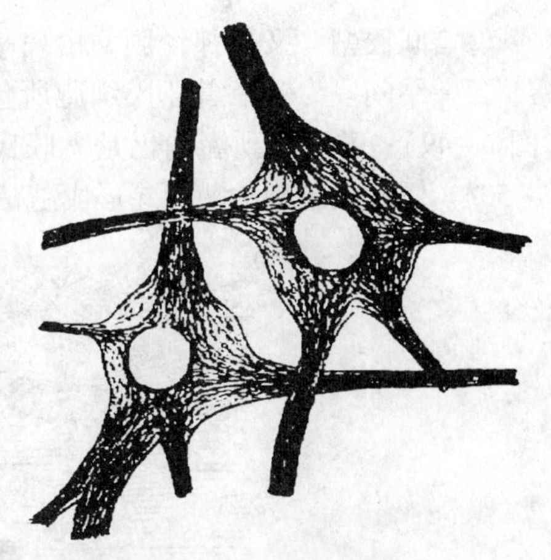

图1－47　神经原纤维

②轴突　为胞体伸出的一根细长的突路又叫轴索。有时从旁伸出一些垂直侧枝。轴突起始处呈圆锥形的区域称轴丘（图1－47），轴突末端分枝形式多样。

轴突内含有的神经浆，特称为轴浆。从轴丘开始有神经原纤维和其他细胞质成分。

轴突外包有一层薄膜称轴膜，与神经兴奋传导时的离子通透性有密切关系。

轴突的作用，主要是将胞体发生的冲动传至另一神经元，或至肌细胞和腺细胞等效应器上。其侧枝和末端分枝可将冲动传递给较多的神经元和效应器。

不同类型的神经元，其轴突长短不一，从数十微米至一米以上，轴突外面大都包有鞘状结构而构成神经纤维。

（3）神经纤维　以外周神经的有髓神经纤维为例，它是由中央的轴索和外包的髓鞘和雪旺氏鞘三部分构成（图1－48）。

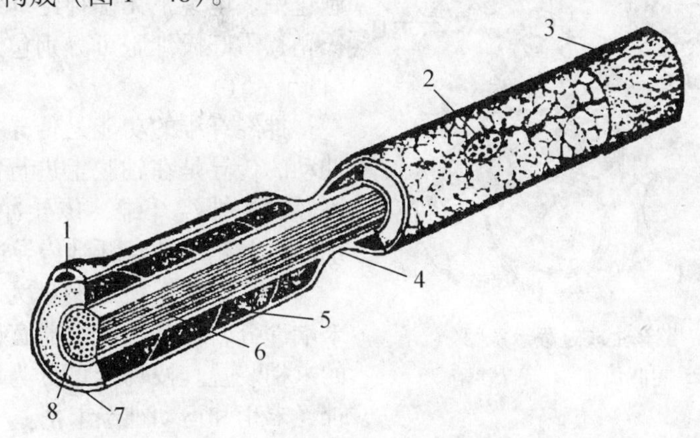

图1－48　光镜下有髓神经纤维模式图

1. 雪旺氏细胞横断面　2. 雪旺氏细胞核表观　3. 神经内膜　4. 朗飞氏结　5. 髓鞘和施兰氏切迹　6. 轴索内的神经原纤维和轴浆　7. 雪旺氏鞘　8. 轴膜

①髓鞘　是直接包在轴索外面的鞘状结构，主要成分是脂蛋白。新鲜状态下，呈半流动物质，显乳白色光泽。髓鞘并非包裹整个轴索全长，而每隔一定距离，便出现较窄状间断，此处称朗飞氏结，结间称结间段。其结间距离随神经纤维类型不同而异，较粗或较长的纤维其结间距离较长。通常认为髓鞘是绝缘物质，能防止神经冲动从一个轴突扩散到邻近的轴突；此外，还能提高神经冲动传导的速度。

②雪旺氏鞘　又称神经膜，由扁平的雪旺氏细胞构成，紧贴于髓鞘表面。电镜下观察，每一结间段为一个雪旺氏细胞所包裹。在朗飞氏结处，相邻两细胞间有一裂隙相隔（图1－49）；并可见到髓鞘仍是雪旺氏细胞的胞膜，卷绕轴索而构成的层板状结构（图1－50）。雪旺氏细胞的功能除形成髓鞘外，还与神经纤维的再生有关。

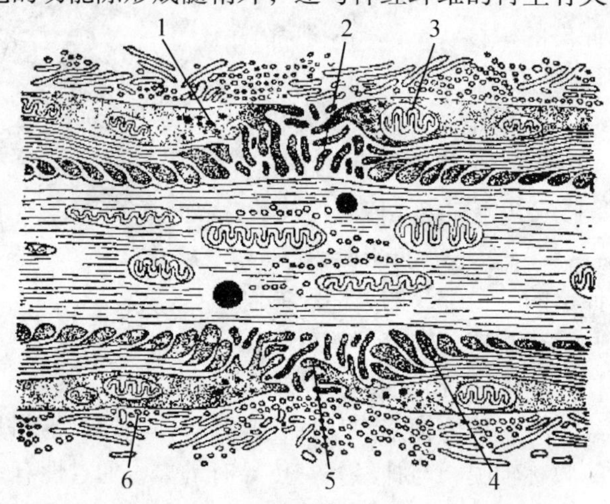

图1－49　电镜下有髓神经纤维朗飞氏结模式图

1. 颗粒　2. 胞质突　3. 线粒体　4. 髓鞘的板层末端指状突　5. 胞质突　6. 胶原纤维

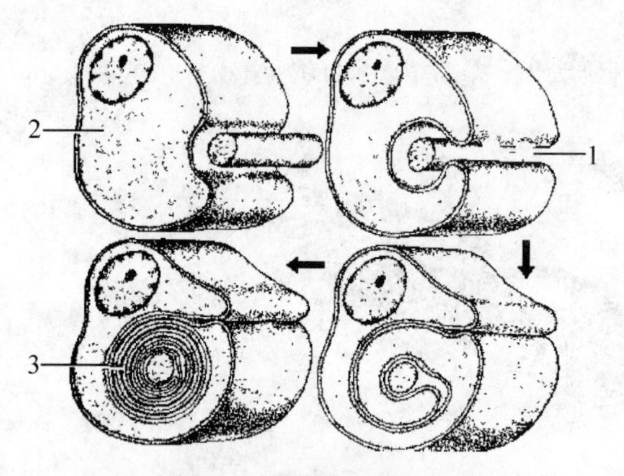

图1－50　髓鞘生成过程示意图

1. 轴索　2. 雪旺氏细胞　3. 髓鞘

有些神经纤维无髓鞘，如植物性神经纤维，称无髓神经纤维。其轴索仅被雪旺氏细胞包围。电镜下无髓神经纤维有明显的雪旺氏鞘，雪旺氏细胞可分别包裹一至数条轴索（图1－51）。

神经纤维的功能是传导神经冲动，神经冲动的传导是在轴膜上进行的。一般粗轴索厚髓鞘的神经纤维，传导冲动的速度较快；细而无髓鞘的神经纤维传导速度慢。

（4）外周神经末梢　为外周神经纤维的末端部分，在各种组织器官内形成多种样式的末梢装置。按功能可分为两大类，即感觉神经末梢和运动神经末梢。

①感觉神经末梢　是感觉神经原外周突的末梢装置，能感受体内、外各种刺激，故又称感受器。感觉神经末梢按其结构又可分为游离神经末梢和被囊感觉神经末梢。

游离神经末梢　构造最简单，分布最广，主要分布在角膜、黏膜、表皮、浆膜、蹄、爪等敏感的上皮中。来自深层结缔组织中的感觉神经纤维，失去髓鞘，仅剩突起进入上皮，然后反复分枝成游离的细支，穿行于上皮细胞间，细支末端呈刺状、球状或盘状膨大，与上皮细胞相接触能感受痛觉。

被囊神经末梢　构造较复杂，大都有结缔组织被囊包裹。种类很多，常见的有环层小体（图1－52）。它是分布于皮下组织、骨膜、胸膜、腹膜及某些脏器结缔组织中的一种深压力感受器。

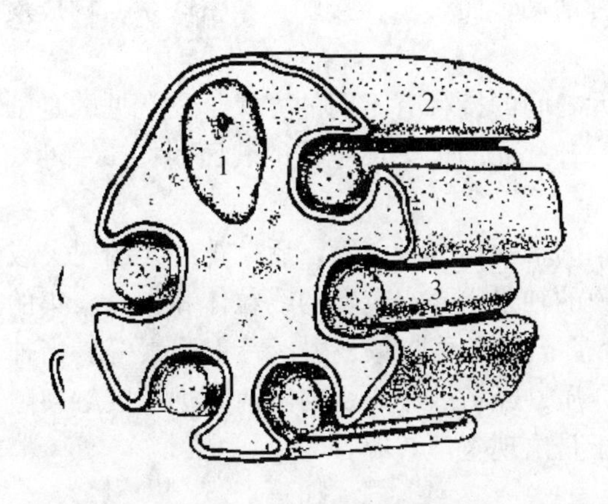

图1－51　无髓神经纤维示意图

1. 雪旺氏细胞核　2. 雪旺氏细胞膜　3. 轴索

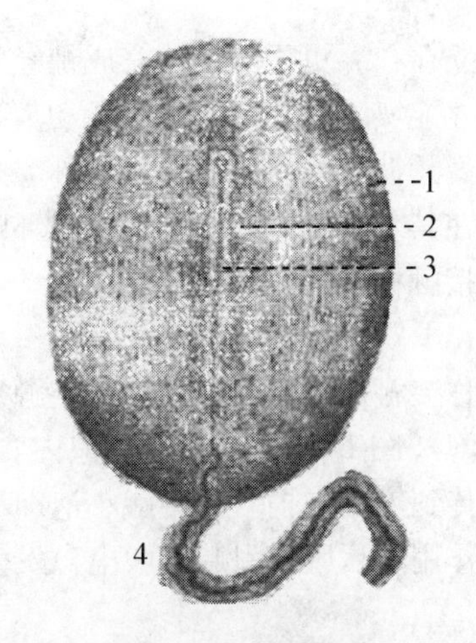

图1－52　环层小体

1. 结缔组织被囊　2. 内轴　3. 内轴中的轴索　4. 有髓神经纤维

肌梭　这是一种特殊的感受器，分布在骨骼肌上（图1－53）。外形呈细长的梭形，由4～10条较细的，称为梭内纤维的特殊肌纤维被结缔组织被囊包裹而成，有髓神经纤维进入肌梭后，失去髓鞘，分成无数细丝，呈螺旋状缠绕于梭内纤维的表面。肌梭是一种本体感受器，能感受牵张性刺激。

②运动神经末梢　是中枢发出的传出神经纤维末梢装置，支配肌肉和腺体的活动，故又称效应器。哺乳动物骨骼肌的效应器称运动终板，是运动神经末梢终止于骨骼肌纤维表面的一种卵圆形板状结构。一条运动神经纤维在肌肉内不断分支，每一分支的末端在靠近终板肌纤维膜时即失去髓鞘，但雪旺氏细胞仍包裹着轴突。末梢再分成爪状细纹，其端部膨大，贴附于肌纤维膜上，形成终板。在终板处，肌浆丰富，内含许多胞核。电镜下观察，终板处肌纤维膜下陷，构成突触槽，膨大的轴突末端嵌入其中，其间有一很窄的裂隙相隔。突触槽再向肌浆内下陷，形成许多小斑隙状的皱褶，称次级突触裂隙或连接梢。轴突末端内，含有一些线粒体和较多的突触小泡，肌浆内仅含有较多的线粒体，无突触小泡。运动终板有支配骨骼肌收缩的作用。

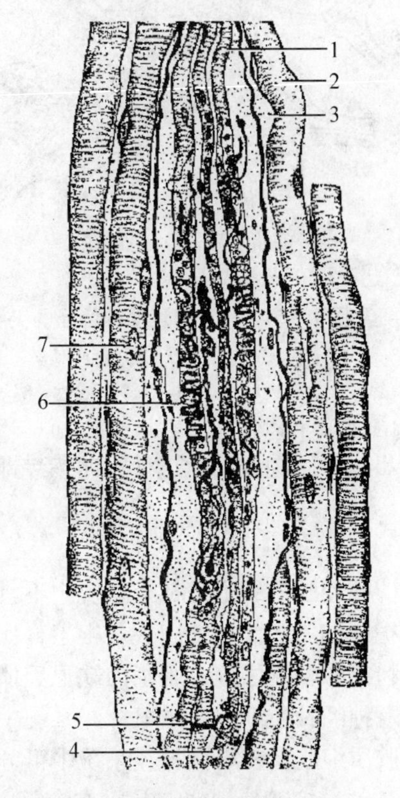

图1－53　肌梭

1. 肌梭内的横纹肌纤维　2. 横纹肌纤维　3. 肌梭的结缔组织被膜　4. 运动终板　5. 神经纤维　6. 肌梭内螺旋状神经末梢　7. 横纹肌细胞核

（二）神经元之间的联系

神经元虽是神经系统中结构和功能单位，但它并非孤立存在，更不能单独完成神经系统的各种活动，而是互相接触，紧密联系，构成反射弧，才能实现其复杂的神经活动。

神经元彼此之间的接触点，称突触。神经元之间的接触有不同的方式，最常见的是轴突末梢在其末端膨大形成小结或小环贴附于另一神经元的树突或胞体的表面（图1－54），这样的接触称轴树突或轴体突触。

电镜下观察突触处有膜相隔前一神经元末梢的轴膜称突触前膜，后一神经元的树突或胞体膜称突触后膜，两膜之间有突触裂隙。前膜的轴浆中含有较多的线粒体和大量聚集的突触小泡（图1－55）。突触小泡内含有化学介质，如乙酰胆碱、去甲肾上腺素等。当神经冲动传到轴突末梢时，突触小泡即释放神经介质，经扩散作用从突触前膜进入突触裂隙中，并作用于后膜，引起后膜电位发生变化，于是出现生理效应。

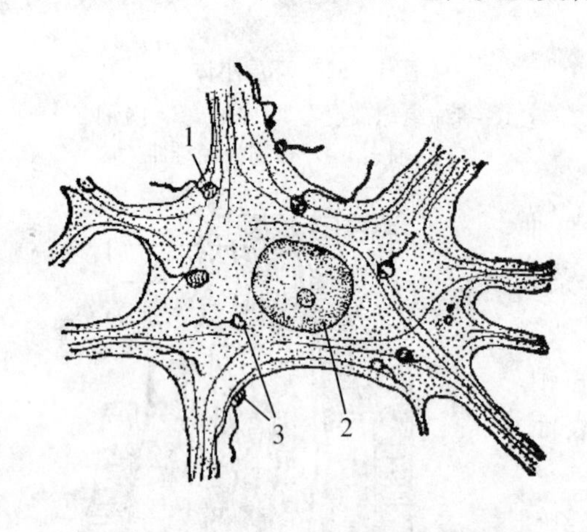

图1－54　狗脊髓运动神经元的突触

1、3. 突触　2. 神经细胞核

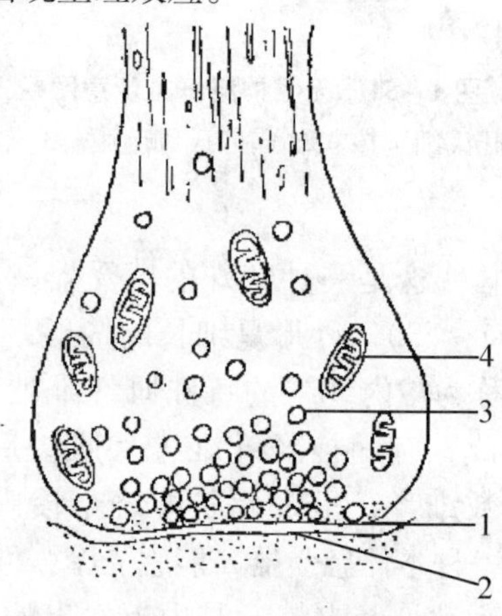

图1－55　突触超微结构模式图

1. 突触前膜　2. 突触后膜　3. 突触小泡　4. 线粒体

神经冲动有一定的传导方向。树突接受刺激，并把冲动传至胞体，轴突把冲动自胞体传出至另一神经元。这种定向传导即取决于突触有定向的特点。

（三）神经胶质细胞

神经胶质细胞是神经系统中不具有兴奋传导功能的一种辅助性成分，有支持、营养和保护等作用。此种细胞数量很多，比神经元多达十倍，夹杂在神经元之间。细胞有突起但无树突和轴突之分，胞浆内缺尼氏体和神经原纤维。

神经胶质细胞在中枢神经系统中可分为室管膜细胞、丘状胶质细胞、少突胶质细胞和小胶质细胞，在周围神经系统中可分为被囊细胞和雪旺氏细胞。

（1）室管膜细胞　是衬在脊髓中央管和脑室壁上的一种上皮细胞。细胞游离缘常有纤毛伸出（图1－56）。星状胶质细胞是数量最多、体积最大的一类胶质细胞。细胞突起中可见1～2个较长的突起终止于毛细血管壁上，称血管周足。一般认为室管膜细胞与星状胶质细胞共同构成脑－脑脊液或血－脑脊液屏障，对神经元的代谢具有调节作用。星状胶质细胞的血管周足与毛细血管紧密相接处则构成血—脑屏障，具有筛选某些药物、染料以及其他化学物质进入脑组织的作用。

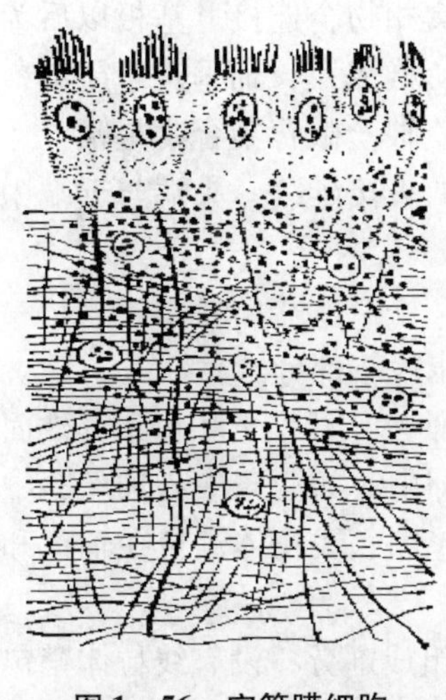

图1－56　室管膜细胞

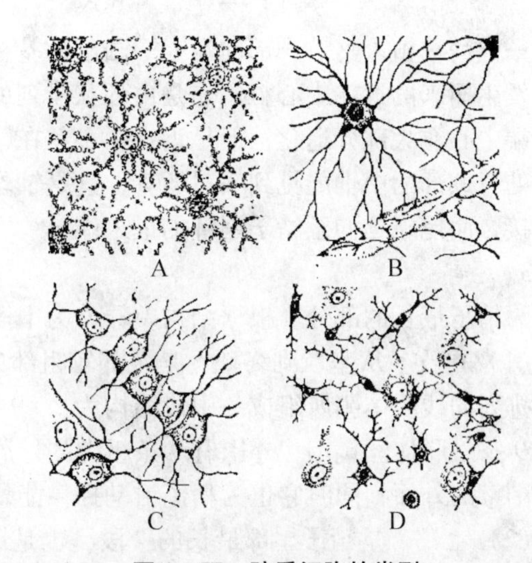

图1－57　胶质细胞的类型

A、B. 星状胶质细胞　C. 少突胶质细胞　D. 小胶质细胞

（2）少突胶质细胞　是一种体积较小、突起较短而分枝少的胶质细胞，血管周足不常见（图1－57）。它们中有些能产生髓鞘物质，参与中枢神经系统神经纤维髓鞘的形成，有的对神经元起着代谢物质转运站的作用。

（3）小胶质细胞　胞体最小，突起也少，无血管周足（图1－57）。数量远少于其他胶质细胞。这种细胞具有吞噬作用。

（4）被囊细胞　分布于外周神经节内神经细胞的周围。细胞扁平，又称卫星细胞。这层细胞相当于外周神经的雪旺氏细胞。

第三节　胚胎发育

一、生殖细胞的形态和结构

（一）精子

哺乳动物的精子形态有很大差异，但其基本构造是相似的，都是一种有鞭毛的细胞，核物质比例很大，细胞质含量极少。分为头、颈、尾三部分。精子的长度与体积和动物自身的大小无关。

1. 头部

精子头部主要由细胞核、顶体、核后帽以及包围在它们外面的少量细胞质和质膜。顶体内含有多种与受精有关的酶，是一个不稳定的结构，它的畸形，缺损或脱落会使精子的受精能力降低或完全丧失。

2. 颈部

颈部位于头与尾之间起连接作用，颈部是精子最脆弱的部分，特别是精子在成熟，体外处理和保存过程中，有些不利的因素会造成尾部的脱离，形成无尾精子。精子头部后极上有一浅窝称植入窝。颈部前端有一凸起称基板，与植入窝相吻合连接。基板以后为由中小体发生而来的近端中心粒，它是由环状排列的9根微管所构成，长轴垂直于尾部，纵列的远端中心粒大部分退化，但是近端中心粒在鞭毛发生时使轴丝微管集合，是鞭毛运动的启动处。颈部的中轴能见到一对微管，这是轴丝中央微管的直接延续，头端与近端中心粒相连接，而尾端延伸至精子尾部的最末端。

3. 尾部

为精子最长的部分，根据结构差异分为中段、主段及末段三部分。

(1) 中段　从基粒到终环，是尾部较粗部分。主要由轴丝，纤维带和包在其外面呈螺旋状排列的线粒体鞘所组成。中段结构为2+9+9结构，即中心为两条中心轴丝，中心轴丝被9条二联体丝包围，外围有9条粗大的外周致密纤维包围。线粒体鞘包在轴丝和粗纤维周围束的外面，同时它也为精子活动提供能量。

(2) 主段　是精子尾部最长的一段，也是尾部的主要组成部分，没有线粒体鞘包裹。

(3) 末段　纤维鞘及致密纤维终止以后的精子尾部，仅有两条中央的中心轴丝及其外周的细胞膜构成，其余的轴丝逐渐消失。

精子运动依靠线粒体供给能量，并且精子对温度，酸碱度非常敏感，不同离子的浓度不同，对精子存活也有明显影响。

(二) 卵子

卵子为圆形，它是由放射冠、透明带、卵黄及卵黄膜等结构组成。不同动物的卵子大小不同，但与成年动物体重大小的比例联系不大。

1. 放射冠

卵子外围由颗粒细胞构成的结构，呈放射状，所以称为放射冠。

放射冠细胞的原生质形成突起伸进透明带，与卵母细胞本身的微绒毛相交织。排卵后数小时，输卵管黏膜分泌纤维分解酶使放射冠细胞脱落，引起卵子裸露。

2. 透明带

位于放射冠和卵黄膜之间的透明物质。主要由糖蛋白质组成。受精时成为精子受体，具有阻碍多个精子进入卵子的作用，透明带具有弹性，为了适应受精卵分裂从桑椹胚向囊胚阶段发育所产生的压力。透明带的厚度因动物种类而不同。

3. 卵黄膜

卵子的卵膜相当于普通细胞的细胞膜，它具有与体细胞的原生质膜基本相同的结构与性质。卵黄膜具有突出的双层膜结构，并且在卵黄膜上有微绒毛，它会在排卵后减少或全部消失。

4. 卵黄

处于透明带内部的结构，外部覆盖卵黄膜。内含线粒体、高尔基体、核蛋白体、内质网、脂肪滴、糖原等。卵黄的形状和动物种类密切相关，主要受卵黄和脂肪滴含量的影响。哺乳动物的卵子是含有少量卵黄的均黄卵，因为卵黄颗粒和脂肪小滴的含量多少不同，卵子也显示出不同颜色。狗、猫的卵子含有较多的脂肪小滴和少量的多糖。若卵子没有受精，则卵黄断裂为大小不一的碎块，每块中会有一个或若干个发育中的核。卵黄主要为卵子和胚胎的早期发育提供营养物质。

5. 畸形卵

畸形卵的种类很多：小卵形、巨卵形、椭圆卵、扁形卵等。

二、受精

受精是指精子和卵子结合，形成合子的过程。它标志着胚胎发育的开始，因其可将亲本双方的遗传性状在新的生命中体现，因此具有极大的生物学意义。当精子和卵子相遇后，通过顶体反应，精子主动向卵子内部进入而进行受精。哺乳动物的受精过程主要包括下面几个主要步骤：精子穿越放射冠；精子穿越透明带；精子进入卵黄膜；原核的形成；配子配合和合子的形成等。

（一）精子穿越放射冠

放射冠是包围在卵子透明带外面的卵丘细胞群，它们以胶样基质相粘连，基质主要由透明质酸多聚体组成。精子获能后，在穿越透明带前后较短的时间内，顶体帽前面膨大，紧接着精子的质膜和顶体外膜融合。融合后的膜形成许多泡状结构，这种泡状结构最终和精子头部分离，紧接着精子头部的透明质酸酶，通过泡状结构的间隙释放出来。这个过程就称为顶体反应。

（二）精子穿越透明带

穿过放射冠的精子即与透明带接触并附着其上，随后与透明带上的精子受体相结合，精子受体是具有明显的种间特异性的糖蛋白，又被称为透明带蛋白。当精子穿过透明带触及卵黄膜时，会激活卵子，从而引起卵黄膜发生去极化，使卵黄膜与皮质颗粒发生膜的融合，从而将颗粒的内容物以胞吐方式排入卵黄周隙内，这个过程被称为皮质反应。发生皮质反应后，皮质颗粒的内容物含有一种能水解透明带表面的精子结合受体的类胰蛋白酶，从而引起透明带发生变化，可以阻止后来的精子再进入透明带，这一反应称为透明带反应。迅速而有效的透明带反应是防止多个精子进入透明带，进而引起多精子入卵屏障之一。

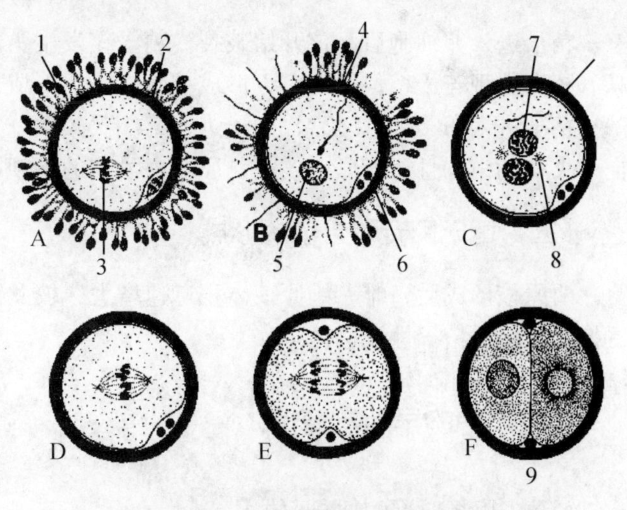

图 1-58 受精及卵裂过程模式图

A. 精子穿入放射冠，卵子开始第二成熟分裂 B. 精子穿过透明带，卵子释放第二极体 C. 雌、雄原核形成 D、E. 形成受精卵开始分裂 F. 形成两个卵裂球
1. 放射冠 2. 透明带 3. 第二次成熟分裂纺锤体 4. 卵周隙 5. 雌性原核 6. 极体 7. 雄性原核 8. 中心体 9. 两个卵裂球

受精过程（图 1-58）：①精、卵相遇，精子穿入放射冠；②精子发生顶体反应，并接触透明带；③精子释放顶体酶，水解透明带，进入卵黄周隙；④精子头膨胀，同

时卵子完成第二次成熟分裂；⑤雄、雌原核形成，释放第二极体；⑥原核融合，向中央移动，核膜消失；⑦第一次卵裂开始。

（三）精子进入卵黄膜

穿过透明带的精子与卵子的卵黄膜接触，这是由于卵黄膜表面具有大量的微绒毛，因此通过微绒毛的收缩将精子拉入卵内，随后精子质膜和卵黄膜相互融合，使精子的头部完全进入卵细胞内。

当精子进入卵黄膜时，卵黄膜发生一种变化，具体表现为卵黄紧缩、卵黄膜增厚，并排出部分液体进入卵黄周隙，具有阻止多精子入卵的作用，使卵黄膜不再允许其他精子通过，因此将其变化称为卵黄膜反应。

各种动物精子运行情况见表1－4。

表1－4　各种动物精子运行情况

种别	射精部位	射精到输卵管出现精子的时间（min）	到达受精部位的精子数（个）
犬	子宫	数分钟	250～500
猫	阴道，子宫颈	数分钟	50～100
猪	宫颈，子宫	15～30	1 000
牛	阴道	2～13	很少
兔	阴道	数分钟	250～500
绵羊	阴道	6	600～700

（四）原核形成

精子进入卵细胞后，核开始破裂。精子核发生头部膨胀、尾部顶体脱落，形成球状的核，核内出现若干核仁。同时，形成核膜，最后形成雄原核。

精子进入卵子细胞质后，卵子进行第二次减数分裂，排出第二极体。核染色体分散并向中央移动，并且逐渐形成核膜。原核由最初的不规则最后变为球形，并出现核仁。

（五）配子配合和合子的形成

两原核形成后，雌、雄原核体积迅速增大，彼此靠近。受精至此结束，受精卵的性别受控于受精的精子性染色体。

三、胚胎的早期发育

（一）卵裂、桑椹胚形成

受精卵按一定规律进行多次重复分裂的过程，称卵裂。卵裂所形成的细胞，称卵裂球。卵裂和一般有丝分裂相似，但是卵裂的分裂间期短，所以卵裂期间不仅仅是细胞数目的增加，而且伴随着细胞的分化。随着细胞数量增加，子细胞的核质比逐渐增大，直到接近正常核质。哺乳动物的卵子属卵黄少并且均匀分布，卵裂属全裂类型。

哺乳动物的卵裂在输卵管内进行，卵裂较慢且多不规则，第一次卵裂沿动物极向植物极方向，将单细胞合子一分为二成为两个细胞。第二次卵裂与第一次卵裂方向垂直，第三次和第二次相互垂直。8 细胞之前，分裂球之间结合比较松散，8 细胞之后突然紧密化，细胞从球形变为楔形，使细胞最大程度地接触，通过细胞连接形成致密的球体。卵裂的结果是使胚胎细胞在透明带内呈实心细胞团，状似桑椹，故称为桑椹胚。

（二）囊胚、胚泡形成及附植

通常动物的胚胎在 64 细胞以前为实心体，称为桑椹胚，在 128 细胞阶段，细胞团内部空隙扩大，成为充满液体的囊胚腔，此时的胚胎称为囊胚。

初期胚泡漂浮于子宫腔内，与子宫壁无联系。在神经内分泌的调节下，胚泡腔中液体不断增加，体积不断变大，在子宫内的活动受到限制，与子宫壁相贴附，胚泡逐渐陷入子宫内膜，这一过程称植入或着床。

（三）三胚层形成

胚泡（囊胚）继续发育出现两种变化：一是内细胞外面的滋养层退化，内细胞团裸露，成为胎盘；在胎盘的下方生成内胚层，这时的胚胎称为原肠胚。在原肠胚期，细胞仍继续分裂，但较慢并略有生长，细胞核作用开始明显，代谢作用较旺盛，新的蛋白质开始合成，胚胎开始分化为不同的胚层。原肠胚进一步发育，在滋养层（外胚层）和内胚层之间出现中胚层。中胚层进一步分化为体壁中胚层和脏壁中胚层，两个中胚层之间的腔隙，构成以后的体腔。

（四）胚层分化和器官形成

有机体的组织和器官都是由外、中、内三个胚层分化发育来的。三个胚层首先分化成胚胎性组织，继之分化成各器官原基，由器官原基再进一步分化成各种组织和器官（表1－5）。

表 1－5　脊椎动物三种原生胚层的分化

	胚胎成分	细胞定位、迁移及其相互作用	最终分化细胞及组织
外胚层	覆盖在整个胚胎外面	细胞在整个胚胎中迁移	表皮及其附属物（毛囊、汗腺、油脂腺）眼晶体
	神经板及神经管		中枢神经系统（脑、脊髓）
	神经嵴细胞	整个胚胎的表皮下层	感觉器官、植物性神经、神经节、肾上腺髓质、色素细胞（包括视网膜）真皮
中胚层	脊索	脊髓动物呈原始的轴状柱，脊椎动物细胞聚集形成脊椎骨	
	体节	发育成的中央体腔扩大成腹腔及胸腔，细胞迁移形成肌肉	肌肉、骨髓系统及结缔组织（弹性组织）心脏、血管、血细胞、泌尿系统、脂肪细胞
	间充质	细胞迁移参加形成中胚层组织，在器官形成中与内、外胚层相互作用	
内胚层	原肠	从消化道突出并与间充质相互作用相互形成附属结构	消化道及其附属器官、唾液腺、胰、肝及肺

四、胎膜与胎盘

（一）胎膜

胎膜是胚胎的外膜，是一个暂时性器官，在胎儿出生后即被摒弃，但又是胎儿生长必不可少的辅助器官，胎膜包括卵黄囊、羊膜、尿膜和胎儿胎盘和脐带。

1. 卵黄囊

原肠胚进一步发育，分为胚内和胚外两部分，其胚外部分即形成卵黄囊。卵黄囊壁由胚外脏壁中胚层和胚外内胚层共同构成。哺乳动物的卵子实际上并不含卵黄，但在胚胎发育早期却有一个较大的卵黄囊。卵黄囊上有起着原始胎盘的作用的血管网，在胚胎发育早期借助卵黄囊吸收子宫乳中的养分和排出废弃物。

关于犬卵黄囊的发生过程资料很少。犬的卵黄囊在妊娠初期发育很快，观察的所有犬，其卵黄囊在整个妊娠期都一直存在。卵黄囊都是从胎儿脐轮处变细，并向胎儿腹侧面的前、后延伸，前方和后方表现出细长筒状，妊娠日龄增加，卵黄囊也发育伸长，持续存在到分娩。卵黄囊膜上有纵行很多毛细血管分支，并且血管充血，在外观上观察，卵黄囊多呈淡红色或黄红色。

卵黄动脉和卵黄静脉构成了卵黄循环。卵黄循环是由胎儿心脏形成后开始搏动来进行的。犬的卵黄囊的作用：可使胎儿在胎膜中心保持悬垂状态，用来保护胎儿。

2. 羊膜

羊膜是胎儿最内侧的一层膜，最早是紧包胚胎的卵圆形的薄透明囊。羊膜的形状自形成后到分娩前保持原状不发生改变。羊膜外侧被覆尿膜，两膜之间有血管分布。羊膜包围脐带形成脐带鞘，在胎儿的脐轮处与胎儿皮肤相接。羊膜囊内有羊水，羊水在初期为水样无色透明，随着妊娠变为乳白色，接近分娩时，变为黏稠。妊娠初期羊膜液量很少，随着胎儿发育而增加。妊娠末期增多。其平均数量是：犬和猫 8～30ml。

羊水中含有无机盐和蛋白质，羊水的量随着妊娠阶段而有变化：初期缓慢升高，中期迅速增加，之后保持稳定。还含有胃蛋白酶、淀粉酶、脂解酶、色素、激素、脂肪、糖等，并随着妊娠期的不同阶段而有变化。出生时羊水带乳白光泽，稍黏稠，有芳香气味。在正常情况下，羊水中悬浮着一些脱落的皮肤细胞和白细胞（白细胞 10～1 000 个/mm^3）。

羊水量可借母体、胎儿和羊水之间水的交换而受到调节；羊水可保护胎儿不受到周围组织的压迫，并且为胚胎发育提供水环境，防止胚胎干燥、避免胎儿的皮肤和羊膜发生粘连，对于哺乳动物羊膜还可以使脐带血液循环通畅，分娩时有助于子宫颈扩张并使胎儿体表及产道润滑，有利于产出。

3. 尿膜

是由后肠后端向腹侧方向突出的囊，故又称尿膜囊。尿膜是与绒毛膜内侧相接的囊膜，其位于绒毛膜和羊膜之间似膀胱样。尿膜囊壁是由中胚层的血管层覆盖在内胚层上构成的，因此尿膜囊的外膜上有大量血管分布，紧接着与绒毛膜融合成为绒毛膜一尿膜，形成血管与胚胎发生联系。尿膜与羊膜一起以胎儿为中心分别形成羊膜腔和尿膜腔，其中有胎水。

尿囊液可能来自胎儿的尿液和尿膜上皮的分泌物，不同动物，在妊娠不同时期，尿囊液量是不同的。尿囊液是清澈、透明、含有白蛋白、果糖和尿素。妊娠末期尿囊液变动范围是：犬 10～50ml；猫 3～15ml。

尿囊液有扩张尿囊，使绒毛膜与子宫内膜紧密接触的功能，并可在分娩前贮存发育胎儿的排泄物和帮助维持胎儿血浆渗透压作用。

4. 绒毛膜（脉络膜）

绒毛膜是胎膜最外侧的膜，表面覆盖绒毛，它通过胎盘联系胎儿和母体，供给胎儿营养。绒毛膜是由胚外外胚层和胚外体壁中胚层构成的，是胎儿胎盘的最外层。绒毛膜的外侧面与子宫内膜相接，内侧面与尿膜相接。

犬的绒毛膜似卵圆形，初期是有绒毛的透明厚囊膜，妊娠 3 周后，在绒毛膜的内侧就形成了逐渐扩大的脉络尿膜，而且逐渐扩大到包围羊膜的外侧，终止在犬的脐带部，并且有血管分布。在胚泡期的绒毛膜呈现柠檬形。随着妊娠日龄的增加，绒毛膜的前后两端与邻接的胎儿胎膜相接触，虽然挤在一起但不融合。当从子宫取出胚胎时，胎膜可恢复原来形状。

（二）脐带

脐带是胎儿与胎膜相连接的带状物，由二支脐动脉、二支脐静脉、脐尿管及卵黄囊的残迹所组成。脐静脉接近胎儿体时汇合成一条，脐动脉是胎儿下腹动脉的延续。胎儿通过脐动脉把体内循环的无营养静脉血液导入胎盘。脐静脉把在胎盘处与母体进行气体交换的新鲜动脉血运送给胎儿。血管壁很厚，动脉弹性强，静脉弹性弱。

犬、猫的脐带坚韧且短，长约 10～12cm，不能自然断裂，常常是在胎儿出生后被母体扯断。脐带内的血管肌层断裂时可剧烈收缩，所以切断脐带时出血少。初生仔腹部残留的脐带断端经过数天后，可干燥而自然脱落。

（三）胎盘

胎盘是胚胎或胎儿的组织同母体子宫组织密切附着或粘连在一起的母体和胎儿之间进行物质交换的器官，是胎儿绒毛膜的绒毛和母体子宫内膜相结合的部分，前者称为胎儿胎盘，相应的母体子宫内膜称为母体胎盘。两者统称为胎盘。胎儿的血管和子宫血管各自分布到自己的胎盘上，二者不直接相通，仅发生物质交换，以满足胎儿发育的需要。

1. 胎盘的类型

动物种类不同，胎盘的组织和构造也不同，一般将动物胎盘按以下两种方法分类（图 1－59）：

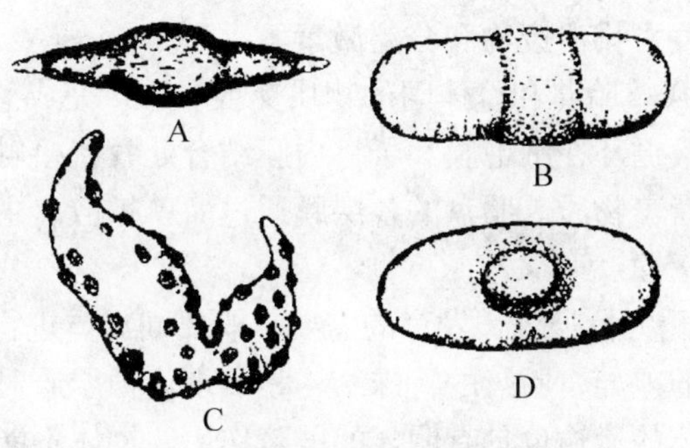

图 1－59 胎盘的类型

A. 弥散型胎盘（猪） B. 环状胎盘（狗） C. 子叶型胎盘（羊） D. 盘状胎盘（熊）

(1) 按照绒毛的分布分类

①弥散型胎盘　胎儿胎盘的绒毛基本上均匀分布在整个绒毛膜表面上。猪，马，骆驼，鲸，海豚，袋鼠等属此类。

②子叶型胎盘或复合型胎盘　这种胎盘的绒毛伸入到子宫内膜腺窝内，构成一个胎盘单位，也称微子叶，母体和胎儿在此发生物质交换。子叶胎盘是绒毛不均匀地分布在整个胎盘上，而是生长成一丛一丛的圆形块状（胎儿子叶）与子宫阜相对应的部位发育为母体子叶。牛、绵羊、山羊和鹿属于此类。

③带状胎盘　绒毛形成一个宽带环绕在绒毛膜中部称为带状胎盘。如猫、狗等食肉动物均属此类。

④盘状胎盘　绒毛只着生于绒毛膜局部呈圆盘状称为盘状胎盘。这种动物虽具有绒毛膜－尿膜胎盘，但卵黄仍是营养交换的器官。如人和猴均属此类型。

(2) 按照胎盘组织学分类　按照子宫黏膜和绒毛膜参与胎盘的组织层及毛细血管之间的组织关系，可将胎盘分为：

①上皮绒毛膜胎盘　这类胎盘的子宫上皮细胞和绒毛滋养层细胞接触，主要靠微绒毛的相互融合，容易剥离，胎儿胎盘上皮层和子宫内膜的上皮层完整存在。分娩时胎盘脱落较快，因此称为非蜕膜性胎盘。

这一类胎盘在胎儿血液和母体血液间共有完整的六层组织，即胎儿血管内皮、尿膜绒毛膜的结缔组织，子宫上皮，绒毛的上皮，子宫内膜的结缔组织和母体的血管内皮。

②结缔组织绒毛膜胎盘　由于绒毛和结缔组织的直接结合，因此胎儿胎盘脱落时会带下少量子宫黏膜的结缔组织，所以又称为半蜕膜型胎盘。

这一类型胎盘在胎儿血液和母体血液间共有完整的五层组织，比上皮绒毛膜胎盘少了子宫上皮这种组织。

③内皮绒毛膜胎盘　这类胎盘常见于猫和犬，由于分娩时母体胎盘组织脱落，子宫血管破裂，分娩时有出血现象，故又称蜕膜型胎盘。

这一类型胎盘在胎儿血液和母体血液间共有胎儿血管内皮、尿膜绒毛膜的结缔组织，绒毛的上皮，和母体的血管内皮四层组织。

④血绒毛膜胎盘　胎盘发育过程中，子宫黏膜的血管内皮组织消失。

2. 胎盘的功能

胎盘执行许多功能，对胎儿的生长发育、功能复杂的器官。它的主要功能是气体交换，供给胎儿营养，免疫，排泄废物和分泌激素等。

(1) 胎盘的物质交换　胎儿和母体间的物质交换靠胎盘完成。胎儿与母体的血液从不直接混合，但这两套血液循环在绒毛膜和子宫内膜结合处紧密接触，使胎儿借胚盘从母体血液中获得氧和所需的营养物质。胎盘的各层膜通过简单扩散、主动运输、吞噬和胞饮等机制调节着多种物质的运输。

(2) 胎盘屏障　胎儿为自身生长发育的需要，既要同母体进行物质交换，又要保持自身内环境同母体内环境的差异，胎盘的特殊结构是实现这种矛盾对立生理作用的保障，称为胎盘屏障。胎盘对抗体的运输也具有明显的屏障作用。抗体不能通过胎盘进入胎儿，只能从初乳中获得免疫抗体的动物：猪、绵羊、牛和马；只有少量抗体从胎盘进入胎儿，大部分抗体是出生后从初乳中获得：猫、狗和鼠；抗体能通过胎盘进入胎儿，使其获得被动免疫的动物：豚鼠、兔。

（3）胎盘的免疫功能　胎盘的胎儿部分可看作是母体的同种移植物，胎盘和胎儿不受母体的排斥是胎盘的特定的免疫功能所致。

（4）胎盘的内分泌功能　是一种临时性的内分泌器官。既能合成蛋白质激素如孕马血清促性腺激素、胎盘促乳素，又能合成甾体激素。这些激素合成释放到胎儿和母体循环中，其中一些进入羊水被母体或胎儿重吸收在维持妊娠和胚胎发育中起调节作用。

由胎盘产生的孕激素对维持妊娠具有重要的作用。犬、猫、马、牛、绵羊和猪，在妊娠的前半期主要靠黄体分泌的孕酮维持妊娠；在妊娠的后半期它们的黄体虽然都存在，但维持妊娠的孕酮主要靠胎盘分泌。

合成甾体激素的性质和母体合成的相同。但胎儿和胎盘都缺少生成类固醇某种必不可少的酶，然而在胎儿内缺少的酶却在胎盘内存在，在胎盘内缺少的酶又在胎儿内存在。两者的结合构成甾体激素合成的独立的酶系统，从而产生有激素功能的类固醇。

陈荣（内蒙古农业大学）　杨彩然（河北科技师范学院）

第二章 运动系统

运动系统是由骨、骨连结和骨骼肌组成。全身骨借骨连结连接成骨骼，构成机体的坚固支架，在维持体型、支持体重和保护脏器等方面起着重要作用。骨骼肌附着于骨，收缩时以关节为支点，使骨的位置发生移动而产生运动。在运动中，骨是运动的杠杆、骨连结是运动的枢纽、肌肉则是运动的动力。

运动系统构成动物的基本体型，其重量占动物体重较大的比例，可因动物种类、品种、年龄以及营养健康状况等而不同。此外，体表的一些骨突起和肌肉形成的外观标志，在临床上可作为确定体内器官的位置、针炙穴位和体尺测量等的依据。

第一节 骨和骨的连结

一、概述

骨是一个器官（即骨器官），由骨组织构成，具有一定的形态和功能。骨组织坚硬而富有弹性，有丰富的血管和神经，具有新陈代谢和生长发育的特点，并具有改建、修复和再生能力。骨基质内有大量钙盐和磷酸盐沉积，参与体内的钙、磷代谢与平衡，是机体的钙磷库。此外，骨髓具有造血和免疫功能。

（一）骨的类型

动物全身骨由于其机能和位置的不同而有不同的形态，一般可分为长骨、短骨、扁骨和不规则骨四种类型（图2－1）。

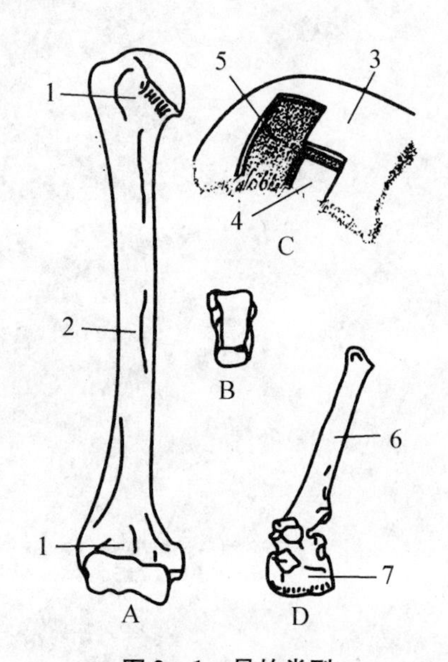

图2－1 骨的类型

A. 长骨 B. 短骨 C. 扁骨 D. 不规则骨
1. 骨端 2. 骨干 3. 外板 4. 内板
5. 板间层 6. 棘突 7. 椎体

1. 长骨

长骨呈长管状，两端膨大，称骨骺或骨端；中间较细，称骨干或骨体；骨干中空，称骨髓腔，其中含有骨髓。长骨多分布于四肢游离部，主要起支持体重和构成运动杠杆的作用。

2. 短骨

短骨略呈立方形，多成群分布于四肢的长骨之间，如腕骨和跗骨，起支持、分散压力和缓冲震动的作用。

3. 扁骨

约呈板状，多分布于颅腔、胸腔及四肢带部，如颅骨、肋骨、肩胛骨等，可保护脑等重要器官，或供肌肉附着。

4. 不规则骨

其形状不规则，一般构成机体中轴，如椎骨等。其功能多样，具有支持、保护和供肌肉附着等作用。

（二）骨的构造

动物全身的每一块骨都是一个复杂的器官。骨由骨膜、骨质、骨髓及血管和神经等构成（图2－2）。

1. 骨膜

骨膜是被覆于除关节面以外的骨质表面的一层致密结缔组织膜，并有许多纤维束伸入骨质内。在腱和韧带附着的地方，骨膜显著增厚，腱和韧带的纤维束穿入骨膜，有的深入骨质内。骨膜富含血管、神经，通过骨质的滋养孔分布于骨质和骨髓，对骨的营养、再生和感觉有重要意义。

包被在除关节面以外的骨外表面的骨膜称骨外膜；衬附在骨髓腔内面的骨膜称骨内膜。

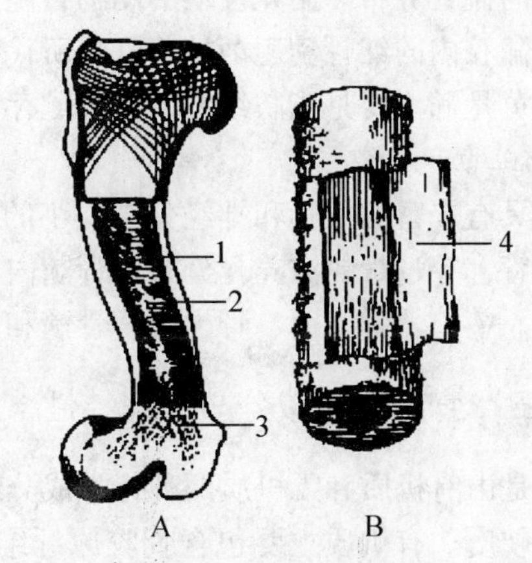

图2－2　骨的构造

A. 肱骨的纵切面上端表示骨松质的结构　B. 骨膜
1. 骨密质　2. 骨髓腔　3. 骨松质　4. 骨膜

（1）骨外膜　骨外膜富含血管、淋巴管及神经，故呈粉红色，分为深浅两层，浅层为纤维层，深层为成骨层。在骨的生长期，骨外膜很容易剥离，但成年后的骨膜，与骨附着甚为牢固，不易剥离。

①纤维层　是最外的一层薄而致密，排列不规则的结缔组织，其中含有一些成纤维细胞。结缔组织中含有较粗大的胶原纤维束，彼此交织成网状，有血管和神经纤维束从中穿行，沿途有一些分支经深层进入伏克曼管。有些粗大的胶原纤维束向内穿进骨质的外环骨板，还有大的营养血管穿过这些纤维进入骨内。

②成骨层　为骨外膜的深层，主要由多功能的扁平梭形细胞组成，有很少量粗大的胶原纤维和较多的弹性纤维，形成一薄层弹力纤维网。内层与骨质紧密相连，并在结构上随年龄和机能活动而发生变化。在胚胎时期或幼龄时期，骨骼迅速生成，内层的细胞数量较多，甚为活跃，直接参与骨的生成。在成年期，骨外膜内层细胞呈稳定状态，变为梭形，与结缔组织中的成纤维细胞很难区别。当骨受损后，这些细胞又恢复造骨能力，变为典型的成骨细胞，参与新的骨质形成。

(2) 骨内膜　是衬在骨髓腔和骨松质网眼的一层薄结缔组织膜，含细胞。除衬附在骨髓腔面以外，也衬附在哈佛管内以及包在松质骨的骨小梁表面。骨内膜中的细胞也具有成骨和造血功能。成年后的骨内膜细胞呈不活跃状态，若遇有骨损伤时，可恢复造骨功能。

骨膜的内层和骨内膜有分化成骨细胞和破骨细胞的能力。骨膜中有一些细胞能分化为成骨细胞和破骨细胞，以形成新骨质和破坏、改造已生成的骨质，所以对骨的发生、生长、修复等具有重要意义。

2. 骨质

构成骨的基本成分，分骨密质和骨松质两种。骨密质致密坚硬，分布于长骨的骨干、骨骺和其他类型骨的表面。骨松质分布于骨的内部，由许多骨小板和骨针交织成海绵状，这些骨针和骨小板的排列方式与该骨所承受的压力和强力的方向是一致的。骨密质和骨松质的这种配合，既加强了骨的坚固性，又减轻了骨的重量。

3. 骨髓

填充于长骨的骨髓腔和骨松质的腔隙内，由多种类型的细胞和网状结缔组织构成，并有丰富的血管分布。胎儿及幼龄动物骨髓为红骨髓，是重要的造血器官。随动物年龄的增长，骨髓腔内的红骨髓逐渐被黄骨髓所代替，因此，成年动物的骨髓分为红骨髓和黄骨髓两种。黄骨髓主要是脂肪组织，具有贮存营养的作用。

4. 血管和神经

骨具有丰富的血管和神经分布。小的血管经骨表面的小孔进入骨内分布于骨密质中，大的血管，穿过骨的滋养孔分布于骨髓内，称滋养动脉；骨的神经随血管行走，分布于骨小梁间、关节软骨下面、骨内膜、骨髓和血管壁上。

（三）骨的化学成分与物理特性

骨是由有机质和无机质两种化学成分组成。有机质使骨具有弹性和韧性，无机质则使骨具备硬度。有机质主要包含骨胶原纤维和黏多糖蛋白，这些有机质约占骨重量的 1/3。骨重量的另外 2/3 是以碱性磷酸钙为主的无机盐类。如用酸脱去骨中的无机盐类，则骨仍保持骨的原来形态，但变得柔软而有弹性；将骨燃烧除去有机质，其形态不变，但骨脆而易碎。随年龄和营养健康状况不同，有机质和无机质在骨中的比例会有所变化。幼龄动物的骨有机质相对多些，较柔韧，容易变形；老龄动物的骨无机质相对较多，骨质硬而脆，容易发生折碎。新鲜骨呈乳白色或粉红色，干燥骨轻而色白。骨是体内最坚硬的组织，能承受很大的压力和张力。骨的这种物理特性与骨的形状、内部结构及其化学成分有密切的关系。

（四）骨的发生和发育

骨起源于胚胎时期的间充质。骨发生的方式有两种；一种是直接由胚性结缔组织膜形成骨组织，如面骨等扁骨的成骨方式，称为膜内成骨；另一种是先形成软骨，在软骨的基础上形成骨组织，称为软骨内成骨，如四肢骨和椎骨等。

（五）全身骨骼的划分

动物的骨骼可分为中轴骨和四肢骨两大部分。中轴骨包括头骨、躯干骨和内脏骨。四肢骨包括前肢骨和后肢骨（图2－3、2－4）。全身骨骼的划分见表2－1。

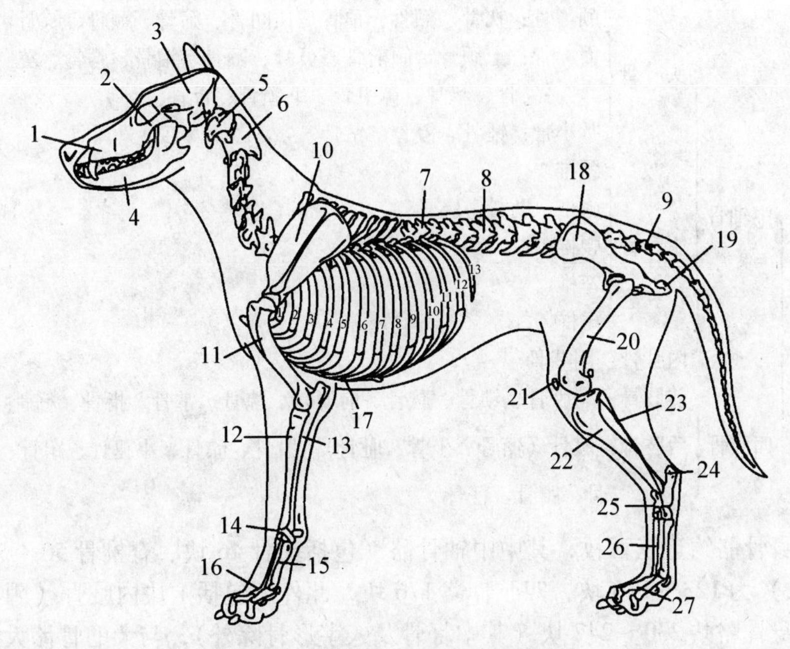

图2－3　犬的全身骨骼（侧面观）

1. 上颌骨　2. 颧骨　3. 顶骨　4. 下颌骨　5. 第一颈椎（寰椎）　6. 第二颈椎（枢椎）　7. 胸椎　8. 腰椎　9. 尾椎　10. 肩胛骨　11. 肱骨　12. 桡骨　13. 尺骨　14. 腕骨　15. 掌骨　16. 指骨　17. 胸骨　18. 髂骨　19. 坐骨　20. 股骨　21. 髌骨　22. 胫骨　23. 腓骨　24. 跟突　25. 跗骨　26. 跖骨　27. 趾骨

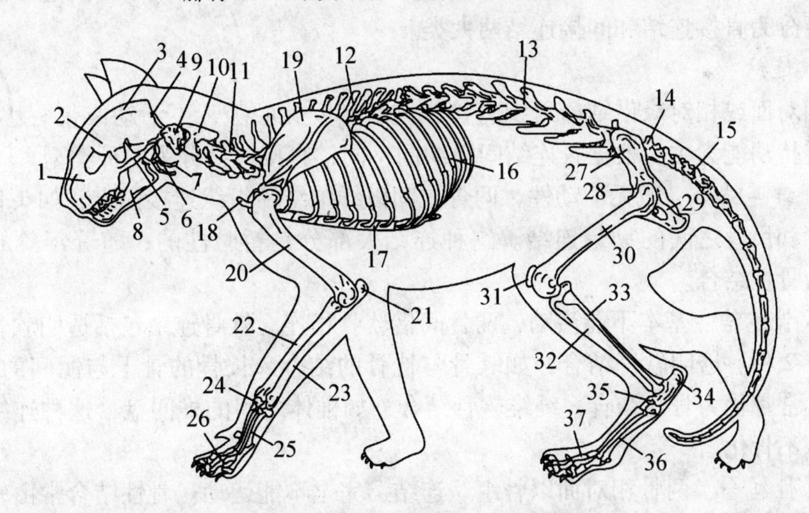

图2－4　猫的全身骨骼（侧面观）

1. 上颌骨　2. 额骨　3. 顶骨　4. 枕骨　5. 颧骨　6. 颞骨　7. 舌骨　8. 下颌骨　9. 寰椎（第一颈椎）　10. 枢椎（第二颈椎）　11. 颈椎　12. 胸椎　13. 腰椎　14. 荐椎　15. 尾椎　16. 肋骨　17. 胸骨　18. 锁骨　19. 肩胛骨　20. 肱骨　21 肘突　22. 桡骨　23. 尺骨　24. 腕骨　25. 掌骨　26. 指骨　27. 髂骨　28. 耻骨　29. 坐骨　30. 股骨　31. 髌骨　32. 胫骨　33. 腓骨　34. 跟突　35. 跗骨　36. 跖骨　37. 趾骨

表 2-1　全身骨骼的划分

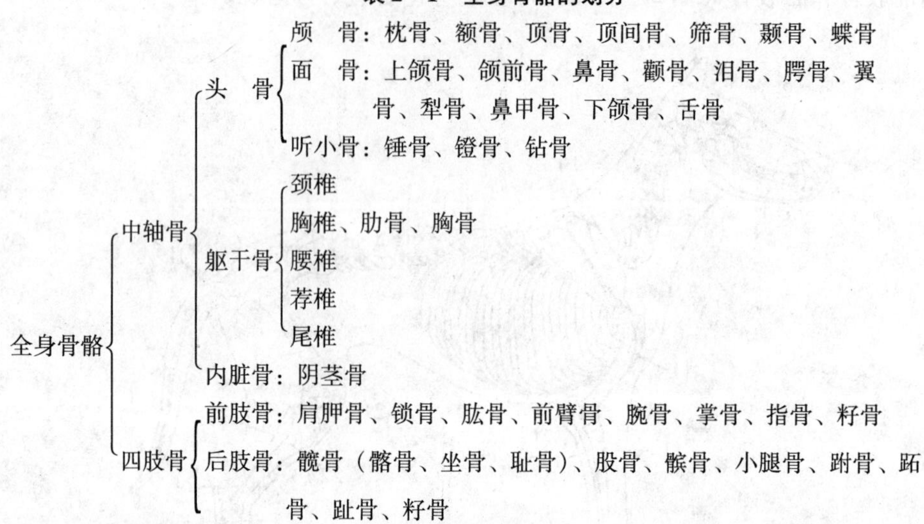

犬的全身骨骼约近三百枚，其中中轴骨骼（包括头骨 46 块、脊椎骨 50～53 块、肋骨和胸骨 27 块）为 123～126 块，四肢骨骼 176 块，此外还包括 1 块内脏骨（阴茎骨）。

猫的全身骨骼共 230～247 块（其中籽骨及人字形骨除外），与犬的骨骼大致相同。其骨骼数目随年龄的不同而异，老猫骨骼的数目由于某些骨块的愈合而减少。

（六）骨的连结

骨与骨之间借结缔组织、软骨或骨组织相连，形成骨连结。由于骨间连结及其运动形式不同，可分为直接连结和间接连结两大类。

1. 直接连结

骨的相对面或相对缘借结缔组织直接相连，其间无腔隙，不活动或仅有小范围活动，以保护和支持功能为主。根据骨连结间组织的不同，直接连结分为三种类型。

（1）纤维连结　一般无活动性，两骨之间以纤维结缔组织连接固定，如头骨诸骨之间的缝，桡骨和尺骨之间的韧带连结。这种连结大部分是暂时性的，随着年龄的增长而骨化，转变为骨性结合。

（2）软骨连结　基本不能活动，两骨间借软骨相连。软骨连结包括透明软骨结合和纤维软骨结合 2 种。透明软骨结合，如蝶骨与枕骨的结合，长骨的骨干与骺间的骺软骨等，到老龄时，常骨化为骨性结合；纤维软骨结合，如椎体之间的椎间盘，这种连结，在正常情况下终生不骨化。

（3）骨性结合　两骨相对面以骨组织连结，完全不能运动。骨性结合常由软骨连结或纤维连结骨化而成。如荐椎椎体之间融合，髂骨、坐骨和耻骨之间的结合等。

2. 间接连结

间接连结为骨连结中较普遍的一种形式。骨与骨不直接连结，其间有滑膜包围的腔隙，能进行灵活的运动，故又称滑膜连结，简称关节。

（1）关节的构造　关节由关节面、关节软骨、关节囊、关节腔及血管、神经和淋巴管等构成（图 2-5）。有的关节尚有韧带、关节盘等辅助结构。

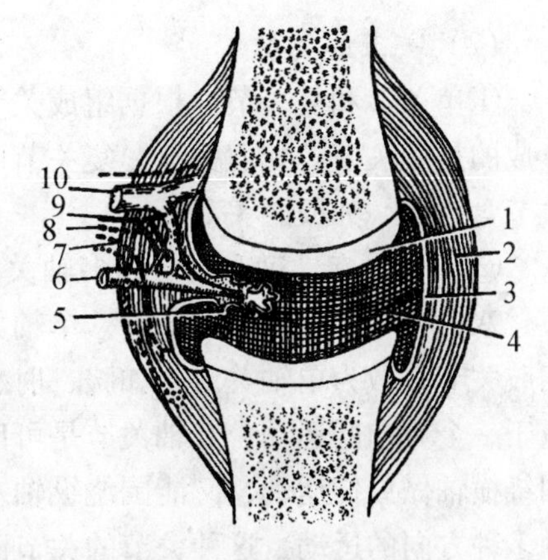

图2－5　关节构造模式图

1. 关节软骨　2. 关节囊纤维层　3. 关节囊滑膜层　4. 关节腔　5. 滑膜绒毛　6. 动脉　7. 感觉神经纤维　8. 感觉神经纤维　9. 交感神经节后纤维　10. 静脉

①关节的基本结构

关节面　是相关两骨的接触面，骨质致密，一般为一凹一凸，凸的称为关节头，凹的称为关节窝。关节面覆以软骨，称为关节软骨，厚薄不一，多为透明软骨，且富有弹性，可减轻运动时的冲击和摩擦。关节软骨无血管、淋巴管和神经，其营养从滑液和关节囊滑膜层的血管渗透获得。常见的关节面有球形、窝状、髁状和滑车状，其运动范围较大；有些关节面呈平面，运动范围较小，主要起支持作用。

关节囊　为结缔组织膜，附着于关节面周缘及其附近的骨面上，形成囊状并封闭关节腔。囊壁分为内、外两层，外层是纤维层，富有血管和神经，由致密结缔组织构成，纤维层厚而坚韧，有保护作用，其厚度与关节的功能关系密切，负重大而活动性较小的关节的纤维层厚而紧密，运动范围大的关节的纤维层薄而松弛；内层是滑膜层，由疏松结缔组织构成，呈淡红色，薄而光滑，紧贴于纤维层的内面，附着于关节软骨的周缘，能分泌滑液，具有润滑关节和营养软骨的作用。滑膜常形成绒毛和皱襞，突入关节腔内，以扩大分泌和吸收面积。在纤维层薄的部位，滑膜层常向外呈囊状膨出，形成滑液囊。

关节腔　为关节囊的滑膜层和关节软骨共同围成的密闭腔隙，腔内仅含有少量的滑液。关节腔内为负压，这不仅有利于关节的运动，还可以维持关节的稳定性。

②关节的辅助结构　是适应关节功能而形成的一些特殊结构。

韧带　见于多数关节，由致密结缔组织构成。位于关节囊外的韧带为囊外韧带，在关节两侧的称内、外侧副韧带；位于关节囊内的为囊内韧带，但它并不是位于关节腔内，而是夹于关节囊的纤维层和滑膜层之间，同时滑膜层折转将囊内韧带包裹，如髋关节的圆韧带等。位于骨间的称骨间韧带。韧带不仅可以增加关节的稳定性，还对关节的运动有限制作用。

关节盘　是位于两关节面之间的软骨板或致密结缔组织。其周缘附于关节囊内面，将关节腔完全或不完全地分成两部分。关节盘可使两关节面更为适合，减少冲击和震荡，有增加运动形式和扩大运动范围的作用，如椎体的椎间软骨或椎间盘，膝关节中的半月板等。

关节唇　是附着于关节窝周缘的纤维软骨环，可以加深关节窝，扩大关节面，有增强关节稳定性的作用，如髋臼周围的缘软骨。

③关节的血管、淋巴管及神经　关节的动脉主要来自附近动脉的分支，在关节周围形成动脉网，再分支到骨骺和关节囊。关节囊各层都有淋巴管网，关节软骨无淋巴管。神经亦来自附近神经的分支，在滑膜内及其周围有丰富的神经纤维分布，并有环层小体和关节终球等特殊感觉神经末梢。

（2）关节的类型

①单关节和复关节　根据组成关节的骨数目可分为单关节和复关节。仅由 2 块骨连接形成的是单关节，如肩关节；复关节由 2 块以上的骨组成，如腕关节，或由 2 块骨间夹有关节盘构成，如股胫关节。

②单轴关节、双轴关节和多轴关节　根据关节运动轴的数目，可将关节分为单轴关节、双轴关节和多轴关节 3 种。单轴关节是在一个平面上，围绕一个轴运动的关节，犬的四肢关节多数为单轴关节，如腕、肘、指等关节，只能围绕横轴做屈伸动作，其关节面适应于一个方向的运动；双轴关节是可以围绕 2 个运动轴进行活动的关节，如寰枕关节既能围绕横轴做屈伸运动，又能围绕纵轴左右摆动；多轴关节具有 3 个互相垂直的运动轴，可做多种方向的运动，这种关节的关节面呈窝或球状，如髋关节不仅能做伸和屈，内收和外展，而且尚能进行旋转运动。

（3）关节的运动　与关节面的形状及其相关韧带的构造有密切的关系，一般可分为下列 4 种。

①滑动　是一种简单的运动方式。相对关节面的形态基本一致，一个关节面在另一个关节面上轻微滑动，如颈椎关节突之间的关节。

②屈和伸运动　是关节沿横轴进行的运动。运动时两骨的骨干相互接近，关节角度缩小的称屈；反之，使关节角度变大的为伸。

③内收和外展运动　是关节沿纵轴进行的运动。运动时骨向正中矢面接近的为内收；相反，使骨远离正中矢面的为外展。

④旋转运动　骨环绕垂直轴运动时为旋转运动。向后向外侧旋转时称旋外；相反，则称为旋内。

二、头骨及其连结

头骨主要由扁骨和不规则骨构成，绝大部分借纤维和软骨组织连结，围成腔体，以保护脑、眼球和耳，并构成消化系统和呼吸系统的起始部。头骨大部分成对，仅有少数为单骨。有些头骨的扁骨内、外板之间形成含气体的腔，称为窦。窦可在不增加头部重量的情况下，扩大其体积。有些头骨上有许多突起、结节、嵴、线和窝，供肌肉附着，同时还有供脉管和神经通过的孔、沟、管和裂等。

（一）头骨

多为扁骨构成，可分为颅骨、面骨和听小骨。颅骨位于头的后上方，构成颅腔、感觉器官（眼、耳）和嗅觉器官的保护壁。面骨位于头的前下方，形成口腔、鼻腔、咽、喉和舌的支架。听小骨位于中耳内。

1. 头骨的一般特征

（1）颅骨　包括成对的额骨、顶骨、颞骨和不成对的枕骨、顶间骨、蝶骨和筛骨，共 7 种 10 块骨（图 2－6、2－7、2－8、2－9、2－10、2－11）。

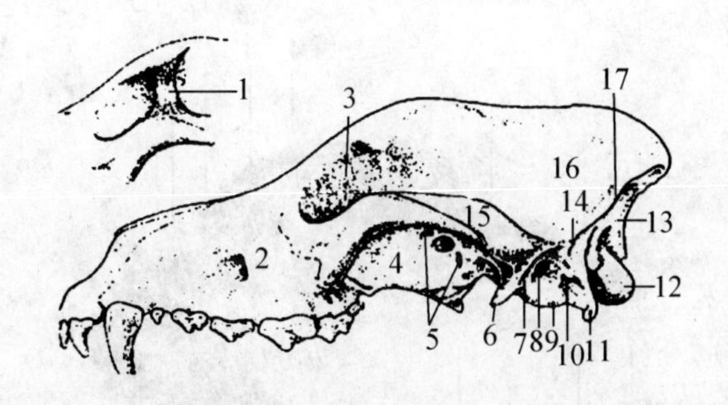

图 2-6 犬的头骨（外侧面观）

1. 眶窝韧带 2. 眶下孔 3. 眶窝 4. 蝶腭窝 5. 视神经孔、眶圆孔和翼前孔 6. 后关节突起 7. 关节后孔 8. 外耳道 9. 鼓泡 10. 茎乳突孔 11. 颈静脉突 12. 枕髁 13. 枕骨的项部 14. 乳突 15. 颧弓 16. 颞窝 17. 枕嵴

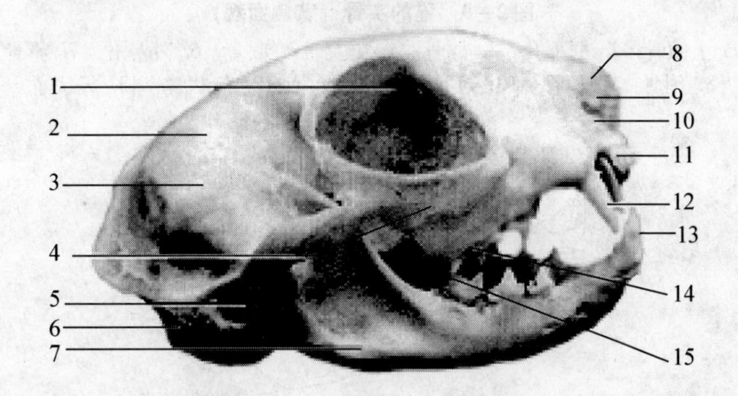

图 2-7 猫的头骨（外侧面观）

1. 眶窝 2. 顶骨 3. 颞骨 4. 颧骨 5. 外耳道 6. 枕骨 7. 下颌骨 8. 鼻骨 9. 鼻前骨 10. 上颌骨 11. 门齿 12. 上犬齿 13. 下犬齿 14. 上臼齿 15. 下臼齿

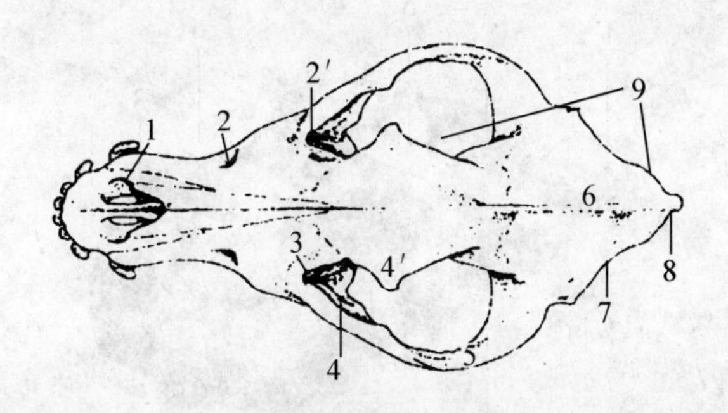

图 2-8 犬的头骨（背侧面观）

1. 鼻孔 2. 眶下孔 2′. 上颌孔 3. 泪囊窝 4. 眼眶 4′. 额骨的颧突 5. 颧弓 6. 外矢状嵴 7. 枕嵴 8. 枕外隆起 9. 颅腔顶盖

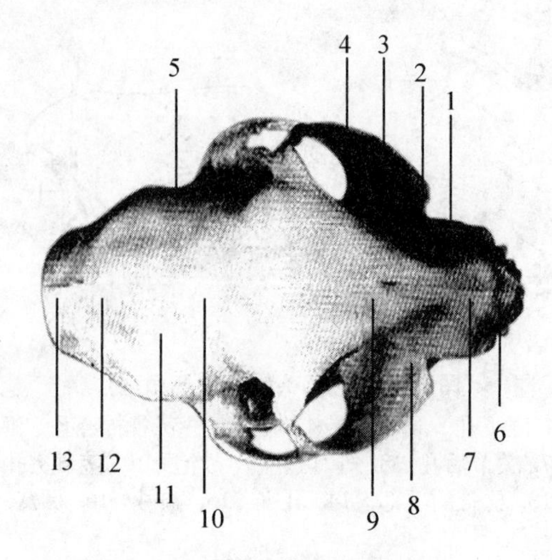

图 2－9　猫的头骨（背侧面观）

1. 上颌骨　2. 框下孔　3. 颧骨　4. 眶窝　5. 颞骨　6. 外鼻孔　7. 鼻骨　8. 泪骨　9. 额骨　10. 冠状缝　11. 顶骨　12. 矢状缝　13. 矢状嵴

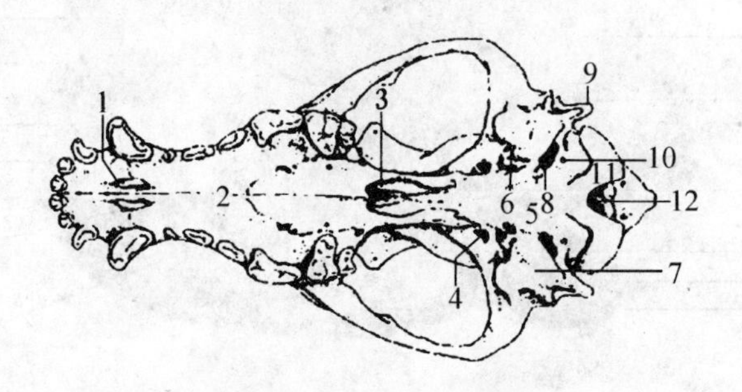

图 2－10　犬的头骨（腹侧观）

1. 腭裂　2. 上颌骨　3. 鼻后孔　4. 卵圆孔　5. 颅腔底壁　6. 破裂孔　7. 鼓泡　8. 颈静脉孔　9. 颈静脉突　10. 舌下神经管　11. 枕髁　12. 枕骨大孔

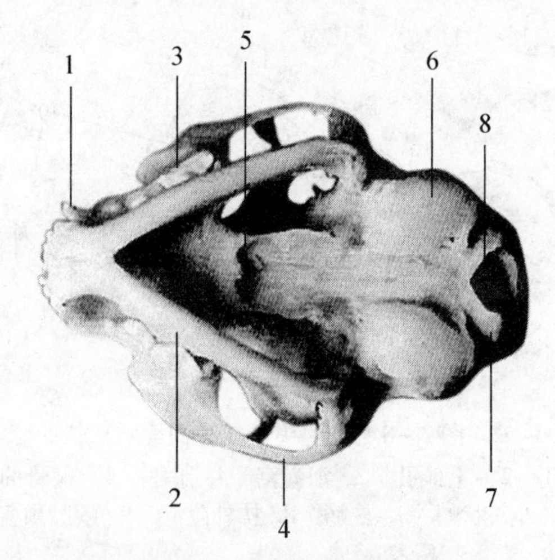

图 2－11　猫的头骨（腹侧面观）

1. 犬齿　2. 下颌骨　3. 臼齿　4. 颧弓　5. 鼻后孔　6. 鼓泡　7. 枕骨　8. 枕骨大孔

①枕骨　单骨，位于颅后部，构成颅腔后壁和底壁的一部分。枕骨后下方正中有枕骨大孔，是颅腔与椎管的交接处。孔的背侧及外侧由枕骨的外侧部形成，下方为枕骨基部，侧部上方不参与大孔形成的部分称鳞部。枕骨上缘连接顶间骨，正中的长嵴称枕外嵴，嵴的下方有两个粗压迹或结节结构，供肌肉附着。枕骨外侧面为凸形，左右的外下缘与颞骨的乳部相连，相接的缝称枕乳缝。枕乳缝之上有一孔称乳突孔，乳突孔通脑腔。枕骨大孔之外下方左右各有一长圆形的关节面，称枕髁。枕髁与第1颈椎（寰椎）的深凹关节面合成关节。髁的外侧有颈静脉突。

②顶骨　成对骨，是额骨后面两块近于菱形的骨，构成颅腔顶壁的大部。两顶骨之间有顶嵴，其前端延至额骨。腹缘前部接蝶骨颞翼，后部接颞骨鳞部。其后端与顶间骨合成矢状嵴，顶骨的外侧与颞鳞相连，构成颞凹的一部分。

③顶间骨　单骨，为锹状的扁平骨，位于顶骨之后，楔于两顶骨之间，与枕骨相愈合。顶间骨的基部与枕骨、顶骨和颞骨一起组成横沟，横沟通颞管。

④额骨　成对骨，位于鼻骨和筛骨的后方，顶骨的前方，外侧接颞骨。为1对弯曲不齐的骨骼，外表面有额嵴，额嵴自顶嵴向前外侧伸展到眶上突后缘，将额骨分成额部和颞部。额骨前方有一尖而窄的鼻部，嵌在鼻骨两侧与上颌骨之间，称为额骨鼻突；鼻额两骨间的缝，称鼻额缝，其后缘与顶骨的前缘嵌合的缝，称额顶缝。额骨中部两侧伸出较小的颧突，但不与颧弓相连。

⑤颞骨　成对骨，分为鳞部、岩部和鼓部。位于枕骨的前方，其上部的鳞部与顶骨相连，其前缘与蝶骨眶翼相连。颞骨鳞部有颧突与颧骨颞突合成颧弓，颧突腹侧有横向的关节面，称颞髁，与下颌骨成关节。颞骨岩部位于枕骨和鳞部之间，蝶骨外侧，构成内耳和内耳道的骨质支架，其腹侧有连接舌骨的茎突；鼓部位于岩部的腹外侧，形成不明显的鼓泡，其外侧有骨性外耳道，向内通鼓室。

⑥蝶骨　单骨，位于颅底中线处，是构成颅腔的基底骨。由一蝶骨体，两对翼（眶翼和颞翼）和一对翼突构成，形如蝴蝶状。蝶骨体较扁，其腹面两侧嵴与腭骨垂直部的后缘相接，侧面与颞骨相接，后接枕骨基底部，脑垂体窝浅，鞍背很发达，有后翼突。眶翼由骨体前部两侧向上伸延，参与构成眼眶内侧壁，是构成视神经孔和眶孔的重要部分，此两孔自颅腔通至眼窝。颞翼由蝶骨体后部向背外侧伸出，背侧与顶骨相接，颞翼参与构成颅腔外侧壁。翼突在骨体与颞翼相接处，向前方突出，形成鼻后孔的侧壁。

⑦筛骨　单骨，位于颅腔的前壁，介于颅腔与鼻腔之间。筛骨的上、下、左、右、前五方均在鼻腔，仅其后侧面为颅前凹的前侧壁。筛骨呈复杂的蜂窝状，由筛板、垂直板和一对筛骨迷路组成。筛板是位于鼻腔与颅腔之间的筛状隔板，脑面被筛骨嵴分成左右2个椭圆形的筛骨窝，呈凹陷状，称筛窝，用以容纳脑的嗅球。筛板上有许多小孔，为嗅神经纤维的通路。垂直板位于正中，伸向鼻腔，构成鼻中隔后部。筛骨迷路又称侧块，呈圆锥形，位于垂直板两侧，由许多卷曲的薄骨构成，向前突向鼻腔，支持鼻黏膜。

（2）面骨　由成对的鼻骨、泪骨、颧骨、上颌骨、切齿骨、腭骨、翼骨、上鼻甲骨、下鼻甲骨、下颌骨及不成对的犁骨和舌骨构成（图2－6、2－7、2－8、2－9、2－10、2－11、2－12），共12种22块。

①鼻骨　成对骨，位于额骨之前，构成鼻腔顶壁的大部，为两片狭长而微凹陷的薄骨，前宽后窄，微向中缝倾斜，构成1中沟，其内侧缘向下弯曲，构成内鼻嵴，后端嵌入

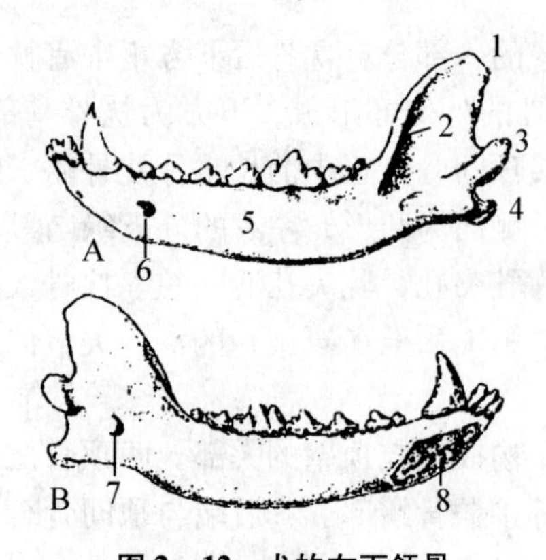

图2－12 犬的左下颌骨

A. 外侧观 B. 内侧观
1. 冠状突 2. 下颌支 3. 下颌髁
4. 下颌角 5. 下颌体 6. 颏孔
7. 下颌孔 8. 左右侧下颌骨的结合部

额骨切迹，前端构成半圆切迹，成为梨状孔的后缘。犬的鼻骨长短随犬的种类不同有很大差异。

②泪骨 成对骨，位于眼眶的前内侧，上颌骨的后上方，大部分以锯齿状缝与相邻骨相接。眼眶内有漏斗状的泪囊窝，囊内有通向鼻腔的鼻泪管开口。

③颧骨 成对骨，位于泪骨的下方、上颌骨的后上方，呈不规则的三角形，起于后臼齿的上方，发达的颞突占颧骨的大部分，与颞骨的同样突起（颧突）相结合成为颧弓。颧骨长而强度弯曲，背缘弓隆，前部游离，构成眼眶的下壁。后部有一小突出部即额突，为眶韧带附着处。颧骨的体部包括两部分：泪突部向背侧突出，嵌入泪骨与上颌骨之间，上颌突部向腹侧突出。

④上颌骨 成对骨，呈不规则的三角形，分为骨体和腭突，位于颜面的两旁，构成鼻腔的侧壁、底壁和口腔的上壁，为上颌的主骨。骨体位于鼻骨的下方，在颧骨和泪骨的前方，构成鼻腔侧壁。在第3臼齿相对处的上方，有鼻泪管的眶下孔，向后上方通过眶下管而达眼窝，为三叉神经的眶下枝和眶下血管的通道。上颌骨的下缘为齿槽缘，有6个臼齿槽；后端圆而突出，称上颌结节。腭突由骨体内侧下部向正中矢面伸出的水平骨板形成，构成硬腭的骨质基础，将口腔和鼻腔隔开。

⑤颌前骨 成对骨，位于上颌骨的前方，由骨体、腭突和鼻突组成。骨体位于前端，有3个切齿槽，故又称切齿骨，另有1个与上颌骨共同构成的犬齿槽。腭突由骨体呈水平向后突出，形成硬腭前部的骨质基础。鼻突向后上方渐变尖细而弯曲，并略向内，构成鼻腔前部的骨质基础。鼻突与鼻骨前部的游离缘共同形成鼻切齿骨切迹或鼻颌切迹。

⑥腭骨 成对骨，位于鼻后孔两侧，构成鼻后孔侧壁及硬腭后部的骨性支架。腭骨分为垂直部与水平部。水平部相当宽大，约占硬腭的1/3，其前缘及外侧缘与上颌骨的腹侧面结合。水平部表面有一定数目的副腭孔，腭后神经和腭中神经均由此孔通过至软腭。在腭正中缝后端有一尖形的后鼻嵴。水平部的后缘构成鼻咽道的下缘。腭骨的垂直部更为宽阔，其外侧面构成翼腭凹的内侧壁、上颌孔位于上颌颧突与腭骨之间的深隐窝内，在孔的上方常有一通鼻腔的孔。

⑦翼骨 成对骨，位于鼻后孔的两旁，呈四边形，短而宽，构成为鼻咽道的两侧壁。翼骨上缘与腭骨垂直部相接；下缘与后缘游离，下缘后端呈尖形，有时呈钩状。

⑧犁骨 单骨，位于鼻腔底面的正中。背面形成犁骨沟或鼻中隔沟，容纳筛骨垂直板及鼻中隔软骨。犁骨不与鼻腔底板后部相连接，也不分隔后鼻道。

⑨鼻甲骨 是2对卷曲的薄骨片。附着于鼻腔两侧壁上。上、下鼻甲骨将每侧鼻腔分为上、中、下3个鼻道。

⑩下颌骨 成对骨，位于面部下外侧，左右两下颌骨在前端合成为“V”字形，组成口腔底部的外侧壁，是头骨中最大的骨。每侧下颌骨又分下颌体和下颌支。下颌体位于前方，呈水平位，较厚，前部为切齿部，有3个切齿槽及1个大的犬齿槽。自切齿部向后方

伸展呈垂直位的是很厚的臼齿部，上缘有臼齿槽（犬 7 个，猫 3 个）。在切齿部与臼齿部交界处附近的外侧有颏孔。下颌支位于后方，呈垂直位，其上端前方有一向后弯曲的突起，称为冠突，供肌肉附着，后方也有一突起，称为下颌髁（也称为髁突），与颞髁成关节。在下颌支的内侧有下颌孔。两侧下颌骨之间形成下颌间隙。

⑪舌骨 由 11 块骨组成，位于下颌支之间，支持舌根、咽和喉（图 2－13）。舌骨可分为舌骨体（又称基舌骨）和舌骨支。舌骨体为单骨，位于舌骨前下方，为稍弯曲的横柱状骨，前后压扁，在其正中向前方伸出不明显的舌突。舌骨支分为左右两支，每一支又分为甲状舌骨、角舌骨、上舌骨、茎舌骨和鼓舌骨。甲状舌骨从舌骨体两端向后伸出，与喉的甲状软骨相连接；角舌骨从舌骨体两端突向前上方；上舌骨由角舌骨上端向后上伸出，并与角舌骨成关节；茎舌骨与上舌骨形成关节，并继续向后上伸出；鼓舌骨为软骨，前接茎舌骨，后与岩颞骨的茎突形成关节。

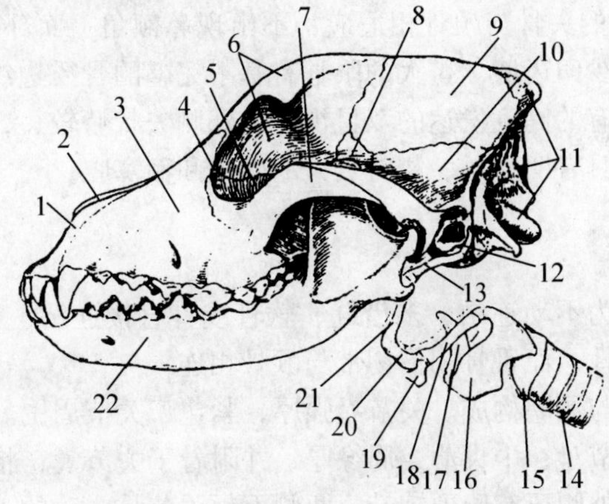

图 2－13 犬头骨、舌骨和喉（外侧面）

1. 切齿骨 2. 鼻骨 3. 上颌骨 4. 泪骨 5. 腭骨 6. 额骨 7. 颧骨 8. 蝶骨翼 9. 顶骨 10. 颞骨 11. 枕骨 12. 鼓舌软骨 13. 茎突舌骨 14. 气管 15. 环状软骨 16. 甲状软骨 17. 会厌软骨 18. 甲状舌骨 19. 基舌骨 20. 角舌骨 21. 上舌骨 22. 下颌骨

（3）听小骨 参见第十三章第二节。

2. 鼻旁窦

为头骨内外骨板之间含气腔体的总称。它们直接或间接与鼻腔相通，故称鼻旁窦，也称副鼻窦（图 2－14）。鼻旁窦内的黏膜是鼻腔黏膜的延续，当鼻黏膜发生炎症时，常蔓延到鼻旁窦。

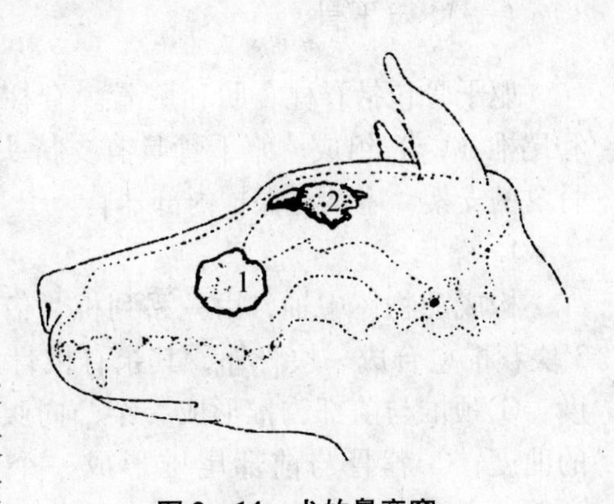

图 2－14 犬的鼻旁窦

1. 上颌陷凹 2. 额空窦

3. 宠物头骨的主要特征

（1）犬的头骨 犬的头骨近似长卵圆形，犬由于嗅食寻物，演化成嘴凸鼻长，而其下颌也很发达并伸长。犬的头骨共 46 块。犬的眶上突短，眶窝后部直接与颞骨相连无明显界线。下颌骨体不完全愈合，下颌支后角形成角突。上颌骨有 6 个臼齿槽，下颌骨有7个臼齿槽。犬头的形状很大程度上取决于颅骨，尤其是面部的形态。犬由于品种不同，头骨形态和大小有很大差异。其头型狭长者为长头型，头骨宽而短者为短头型，两者之间的为中长头型。犬在颅部和面部之间常形成一凹陷，叫鼻额角，或叫“（鼻与额头之间的）凹痕”。在短头型犬中，短宽脸型会与加深的凹痕和更朝向前方的眼相结合。从上、下颌长度来说，短头型犬总体上说是凸颌的，下颌突出；长头型犬通常是伴随着短颌，下颌缩进。

犬的鼻旁窦不发达，包括成对的额窦和上颌窦，左右侧的同名窦间互不相通。额窦占额骨的大部分，外界一直延伸至额骨的颧突内。可以通过经筛鼻道而通于鼻腔的孔划分为外侧额窦、内侧额窦和前额窦3个区。长头型犬额窦可延伸至下颌关节。上颌窦位于后臼齿的上颌的后外侧，可延伸至腭骨、蝶骨、眼窝内侧及腹侧鼻甲骨内。犬的上颌窦由于与鼻腔可自由出入，又称上颌陷凹。

（2）猫的头骨　猫的头骨与颅骨相适应，不出现鼻额角，面部长度缩短引起腭变短。齿系减少，呈扇形，缺少臼齿腔。扩大的眼眶有基本完整的骨质边缘，多面向前侧，使猫具有所有肉食动物所具有的高度发达的双目视觉。外侧矢状嵴较短，位于颅骨底部，中耳腔的鼓泡明显变大。猫具有明显的、相对较大的颅腔和额窦腔。

（二）头骨的连结

各头骨之间大部分为不动连结，多借缝、软骨或骨直接连结，彼此间结合较为牢固。只有下颌关节具有活动性，而舌骨则借韧带与颅骨相连。

下颌关节由下颌髁与颞髁构成。关节囊强厚，紧包于关节周围。在关节面之间有纤维软骨构成的横椭圆形关节盘，中央薄，周缘厚，并附着于关节囊，将关节腔分成上下互不相通的两部分。关节囊外侧还有侧副韧带。两侧下颌关节是联动的，可进行开口、闭口和侧运动。

三、躯干骨及其连结

（一）躯干骨

躯干骨包括脊柱、肋和胸骨。脊柱由颈椎（C）、胸椎（T）、腰椎（L）、荐椎（S）和尾椎（Cy）组成。躯干骨具有支持头部和传递推动力的作用，还可作为胸腔、腹腔和骨盆的支架，容纳并保护内部器官。

1. 脊柱

构成动物体中轴，由一系列椎骨借软骨、关节和韧带紧密连结形成。其中除荐骨由3块荐椎愈合成一块骨外，其余脊椎骨均是分开的。脊柱的全形比较平直，有三个微曲度：①颈椎与前部胸椎形成一个凸向腹侧的曲度；②后部胸椎至腰椎形成一个凹向腹侧的曲度；③荐骨与前部尾椎形成一个凹向腹侧的曲度。脊柱内有椎管，容纳并保护脊髓。

（1）椎骨的一般构造　各段椎骨的形态和构造虽有所不同，但基本相似。每个椎骨均由椎体、椎弓和突起组成（图2-15）。

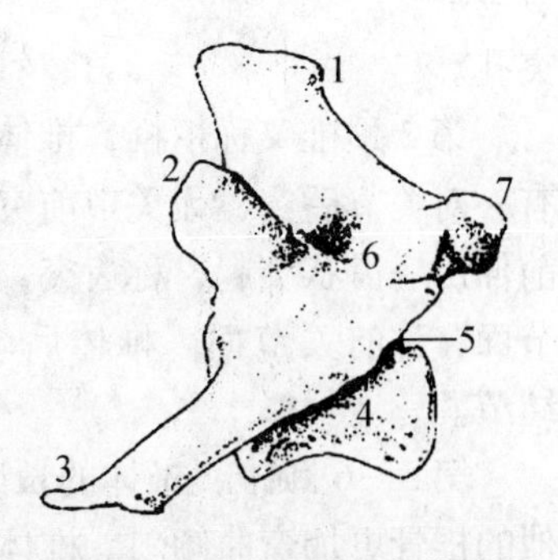

图2-15 椎骨的一般构造

（腰椎左外侧观）

1. 棘突 2. 前关节突 3. 横突
4. 椎体 5. 椎切迹 6. 椎弓
7. 后关节突

椎体呈短圆柱状，是椎骨的腹侧部分，表面有一薄层的骨密质，内部为骨松质。椎体的前端突出称椎头，后端较前端略大，呈凹状，称椎窝。相邻椎骨的椎头和椎窝相连结。椎体腹侧面正中有一条前后方向的纵嵴，称腹棘，其两侧圆隆。椎体背侧平坦，中央亦有一前后方向的纵嵴。

椎弓位于椎体的背侧，椎弓又分椎弓基部及椎弓板部。椎弓基部前后缘分别有椎前、后切迹。相邻椎弓的切迹围成椎间孔，供血管和神经通过。椎弓与椎体共同围成椎孔。所有椎骨的椎孔依次相连，形成椎管，主要容纳脊髓。

从椎弓上伸出3种共7个突起。从椎弓背侧向上方伸出的一个突起，称棘突。从椎弓基部向两侧伸出的一对突起，称横突。从椎弓背侧的前后缘各伸出的一对突起为前、后关节突，相邻椎骨的关节突构成关节。横突和棘突是肌肉和韧带的附着处，对脊柱的伸曲或旋转运动起杠杆作用。

（2）各部椎骨构造特征　虽然各段椎骨的形态有许多共同点，但是，依存在部位不同而有差异。此外，不仅由于品种不同，其各段的椎骨数目有差异，而且在个体间也同样有一些差异。不同的动物其椎骨数可用一定的式子表示，犬的脊柱式为C7、T13、L7、S3、Cy20－23，猫的脊柱式为C7、T13、L7、S3、Cy22－23。

①颈椎　哺乳动物的颈部长短不一，但其颈椎均为7个，第1、2颈椎为适应头部多方面的运动，形态发生变化。第3～6颈椎的形态基本相似。第7颈椎是颈椎向胸椎的过渡类型。其他5个颈椎呈现典型的椎骨的一般构造（图2－16）。

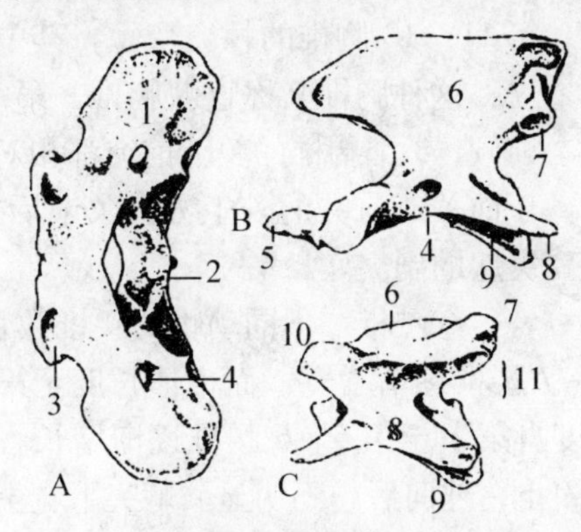

图2－16 犬的颈椎

A. 寰椎（背侧观） B. 枢椎（侧观） C. 第5颈椎（侧观）
1. 寰椎翼 2. 腹侧弓 3. 椎外侧孔 4. 横突孔 5. 齿突 6. 棘突
7. 后关节突 8. 横突 9. 椎体 10. 前关节突 11. 椎孔的位置

第1颈椎又称寰椎，呈环形，由背侧弓、腹侧弓和侧块构成。前端有成对的前关节凹，与枕髁形成关节，在关节面的上外侧有一对侧椎孔，后端有与第2颈椎成关节的鞍状关节面，称后关节凹。在背侧弓的上面正中有一突起称背侧结节，腹侧弓的下面正中也有一突起称腹侧结节。寰椎的两侧是一对宽骨板，称为寰椎翼，其外侧缘可在体表摸到，其前端与椎弓之间有一对凹入的切迹，称翼切迹。在寰椎翼上靠近背侧弓处可见一对横突孔。

第2颈椎又称枢椎，椎体最长，背侧弓正中向上为厚而明显的嵴状棘突，其后端两侧有一对关节后突，无关节前突，一对不发达的横突伸向后方，有一对横突孔。椎体前端向前伸出一齿状突起，称齿突，与寰椎后端的齿突凹构成可转动的关节。齿突两侧为一对关节面，称前关节面。椎体后端为椎窝，与第3颈椎的椎头构成关节，下部突起为腹侧结节。

第3～6颈椎，椎体的长度依次变短，越靠近胸椎其椎骨变的越短，椎体的两端较其他的椎骨更加弯曲倾斜。椎体的腹侧有明显的腹侧嵴。椎弓厚而广，棘突均不发达。横突发达，分为背侧支和腹侧支，基部有横突孔，各颈椎的横突孔相连形成横突管，供血管神经通过。

第7颈椎较短，棘突发达，在椎窝的两侧各有一个肋窝，与第1肋骨形成关节。横突不分支，无横突孔。

②胸椎　各种动物数目不同，犬和猫均13块。椎体为半圆形，各胸椎体接近相等，椎体前端略凸，为椎头，后端凹陷，为椎窝。椎头与椎窝的两侧均有前、后肋凹，最后胸椎无后肋凹。相邻胸椎的前、后肋凹形成肋窝，与肋骨小头成关节。椎孔较大。横突短而厚且粗糙，由前端胸椎到后端胸椎逐渐变小，其游离缘的腹外侧面有小关节面，称为横突肋窝，与相应的肋结节形成关节（图2－17）。在横突的前上方有一粗糙突起，为乳突。第1～9胸椎棘突甚长，并向尾侧倾斜，其中第5～9胸椎的棘突倾斜更甚。而第11～13胸椎的棘突变短，其中第10或11胸椎的棘突直立，这种胸椎又称直棘胸椎，第12、13胸椎的棘突则稍向前倾，3个胸椎的关节前突都相对变得发达，乳突前移附着于前关节前突的外上方。关节后突的外侧另有一对向后外突起的副突。

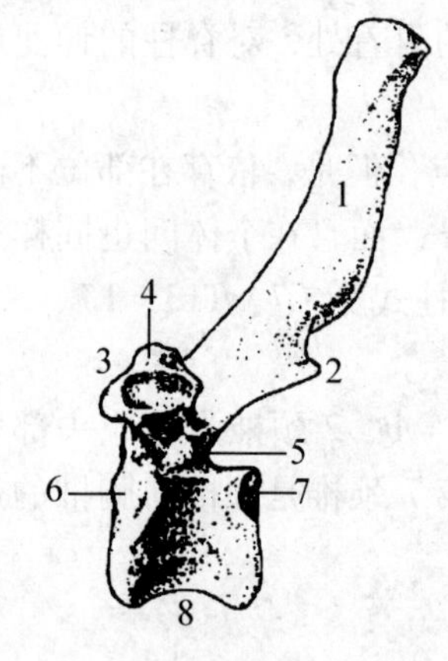

图2－17　犬的胸椎（左侧观）

1. 棘突　2. 后关节突　3. 横突肋凹　4. 乳突　5. 后椎切迹　6. 前肋窝　7. 后肋窝　8. 椎体

③腰椎　不同动物的腰椎数目不同，犬和猫均为7块。椎体上下显著压扁。自第1～7腰椎逐渐增宽，而椎体长度至第6腰椎逐渐增大。横突呈板状，向前下方突出，其长度自第1至第5、6腰椎逐渐增长。乳突发达，并向前倾，越向后突出越明显。副突逐渐缩小，越向后越不明显。棘突下宽上窄，第4腰椎以后的棘突减低，除最后腰椎的棘突外均向前微倾（图2－18）。

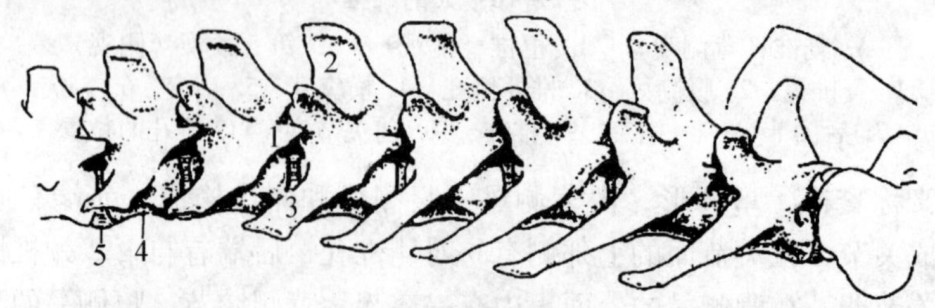

图2－18　犬的腰椎（左侧观）

1. 乳头突　2. 棘突　3. 横突　4. 椎体　5. 椎间盘

④荐椎 不同动物的荐椎数目不同，犬和猫均由3块荐椎愈合而成荐骨。椎体短宽近方形。背面棘突愈合成正中嵴，但在棘突顶端仍有间隙。3块荐椎中以第1荐椎最大，椎体的前端面宽大，正中凹入，各关节突愈合为荐中间嵴。荐骨横突相互愈合，前部较宽为荐骨翼，翼的后上方有较小的耳状关节面，与髂骨成关节。第1荐椎椎体的前端腹侧缘略凸，为荐骨岬（图2-19）。第3荐椎的横突向后方突出。2对荐骨孔上下扁平，是血管和神经的通路。

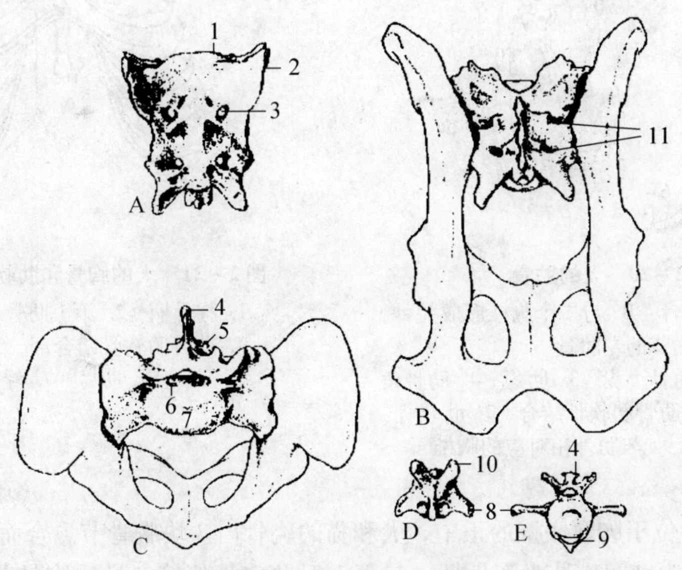

图2-19 犬的荐骨和尾骨

A. 荐骨（腹侧观） B. 荐骨（背侧观） C. 荐骨（前面观）
D. 尾椎（背侧观） E. 尾椎（前侧观）
1. 岬 2. 耳状面 3. 荐盆侧孔 4. 棘突 5. 关节突的遗迹 6. 椎管
7. 椎体 8. 横突 9. 血管弓 10. 前关节突 11. 荐背侧孔

⑤尾椎 不同动物数目变化较大，不同种犬和猫其数目也不相同，一般犬为20～23块，猫为22～23块。前部尾椎发育比较完整，前6个尾椎有完整的椎弓、椎孔和较大的横突。以后各尾椎则逐渐退化消失，除第1尾椎的长度和宽度相等外，中段的尾椎增长，以后各尾椎又变短，最后4个尾椎仅存椎体，最后的尾椎尖细。

2. 肋、胸骨和胸廓

（1）肋 肋呈弯曲的弓形，构成胸廓的侧壁，是呼吸运动的杠杆，左右成对。肋由肋骨和肋软骨组成。肋骨位于背侧，近端前方有肋骨小头，与两相邻胸椎的肋凹形成的肋窝成关节（图2-20）。肋骨小头的后方有肋结节，与胸椎横突肋窝成关节。肋结节与肋骨小头间缩细的部分为肋颈。肋骨的远侧端与肋软骨相连。在肋骨后缘内侧有血管和神经通过的肋沟。肋软骨位于腹侧，由透明软骨构成，前几对肋的肋软骨直接与胸骨相连，称为真肋或胸肋。其余肋的肋软骨则由结缔组织顺次连接形成肋弓，这部分肋称为假肋或弓肋。有的肋的肋软骨末端游离，称为浮肋。肋的对数与胸椎数相同，犬和猫的肋均有13对，其中，真肋9对，假肋4对（最后1对为浮肋），有的犬偶然还会有额外肋骨残迹出现（第14肋骨）。第1对肋骨弯度最大而长度最小，以后各肋骨的长度逐次增大，而以中间的几个为最长。前8～9肋骨的下部遂渐变宽。

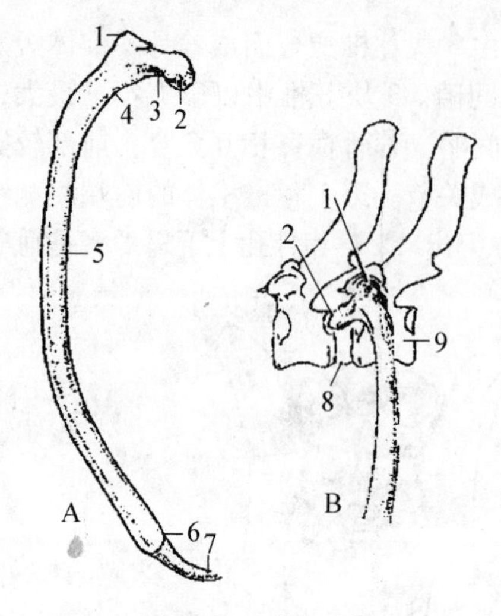

图 2-20　犬的肋骨

A. 犬的左肋骨　B. 与二个胸椎形成关节的左肋骨

1. 肋结节　2. 肋骨小头　3. 肋颈　4. 肋骨角　5. 肋骨体　6. 肋骨肋软骨结合　7. 肋软骨　8. 椎间盘　9. 与肋骨相对应的胸椎

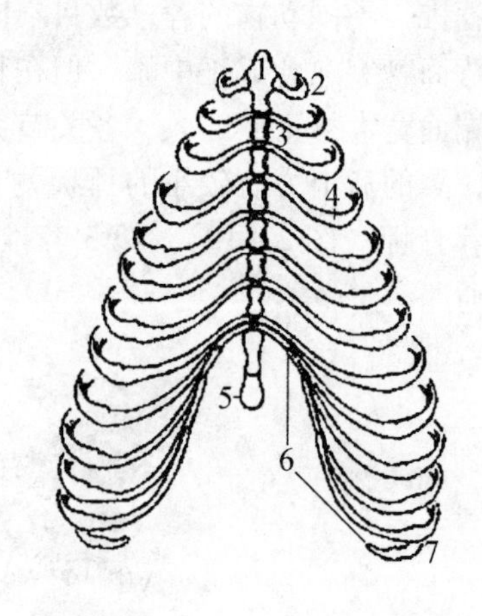

图 2-21　犬的胸骨和肋软骨（腹侧观）

1. 胸骨柄　2. 第1肋骨　3. 胸骨片　4. 肋骨肋软骨结合部　5. 剑状软骨　6. 肋弓　7. 浮肋

（2）胸骨　位于胸廓底壁的正中，犬和猫的胸骨由8块胸骨节愈合而成。第1胸骨节最长，其前端略为钝圆，称为胸骨柄，与第1对肋软骨相接。最后胸骨节为前阔后窄形，称为剑突，其后端接剑状软骨。猫的胸骨柄和剑突比犬的相对明显。第2～7骨节组成胸骨体。各骨节的交点为8对肋软骨附着之处。胸骨腹侧面略凸，而背侧面略凹，外侧面稍扁平。

（3）胸廓　是由胸骨、肋骨、肋软骨和胸椎组成的前小后大的截顶锥形的骨性支架（图2-21）。其背腹径稍大于横径，入口呈卵圆形，较小，其位置较高，称为胸前口，由第1胸椎、第1对肋以及胸骨柄构成。胸后口较大，向前下方倾斜，由最后胸椎、肋弓和剑状软骨构成。猫的胸廓比犬的胸廓相对较窄细，并要长一些。

（二）躯干骨的连结

躯干骨连结分为脊柱连结和胸廓连结。

1. 脊柱连结

可分为椎体间连结、椎弓间连结和脊柱总韧带。

（1）椎体间连结　是相邻两椎骨的椎头与椎窝，借纤维软骨构成的椎间盘相连结。椎间盘的外围是纤维环，中央为柔软的髓核（是脊索的遗迹）。因此，椎体间的连结既牢固又允许有小范围的运动。椎间盘越厚的部位，运动的范围越大。动物的颈部、腰部和尾部的椎间盘较厚，因此这些部位的运动较灵活。

（2）椎弓间连结　包括关节突关节、横突间韧带和棘间韧带。

①关节突关节　是相邻椎骨的关节突构成的关节，有关节囊。颈部的关节突发达，关节囊宽松而强大活动范围较大。

②横突间韧带　由弹性纤维构成，是位于相邻椎骨横突、棘突之间的短韧带，腰部无横突间韧带。

③棘间韧带　由弹性纤维构成，是位于相邻椎骨棘突之间的短韧带。

(3) 脊柱总韧带　是贯穿脊柱，连结大部分椎骨的韧带。包括棘上韧带、背纵韧带和腹纵韧带。

①棘上韧带　由荐骨向前伸延至枢椎的棘突。在颈部的韧带，即项韧带（图2－22）沿着颈背部的形态行走，与位于其腹侧部的颈椎保持一定的距离。项韧带由弹性组织构成，具有很强的弹性。棘上韧带和项韧带的主要作用是连结和固定椎骨，协助头颈部肌肉支持头颈。

②背纵韧带　位于椎管的底壁，由枢椎至荐骨，在椎间盘处变宽，并附着于椎间盘上。

③腹纵韧带　位于椎体和椎间盘腹面，由中部的胸椎至荐骨的骨盆面。

(4) 寰枕关节和寰枢关节

①寰枕关节　由寰椎的前关节窝和枕髁构成。关节囊宽大，左、右两个关节囊彼此不相通。主要由连接寰椎和枕骨的寰枕背侧和腹侧韧带及其连于寰椎和枕骨间的外侧小韧带连结。寰枕关节为双轴关节，可进行屈伸运动和小范围的左右转运动。

②寰枢关节　由寰椎的鞍状关节面与枢椎齿突构成，关节囊松大，运动范围较大。

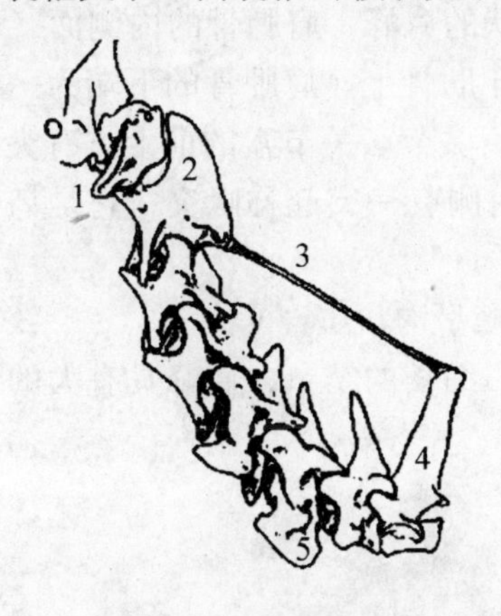

图2－22　犬的项韧带

1. 寰椎翼　2. 枢椎棘突　3. 项韧带　4. 第1胸椎刺突　5. 横突

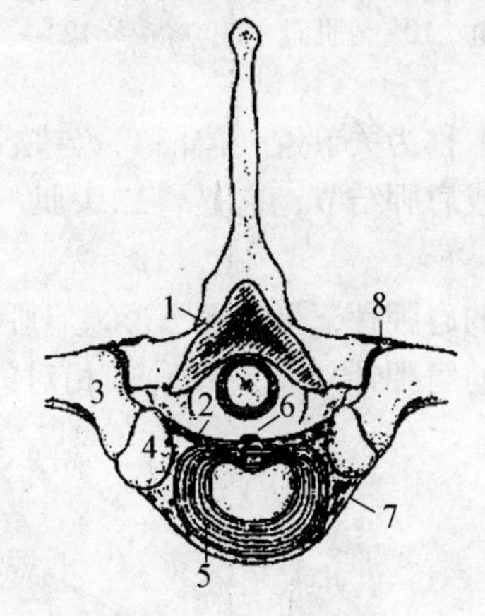

图2－23　肋椎关节

1. 椎弓　2. 肋骨小头间韧带　3. 肋结节　4. 肋骨小头　5. 椎间盘　6. 背侧纵韧带　7. 肋椎关节　8. 被肋横突韧带覆盖的肋横关节

2. 胸廓连结

包括肋椎关节和肋胸关节。

(1) 肋椎关节　是肋骨与胸椎形成的关节。包括肋骨小头与肋窝形成的关节和肋结节与横突的小关节面形成的关节（图2－23），两个关节均有关节囊和韧带。胸廓前部的肋椎关节活动性较小，胸廓后部的肋椎关节活动性较大。

(2) 肋胸关节　是由真肋的肋软骨与胸骨两侧的肋窝形成的关节。具有关节囊和韧带。

四、四肢骨及其连结

四肢骨包括前肢骨和搏骨。四肢骨分带部骨和游离部骨。带部骨是指肢体与躯干相连接的骨，其余的部分为游离部骨。由于适应前进运动，四肢各骨间形成活动的关节。

（一）前肢骨及其连结

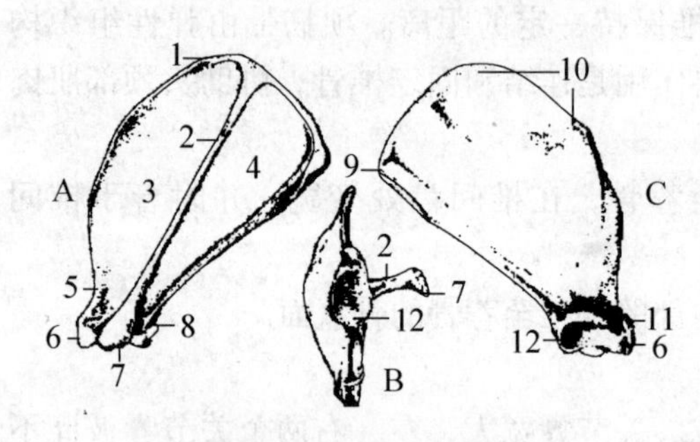

图 2－24　犬左肩胛骨

A. 外侧面　B. 远端　C. 内侧面

1. 前角　2. 肩胛冈　3. 冈上窝　4. 冈下窝　5. 肩胛颈　6. 盂上结节　7. 肩峰　8. 盂下结节　9. 后角　10. 锯肌面　11. 喙突　12. 关节盂

1. 前肢骨

前肢骨包括肩带骨、肱骨、前臂骨和前脚骨。完整的肩带骨由肩胛骨、乌喙骨和锁骨 3 块骨组成，犬、猫的乌喙骨退化。前臂骨包括桡骨和尺骨。前脚骨包括腕骨、掌骨、指骨和籽骨。

（1）*肩胛骨*　是斜位于胸廓两侧前上部的长椭圆形扁骨，其排列自后上方斜向前下方，两侧的肩胛骨成“V”字形排列（图 2－24）。外表面有发达而隆起的肩胛冈，冈的前上方为冈上窝，冈的后下方为冈下窝。肩胛冈至外侧端形成钩状的肩峰。肩胛骨的内侧面（也称肋面）附着于肋骨上。肩胛骨的下端为一半月面的凹陷，称为关节盂（肩臼），与肱骨头相连，成为肩关节。关节盂的前上方有突出的盂上结节或肩胛结节，它是臂二头肌的起点。结节的内侧有一突起称喙突，它是乌喙骨的遗迹。

犬的肩胛骨，呈长椭圆形，肩胛冈发达，下部肩峰呈沟状。

猫的肩胛骨（图 2－25），相对纤细，肩胛骨有一细长的结节，肩峰具有大的钩突和钩上突。

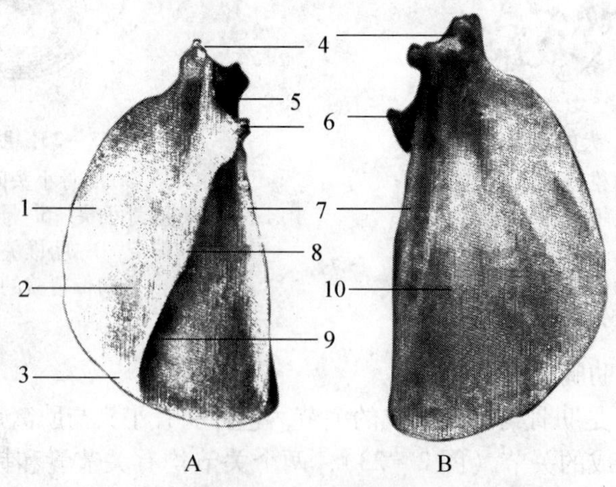

图 2－25　猫的肩胛骨

A. 外侧面　B. 内侧面

1. 前缘　2. 冈上窝　3. 背缘　4. 关节盂　5. 喙突　6. 肩峰　7. 后缘　8. 肩胛冈　9. 冈下窝　10. 肩胛下窝

(2) 锁骨　退化成很小的骨。

犬的锁骨，呈三角形薄骨片或软骨板，或完全退化，不易找见，多被包盖在肩端部的臂头肌内，而且与其他骨骼无关节相连。

猫的锁骨，已退化成细长而弯曲的小骨，埋藏在肩部前方的肌肉内。

(3) 肱骨　又称臂骨（图2－26)，为稍有螺旋形扭转的长骨，由前上方斜向后下方，位于胸廓两侧的前下方，分为近端、远端和骨干3部分。

近端后方为圆而光滑的肱骨头，与肩胛骨的关节盂形成肩关节。肱骨头的掌侧面缩细，称肱骨颈。肱骨头前方两侧各有一个突起，外侧突起高大，称外侧结节，又称大结节，它是在体表的一个骨性标志；内侧突起称内侧结节，又叫小结节。在大、小结节之间，形成臂二头肌沟，臂二头肌腱由此通过。

骨干两侧稍压扁，其上部的2/3最为明显，呈左右侧扁，分为前、内、外三面。下部为前后侧扁，分成前、后、内三面。外侧有由后上方斜向外下方呈螺旋状的臂肌沟，供臂肌附着。内侧中部有卵圆形粗糙面，称大圆肌粗隆，它是大圆肌和背阔肌的止点。

远端有斜滑车关节面，与桡骨和尺骨形成肘关节，关节面两侧的为内、外侧髁，其上方各有内、外上髁，髁的后面有一深的鹰嘴窝，髁的前上方有一浅的冠状窝。

犬的肱骨，在鹰嘴窝处具有滑车上孔。

猫的肱骨，无滑车上孔，而具有髁上孔，为肱动脉和正中神经进入通路。

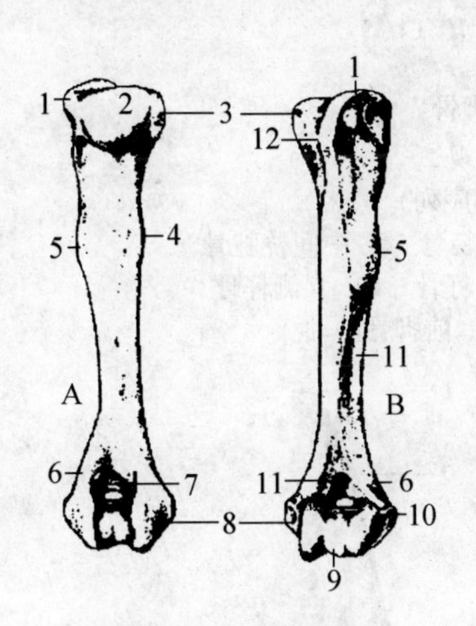

图2－26　犬的肱骨

A. 后面　B. 前面

1. 大结节　2. 肱骨头　3. 小结节　4. 大圆肌粗隆　5. 三角肌粗隆　6. 外侧上髁嵴　7. 鹰嘴窝（带有滑车孔）　8. 内侧上髁　9. 肱骨髁　10. 外侧上髁　11. 臂肌沟　12. 臂二头肌沟

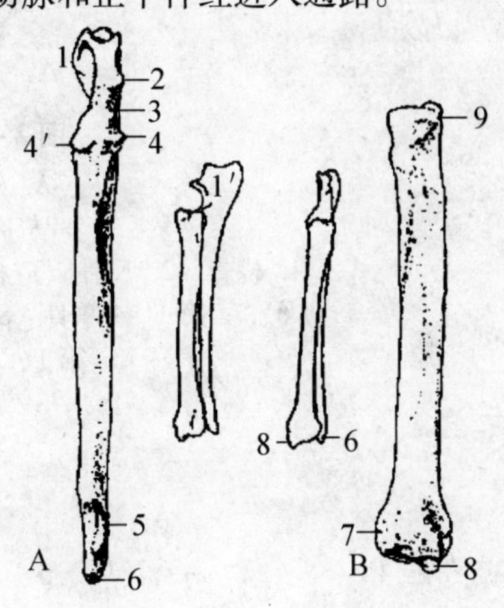

图2－27　犬的前臂骨

A. 左尺骨　B. 左桡骨（从左依次为尺骨的前面、桡骨和尺骨的前外侧、桡骨和尺骨的前面观、桡骨的后面观）

1、1′. 肘头　2. 肘突　3. 滑车切迹　4、4′. 外侧及内侧钩状突　5. 与桡骨相对应的远端关节面　6. 外侧茎状突　7. 与尺骨相对应的关节面　8. 内侧茎状突　9. 环状关节面

(4) 前臂骨　是由桡骨和尺骨组成的长骨（图2－27)。两骨的近端和远端紧密地相连接。两骨的位置，在上部三分之一处，桡骨重叠在尺骨之前，桡骨的近端在前内侧，尺骨的近端在后外侧。其下部则相反，桡骨远端在前外侧，尺骨远端在后内侧。二骨之间有很窄的骨间隙。通过桡骨和尺骨的位置改变，可以进行约45°角的转动。

①桡骨　骨体前后向压扁，体部有两个弯曲，近端较小，有桡骨头呈不规则形状，与肱骨的滑车关节面成关节，远端粗大，为不整齐的四边形，有一较大的凹关节面，与桡腕骨成关节。

②尺骨　骨体发达，比桡骨长。近端较粗大，称为肘突，远端逐渐变为细小。近端与桡骨、肱骨形成为肘关节。远端与尺腕骨成关节。

犬和猫的前臂骨基本相似，只是猫的尺骨肘突比犬的缩短。

（5）腕骨　由形态复杂的短骨构成，共有7块。近列有3块，即桡中间腕骨（为桡腕骨与中间腕骨愈合而成）、尺侧腕骨和副腕骨；远列4块，由内向外为第1、2、3、4腕骨。此外，有时在关节内侧面的组织内，存在有1小块似籽骨的小骨片（图2－28、2－29）。

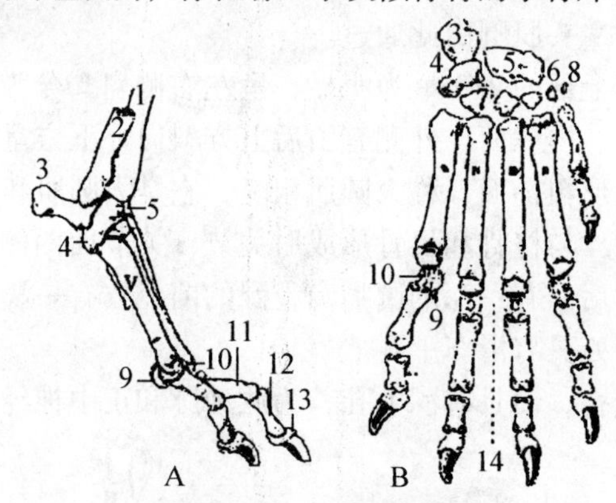

图2－28　犬的右前脚骨

A. 外侧观　B. 背侧观

（罗马字母表示各掌骨的序列）

1. 桡骨　2. 尺骨　3. 副腕骨　4. 尺侧腕骨　5. 中间桡腕骨

6、7. 第1～4掌骨　8. 籽骨　9. 近侧籽骨　10. 背侧籽骨

11～13. 第1、2、3指节骨　14. 前脚骨的轴

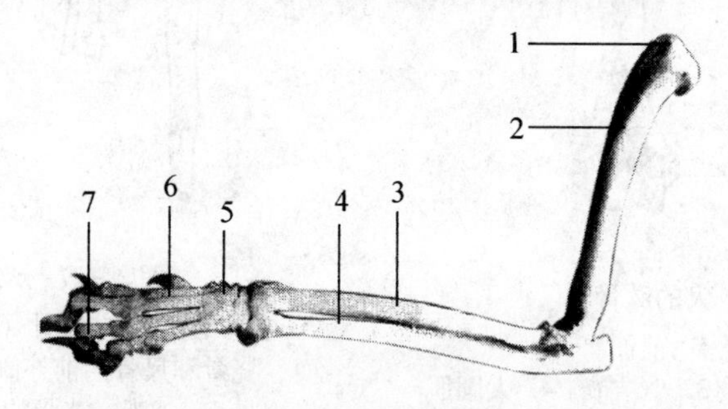

图1－29　猫的前肢骨

1. 肱骨头　2. 肱骨　3. 桡骨　4. 尺骨　5. 腕骨

6. 掌骨　7. 指骨

犬的副腕骨比猫的明显。

（6）掌骨　掌骨共5块，自内侧向外侧排列，第1掌骨最短，第3、4掌骨最长。5块掌骨的近端紧密相联，而其远端稍有分离。

（7）指骨　为5列，除第1指骨有两个骨节外，其他4指骨均由3块骨节组成。第1指骨最短，行走时并不着地。第3指骨的形态特殊，呈钩（爪）状，故又称爪骨。

（8）籽骨　分为掌侧籽骨和背侧籽骨。掌侧籽骨有9块，背侧籽骨有4～5块。

2. 前肢骨的连结

前肢的肩胛骨与躯干之间不形成关节，而是以肩带肌连结。其余各骨间均形成关节，自上而下依次为肩关节、肘关节、腕关节和指关节。指关节又包括掌指关节、近节骨间关节和远节骨间关节。

（1）肩关节　是肩胛骨关节盂和肱骨头构成的单关节（图2－30）。关节角顶向前，关节囊松大，无侧副韧带，故肩关节的活动性大，为多轴关节。虽然由于受内、外侧肌肉的限制，主要进行曲屈运动，但仍能做一定程度的内收、外展及外旋运动。

（2）肘关节　是肱骨远端的关节面与桡骨及尺骨近端关节面构成的单轴单关节（图2－31）。关节角顶向后，关节囊较薄，掌侧呈袋状，深入鹰嘴窝内；背侧面强厚；两侧与侧副韧带紧密结合。外侧副韧带较短而厚；内侧副韧带薄而较长。由于侧副韧带将关节牢固连结与限制，故肘关节只能做曲伸运动。

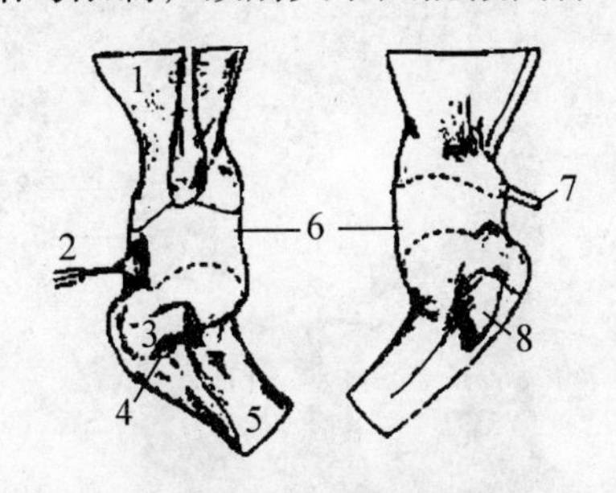

图2－30　犬的肩关节

（左：外侧观　右：内侧观）

1. 肩胛骨　2. 切开的关节囊　3. 冈下肌的腱　4、5. 肱骨　6. 关节囊　7. 喙臂肌的腱　8. 臂二头肌的腱

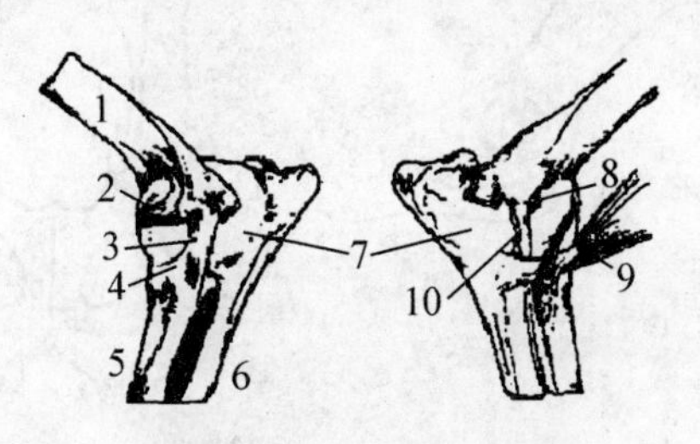

图2－31　犬的肘关节

（左：外侧观　右：内侧观）

1. 肱骨　2. 腕桡侧伸肌和指总伸肌的断端　3. 外侧副韧带　4. 环状韧带　5. 桡骨　6. 尺骨　7. 关节囊　8. 臂二头肌　9. 臂肌　10. 内侧副韧带

桡骨和尺骨的骨体间，由很长的前臂骨间膜连结，以限制前臂过分地转动。

（3）腕关节　由桡骨近端、两列腕骨和掌骨近端构成的单轴复关节（图2－32）。前臂腕关节和腕骨尺骨间关节共有一个关节腔。由于能够进行旋内或旋外运动，因此无发达的内、外侧韧带起于前臂骨远端的内、外侧，下部均分浅、深两层，止于掌骨近端和外侧。关节的背侧有数个骨间韧带，以连结相邻各骨。掌侧面也有掌侧深韧带、副腕骨韧带等短韧带。

（4）指关节　包括掌指关节、近指骨间关节和远指骨间关节（图2－32）。每个关节均有关节囊和不发达的韧带。

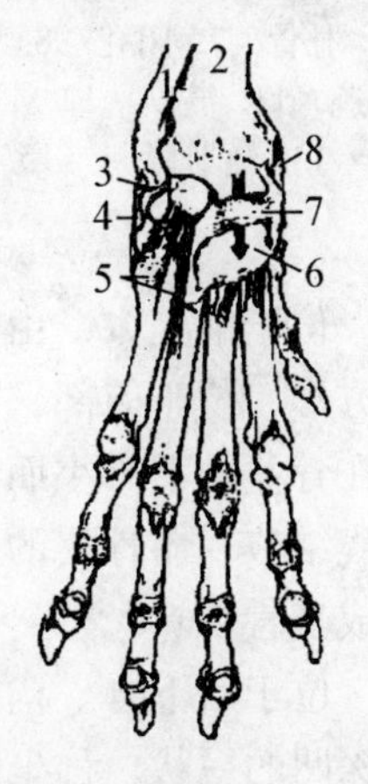

图2－32　犬的腕关节（掌侧观）

1. 尺骨　2. 桡骨　3. 副腕骨　4. 外侧副韧带　5. 副腕骨韧带　6. 掌侧腕　7. 屈肌环韧带　8. 内侧副韧带（箭头指腕管）

（二）后肢骨及其连结

1. 后肢骨

后肢骨是由髋骨、股骨、髌骨、小腿骨和后脚骨所组成。髋骨由髂骨、坐骨和耻骨组成，又叫盆带。小腿骨由胫骨和腓骨组成。后脚骨包括附骨、跖骨、趾骨和籽骨。

（1）髋骨　为不规则骨，由背侧的髂骨、腹侧的耻骨和坐骨愈合而成（图2－33、2－34）。三骨愈合处形成深的杯状关节窝，称髋臼，与股骨头成关节。髋骨的倾斜度近于水平。

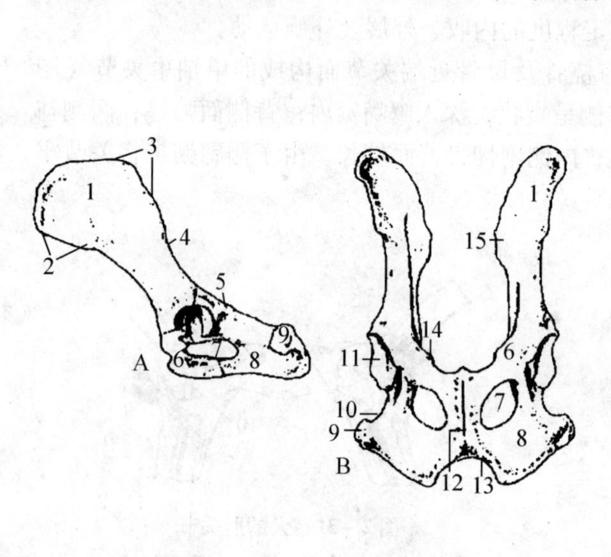

图2－33　犬的髋骨

A. 左外侧观　B. 腹侧观

1. 髂骨翼　2. 髋结节　3. 荐结节　4. 坐骨大切迹　5. 坐骨棘　6. 耻骨　7. 闭孔　8. 坐骨　9. 坐骨结节　10. 坐骨小切迹　11. 髋臼　12. 骨盆联合　13. 坐骨弓　14. 髂耻隆起　15. 耳状面

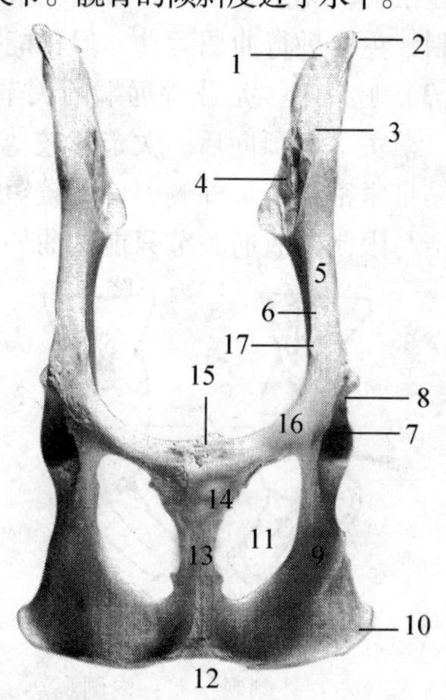

图2－34　猫的髋骨

1. 髂嵴　2. 髂腹侧前棘　3. 髂腹侧后棘　4. 耳状面　5. 髂骨体　6. 弓状线　7. 髂臼窝　8. 髂臼月状面　9. 坐骨体　10. 坐骨结节 11. 闭孔　12. 坐骨弓　13. 骨盆联合　14. 耻骨　15. 耻骨结节　16. 耻骨梳　17. 髂耻隆起

①髂骨　位于前上方，由髂骨体和髂骨翼构成。髂骨体为坚实的圆柱状，位于后部。髂骨翼呈长方形，位于前部，呈上、下垂直方向。髂骨翼的背外侧面称臀肌面，腹内侧面称骨盆面。在骨盆面上有小而粗糙的耳状关节面，与荐骨翼的耳状关节面成关节。髂骨翼的外侧角称髋结节，髂骨翼的内侧角称荐结节。髂骨翼的内侧凹陷，为坐骨大切迹，向后延伸参与形成坐骨棘。

②坐骨　位于后下方。构成骨盆底壁的后部。后外侧角粗大，称坐骨结节。两侧坐骨的后缘形成深凹的弓状，称坐骨弓。内侧缘与对侧坐骨相接，形成骨盆联合的后部。外侧部参与髋臼的形成。

③耻骨　较小，呈“L”形，位于前下方，构成骨盆底的前部，并构成闭孔的前缘。内侧部与对侧相接，形成骨盆联合的前部。外侧部参与形成髋臼。

④骨盆　是由左右的髋骨、荐骨和前4枚尾椎骨以及两侧的荐结节阔韧带构成，为一

前宽后窄的圆锥形腔。荐骨与尾骨构成骨盆的顶壁，髂骨为侧壁，耻骨构成腹壁的前部，坐骨为腹壁的后部。骨盆的入口（前口）呈椭圆形，斜向前上方，上端窄，中部宽。骨盆的出口（后口）较小，其活动性比较强，当提举尾椎时，后口可以变大。

（2）股骨　为长骨（图2－35、2－37），由后上方斜向前下方。近端粗大，内侧有球面状股骨头，伸入髋臼而成关节。在股骨头的中央有呈圆形的凹陷，称头窝，供圆韧带附着。外侧为低矮的突起，称大转子。骨干呈圆柱状，前后向扁平。远端粗大，向后卷曲，左右两侧膨大而成内、外两髁，两髁之间为一滑车关节面，与胫骨和髌骨成关节。

（3）髌骨　髌骨又称膝盖骨，是体内最大的籽骨，位于股骨远端前方，并与滑车关节面构成关节。呈卵圆形，前面隆凸，粗糙而不规则，供肌腱、韧带附着，后面为光滑的关节面。

（4）小腿骨　包括胫骨、腓骨（图2－36、2－37）。由前上方斜向后下方，与股骨近于等长。胫骨较粗大，左右侧扁，位于小腿内侧，其近端粗大，有内、外髁，与股骨的髁成关节；髁的前方有三角形隆起，称胫骨粗隆，向内下方延续为胫骨嵴。远端较小，有滑车关节面，与距骨成关节。腓骨细长，曲端粗大，与胫骨相平行，其上部骨体与胫骨之间有间隙，而下部骨体扁平，密接胫骨。

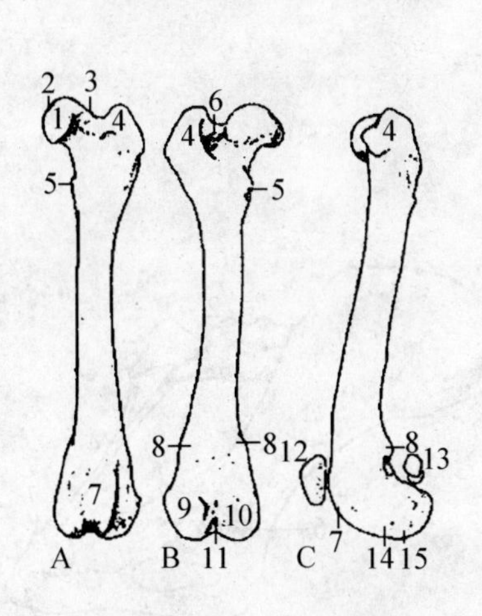

图2－35　犬的左侧股骨

A. 前面观　B. 后面观　C. 外侧观

1. 股骨头　2. 股骨头窝　3. 股骨颈　4. 大转子　5. 小转子　6. 转子窝　7. 股骨滑车　8. 髁上粗面　9. 外侧髁　10. 内侧髁　11. 髁间窝　12. 髌骨　13. 籽骨（位于腓肠肌内）　14. 伸肌窝　15. 腘肌窝

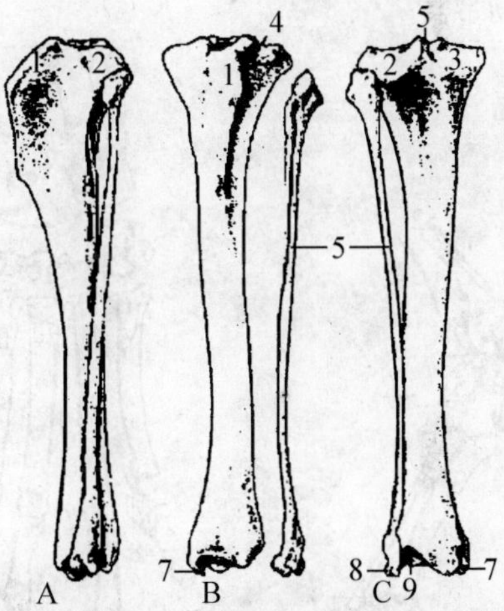

图2－36　犬的左侧胫骨和腓骨

A. 外侧观　B. 前面观　C. 后面观

1. 胫骨粗隆　2、3. 外侧髁和内侧髁　4. 伸肌沟　5. 髁间隆起　6. 腓骨　7、8. 内侧髁和外侧髁　9. 胫骨螺旋

（5）跗骨　共7块，排列成3列（图2－38、2－37）。近列2块，内侧为胫跗骨，又称距骨；外侧为腓跗骨，又称跟骨。距骨近端有滑车关节面，与小腿骨远端成关节。跟骨有向后上方突出的跟结节。中列只有一块中央跗骨。远列由内侧向外侧为第1、2、3、4跗骨。

（6）跖骨　共5块，除第1跖骨细小外，其他4块跖骨的形状大小与掌骨相似（图2－38、2－37）。

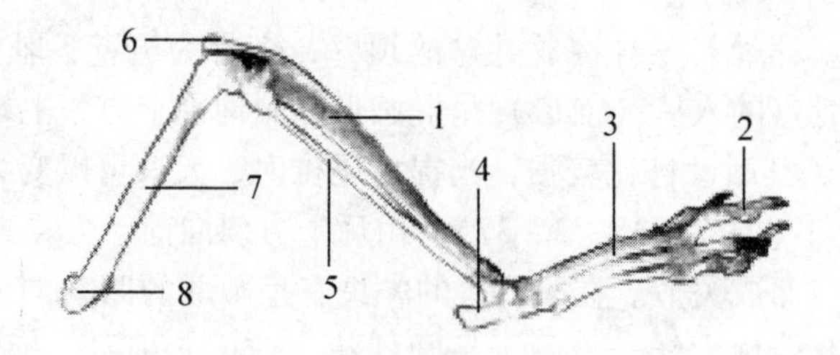

图 2－37　猫的后肢骨

1. 胫骨　2. 趾骨　3. 跖骨　4. 跟骨　5. 腓骨　6. 髌骨　7. 股骨　8. 股骨头

（7）趾骨和籽骨　趾骨通常有 4 个趾，即第 2、3、4、5 趾。每趾及其籽骨的数目和形状与前肢的相似（图 2－38、2－37）。

2. 后肢骨的连结

后肢骨的连结有荐髂关节、髋关节、膝关节、跗关节和趾关节。荐髂关节属于盆带连结，骨盆联合也属于盆带连结。后肢各关节与前肢各关节相对，除趾（指）关节外，各关节角方向相反，这种结构特点有利于动物站立时姿势保持稳定。除髋关节外，各关节均有侧副韧带。

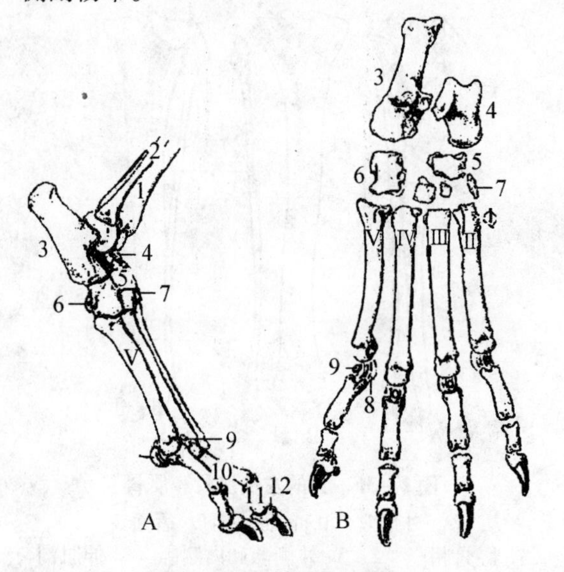

图 2－38　犬的右后脚骨

A. 外侧观　B. 背侧观

罗马字母表示各跖骨的序列

1. 胫骨　2. 腓骨　3. 跟骨　4. 距骨　5. 中央跗骨　6. 第 4 跗骨　7. 第 1～3 跗骨　8. 近侧籽骨　9. 背侧籽骨　10～12. 第 1、2、3 趾骨

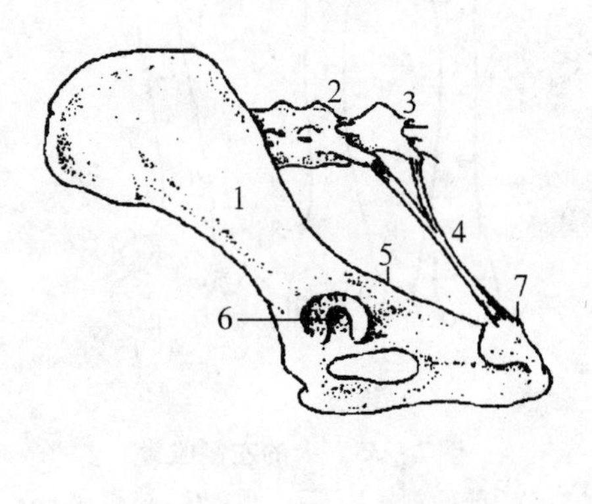

图 2－39　犬的荐坐韧带

1. 髂骨　2. 荐骨　3. 尾骨　4. 荐坐韧带　5. 坐骨棘　6. 髋臼　7. 坐骨结节

（1）荐髂关节　荐髂关节由荐骨翼与髂骨的耳状面构成。关节面不平整，周围有关节囊，并有短而强的腹侧韧带加固。故关节几乎不活动。骨盆韧带主要为荐坐韧带（图 2－39），它是荐骨和坐骨之间呈索状的强韧带，起自荐骨和前位的尾骨，止于坐骨结节。

（2）髋关节　髋关节是髋臼和股骨头构成的多轴关节（图 2－40）。髋臼的边缘有由纤维软骨环形成关节盂缘，在髋臼切迹处有髋臼横韧带。关节囊松大，内侧薄，外侧厚。经髋臼切迹至股骨头凹间有短大的股骨头韧带，又称圆韧带，可限制后肢外展。髋关节能进行多向运动，但主要是屈伸运动，并可伴有轻微的内收、外展和旋内、旋外运动。

（3）膝关节　膝关节包括股胫关节和股膝关节及近端胫腓关节，此外，还包括股骨与腓肠肌起始部的1对籽骨间的关节和胫骨与膝窝腱内的籽骨间的关节。这些关节共同具有两个关节囊。膝关节为单轴复关节。

①股胫关节　由股骨远端的内、外侧髁和胫骨近端的内、外侧髁构成（图2－41）。在股骨与胫骨间垫有2个半月板。半月板可使不符合的关节面相吻合并减少震动。内、外侧半月板均呈楔形，近端面凹陷，远端面平坦。每个半月板均由其前端和后端及其向胫骨近端中央部非关节面延伸的韧带所固定，外侧半月板附着于股骨髁间窝后部。

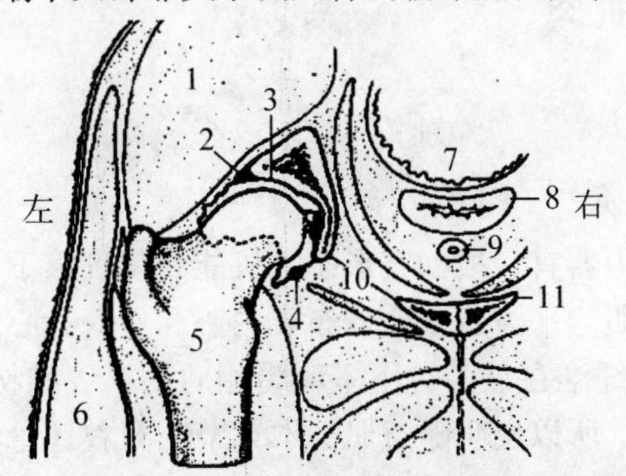

图2－40　犬的左髋关节的模式图

1. 臂中肌　2. 髋臼　3. 关节唇　4. 髋臼横韧带　5. 股骨　6. 臂股二头肌　7. 直肠　8. 阴道　9. 尿道　10. 闭孔　11. 骨盆底

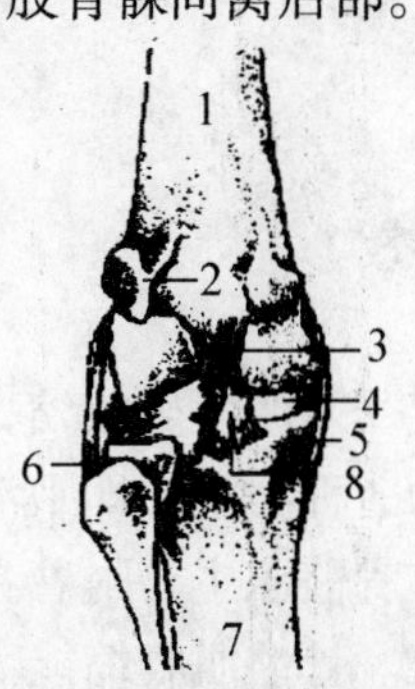

图2－41　犬的左股胫关节

（尾侧观）

1. 股骨　2. 腓肠肌内的籽骨　3. 前交叉韧带　4. 内侧半月板　5. 内侧副韧带　6. 外侧副韧带　7. 胫骨　8. 后交叉韧带

关节囊附着于股胫关节的周围及半月板的周缘。囊前壁薄，后壁厚。其滑膜层形成内侧和外侧2个相通的关节腔，并与股髌关节腔交通。内、外侧关节腔又被内、外侧半月板分为上、下两部。

股骨与小腿骨间由4条韧带连接。内、外侧副韧带位于关节的内、外侧，分别起于股骨内、外侧上髁，外侧副韧带止于腓骨头，内侧副韧带止于胫骨的近端。还有位于股骨髁间窝内的两条交叉韧带，分别称前交叉韧带和后交叉韧带。前者由胫骨的髁间隆起至股骨髁间窝外侧壁；后者强大，自胫骨腘肌切迹至股骨髁间窝的前部。

②股髌关节　由股骨远端滑车关节面与髌骨的关节面构成。关节囊薄而宽松，在关节囊的上部有伸入股四头肌下面的滑膜盲囊。

股髌关节有内、外侧副韧带和一条髌直韧带。内、外侧副韧带细小，起于髌骨软骨，止于股骨；髌直韧带是连接髌骨的远端与胫骨隆起之间的韧带。

股髌关节主要是屈伸运动，同时可进行小范围的旋转运动；股髌关节的运动，主要是髌骨在股骨滑车上滑动，以改变股四头肌作用力的方向而伸展膝关节。

（4）跗关节　跗关节又称飞节，由小腿骨远端、跗骨和跖骨近端形成的单轴复关节，包括小腿跗关节，跗骨间近、远关节和跗跖关节。其中小腿跗关节活动范围大，其余关节均连接紧密，仅可微动以起缓冲作用。

关节囊的滑膜层形成多个滑膜囊，其中胫距囊最大，位于胫骨与距骨间；近跗间囊位于距骨、跟骨和中央跗骨及第4跗骨之间；远跗间囊位于中央跗骨和第4跗骨与第1跗骨及第2和3跗骨之间；跗跖囊位于远列跗骨与跖骨近端之间。

跗关节内、外侧副韧带均分为浅层的长韧带和深层的短韧带，附着于小腿骨远端和跖骨近端的内、外侧，但在跗骨的近列与中间列之间无内侧副韧带。除此之外，还有背侧韧带、跖侧长韧带、跖侧韧带等。

（5）趾关节　趾关节包括跖趾关节、近趾节间关节和远趾节间关节。其构造与前肢的指关节相似。

第二节　肌肉

一、概述

肌肉能接受刺激发生收缩，为机体活动的动力器官。根据其形态、机能和位置等不同特点，可分为3种类型，即平滑肌、心肌和骨骼肌。平滑肌主要分布于内脏和血管；心肌分布于心脏；骨骼肌主要附着在骨骼上，它的肌纤维在显微镜下呈明暗相间的横纹结构，故又称横纹肌。骨骼肌收缩能力强，受意识支配，所以也叫随意肌。本章节主要叙述骨骼肌的形态、位置及其作用。

（一）肌器官的构造

组成运动器官的每一块肌肉，都是一个复杂的器官，它们均由肌腹和肌腱两部分组成。

1. 肌腹

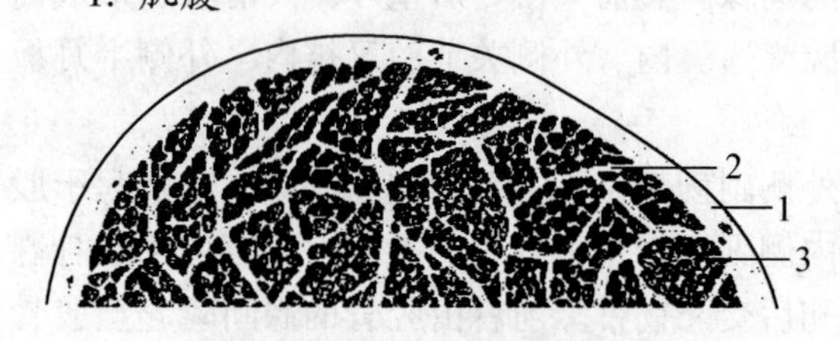

图2-42　肌腹的横断面

1. 肌外膜　2. 肌束膜　3. 肌内膜

肌腹（图2-42）是肌器官的主要部分，位于肌器官的中间，由许多骨骼肌纤维借结缔组织结合而成，具有收缩能力。包在整块肌肉外表面的结缔组织称为肌外膜。肌外膜向内伸入把肌纤维分成大小不同的肌束，称为肌束膜。肌束膜再向肌纤维之间伸入，包围着每一条肌纤维，称为肌内膜。肌膜是肌肉的支持组织，使肌肉具有一定的形状。血管、淋巴管和神经随着肌膜进入肌肉内，对肌肉的代谢和机能调节有重要意义。当动物营养良好的时候，在肌膜内蓄积有脂肪组织，使肌肉横断面上呈大理石状花纹。

2. 肌腱

肌腱由规则的致密结缔组织构成，位于肌腹的两端。在四肢多呈索状，在躯干多呈薄板状，又称腱膜。腱纤维借肌肉膜直接连接肌纤维的两端或贯穿于肌腹中。腱不能收缩，但有很强的韧性和张力，不易疲劳。其纤维伸入骨膜和骨质中，使肌肉牢固附着于骨上。

根据肌腹中腱纤维的含量和肌纤维的排列方式，肌肉可分为动力肌、静力肌和动静力肌3种。

(1) 动力肌 结构比较简单，呈纺锤形，肌腹只由肌纤维及结缔组织所组成，肌纤维的方向与肌腹的长轴平行。这种肌肉收缩迅速而有力，幅度较大，是推动身体前进的主要动力。但消耗能量多，易于疲劳。

(2) 静力肌 肌腹中肌纤维很少，甚至消失，而由腱纤维所代替，失去了收缩能力，主要起机械作用。

(3) 动静力肌 肌腹中含有或多或少的腱质，构造复杂。根据肌腹中腱的分布和肌纤维的排列方向又可分为半羽状肌、羽状肌和复羽状肌（图2－43）。表面有一条腱索或腱膜，肌纤维斜向排列于腱的一侧为半羽状肌；腱索伸入肌腹中间，肌纤维以一定角度对称地排列于腱索两侧为羽状肌；肌腹中有数条腱索或腱层，肌纤维有规律地斜向排列于腱索两侧为复羽状肌。动静力肌由于肌腹中有腱索，肌纤维虽短但数量大为增加，从而增强了肌腹的收缩力，并且不易疲劳，但收缩幅度较小。

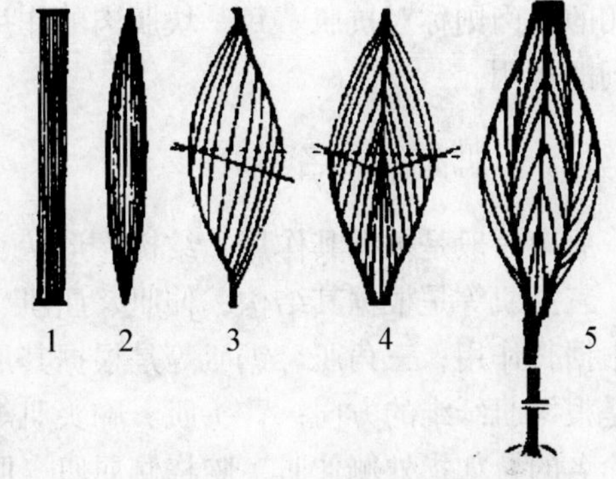

图2－43 骨骼肌的类型

1. 带状肌 2. 纺锤形肌 3. 半羽状肌 4. 羽状肌 5. 多羽状肌

（二）肌肉的形态和内部结构

1. 肌肉的形态

肌肉由于位置和机能不同，而有不同的形态，一般可分为下列4种类型。

(1) 板状肌 呈薄板状，主要位于腹壁和肩带部。其形状大小不一，有扇形、锯齿形和带状等。板状肌可延续为腱膜，以增加肌肉的附着面和坚固性。

(2) 多裂肌 多数沿脊柱两侧分布，具有明显的分节性。各肌束独立存在，或互相结合成一大块肌肉。多裂肌收缩时，只能产生小幅度的运动。

(3) 纺锤形肌 呈纺锤形，主要分布于四肢。中间膨大的部分为肌腹，两端多为腱质。起端是肌头，止端是肌尾。有些肌肉有数个肌头或肌尾。纺锤形肌收缩时，可产生大幅度的运动。

(4) 环行肌 多环绕在自然孔周围，呈环行，形成括约肌，收缩时可缩小或关闭自然孔。

2. 肌肉的内部结构

肌肉一般都借着腱附着在骨、筋膜、韧带和皮肤上，中间跨越一个或几个关节，肌肉收缩时，肌腹变短变粗，使其两端的附着点互相靠近，牵引骨发生移位而产生运动。肌肉的不动附着点称起点，活动附着点称止点。四肢肌肉的起点一般都靠近躯干或四肢的近端，止点则远离躯干或四肢的远端。肌肉的起点和止点，随着运动条件改变可以互相转化，即原来的起点变为动点，而止点则变为不动点。在自然孔周围的环行肌起止点难以区分。

根据肌肉收缩时对关节的作用，可分为伸肌、屈肌、内收肌和外展肌等。肌肉对关节的作用与其位置有密切关系。伸肌分布在关节的伸面，通过关节角顶，当肌肉收缩时可使关节角变大。屈肌分布在关节的屈面——关节角内，当肌肉收缩时使关节角变小。内收肌位于关节的内侧，外展肌则位于关节的外侧。运动时，一组肌肉收缩，作用相反的另一组肌肉就适当放松，并起一定的牵制作用，使运动平稳地进行。

动物在运动时，每一个动作并不是单独一块肌肉起作用，而是许多肌肉互相配合的结果。在一个动作中起主要作用的肌肉称主动肌；起协助作用的肌肉称协同肌；而产生相反作用的肌肉则称对抗肌。每一块肌肉的作用并不是固定不变的，而是在不同的条件下起着不同的作用。

（三）肌肉的命名

肌肉一般是根据其作用、结构、形状、位置、肌纤维方向及起止点等命名的。如二腹肌、三头肌等是根据其结构；伸肌、屈肌、内收肌、外展肌、咬肌、提肌、降肌等的命名是根据其作用；三角肌、锯肌等是根据其形状；颞肌、胸肌等是根据其位置；直肌、斜肌等是根据肌纤维的方向；臂头肌、胸头肌等是根据其起止点。但多数肌肉是结合数个特征而命名的，如指外侧伸肌、腕桡侧屈肌、股四头肌、腹外斜肌等。

（四）肌肉的辅助器官

肌肉的辅助器官包括筋膜、黏液膜、腱鞘、滑车和籽骨。

1. 筋膜

筋膜为覆盖在肌肉表面的结缔组织膜，又分为浅筋膜和深筋膜。

（1）浅筋膜　位于皮下，又称皮下筋膜，由疏松结缔组织构成，覆盖于整个肌系的表面，各部厚薄不一。头及躯干等处的浅筋膜中含有皮肌。营养良好的浅筋模内蓄积大量脂肪，形成皮下脂肪层。浅筋膜有连接、保护、贮存脂肪及参与维持体温等作用。

（2）深筋膜　在浅筋膜的深层，由致密结缔组织构成，直接贴附于浅层肌群表面，并伸入肌肉之间，附着于骨上，形成肌间隔。深筋膜在如前臂和小腿部等的某些部位形成包围肌或肌群的筋膜鞘，或者在关节附近形成环韧带以固定腱的位置，深筋膜还在多处与骨、腱或韧带相连，作为肌肉的起止点。总之，深筋膜成为整个肌系附着于骨骼上的支架，为肌肉的工作提供了有利条件。

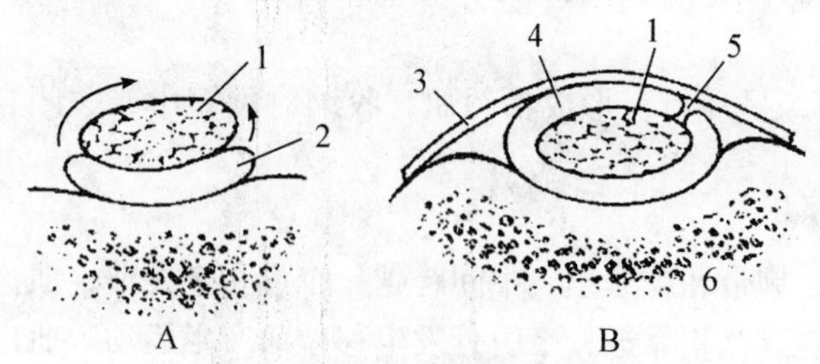

图2-44　黏液囊和腱鞘的模式图

1. 腱　2. 黏液囊　3. 韧带　4. 腱鞘　5. 腱系膜　6. 骨

2. 黏液囊

黏液囊是密闭的结缔组织囊（图2-44）。囊壁薄，内面衬有滑膜。囊内含有少量黏液，主要起减少摩擦的作用。黏液囊多位于肌、腱、韧带及皮肤等结构与骨的突起部之间，分别称为肌下、腱下、韧带下及皮下黏液囊。关节附近的黏液囊有的与关节腔相通，常称为滑膜囊。

3. 腱鞘

腱鞘（图2-44）多位于腱通过活动范围较大的关节处，呈管状，出黏液囊包裹于腱外而成。鞘壁的内（腱）层紧包于腱上，外（壁）层以其纤维膜附着于腱所通过的管壁上。内外两层通过腱系膜相连续，两层之间有少量滑液，可减少腱活动的摩擦。

4. 滑车和籽骨

（1）滑车　为骨的滑车状突起，上有供腱通过的沟，表面覆有软骨，与腱之间常垫有黏液囊，以减少腱与骨之间的摩擦。

（2）籽骨　为位于关节角的小骨，有改变肌肉作用力的方向及减少摩擦作用。

二、皮肌

犬的皮肌十分发达，几乎覆盖全身（图 2－45）。颈皮肌发达又称颈阔肌，可分为浅、深两层：浅层窄而薄，肌纤维由鬐甲部斜向前下方；深层较宽，又称面皮肌，从颈背侧向前下方，并伸向头部，直达口角。肩臂皮肌为膜状，缺肌纤维。躯干皮肌十分发达，几乎覆盖整个胸、腹部，并与后肢筋膜相延续。

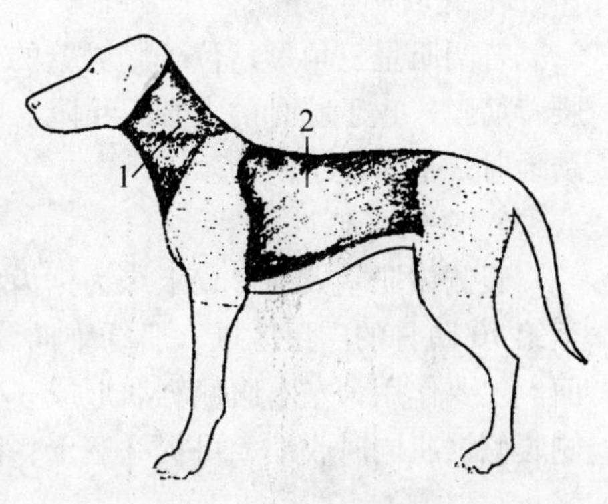

图 2－45　犬的主要皮肌
1. 颈皮肌　2. 胸腹皮肌

皮肌为分布于浅筋膜中的薄层肌，大部分紧贴于皮肤的深层，仅有少部分附着于骨。皮肌并不覆盖全身。根据所在部位，将其分为躯干皮肌、颈皮肌和面皮肌。

躯干皮肌因部位不同，其厚度不一样。肌纤维呈水平地与筋膜一起覆盖大部分胸部和腹部的表层。

颈皮肌并不发达。起于胸骨柄，向颈部侧方和前方伸延，并逐渐变薄，最终消失。

面皮肌位于颜面部，向前一直伸延至口角和唇部。

皮肌具有颤动皮肤作用，以驱除蚊蝇、抖掉灰尘和水滴等。

三、前肢肌

（一）肩带肌

前肢与躯干连结的肌肉，包括位于浅层的斜方肌、臂头肌、肩胛横突肌、背阔肌和胸浅肌及深层的菱形肌、腹侧锯肌和胸深肌。

1. 斜方肌

斜方肌呈三角形，肌质薄，位于第 2 颈椎至第 9 胸椎与肩胛冈之间。起于第 2 颈椎至第 9 胸椎处的项韧带，分为颈、胸两部分。颈部肌纤维斜向后下方，止于几乎整个肩胛冈；胸部肌纤维斜向前下方，止于肩胛冈的上缘。其作用是提举、摆动和固定肩胛骨。

2. 菱形肌

菱形肌位于斜方肌和肩胛软骨的深面。起于第 2 颈椎至项韧带，止于肩胛骨的背缘和背内侧面。其作用是向前上方提举肩胛骨；当前肢不动时，可伸头颈。

3. 肩胛横突肌

肩胛横突肌呈薄带状，前部位于臂头肌的深层，后部位于颈斜方肌和臂头肌之间，起于寰椎翼和枢椎横突，止于肩胛冈及其周围的筋膜。可牵引肩胛骨向前，侧偏头颈。

4. 臂头肌

臂头肌呈长带状，位于颈侧部皮下，其结构比较复杂，构成颈静脉沟的上界。以锁骨的痕迹分为后下部的锁臂肌和前上部的锁枕肌及锁乳头肌。锁臂肌已退化成三角肌的一部分。锁枕肌起于枕骨和项韧带，锁乳头肌起于颞骨乳突和下颌骨，共同止于肱骨嵴。主要作用是牵引肱骨向前，伸展肩关节；提举和侧偏头颈。

5. 背阔肌

背阔肌呈三角形，位于胸侧壁的上部皮下，肌纤维由后上方斜向前下方。以腱膜起于腰背筋膜，止于肱骨的大圆肌粗隆。主要作用是向后上方牵引肱骨，曲屈肩关节；当前肢踏地时，牵引躯干向前。

6. 腹侧锯肌

腹侧锯肌呈大扇形，下缘为锯齿状，位于颈、胸部的外侧面。以肉齿起于从第 4 颈椎至第 10 肋骨的广泛区域，肌纤维向背侧行走，止于肩胛骨内面的锯肌面和肩胛骨背内侧面。主要作用为左右腹侧锯肌形成一弹性吊带，将躯干悬吊在两肢之间。前肢不动时，两侧腹侧锯肌同时收缩，可提举躯干；同时还有举头颈等作用。

7. 胸肌

胸肌位于胸底壁与肩臂部之间皮下。分为浅、深两层（图 2－46）。浅层为胸浅肌，深层为胸深肌。

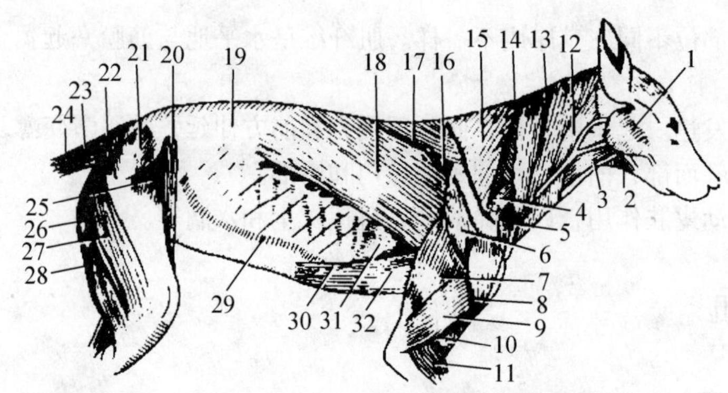

图 2－46　犬的全身浅层肌

1. 咬肌　2. 颌舌骨肌　3. 胸骨舌骨肌　4. 肩胛横突肌　5. 冈上肌　6. 三角肌　7. 臂三头肌长头　8. 三角肌肩峰部　9. 臂三头肌外侧头　10. 臂肌　11. 腕桡侧伸肌　12. 胸头肌　13. 锁颈肌　14. 颈腹侧锯肌　15. 颈斜方肌　16. 冈下肌　17. 胸斜方肌　18. 背阔肌　19. 背腰筋膜　20. 缝匠肌　21. 臀中肌　22. 臀浅肌　23. 荐尾背外侧肌　24. 荐尾腹外侧肌　25. 阔筋膜张肌　26. 半膜肌　27. 臀股二头肌　28. 半腱肌　29. 腹外斜肌　30. 腹直肌　31. 肋间外肌　32. 胸深肌

（1）胸浅肌　较薄，分为前、后两部分。前部为降胸肌（胸浅前肌），后部为横胸肌（胸浅后肌），但分界不明显。前者起于胸骨柄，止于肱骨嵴；后者起于胸骨腹侧面，止于前臂内侧筋膜。胸浅肌的主要作用是内收前肢。

（2）胸深肌　较发达，位于胸浅肌的深层，大部分被胸浅肌覆盖。亦分为前、后两部分：前部为锁骨下肌（胸深前肌），为一狭窄的小肌，起于第1肋的肋软骨，止于臂头肌的深面；后部为升胸肌（胸深后肌），呈三角形，发达，前端窄而厚，后端宽而薄，肌纤维纵行。起于胸骨腹侧面及腹筋膜，止于肱骨内、外侧结节。胸深肌可内收及后退前肢；当前肢前踏时，可牵引躯干向前。

（二）肩部肌

1. 伸肌

只有冈上肌（图2－47）。冈上肌位于冈上窝内，起于冈上窝、肩胛冈和肩胛骨背侧缘，在盂上结节处分为2支，分别止于肱骨内、外侧结节。

2. 屈肌

包括三角肌、大圆肌和小圆肌（图2－47）。

（1）三角肌　呈三角形，位于冈下肌的浅层，分为肩峰部和肩胛部。肩峰部以扁平腱起于肩峰；肩胛部以腱膜起于肩胛冈和肩胛骨的后缘。两个部分汇合后共同止于肱骨三角肌粗隆。

（2）大圆肌　呈长菱形，位于肩臂部内面，肩脚下肌的后缘。起于肩胛骨后缘上部，止于肱骨大圆肌粗隆。

（3）小圆肌　较小，呈短索状，位于三角肌和冈下肌之间的肩关节后外侧面。

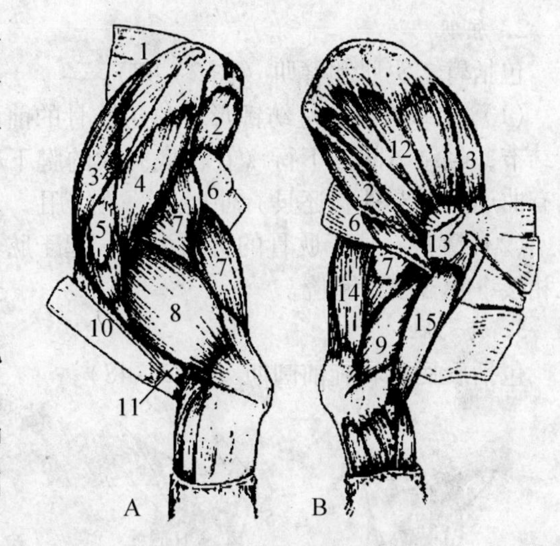

图2－47　犬的前肢肌

（作用于肩关节和肘关节肌）

A. 外侧面观　B. 内侧面观

1. 菱形肌　2. 大圆肌　3. 冈上肌　4、5. 三角肌的肩胛部和肩峰部　6. 背阔肌　7～9. 臂三头肌的长头、外侧头和骨侧头　10. 臂头肌　11. 臂肌　12. 肩胛下肌　13. 喙臂肌　14. 前臂筋膜张肌　15. 臂二头肌

3. 内收肌

包括肩胛下肌和喙臂肌（图2－47）。

（1）肩胛下肌　位于肩胛下窝内，起于肩胛下窝，分为前、中、后3部分，以总腱止于肱骨内侧结节。

（2）喙臂肌　呈扁而小的梭形，位于肩关节和肱骨的内侧上部。起于肩关骨的喙突，止于肱骨大圆肌粗隆的上、下部。可以内收和曲屈肩关节。

4. 外展肌

仅有冈下肌。冈下肌位于冈下窝内，部分表面被三角肌覆盖，起于冈下窝、肩胛冈和肩胛骨上缘，止于肱骨外侧结节及其前下方的粗糙面。

（三）臂部肌

1. 伸肌

包括臂三头肌、前臂筋膜张肌和肘肌（图2－47）。

（1）臂三头肌　呈三角形，位于肩胛骨后缘与肱骨形成的夹角内，是前肢最大的1块肌肉。主要分为3个头：长头最大，似三角形，起于肩胛骨后缘，同时具有曲屈肩关节的作用；外侧头较厚，呈长方形，位于长头的外下方，起于肱骨的三角肌粗隆及其上部；内侧头小，起于肱骨的内侧面；除此之外还有副头，起于肱骨的骨干。后3个头仅作用于肘关节。以上4个头均止于尺骨鹰嘴。

（2）前臂筋膜张肌　狭长而薄，位于臂三头肌长头内侧和后缘，起于肩胛骨后角，以扁腱止于尺骨鹰嘴内侧面。

（3）肘肌　呈三棱形，小，位于臂三头肌外侧头的深面。覆盖着鹰嘴窝，深面接肘关节囊。

2. 屈肌

包括臂二头肌和臂肌（图2－47）。

（1）臂二头肌　呈纺锤形，位于肱骨的前面稍偏内侧，被臂头肌覆盖。以强腱起于肩胛结节，经结节间沟下行（在沟底有大的腱下黏液囊），止于桡骨粗隆和邻近的尺骨。除具有曲屈肘关节外，还具有伸展肩关节作用。

（2）臂肌　位于肱骨的臂肌沟内，起于肱骨后上部，向下行于臂肌沟内，并与臂二头肌相接，止于桡骨粗隆。

3. 旋动肌

包括旋后肌和旋前圆肌（图2－48）。

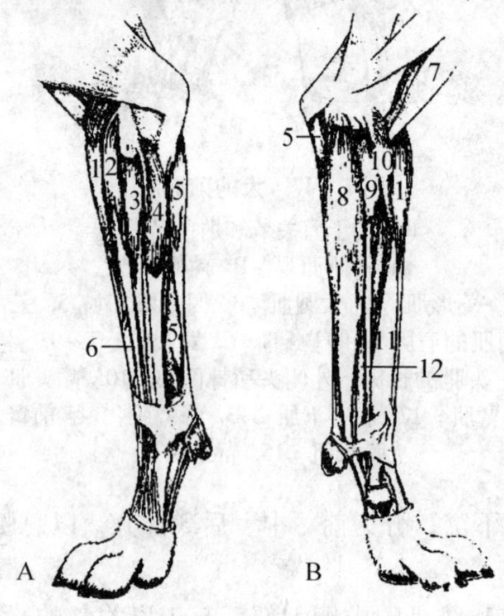

图2－48　犬的前肢肌

（作用于腕关节和指关节肌）

A. 外侧面观　B. 内侧面观

1. 腕桡侧伸肌　2. 指总伸肌　3. 指外侧伸肌　4. 腕尺侧伸肌　5. 腕尺侧屈肌　6. 腕斜伸肌　7. 臂二头肌　8. 指浅屈肌　9. 腕桡侧屈肌　10. 旋前圆肌　11. 桡骨　12. 指深屈肌

（1）旋后肌　位于腕桡侧伸肌的深面。起于肱骨外侧上髁及肘关节的外侧副韧带，止于桡骨背内侧面。可使掌部向外旋转。

（2）旋前圆肌　位于前臂部内侧，在腕桡侧伸肌与腕桡侧屈肌之间。起于肱骨内侧上髁，止于桡骨中部背内侧面。具有屈肘和旋转桡骨作用。

（四）前臂前脚部肌

1. 前臂部肌（作用于腕关节的肌肉）

除作用于腕关节，有的肌肉还作用于指关节（图2－48）。

（1）伸肌　包括腕桡侧伸肌和拇长外展肌。

①腕桡侧伸肌　又称腕前伸肌，位于前臂部背侧皮下，为前臂部最大的肌肉。起于肋骨外侧上髁，可分为较小的浅肌腹和较大的深肌腹，分别止于第2、3掌骨。

②拇长外展肌　又称腕斜伸肌，起于前臂骨外侧缘，止于第1掌骨。肌腱内含有小籽骨。

（2）屈肌　包括腕尺侧伸肌、腕尺侧屈肌和腕桡侧屈肌。

①腕尺侧伸肌　又称腕外屈肌，位于前臂部后外侧皮下。起于肱骨外侧髁，沿指外侧伸肌后缘下行，止于副腕骨。

②腕尺侧屈肌 又称腕后屈肌，位于前臂部后内侧皮下。起于肱骨内侧上髁及其附近，以短腱止于副腕骨。

③腕桡侧屈肌 又称腕内屈肌，位于前臂部内侧的皮下。起于肱骨内侧上髁，止于第2、3掌骨的近端。

2. 前脚部肌（作用于指关节的肌肉）

（1）伸肌 包括指总伸肌、第1、2指固有伸肌和指外侧伸肌（图2-48）。

①指总伸肌 位于腕桡侧伸肌后方。起于肱骨外侧上髁，分为4个肌腹，在前臂下1/3处变为腱，而止于第2、3、4、5指的远指节骨。

②第1、2指固有伸肌 位于指总伸肌的深面，起于尺骨后外侧的上半部，以细腱与指总伸肌伴行，在掌部分为2支，分别止于第1、2指骨。

③指外侧伸肌 位于指总伸肌的后方，由紧密连结的2个肌腹组成，其内侧的肌腹为第3、4指固有伸肌；外侧的肌腹为第5指固有伸肌。起于肘关节外侧副韧带、桡骨近端外侧韧带结节和尺骨外侧面，止于第3、4、5指骨。

（2）屈肌 包括指浅屈肌、指深屈肌、掌长肌和骨间肌。

①指浅屈肌 位于前臂部掌内侧的浅层，起于肱骨内侧上髁，远端腱分为4支，分别止于第2、3、4、5指的中指节骨。

②指深屈肌 位于前臂部的后面，被腕关节的屈肌和指浅屈肌所包围。起始部为3个头，即肱骨头、尺骨头和桡骨头，在腕上部形成一总腱，经腕管分出一腱质到第1指，而后再分为4支，分别穿过指浅屈肌腱所形成的鞘，止于第2、3、4、5指的远指节骨。

③掌长肌 在前臂下1/3处起于指深屈肌，下端分为两支细腱，与指浅屈肌腱合并，止于第3、4指。

④骨间肌 由4个发达的肌腹组成。

（五）猫的前臂和胸部主要肌肉

1. 胸前管肌

构成胸肌群最浅层的扁平肌，是4块胸肌中最小的。起于胸骨柄的外侧面，止于肱骨远端，由一个扁平的腱插入靠肘关节前臂背缘的浅筋膜内。此腱延续的头部与锁壁肌连在一起。

2. 胸大肌

可分为浅层与深层。浅层狭小，深层比浅层宽约3倍。此肌变化较大，有时可分为三四个部分。因为它们有相同的起点、终点和几乎平行的纤维，所以实际上是一块肌肉。起于胸骨腹侧中线，止于臂二头肌和臂肌之间。此外，有些纤维末端经常插入到长臂伸肌和胸前臂肌的终点。

3. 胸小肌

是一大块扁平的扇状肌，比胸大肌略厚。起于胸骨体最前面的侧半部或剑突，止于肱骨的正中央或胸大肌终点的下面，与胸大肌一起插入臂肌与臂二头肌之间。猫的胸小肌常可分为头部与尾部，它们的肌纤维以薄腱止于终点。

4. 剑肱肌

是一块窄长而薄的肌肉，可以认为是胸小肌的一部分。起于胸骨剑突的中缝，以长腱止于肱骨，恰好在胸小肌终点的内侧面，被胸大肌的终点覆盖。

四、躯干肌

躯干肌包括脊柱肌、颈腹侧肌、胸壁肌和腹壁肌（图 2－49、2－50、2－51）。

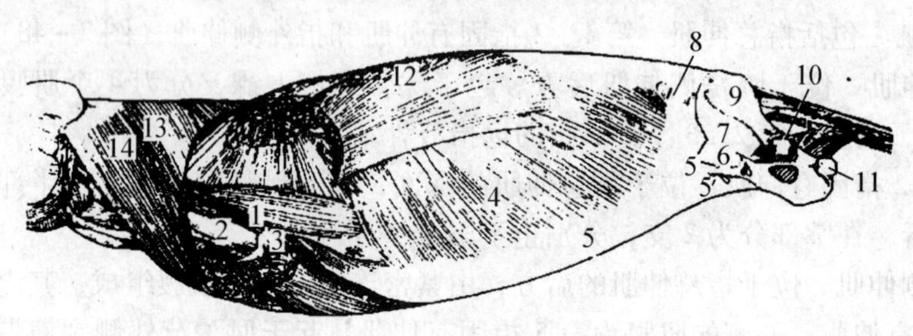

图 2－49　犬的躯干肌（浅层）

1. 斜角肌　2. 食管　3. 胸直肌　4. 腹外斜肌　5. 腹外斜肌腱膜及腹股沟韧带　5′. 腹股沟皮下环　6. 血管裂孔　7. 髂腰肌　8. 腹内斜肌　9. 髂骨翼　10. 髋臼　11. 坐骨结节　12. 背阔肌　13、14. 臂头肌

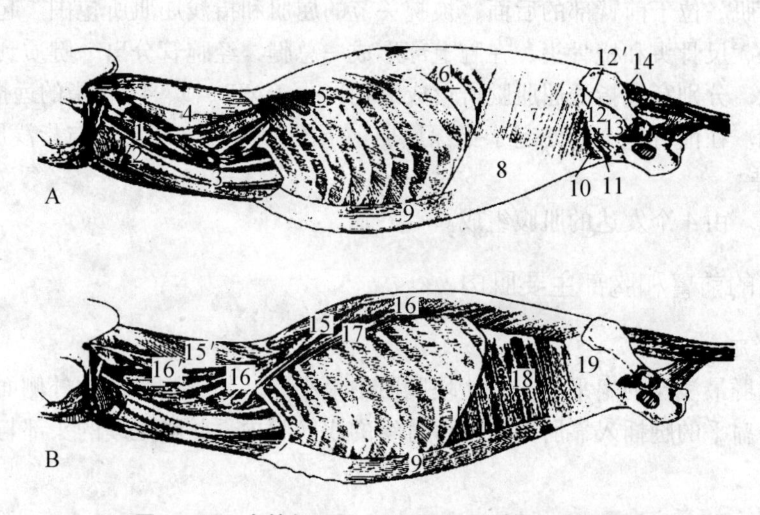

图 2－50　犬的躯干肌（深层肌　B 较 A 为深层）

1. 颈长肌　2. 气管　3. 食管　4. 夹肌　5. 前背侧锯肌　6. 后背侧锯肌　7. 腹内斜肌　8. 腹内斜肌腱膜　9. 腹直肌　10. 腹内斜肌的后缘　11. 提睾肌　12. 腹股沟韧带　12′. 切断的腹外斜肌腱膜　13. 髂腰肌　14. 荐尾背侧肌　15、15′. 头半棘肌、背半棘肌　16、16′、16″. 头最长肌、颈最长肌和背腰最长肌　17. 髂肋肌　18. 腹横肌　19. 腹横肌筋膜

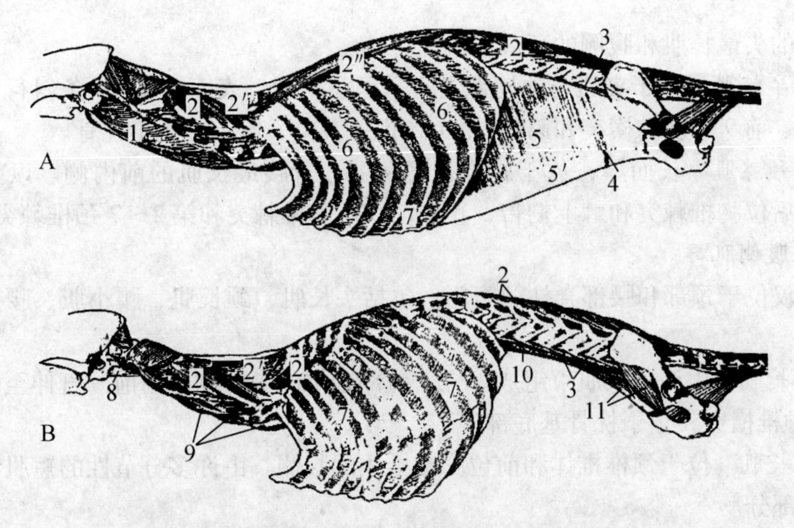

图 2－51　犬的躯干肌（深层肌　B 较 A 为深层）

1. 颈长肌　2. 多裂肌　2′. 头半棘肌　3. 腰方肌　4. 腹直肌　5. 腹横肌　5′. 腹横肌腱膜　6. 肋间外肌　7. 肋间内肌　8. 头腹侧直肌　9. 颈长肌　10. 腰小肌　11. 髂腰肌

（一）脊柱肌

脊柱肌是支配脊柱活动的肌肉，根据其部位和神经支配，可分为脊柱背侧肌群和脊柱腹侧肌群。由于某些脊柱肌肉相互间的划分无实际临床意义，因此，只对重要肌肉加以叙述。

1. 脊柱背侧肌群

脊柱背侧肌群很发达，位于脊柱的背外侧。包括背腰最长肌、夹肌、颈最长肌、头环最长肌、头半棘肌、背颈棘肌等，除这些肌肉外，还有分布于脊柱背侧的小块肌肉，如多裂肌、头背侧大直肌、头背侧小直肌、头前斜肌和头后斜肌等。

（1）背腰最长肌　为全身最长大的肌肉，呈三菱形，表面覆盖一层强厚的筋膜。位于胸、腰椎棘突与横突和肋骨椎骨端所形成的夹角内。起于髂骨、荐根和后位胸椎棘突，止于腰椎、胸椎和最后颈椎的横突以及肋骨的外面。这块肌肉具有伸展背腰、协助呼吸、跳跃时提举躯干的前部和后部的功能。

（2）髂肋肌　位于背腰最长肌的腹外侧，狭长而分节，由一系列向前下方的肌束组成。起于髂骨、腰椎横突末端和后 10 肋骨的外侧及前缘，向前止于所有肋骨后缘和后位 3～4 个颈椎横突。其作用为向后牵引肋骨，协助呼吸。髂肋肌与背腰最长肌之间有一较深的沟，称髂肋肌沟，沟内有针灸穴位。

（3）夹肌　为薄而阔的三角形，位于颈侧部的皮下，在鬐甲部与颈椎和头部之间。其后部被斜方肌和颈腹侧锯肌所覆盖。其作用是两侧同时收缩可抬头颈，一侧收缩则偏头颈。

（4）颈最长肌　呈三角形，位于后几个颈椎与前几个胸椎之间的夹角内，可视为背腰最长肌的延续，被颈腹侧锯肌所覆盖。起于前 6 个胸椎横突，止于后 4 个颈椎横突。该肌收缩可提升颈。

（5）头环最长肌　位于夹肌的深层，头半棘肌的下方，由 2 条平行的梭形肌束构成，可分为背侧的头最长肌和腹侧的环最长肌。

(6) 头半棘肌　位于夹肌与项韧带之间，呈三角形，表面有2～3条斜行的腱划。起于棘横筋膜、前9个胸椎横突和第3～7个颈椎关节突，以宽腱止于枕骨。

(7) 背颈棘肌　长而厚，位于胸椎棘突两侧，背腰最长肌的前内侧。以强腱起于荐椎、腰椎、后位胸椎棘突和棘上韧带，止于前5个胸椎棘突和第2～7颈椎棘突。

2. 脊柱腹侧肌群

该肌群仅位于颈部和腰部脊柱的腹侧。包括头长肌、颈长肌、腰小肌、腰大肌和腰方肌等。

(1) 头长肌　由许多长肌束组成。位于前部颈椎的腹外侧，向前一直伸至颅底部。起于第3～6颈椎横突，止于枕骨基底部。

(2) 颈长肌　位于颈椎椎体和前位胸椎椎体的腹侧。由许多分节性的短肌组成。可分为颈、胸两部分。

(3) 腰小肌　是狭而长的肌肉，位于腰椎椎体的腹侧面的两侧，起于最后胸椎和腰椎椎体的腹侧，止于髂骨腰小肌结节。作用为屈腰和下降骨盆。

(4) 腰大肌　位于腰小肌的外侧，较发达。起于最后2个肋骨的椎骨端和腰椎椎体及横突的腹侧，与髂肌合成髂腰肌，止于股骨小转子。作用是曲屈髋关节。

(二) 颈腹侧肌

颈腹侧肌位于颈部腹侧皮下，包括胸头肌和胸骨甲状舌骨肌（图2-52）。

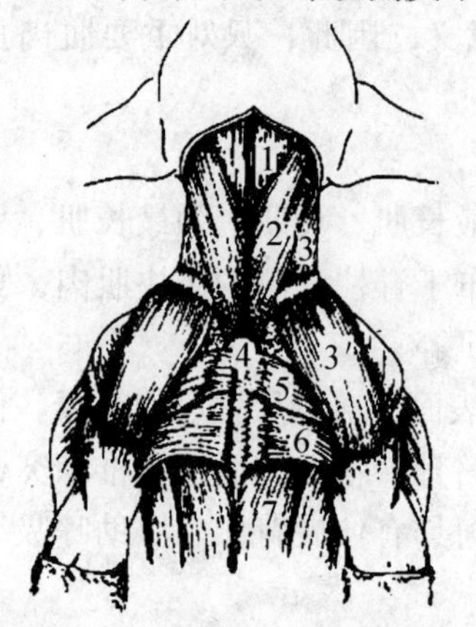

图2-52　犬的颈部及其胸部腹侧肌

1. 胸骨舌骨肌和胸骨甲状肌　2. 胸头肌　3、3′. 臂头肌（锁枕肌和锁乳头肌）　4. 胸骨柄　5. 胸浅前肌　6. 胸浅后肌　7. 胸深肌

1. 胸头肌

胸头肌位于颈部腹侧皮下，臂头肌的下缘。起于胸骨柄，向前分为浅、深两部，分别止于下颌骨和咬肌前缘及颞骨乳突。具有屈或侧偏头颈的作用。胸头肌和臂头肌之间形成颈静脉沟。

2. 胸骨甲状舌骨肌

胸骨甲状舌骨肌呈扁平狭带状，位于气管腹侧，在颈的前半部位于皮下，后半部被胸头肌覆盖。起于胸骨柄，沿气管的腹侧向头部伸延，至颈中部分为内、外侧两支：外侧支止于喉的甲状软骨，称胸骨甲状肌；内侧支止于舌骨体，称为胸骨舌骨肌。作用为吞咽时向后牵引舌和喉，吸吮时固定舌骨，利于舌的后缩。

(三) 胸壁肌

胸壁肌分布于胸腔的侧壁。由于该肌的运动引起呼吸运动，因此，又称呼吸肌。根据机能可分为吸气肌和呼气肌。

1. 吸气肌

包括肋间外肌、膈、前背侧锯肌、斜角肌和胸直肌等。

(1) 肋间外肌　位于肋间隙的浅层。起于前一肋骨的后缘，肌纤维向后下方，止于后一肋骨的前缘。可向前外方牵引肋骨，使胸腔扩大，引起吸气。

（2）膈　位于胸、腹腔之间，呈圆顶状，突向胸腔（图2－53）。由周围的肌质部和中央的腱质部组成。肌质部根据附着的部位，又分为腰部、肋部和胸骨部。腰部以强大的腱质起于3～4腰椎腹侧，构成左脚和右脚，其中右脚向腱质部呈放射状扩散，分别移行为腱质部的3个支；肋部周缘呈锯齿状，附着于胸侧壁的内面，其附着线呈一倾斜直线，由剑状软骨沿第8肋骨和肋软骨连接处，经过第9～13肋骨至腰部。胸骨部附着于剑状软骨的上面。腱质部由强韧而发亮的腱膜构成，突向胸腔（至第6肋骨胸骨端），称中心腱。膈上有3个孔，由上向下依次为：主动脉裂孔，位于左、右膈脚之间，供主动肌、奇静脉和胸导管通过；食管裂孔，位于膈肌右脚内侧，接近中心腱，供食管和迷走神经通过；腔静脉孔，位于中心腱顶的右背侧，供后腔静脉通过。

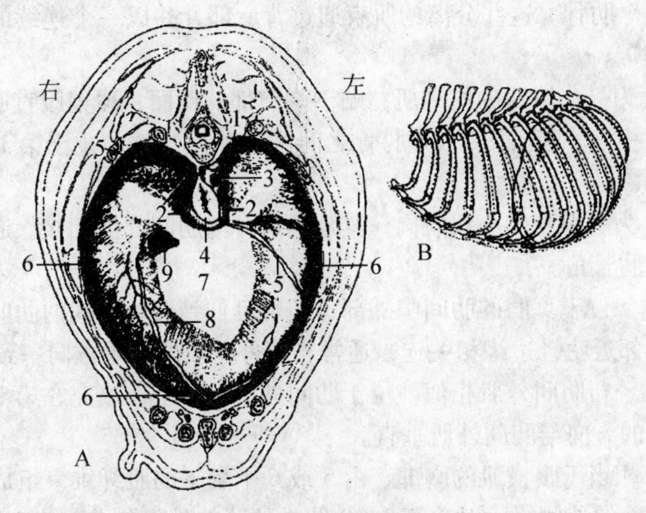

图2－53　犬的膈

A. 犬的膈（前面观）　B. 吸气肌（虚线）和呼气（实线）状态下的膈体外投影线

1. 左脚　2. 右脚　3. 主动脉　4. 食管　5. 纵隔后部与膈的附着部　6. 膈的胸骨部和肋骨部　7. 中心腱　8. 大静脉附着部　9. 后腔静脉

膈为重要的吸气肌，收缩时使突向胸腔的部分扁平，从而增大胸腔的纵径，致使胸腔扩大，引起吸气。

（3）前背侧锯肌　薄而宽，呈四边形，下缘为锯齿状。位于胸壁的前上部，背最长肌和髂肋肌的表面，被背阔肌和胸腹锯肌所覆盖，以腱膜起于腰背筋膜，肌纤维向后下方，多数以肉齿止于各肋骨上。可向前牵引肋骨，使胸腔扩大，协助吸气。

（4）斜角肌　位于颈后部和胸侧壁前部的腹外侧面，分为背、腹侧两部，两部之间有臂神经丛通过。背部斜角肌发达，起于后位颈椎横突，止于第3～4肋骨外面；腹侧斜角肌起于第3～7颈椎横突，止于第二肋骨外面。其作用为牵引肋骨向前，协助吸气，另外还可屈颈或侧偏颈。

（5）胸直肌　位于胸侧壁的前下部，起于第1肋骨下端外面，肌纤维斜向后下方，止于第3～4肋软骨外面，可协助吸气。

2. 呼气肌

包括后背侧锯肌和肋间内肌等。

（1）后背侧锯肌　位于胸侧壁的后上部，以腱膜起于背腰筋膜，肌纤维向前下方，止于后3～4个肋骨近端外侧面。可向后牵引肋骨，使胸腔缩小，协助呼气。

（2）肋间内肌　位于肋间外肌的深面，并向下伸延至肋软骨间隙内。起于后一肋骨的前缘，肌纤维斜向前下方，止于前一肋骨的后缘。可向后向内牵引肋，使胸腔缩小，引起呼气。

3. 猫的主要胸壁肌

（1）后背侧锯肌　肌呈薄片状，位于胸、颈的背部，前锯肌的下面。起于第9～11肋骨的外面。止于后几个颈椎棘突与第10胸椎棘突之间。

（2）后腹侧锯肌　为一块薄肌，位于上后锯肌的尾部，有时越过上后锯肌的尾部末端。起于后4或5个肋骨。这些分离的肌束通过背后部合并成一个连续的薄片。止于腰椎棘突并插入棘间韧带。

（3）肋横肌　为一小块薄的扁平肌，贴于胸前部的侧面，覆盖腹直肌的前端，极易与腹直肌前端的薄腱相混。起于第3～6肋骨之间胸骨侧面的腱，止于第1肋骨及其肋软骨的外侧部。

（4）肋提肌　为一系列的小块肌肉，其延续部分与肋间外肌相接。起于胸椎横突，止于紧接起点后部的肋骨角。

（5）肋间外肌　位于真肋的肋间隙外部，还可延伸到假肋之间的肋间隙。它们由纤维束组成，其末端与邻近肋骨边缘相关连，通常与腹外斜肌的纤维方向一致。

（6）肋间内肌　与肋间外肌相似，位于肋间外肌的深层，填充在第1～13肋骨之间的肋间隙中。肌纤维的方向与肋间外肌垂直。

（7）胸横肌　相当于腹横肌的胸部，由5或6个扁平的肌纤维束组成，位于胸壁的内表面。起于胸骨背面的外侧缘，对着第3～8肋骨的肋软骨附着点，止于肋软骨。

（8）膈　膈的中央由腱所组成。此腱薄而不规则，呈新月状，称半月腱（中央腱）。半月腱腹面有一大孔，即后腔静脉裂孔。从中央腱到体壁为放射状的肌纤维，称肌部。膈脚分为左、右两个，右边的较大，两者之间的小孔为主动脉裂孔。在中央腱有一较大的食管裂孔。胸肋部起于剑突和最后5个肋骨，其肉质纤维向四周放射，与腹横肌相交叉，它们都集中到中央腱止。

（四）腹壁肌

腹壁肌均为板状肌，构成腹腔的侧壁和底壁。前连肋骨，后连筋骨，上面附着于腰椎，下面左、右两侧的腹壁肌在腹底壁正中线上，以腱质相连，形成一条白线，称腹白线。腹壁肌共有4层，由外向内为腹外斜肌、腹内斜肌、腹直肌和腹横肌。

1. 腹外斜肌

腹外斜肌为腹壁肌的最外层，覆盖于腹壁的两侧和底部以及胸侧壁的一部分。起于肋骨的外侧面和腰背筋膜，肌纤维斜向后下方，在肋弓的后下方延续为宽大的腱膜，止于腹白线、耻前腱、髋结节、髂骨和股内侧筋膜。腱膜的外面与腹部筋膜紧密接触，内面与腹内斜肌腱膜的外层结合。自髋结节至耻前腱，腱膜强厚，称腹股沟韧带，在其前方腱膜上有一长约数厘米的裂孔，为腹股沟管皮下环。

2. 腹内斜肌

腹内斜肌位于腹外斜肌的深层，肌纤维斜向前下方。大部分起于髋结节，一部分起于腹外斜肌骨盆部腱的终止部位、腰背筋膜及腰椎横突末端，呈扇形向前下方扩展，在腹侧壁中部转为腱膜，止于最后肋骨的后缘、腹白线和耻前腱。腱膜的前下方分为内、外两层：外层厚，与腹外斜肌腱膜结合，形成腹直肌的外鞘；内层薄，与腹横肌的腱膜结合，形成腹直肌的内鞘。

3. 腹直肌

腹直肌呈宽而扁平的带状，位于腹底壁腹白线的两侧，被腹外、内斜肌和腹横肌所形成的外、内鞘所包裹（图 2－54）。起于胸骨和肋软骨，肌纤维前后纵行，以强厚的耻骨前腱止于耻骨前缘。本肌前后狭窄，中间宽，表面有数个横行的腱划。

4. 腹横肌

腹横肌为腹壁肌的最内层，较薄，起于肋弓内面和腰椎横突，肌纤维上下行，以筋膜止于腹白线。其腱膜与腹内斜肌腱膜的内层结合。

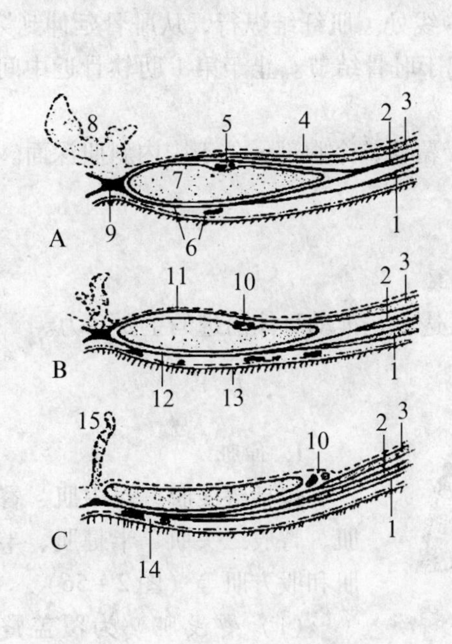

图 2－54 犬的腹直肌鞘的横断面

A. 脐的前方 B. 脐的后方 C. 腹壁前动脉和静脉
1. 腹外斜肌 2. 腹内斜肌 3. 腹横肌 4. 腹膜 5. 腹壁前动脉和静脉 6. 腹壁前浅动脉和静脉 7. 腹直肌 8. 含有脂肪的镰状韧带 9. 腹白线 10. 腹壁后动脉和静脉 11. 腹直肌鞘的内板 12. 腹直肌鞘的外板 13. 皮肤 14. 腹壁后浅动脉和静脉 15. 膀胱圆韧带

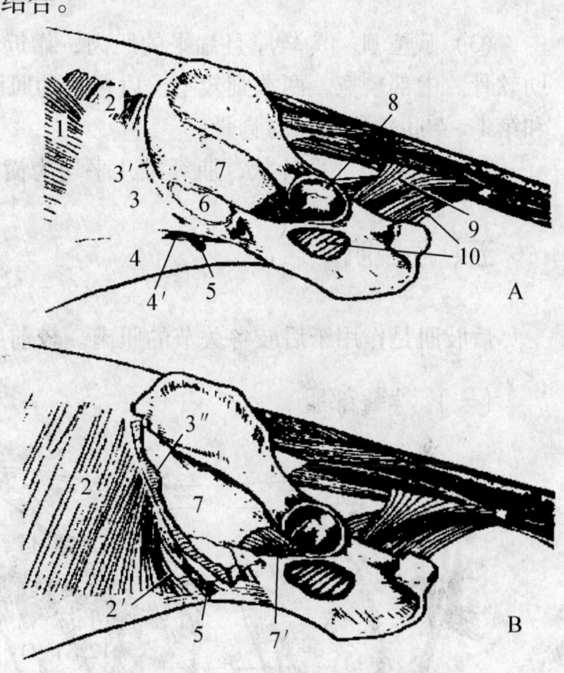

图 2－55 犬的腹股沟管（左侧观）

A. 带有腹外斜肌 B. 腹外斜肌已切除
1. 腹外斜肌 2. 腹内斜肌 2′. 腹内斜肌后部游离缘，构成腹股沟管鞘环的后缘 3. 腹外斜肌腱膜 3′. 腹股沟韧带 3″. 腹外斜肌 4. 腹外斜肌的腱膜 4′. 腹股沟皮下环 5. 提睾肌 6. 血管裂孔 7. 髂筋膜 7′. 髂腰肌 8. 髋臼 9. 尾骨肌 10. 肛门提肌

5. 腹股沟管

腹股沟管（图 2－55）位于腹底壁后部，耻骨前腱的两侧，为腹外斜肌和腹内斜肌之

间的一个斜行裂隙。该管有内、外两口。内口通腹腔，称腹股沟管鞘环或深环，由腹内斜肌的后缘和腹股沟韧带围成；外口通皮下，称腹股沟管皮下环或浅环，为腹外斜肌后部腱膜上的卵圆裂孔。公犬的腹股沟管明显，是胎儿时期睾丸从腹腔下降到阴囊的通道，内有精索、总鞘膜、提睾肌、脉管和神经通过。母犬的腹股沟管仅供脉管、神经通过。

腹壁肌的作用是形成坚韧的腹壁，容纳、保护和支持腹腔脏器；当腹壁肌收缩时，可增大腹压，协助呼气、排粪、排尿和分娩等。

6. 猫的主要腹壁肌

（1）腹外斜肌　一块大而薄的肌肉，覆盖整个腹部和部分胸部的腹面。起点有二，一是以腱起于后 9 个和 10 个肋骨；另一个与腹内斜肌共同起于背腰筋膜。止于胸骨的腹中缝及腹白线，还止于耻骨的前缘。

（2）腹内斜肌　薄片状，与腹外斜肌相似，但稍短。位于腹外斜肌深面。主要起自第 4～7 腰椎之间，与腹外斜肌共同起于腰背筋膜。前端与腹外斜肌、腹横肌合并，止于腹白线。

（3）腹直肌　为较厚且扁平的肌肉，靠近腹中线处。肌纤维纵行，从耻骨延伸到第 1 肋软骨。中部较宽，两端则较窄。以粗大的肌腱起于耻骨结节。止于第 1 肋软骨近中间处和第 1～4 肋软骨之间的胸骨。

（4）腹横肌　薄片状，肌纤维几乎均为横行，覆盖整个腹部，位于腹内斜肌深面。

五、后肢肌

后肢肌是作用于后肢各关节的肉。较前肢发达，是推动身体前进的主要动力。

（一）荐臀部肌

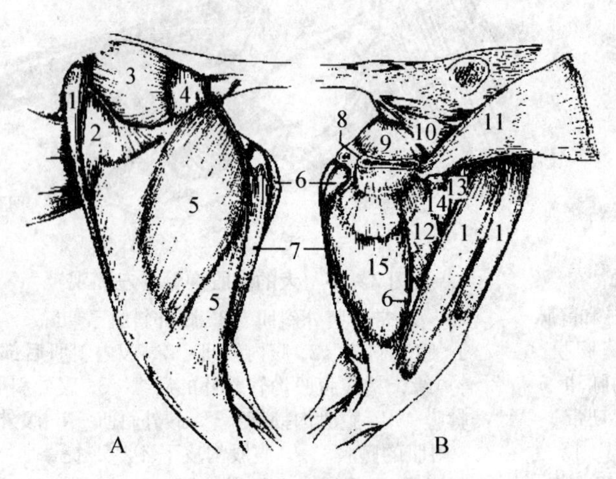

图 2－56　犬的腰部和股部肌

A. 外侧面观　B. 内侧面观

1. 缝匠肌　2. 阔筋膜张肌　3. 臀中肌　4. 臀浅肌　5. 臀肌二头肌　6. 半膜肌　7. 半腱肌　8. 骨盆联合　9. 闭孔内肌　10. 肛门提肌　11. 腹直肌　12. 内收肌　13. 股四头肌　14. 耻骨肌　15. 股薄肌

1. 伸肌

包括臀浅肌、臀中肌、臀深肌、臀股二头肌、半腱肌、半膜肌和股方肌等（图 2－56）。

（1）臀浅肌　为覆盖臀中肌后部皮下的窄小肌，呈三角形。起于臀筋膜和尾筋膜，止于股骨上部外侧面。具有伸展髋关节的作用。

（2）臀中肌　为臀肌中最大肌，起于髂骨的外侧面和臀筋膜，止于股骨大转子。该肌对于髋关节具有强大的伸展作用，同时还具有外旋作用。

（3）臀深肌　位于臀深肌深部的一块小肌。起于坐骨棘及其周围，止于股骨大转子前部。主要对髋关节有伸展作用，同时具有外旋作用。

(4) 臀股二头肌　位于臀股部的后外侧，是一块长而宽大的肌肉，分为椎骨头和坐骨头，分别起于荐骨、荐结节髋韧带和坐骨结节。于坐骨结节的下方2个头合并后，再分为前、中、后3部分，前部长而大，以腱膜止于髌骨和膝外侧副韧带；中部以腱膜止于胫骨嵴；后部止于小腿筋膜和跟结节。该肌在与大转子间有肌下黏液囊。

(5) 半腱肌　在臀股二头肌的后方，构成臀股部后缘，与臀股二头肌之间形成臀股二头肌沟，分为椎骨头和坐骨头。起于后2个荐椎棘突、荐结节阔韧带的后缘和坐骨结节腹侧，在坐骨结节下方合并后转向大腿内侧，以扁腱止于胫骨嵴、小腿筋膜和跟结节。

(6) 半膜肌　位于大腿的内侧，分为椎骨头和坐骨头。起于荐结节阔韧带后缘和前3、4尾椎及坐骨结节腹侧。两头合并后走向股部内侧，止于股骨远端内侧。

(7) 股方肌　呈长方形，位于内收肌外侧的前上方。起于坐骨腹侧面，止于转子窝附近的骨体上。

2. 屈肌

屈肌位于髋关节角内，有阔筋膜张肌、髂腰肌、缝匠肌和耻骨肌等（图2－56）。

(1) 阔筋膜张肌　呈三角形，位于股部的前外侧皮下。起于髋结节及其附近，向下呈扇形展开，除转变为股外侧筋膜外，借阔筋膜止于髌骨及其膝周围。

(2) 髂腰肌　位于腰椎和髂骨的腹侧面，由腰大肌和髂肌所组成。髂肌有内、外2个头。外头起于髂骨翼内面；内头起于髂骨体。二头之间夹有腰大肌，以同一腱止于股骨小转子。

(3) 缝匠肌　由前、后两部分组成。前部起于髋结节，止于髌骨的内侧面；后部起于髂骨翼腹侧缘，止于胫骨的内侧面。

(4) 耻骨肌　位于股骨近端，表面呈纺锤形的窄而长的肌，位于股薄肌和缝匠肌之间。起于耻骨，止于股骨体内侧。

3. 内收肌

内收肌群位于股骨的内侧，包括内收肌和股薄肌等（图2－56）。

(1) 股薄肌　薄而宽，位于股内侧皮下。起于骨盆联合，以腱膜止于小腿筋膜和胫骨嵴。

(2) 内收肌　位于股薄肌的深层，在耻骨肌和半腱肌之间。起于耻骨和坐骨腹侧面，止于股骨后内侧面。

4. 旋动肌

旋动肌为位于髋关节后方深层的小肌肉，包括闭孔外肌、闭孔内肌和孖肌（图2－56）。

(1) 闭孔外肌　呈扇形，起于耻骨和坐骨的腹侧面及闭孔的外缘和后缘，止于转子窝。该肌不仅有外旋大腿的作用，同时还具有内收作用。

(2) 闭孔内肌　也呈扇形，起于耻骨和坐骨的骨盆面，其扁腱经闭孔而止于股骨转子窝。

(3) 孖肌　呈三角形，位于股二头肌的深面。起于坐骨的外侧缘，止于股骨转子窝。

5. 股管

股管又称股三角，为股内侧上部肌肉之间的一个三角形空隙，上口大，下口小。此管前壁为缝匠肌、后壁为耻骨肌，外侧壁为髂腰肌和股内侧肌，内侧壁为股薄肌和股内筋膜。管内有股动脉、静脉和隐神经通过。

（二）股部肌

1. 伸肌

只有股四头肌。股四头肌大而厚，位于股骨的前面和两面，被阔筋膜张肌所覆盖。有4个头，分别称为股直肌、股内侧肌、股外侧肌和股中间肌。其中除股直肌起于髋臼前方的髂骨体，其他三肌分别起于股骨的内侧、外侧和前面，共同止于髌骨。

2. 屈肌

只有腘肌。腘肌呈三角形，位于膝关节后方，胫骨后面的上部。以圆腱起于股骨的腘肌窝，斜向后内侧，止于胫骨内侧缘的上部。

（三）小腿及后脚部肌

1. 小腿部肌（作用于跗关节的肌肉）

（1）伸肌　仅有腓肠肌（图2－57）。腓肠肌发达，位于小腿部的后部，肌腹呈纺锤形，在臀股二头肌与半腱肌和半膜肌之间。有2个头，分别起始于股骨髁上窝的两侧，起始部含有籽骨，下端腱与趾浅屈肌腱扭合成跟腱，止于跟结节。

（2）屈肌　包括胫骨前肌和腓骨长肌（图2－57）。

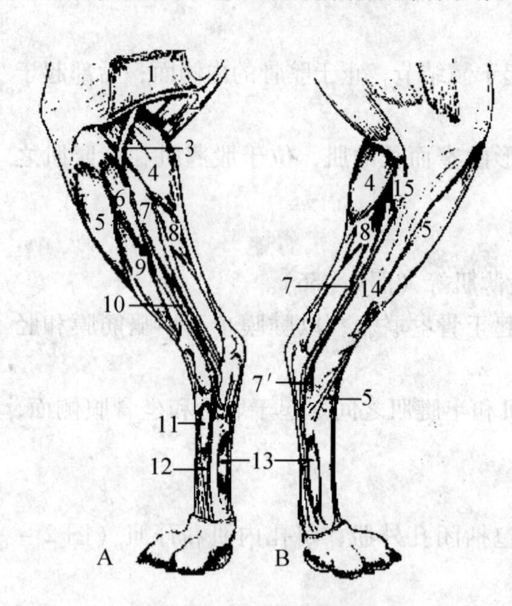

图2－57　犬的左腿下部肌

A. 外侧面观　B. 内侧面观

1. 臀肌二头肌　2. 半腱肌　3. 腓总神经　4. 腓肠肌　5. 胫骨前肌　6. 腓骨长肌　7. 胫骨后肌　7′. 趾长屈肌的腱　8. 趾浅屈肌　9. 趾长伸肌　10. 腓骨短肌　11. 趾短伸肌　12. 趾外侧伸肌腱　13. 骨间中肌　14. 胫骨　15. 腘肌

①胫骨前肌　位于小腿背侧的浅在肌肉，起于胫骨外侧髁及胫骨嵴，止于第1、2跖骨。

②腓骨长肌　位于趾长伸肌的后方，起于胫骨外侧髁及腓骨近端，其腱在跗部绕向内侧，止于第1跖骨。

2. 小腿及后脚部肌（作用于趾关节的肌肉）

（1）伸肌　包括趾长伸肌和趾外侧伸肌（图2－57）。

①趾长伸肌　呈纺锤形，位于胫骨前肌与腓骨长肌之间。起于股骨远端的伸肌窝，在胫骨下端分为4个腱支，经跖部分别止于第2、3、4、5趾的远趾节骨。

②趾外侧伸肌　被腓骨长肌和趾深屈肌所覆盖。起于腓骨上部，其腱与趾长伸肌的第5趾腱合并，止于第5趾。

（2）屈肌　包括趾浅屈肌和趾深屈肌（图2－57）。

①趾浅屈肌　起于股骨远端后面，肌腹被腓肠肌所覆盖，在小腿中部变为腱，由跟腱内侧转至跟结节顶端，然后沿跖部下行分为4支，分别止于第2、3、4、5趾的中趾节骨。

②趾深屈肌　只有2个头，即拇长屈肌和趾长屈肌（胫骨后肌分离为一条单独的小肌）。起于胫骨外侧及腓骨后面，在跗骨变成腱，到跖部二腱合并，然后分为4支，分别止于第2、3、4、5趾的远趾节骨。除此之外，后肢肌还有骨间中肌、趾短伸肌等。

六、头部肌

头部肌包括咀嚼肌、面肌及舌骨肌（图2－58）。

（一）咀嚼肌

咀嚼肌是使下颌运动的强大的肌肉，均起于颅骨，止于下颌骨，可分为闭口肌和开口肌。

1. 闭口肌

包括咬肌、翼肌和颞肌。

（1）咬肌　厚而隆凸，起于颧弓，止于下颌骨的腹侧缘，依其肌纤维方向分为3层：浅层纤维向后下方；中层纤维垂直；深层纤维则伸向前下方。

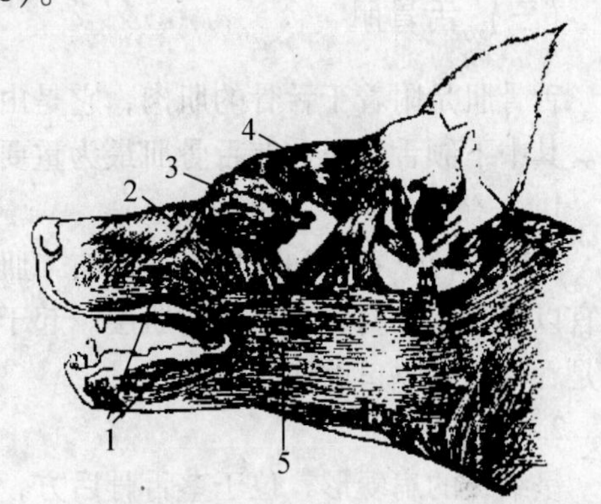

图2－58　犬头部的浅层肌

1. 口轮匝肌　2. 鼻唇提肌　3. 眼轮匝肌　4. 盾状软骨肌　5. 面皮肌

（2）翼肌　位于下颌支的内侧面，富有腱质。可分为翼内侧肌和翼外侧肌，但两者界线不十分清楚。起于翼骨、蝶骨翼突和腭骨水平部，止于下颌骨的内侧面及下颌髁的前内侧。

（3）颞肌　位于颞窝内，富有腱质。起于颞窝的粗糙面，止于下颌骨的冠状突。

2. 开口肌

开口肌不发达，位于颞下颌关节的后方，在枕骨和下颌骨之间，只有二腹肌。二腹肌位于翼肌的内侧，有前、后两个肌腹，中间是腱。起于枕骨，止于下颌角。

（二）面肌

面肌是位于口腔、鼻孔和眼裂周围的肌肉，可分为开张自然孔的张肌和关闭自然孔的环行肌。

1. 张肌

包括鼻唇提肌、上唇固有提肌、颧肌、犬齿肌等。

（1）鼻唇提肌　很宽，与下眼睑降肌之间无明显界限。起于耳背侧部，止于鼻翼及上唇外侧部。

（2）上唇固有提肌　起于面部外侧面，向前背侧行走，与对侧肌形成共同腱，止于鼻孔间的上唇。

（3）颧肌　呈窄带状，起于盾状软骨，经咬肌表面和唇皮肌深面，止于口角。

（4）犬齿肌　位于上唇固有提肌腹侧，起于眶下孔附近，向前逐渐扩展，止于上唇，仅有少部分肌束分散至外侧鼻翼。

2. 环行肌

亦称括约肌，位于自然孔周围，可关闭自然孔。包括颊肌、口轮匝肌、眼轮匝肌等。

（1）颊肌　宽而薄，由两层方向不同的肌纤维交织而成。浅层肌纤维呈羽状，深层肌纤维纵行。

（2）口轮匝肌　不发达，下唇部的肌束不明显；上唇部在中央分开，形成完整的环。

（3）眼轮匝肌　呈薄的环行，环绕于上、下眼睑内，位于皮肤和眼结膜之间。

（三）舌骨肌

舌骨肌是附着于舌骨的肌肉，它是由许多的小肌组成，主要通过舌的运动参与吞咽动作。其中下颌舌骨肌和茎舌骨肌最为重要。

1. 下颌舌骨肌

较厚，位于下颌间隙皮下，左右二肌在下颌间隙正中纤维缝处相结合，形成一个悬吊器官以托舌，并构成口腔底的肌层。起于下颌支的内侧面，止于舌骨和正中纤维缝。其作用是吞咽时提举口腔底、舌和舌骨。

2. 茎舌骨肌

呈细长的扁菱形，位于茎舌骨后方，二腹肌的后内侧。起于茎舌骨，止于基舌骨的外侧端。可向后方牵引舌根和喉。

郭红梅（山东农业职业技术学院）　马骥（黑龙江农业经济职业学院）

第三章　被皮系统

被皮系统包括皮肤和皮肤的衍生物，皮肤的衍生物分为毛，蹄和皮肤腺等，皮肤腺又包括汗腺，皮脂腺和乳腺。

第一节　皮肤

皮肤覆盖在动物的表面，在天然孔（口裂、鼻孔、肛门和尿生殖道外口等）处和黏膜相接。由复层扁平上皮和结缔组织构成，含有大量的血管、淋巴管、汗腺和神经末梢感受器，因此皮肤具有物理、化学和生物学的保护作用，并具有调节体温和排泄废物的功能。动物皮肤的厚薄因为动物的品种，年龄，性别以及身体不同部位而有一些差异，但是皮肤总体上可分为三层：表皮、真皮和皮下组织。

一、表皮

表皮为皮肤最表面的结构，由复层扁平上皮构成。完整的表皮共有4层结构，由浅向深依次为角质层、透明层、颗粒层和生发层。

（一）角质层

是表皮的最浅层，这层细胞是复层扁平上皮经过逐渐角质化，角化的细胞从皮肤的表面脱落。脱落的角质皮屑经常与灰尘、异物、汗水等黏着在一起，形成皮垢。

（二）透明层

位于颗粒层与角质层之间的，由数层无核扁平细胞组成。

（三）颗粒层

位于生发层的浅部，内有角质蛋白颗粒。

（四）生发层

是表皮的最深层，与真皮连接。生发层的细胞繁殖分裂能力强，当角化层细胞不断脱落时，生发层新生细胞向表层推移，借以补充脱落的上皮细胞。当表皮受损伤后，由生发层的分裂所以修复。表皮内有丰富的游离神经末梢，有痛、触、压等感觉。但表皮内无血管。

二、真皮

真皮位于表皮下面，由致密结缔组织构成，坚韧且富有弹性，是皮肤最主要，最厚的一层。真皮又分为乳头层和网状层，真皮内含有丰富的血管、淋巴管和感觉神经末梢，以及汗腺、皮脂腺等结构。

三、皮下组织

皮下组织又称浅筋膜，位于真皮深层，由疏松结缔组织构成，皮下组织内常含有脂肪组织，具有保温，缓冲机械压力的作用。在骨突起部的皮肤，皮下组织有时出现腔隙，形成黏液囊，内有少量黏液，可减少该部皮肤活动时的摩擦。

第二节　皮肤衍生物

一、毛

毛是由表皮生发层演化而来的，是一种坚韧而有弹性的角质丝状结构，覆盖在皮肤表面，保温能力比较强。

（一）毛的结构

毛是由角化的上皮细胞构成，分为毛干和毛囊两部分。毛干：毛露于皮肤表面的部分，毛根：埋在皮肤内的部分，毛球：毛根末端膨大呈球状的部分，毛球细胞分裂能力强，是毛的生长点，毛球的顶端内陷呈杯状，真皮结缔组织伸入其内形成毛乳头，相当于真皮的乳头层，含有丰富的血管和神经。毛根周围有由表皮组织和结缔组织构成的毛囊。在毛囊的一侧有一条平滑肌束，称立毛肌，受交感神经支配，收缩时使毛竖立。

作为毛的生长点，毛球的细胞分裂能力很强。毛球的营养由毛乳头的血管神经供应，当毛长到一定时期，毛乳头的血管衰退，血流停止，毛球的细胞也停止生长且逐渐角化，而失去活力，毛根脱离毛囊。当毛球将旧毛脱落而长出新毛时，这个过程称为换毛。换毛的方式有两种，一种为持续性换毛，另一种为季节性换毛。犬每年晚春季节冬毛脱落，逐渐地更换为夏毛，晚秋初冬季节更换夏毛，逐渐地更换为冬毛，每年换两次。营养不良的犬，老、弱、病犬不按时换毛，应为病态。受季节的影响，猫每年都要脱毛，脱毛受光照的控制，如果是在野外生活的猫，每年要脱 2 次毛，春秋各一次。但家养猫晚上才有灯光的照射，所以脱毛的次数要少些，约 3～4 次。如果是持续不断大量脱毛则可能是一种病态。

（二）毛的形态和分布

被毛指生长在动物表面的毛，因粗细不同，分粗毛和细毛。犬的不同品种，它的毛的分布和形态是有差异的。犬的毛分为被毛和角毛。被毛以长短可分为长毛、中毛、短毛、最短毛四种。因犬品种而异，则以短毛为最佳或以长毛为最佳品种。以毛的质度可分为直毛、卷毛等。以毛的颜色又可分为虎皮色、黑底黄褐色、淡红色、黄红色、黑色、白色、白黄色等。猫的被毛可分为针毛和绒毛两种，针毛粗长，绒毛短而细密。被毛主要具有抗寒、抗热防湿的作用。猫分为长毛猫和短毛猫。因猫的品种不同而异，如加拿大斯芬克思猫是无毛猫。

毛干在动物体表面按一定方向排列，构成一定图形，称毛流。毛流的方向一般来说与外界的气流和雨水在体表流动的方向相适应的，但在某些部位也可形成特殊方向的毛流。

二、皮肤腺

皮肤腺位于真皮内，根据其分泌物的不同，可分为汗腺、皮脂腺和乳腺等。

（一）汗腺

汗腺为盘曲的单管状腺，由分泌部和导管部构成，分泌部位于真皮的深部，卷曲成小球状。导管部细长而扭曲，末端多数开口于毛囊，少数直接开口于皮肤表面的汗孔。汗腺分泌汗液，作用：排泄废物和调节体温。猫全身由被毛覆盖，除脚趾处分布有少量汗腺外，体表其余部分缺乏汗腺。犬的汗腺不发达，特别是被毛密集的部位，汗腺更少。

（二）皮脂腺

位于真皮内，在毛囊与立毛肌之间，呈囊泡状，皮脂腺分泌皮脂，有润滑皮肤和被毛的作用，排泄管很短，在有毛的部位，末端开口于毛囊；无毛部位直接开口皮肤表面。因被毛长短疏密不同，皮脂腺的发育也不同，毛稀则腺体分布较多，毛密则腺体分布较少。但是全身都有顶浆分泌腺（产生浆状腺），猫科动物顶浆分泌液的主要功能是能够发出一种作为识别标记的气味。

（三）特殊皮肤腺

（1）肛门周围腺　局限于肛门周围的皮肤内，为特殊的汗腺，可分泌唤起异性注意的分泌物。

（2）肛门旁腺　开口于肛门周缘的皮肤性囊状的肛门旁陷凹，可分泌特殊恶臭的分泌物。

（四）乳腺

乳腺（图3－1）属复管泡状腺，为哺乳动物所特有。乳腺虽是雌雄两性都有，但只有雌性才能充分发育和具有分泌乳汁的能力。

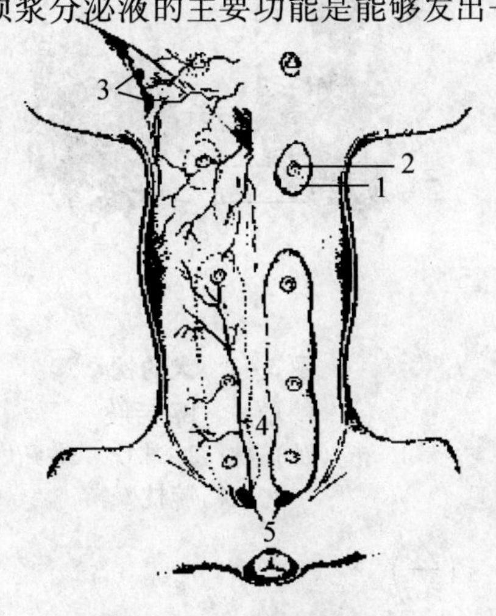

图3－1　犬的乳房

1. 乳房　2. 乳头　3. 腋淋巴结和腋副淋巴结　4. 腹壁浅后动脉和静脉　5. 腹股沟浅淋巴结

1. 乳房的结构

由皮肤，筋膜和实质构成，乳房的最外层为薄而软的皮肤。皮肤深层为浅筋膜和深筋膜，浅筋膜为腹浅筋膜的延续，由疏松结缔组织构成，作用是使乳房皮肤具有活动性。深筋膜含有大量的弹性纤维，深筋膜的结缔组织伸入乳腺实质内，构成乳腺间质，将乳腺分隔成许多腺小叶，每一腺小叶由分泌部和导管部组成。分泌部的功能是分泌乳汁，它包括腺泡和分泌小管，其周围有丰富的毛细血管网。导管部的功能是输送乳汁，是由许多小的输乳管汇合成较大的输乳管，较大的输乳管再汇合成乳道，开口于乳头上的乳池，乳头管内衬黏膜，形成许多纵脊呈辐射状向乳头管口外伸延，黏膜下有发达的平滑肌和弹性纤维，平滑肌在管处形成括约肌。乳头管的括约肌常为收缩状态，以防止不哺乳时漏出乳汁或外部的异物进入和细菌侵入乳腺内。

2. 乳房的形态和位置

犬的乳房一般形成4～5 对乳丘，对称排列于胸腹部正中线两侧，按乳丘的位置和部位，可分为胸腹和腹股沟部乳房。经产犬的乳头较大，未产犬小。乳头短，每个乳头有2～4个乳头管，而每个乳头管口有6～12 个小的排泄管。

三、枕和爪

掌（跖）枕行动物的脚上有皮肤垫，称为枕（图3－2、3－3）。按其所在部位的不同，分为几种。

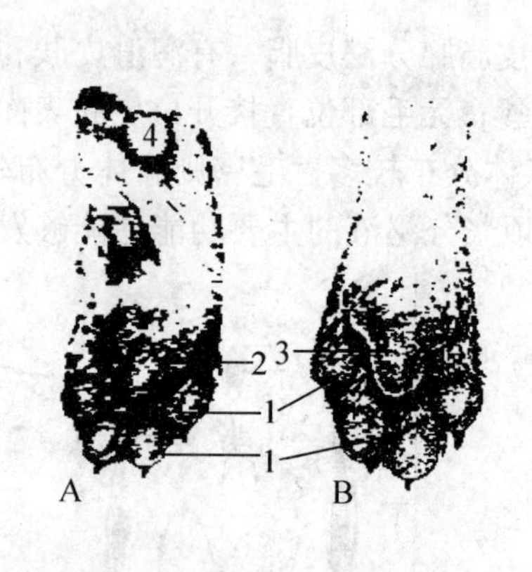

图3－2　犬的枕

A. 前肢　B. 后肢

1. 指（趾）枕　2. 掌枕　3. 跖枕　4. 腕枕

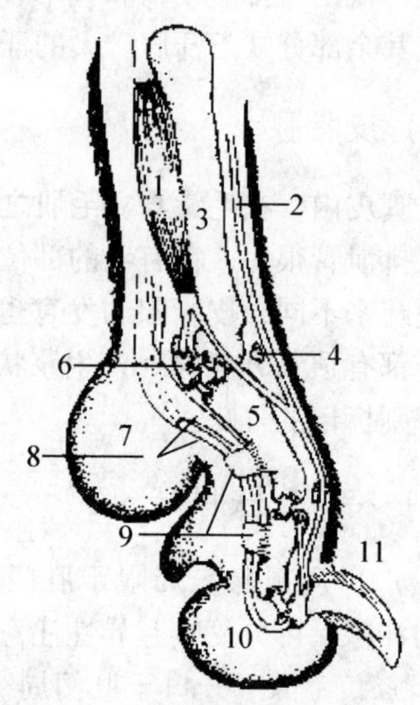

图3－3　犬前脚的轴切面

1. 骨间中肌　2. 伸肌腱　3. 掌骨　4. 背侧籽骨　5. 近指节骨　6. 近籽骨　7. 掌骨　8. 屈肌腱　9. 韧带　10. 指枕　11. 爪

（一）枕

犬的枕可分为腕（跗）枕、掌（跖）枕和指（趾）枕，分别位于腕（跗）、掌（跖）和指（趾）的内侧面，后面和底面。指（趾）由表皮，真皮和皮下组织构成。表皮厚而柔软，含有腺体。枕真皮有发达乳头和丰富的血管和神经，而枕表皮角化、柔韧而有弹性，枕皮下组织发达，由胶原纤维、弹性纤维和脂肪组织组成。

枕为皮肤加厚而无毛的部分，含有大量的神经末梢，感觉敏锐。

（二）爪

犬的爪（图3－3）与蹄等很相似，因此分为爪轴、爪冠、爪壁和爪底，都是由表皮、真皮和皮下组织构成。具有自我防卫、挖掘等作用。

郭红梅（山东农业职业技术学院） 马骥（黑龙江农业经济职业学院）

第四章　内脏概论

内脏是消化、呼吸、泌尿和生殖四个系统的总称。内脏器官是大部分位于胸腔、腹腔和骨盆腔内的管道系统，以一端或两端的开口与外界相通，在神经系统和体液的调节下，直接参加机体新陈代谢和生殖的功能活动。

研究内脏各器官位置和形态结构的科学，称为内脏学。机体所需要的营养物质和氧，由消化系统和呼吸系统摄入体内，经心血管系统输送到躯体各部，在细胞内进行新陈代谢。代谢的最终产物，再经心血管系统运送到呼吸系统、泌尿系统和皮肤等排出体外。食物的残渣以粪便的形式由消化系统排出。生殖系统的机能则是繁殖后代，延续种族。

第一节　内脏的一般形态和结构

内脏器官按其形态结构可分为管状器官和实质性器官。

一、管状器官

管状器官（图4－1）内有空腔，如食管、胃、肠、气管和膀胱等。其管壁由内向外一般顺次由黏膜、黏膜下组织、肌层和外膜构成。

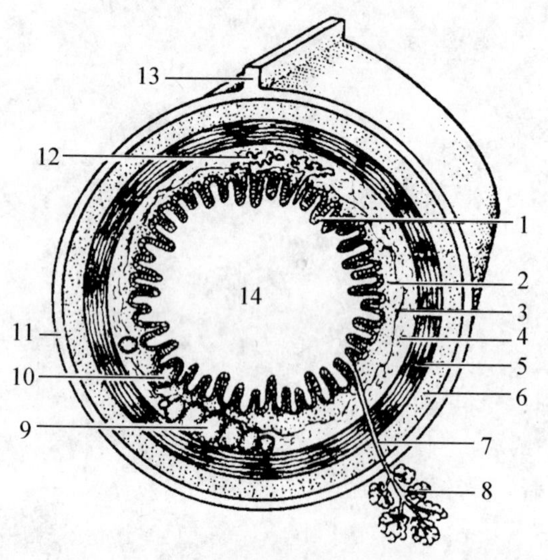

图4－1　管状器官结构模式图

1. 上皮　2. 固有膜　3. 黏膜肌层　4. 黏膜下组织　5. 内环行肌　6. 外纵行肌　7. 腺管　8. 壁外腺　9. 淋巴集结　10. 淋巴孤结　11. 浆膜　12. 十二指肠腺　13. 肠系膜　14. 肠腔

（一）黏膜

构成管壁的最内层。黏膜的色泽淡红色或鲜红色，柔软而湿润，有一定的伸展性，空虚状态常形成皱褶。黏膜有保护、分泌和吸收等作用，又分上皮、固有膜和黏膜肌三层。

1. 上皮

由不同的上皮组织构成，分布在最表层，完成各个部位的不同功能，如保护、吸收或分泌等。

2. 固有膜

又名固有层，由结缔组织构成，具有支持和固定上皮的作用。其中含有血管、淋巴结和神经。在有些管状器官的固有膜内，还有淋巴组织和腺体等。

3. 黏膜肌层

由薄层平滑肌构成，位于固有膜和黏膜下组织之间。其收缩活动可促进黏膜的血液循环、上皮的吸收和腺体分泌物的排出。

黏膜内除有由杯状细胞构成的单细胞腺外，还有各种壁内腺，深入固有膜和黏膜下组织。有的腺体非常发达，延伸出壁外，形成壁外腺，如肝脏等。

（二）黏膜下组织

又称黏膜下层，由疏松结缔组织构成，有连接黏膜和肌层的作用。在富有伸展性的器官如胃、膀胱等处特别发达。此层含有较大的血管、淋巴管和神经丛。有些器官的黏膜下组织内含有腺体，如食管腺和十二指肠腺。

（三）肌层

主要由平滑肌构成，可分为内环层和外纵层，在两层之间有少许结缔组织和神经丛。当环行肌收缩时，可使管腔缩小；当纵行肌收缩时，可使管道缩短而管腔变大；两层肌纤维交替收缩时，可使内容物按一定的方向移动。在管状器官的入口和出口处，环层肌增厚形成括约肌，起开闭作用。

（四）外膜

为管壁的最外层，在体腔外的管状器官，如颈部食管和直肠的末端，其表面为一层疏松结缔组织，称为外膜。而位于体腔内的管状器官由于外膜表面覆盖一层间皮细胞，故称为浆膜，浆膜能分泌浆液，有润滑作用，可减少器官运动时的摩擦。

二、实质性器官

实质性器官为一团柔软组织，无明显的空腔，由实质和被膜组成。实质主要由腺上皮构成，是实现器官功能的主要部分。被膜由结缔组织构成，被覆于器官的表面，并向实质伸入将器官分隔成若干小叶。分布于实质的结缔组织称为间质，起联系和支架作用。许多实质性器官是由上皮组织构成的腺体，具有分泌功能，其导管开口于管状器官的管腔内。凡血管、神经、淋巴管、导管等出入实质性器官之处，常为一凹陷，特称此处为该器官的门，如肾门、肝门、肺门等。

三、体腔和浆膜

（一）体腔

体腔是容纳大部分内脏器官的腔隙，可分为胸腔、腹腔和骨盆腔。

1. 胸腔

胸腔由胸廓的骨骼、肌肉和皮肤构成。呈斜底圆锥形。其锥顶向前，称为胸廓前口，由第一胸椎、第一对肋和胸骨柄围成。锥底向后，称为胸腔后口，呈倾斜的卵圆形，由最后胸椎、肋弓和胸骨的剑状突围成，由膈与腹腔分隔开。胸腔内有心、肺、气管、食管、大血管及淋巴导管等。

2. 腹腔

腹腔是体内最大的体腔，位于胸腔之后。背侧壁为腰椎、腰肌和膈脚等；侧壁和底壁为腹肌，侧壁还有假肋的肋骨下部和肋软骨及肋间肌；前壁为膈，凸向胸腔，所以腹腔的容积远比从体表所看到的大，后端与骨盆腔相通。腹腔容纳胃、肠、肝、胰等大部分消化器官，以及输尿管、卵巢、输卵管、子宫和大血管等。

3. 骨盆腔

骨盆腔是体内最小的体腔，可视为腹腔向后的延续部分。背侧壁为荐椎和前3～4个尾椎，侧壁为髂骨和荐结节阔韧带，底壁为耻骨和坐骨。前口由荐骨岬、髂骨体和耻骨前缘围成。后口由尾椎、荐结节阔韧带后缘和坐骨弓围成。骨盆腔内有直肠、输尿管、膀胱。母畜还有子宫（后部）、阴道；公畜有输精管、尿生殖道和副性腺等。

（二）浆膜

浆膜为衬在体腔壁和转折包于内脏器官表面的薄膜，贴于体腔壁表面的部分为浆膜壁层，壁层从腔壁移行折转覆盖于内脏器官表面，称为浆膜脏层。浆膜壁层和脏层，两层之间的间隙叫做浆膜腔，腔内有浆膜分泌的少许浆液，起润滑作用。

1. 胸膜和胸膜腔

胸膜（图4－2）为一层光滑的浆膜，分别覆盖在肺的表面和衬贴于胸腔壁的内面。前者称为胸膜脏层或肺胸膜；后者称为胸膜壁层。壁层按部位又分衬贴于胸腔侧壁的肋胸膜、膈胸腔面的膈胸膜以及参与构成纵隔的纵隔胸膜。胸膜壁层和脏层在肺根处互相移行，共同围成两个胸膜腔。左、右胸膜腔被纵隔分开，互不相通。胸膜腔内为负压，使两层胸膜紧密相贴，在呼吸运动时，肺可随着胸壁和膈的运动而扩张或回缩。胸膜腔内有胸膜分泌的少量浆液，称为胸膜液，有减少呼吸时两层胸膜摩擦的作用。

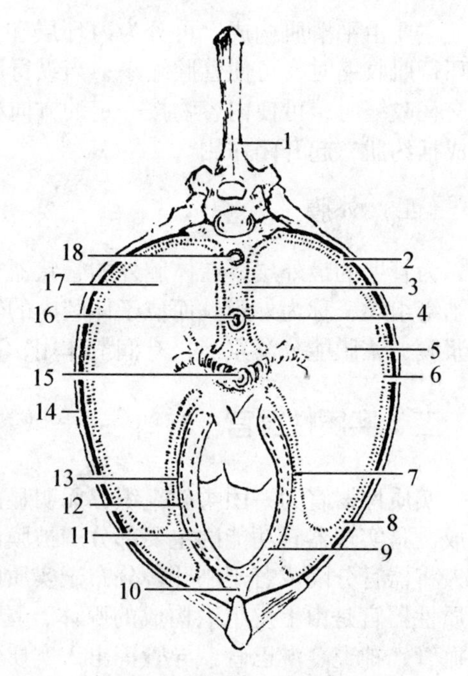

图4－2 胸腔横断面（示胸膜、胸膜腔）

1. 胸椎 2. 肋胸膜 3. 纵隔 4. 纵隔胸膜 5. 左肺 6. 肺胸膜 7. 心包胸膜 8. 胸膜腔 9. 心包腔 10. 胸骨心包韧带 11. 心包浆膜脏层 12. 心包浆膜壁层 13. 心包纤维层 14. 肋骨 15. 气骨 16. 食管 17. 右肺 18. 主动脉

2. 纵隔

纵隔是位于左、右胸膜腔之间，两侧的纵

隔胸膜及两者之间器官和组织的总称。参与构成纵隔的器官有心脏和心包、胸腺（幼畜特别发达）、食管、气管、出入心脏的大血管（除后腔静脉外）、神经（除右膈神经外）、胸导管以及淋巴结等，它们彼此借结缔组织相连。

纵隔在心脏所在的部分，称为心纵隔；在心脏之前和之后的部分，分别称为心前纵隔和心后纵隔。

3. 腹膜和腹膜腔

腹膜是贴于腹腔、骨盆腔壁内面和覆盖在腹腔、骨盆腔内脏器表面的一层浆膜，可分为腹膜壁层和腹膜脏层（图4－3）。壁层贴于腹腔壁的内面，并向后延续到骨盆腔壁的前中部；脏层覆盖于腹腔和骨盆腔内脏器官的表面，也就是内脏器官的浆膜层。腹膜壁层和腹膜脏层互相移行，两层之间的间隙称腹膜腔。腹膜腔在公畜完全紧闭，母畜则因输卵管腹腔口开口于腹膜腔，因此间接与外界相通。在正常情况下，腹膜腔内仅有少量浆液，有润滑作用。

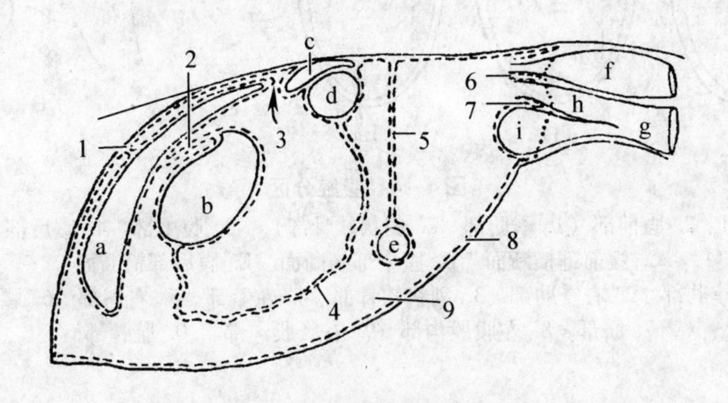

图4－3　腹膜和腹膜腔模式图

a. 肝　b. 胃 c. 胰　d. 结肠　e. 小肠　f. 直肠　g. 阴门　h. 阴道　i. 膀胱
1. 冠状韧带　2. 小网膜　3. 网膜囊孔　4. 大网膜　5. 肠系膜　6. 直肠生殖陷门
7. 膀胱生殖陷门　8. 腹膜壁层　9. 腹膜腔

腹膜从腹腔、骨盆腔壁移行到脏器，或从某一脏器移行到另一脏器，这些移行部的腹膜形成了各种腹膜褶，分别称为系膜、网膜、韧带和皱褶。系膜为连于腹腔顶壁与肠管之间宽而长的腹膜褶，如空肠系膜等。网膜为连于胃与其他脏器之间的腹膜褶，如大网膜和小网膜。韧带和皱褶为连于腹腔、骨盆腔壁与脏器之间或脏器与脏器之间短而窄的腹膜褶，如回盲韧带、盲结韧带等。此外，腹膜腔的后端在骨盆腔内还形成一些明显的陷凹，如子宫、子宫阔韧带或尿生殖褶与膀胱、膀胱侧韧带之间的膀胱生殖陷凹等。

第二节　腹腔分区

为了确定各脏器在腹腔内的位置和体表投影，将腹腔划分为十个部（区）（图4－4）。通过两侧最后的肋骨后缘突出点和髋结节前缘作两个横断面，把腹腔分为三大部，即腹前部、腹中部和腹后部。

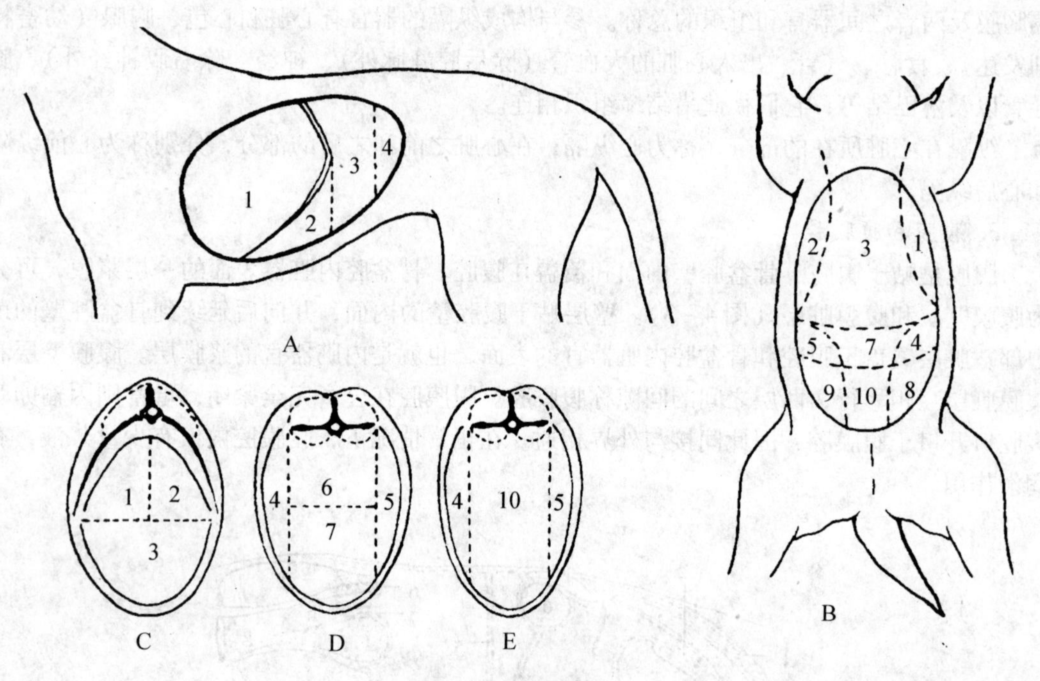

图 4－4　腹腔分区

A. 侧面　1、2. 腹前部（1. 季肋部　2. 剑状软骨部）　3. 腹中部　4. 腹后部　B. 腹面　C. 腹前部横断面　D. 腹中部横断面　E. 腹后部横断面

1. 左季肋部　2. 右季肋部　3. 剑状软骨部　4. 左髂部　5. 右髂部　6. 腰下部　7. 脐部　8. 左腹股沟部　9. 右腹股沟部　10. 耻骨部

一、腹前部

又分三部。肋弓以下的为剑状软骨部；肋弓以上、正中矢面两侧的为左、右季肋部。

二、腹中部

又分四部。通过两侧腰椎横突顶端的两个矢状面，把腹中部分为左、右髂部和中间部。中间部的上半部为腰下部或肾部；下半部为脐部。

三、腹后部

又分三部。通过腹中部的两个矢状面向后延续，把腹后部分为左、右腹股沟部和中间的耻骨部。

郭红梅（山东农业职业技术学院）　马骥（黑龙江农业经济职业学院）

第五章　消化系统

第一节　口腔和咽

一、口腔

口腔为消化管的起始部，有采食、吸吮、泌涎、味觉、咀嚼和吞咽等功能。

口腔的前壁和侧壁为唇和颊；顶壁为硬腭；底为下颌骨和舌。前端以口裂与外界相通；后端与咽相通。口腔可分口腔前庭和固有口腔两部分。口腔前庭是唇、颊和齿弓之间的空隙；固有口腔是齿弓以内的部分，舌就位于固有口腔内（图5-1）。

口腔内面衬有黏膜，在唇缘处与皮肤相接，向后与咽黏膜相连，在口腔底移行于舌和下齿龈。口腔黏膜较厚，富有血管，呈粉红色，常含有色素。其上皮为复层扁平上皮，细胞经常处于更新状态，脱落的上皮细胞混入唾液中。

犬的口腔形状和大小，与其头骨形状有密切关系。长头型的犬口腔长而狭窄，短头型的则短而宽。

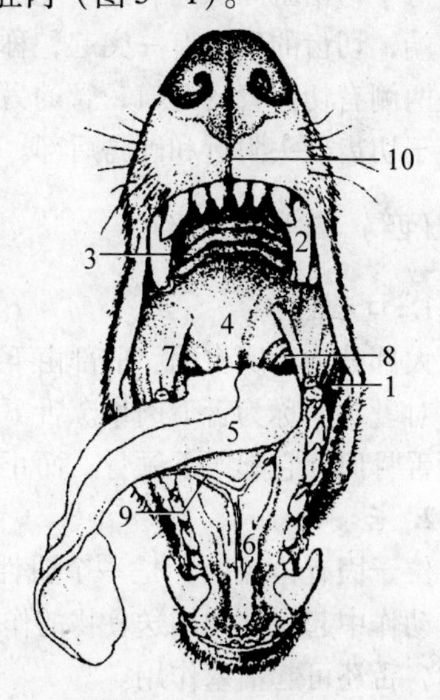

图5-1　犬的口腔

1. 口腔前庭　2. 犬齿　3. 硬腭　4. 软腭　5. 舌　6. 舌下阜　7. 腭舌弓　8. 腭扁桃体　9. 舌系带　10. 上唇沟

（一）口唇

分为上唇和下唇。上、下唇的游离缘共同围成口裂。犬的口裂很大，向后伸延到第三臼齿处。口裂的两端汇合成口角。在上唇形成正中沟（上唇沟），将上唇分成左右两半。下唇固着于犬齿之前的下颌骨上，其后部靠近口角处的边缘呈锯齿状，黏膜经常是黑色的，且在下唇缘具有钝形乳头。有些品种的犬上唇形成大皱褶而下垂，压迫下唇。口唇的基础由横纹肌（口轮匝肌和终止于口唇的面部肌肉）构成，外面覆有皮肤，内面衬有黏膜。在黏膜深层，以口角处为中心，在黏膜下的肌纤维束间散在地分布有唇腺，犬的唇腺不很显著，腺管直接开口于唇黏膜表面。口唇富有神经末梢，较敏感。

犬唇薄而灵活，表面生有长的触毛，但在上唇沟周围无触毛。

（二）颊

位于口腔的两侧，比较短，主要由颊肌构成，外覆皮肤，内衬黏膜。在黏膜上有许多尖端向后的角质化锥状乳头。在颧弓前端内侧及下颌骨外侧有颊腺，分别称为颊上腺和颊下腺，颊上腺的位置是特殊的，它局限在颧弓的内侧，并与眶骨膜相连，颊上腺呈圆形，并专门称为眶腺。颊下腺通常由犬齿伸延到第3下臼齿水平处。颊腺的腺管直接开口于颊黏膜的表面。此外，在上颌第四臼齿相对处的颊黏膜上，还有腮腺管的开口。

（三）硬腭

构成固有口腔的顶壁，从切齿向后扩展得很明显，并与软腭延续。由颌前骨腭突、上颌骨腭突和腭骨水平部共同构成硬腭的骨质基础（图5－2）。硬腭的黏膜厚而坚实，覆以复层扁平上皮，某些地方带有色素，浅层细胞高度角化；黏膜下层有丰富的静脉丛。黏膜的周缘与齿龈黏膜相移行。

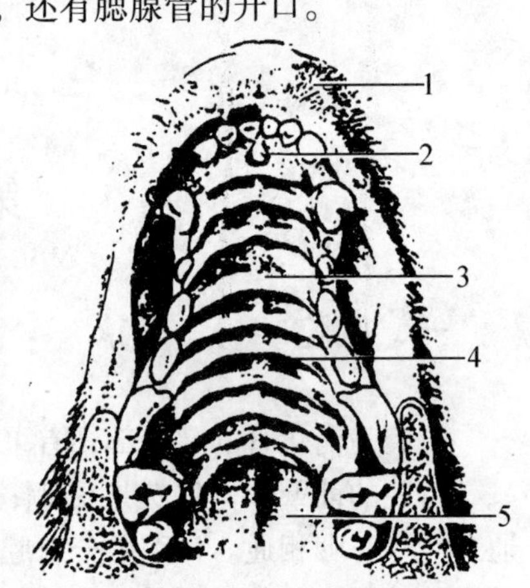

图5－2　犬的硬腭

1. 上唇　2. 切齿乳头　3. 腭缝　4. 腭褶　5. 软腭

硬腭的正中有一条明显的腭缝，腭缝的两侧有许多条（犬为9～10条）横行的，且平滑而呈弓状弯曲的腭褶。每个腭褶游离缘均有角质化的锯齿状乳头。在腭褶的前端，切齿的后方有一突起，称为切齿乳头，在切齿乳头两侧有切齿管的开口，管的另一端通鼻腔。腭腺多分布于切齿乳头附近和硬腭后部。

（四）口腔底和舌

1. 口腔底

大部分为舌所占据，前部由下颌骨切齿部构成，表面覆有黏膜。此部的第1切齿后方有一对乳头，称为舌下肉阜。舌下肉阜为颌下腺管和长管舌下腺的开口部。在口腔底部，有颌舌骨肌，它起于下颌骨，而止于正中缝。该肌在吞咽开始阶段发挥重要作用。

2. 舌

位于固有口腔内，是一个肌性器官，表面覆以黏膜（图5－3）。舌运动灵活，在咀嚼、动作中起搅拌和推送食物的作用；舌又是味觉器官，可辨别食物的味道；在哺乳期的动物，舌还可起活塞作用。

舌可分舌尖、舌体和舌根三部分。舌尖为舌前端游离的部分，活动性大，向后延续为舌体，在饮液体时背侧面形成勺状凹陷。舌尖腹侧有明显的舌下静脉，常用作为静脉麻醉药的注射部位。舌体为位于两侧臼齿之间，附着于口腔底的部分。在舌尖和舌体交界处的腹侧有一条与口腔底相连的黏膜褶，称为舌系带，在其深部正中有由结缔组织、肌组织和软骨组织构成杆状组织。舌根为附着于舌骨的部分，仅背部游离，背侧正中有一纵行的黏膜褶，向后伸至会厌软骨的基部，称为舌会厌褶。

舌由肌肉和黏膜构成。舌的肌肉属横纹肌，可分舌内肌和舌外肌两组。舌内肌的起止点都在舌内，由纵、横和垂直三种肌束组成。舌外肌很多，它们均起于舌骨和下锁骨，而止于舌内。由于两组舌肌的肌束在舌内呈不同方向互相交织，使舌的运动非常灵活。

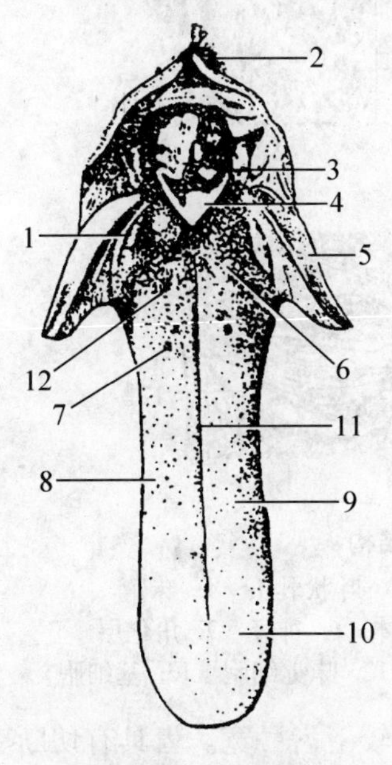

图 5－3　犬的舌

1. 腭扁桃体及窦　2. 食管　3. 勺状软骨
4. 会厌　5. 软腭　6. 舌根　7. 轮廓乳头
8. 舌体　9. 菌状乳头　10. 舌尖
11. 舌正中沟　12. 圆锥乳头

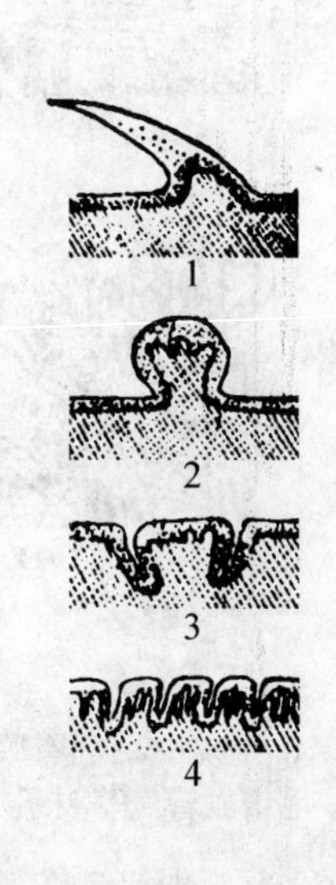

图 5－4　舌乳头模式图

1. 丝状乳头　2. 菌状乳头
3. 轮廓乳头　4. 叶状乳头

舌黏膜被覆于舌的表面，其上皮为复层扁平上皮。舌背的黏膜较厚，角质化程度也高，形成许多形态和大小不同的小突起，称为舌乳头（图 5－4、4－5）。有些舌乳头的上皮内分布有味蕾，为味觉器官。舌腹面的上皮薄而平滑。在舌黏膜深层含有舌腺，以许多小管开口于舌黏膜表面和舌乳头基部；此外，在舌根背侧的固有膜内还有淋巴上皮器官；称为舌扁桃体。

犬的舌宽而平，其边缘是尖锐的，沿正中矢线有一条较浅的舌正中沟。舌背上有丝状乳头，小而柔软，其顶端朝向后方。舌根处有尖端向后的锥状乳头。菌状乳头分布在整个舌背上，但是在边缘上则成排地分布着，并且比较明显。舌根的每一面都有 2～3 个轮廓乳头。腭舌弓部前侧有小的叶状乳头不明显。丝状乳头和锥状乳头仅起机械作用，无味蕾。菌状乳头、叶状乳头和轮廓乳头的上皮中含有味蕾，为味觉感受器。在舌尖腹侧正中有一纵向的梭形条索，称蚓状体，由纤维组织、肌组织和脂肪构成。舌的基部，靠近下面分布着一个带有肌纤维的舌软骨。舌系带明显。

猫舌上的丝状乳突被有厚的角质层，成倒钩状，便于舐刮骨上的肉。

（五）齿

齿是体内最坚硬的器官，嵌于颌前骨和上、下颌骨的齿槽内，上、下颌骨齿槽均呈弓

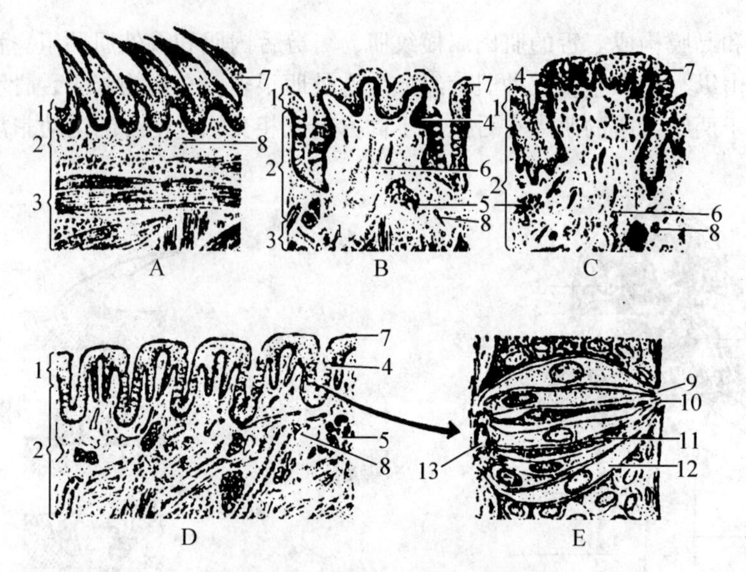

图 5-5 舌乳头和味蕾的结构

A. 丝状乳头 B. 轮廓乳头 C. 菌状乳头 D. 叶状乳头 E. 味蕾

1. 上皮 2. 固有膜 3. 肌层 4. 味蕾 5. 腺体 6. 神经 7. 角化层 8. 毛细血管 9. 味孔 10. 味毛 11. 支持细胞 12. 味觉细胞 13. 基细胞

形排列，分别称为上齿弓和下齿弓（图5-6）。上齿弓较下齿弓宽。齿具有切断、撕裂磨碎食物及攻击作用。

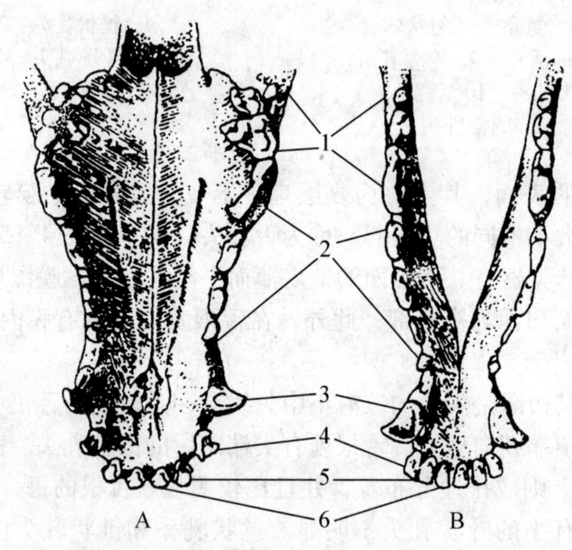

图 5-6 犬的齿

A. 上颌 B. 下颌

1. 后臼齿 2. 前臼齿 3. 犬齿 4. 边齿 5. 中间齿 6. 门齿

1. 齿的种类和齿式

齿按形态、位置和功能可分为切齿、犬齿和臼齿三种。

切齿 位于齿弓前部，与口唇相对，齿尖锋利，犬、猫的上、下切齿各为三对，紧密地嵌于切齿骨和下颌骨前部的切齿齿槽内，每侧由内向外分别叫门齿（第一切齿）、中间齿（第二切齿）和隅齿（第三切齿）。切齿自第一至第三逐渐增大，下切齿比上切齿小。

恒切齿呈角柱状。

犬齿　尖而锐，特别发达，呈弯曲状的侧扁状，位于齿槽间隙处，上犬齿比下犬齿大。

臼齿　位于齿弓的后部，嵌于臼齿齿槽内，与颊相对，故又称颊齿。臼齿又分为前臼齿和后臼齿。犬的上、下颌各有前臼齿四对，后臼齿在上颌有两对，在下颌有三对，臼齿的大小也有很大差别，其中以上臼齿的第4齿和下臼齿的第1齿最大，其前后各齿均逐渐变小。猫的上颌有前臼齿三对，下颌有前臼齿两对，后臼齿在上、下颌各一对。

根据上、下颌齿弓各种齿的数目，可写成下列齿式：

即 $2\left(\frac{\text{节齿（I）}\quad\text{犬齿（C）}\quad\text{前臼齿（P）}\quad\text{后臼齿（M）}}{\text{切齿}\quad\text{犬齿}\quad\text{前臼齿}\quad\text{后臼齿}}\right)$。

成年犬和猫的齿式如下：

犬的恒齿式　$2\left(\frac{3\quad 1\quad 4\quad 2}{3\quad 1\quad 4\quad 3}\right)=42$

猫的恒齿式　$2\left(\frac{3\quad 1\quad 3\quad 1}{3\quad 1\quad 2\quad 1}\right)=30$

犬的臼齿数目也因品种而异，一般的齿式为6/7，但在短头型犬的臼齿常为5/7。

齿在动物出生后逐个长出，除后臼齿外，其余齿到一定年龄时按一定顺序更换一次。更换前的齿为乳齿，更换后的齿为永久齿或恒齿。乳齿一般较小，颜色较白，磨损较快。仔犬生后十几天即生出乳齿，两个月以后开始由门齿、犬齿、臼齿逐渐换为恒齿，8～10个月齿换齐，但犬齿需要1岁半以后才能生长坚实。犬的乳齿式如下：

犬的乳齿式　$2\left(\frac{3\quad 1\quad 3\quad 0}{3\quad 1\quad 3\quad 0}\right)=28$

猫的乳齿式　$2\left(\frac{3\quad 1\quad 3\quad 0}{3\quad 1\quad 2\quad 0}\right)=26$

2. 齿的构造

齿一般可分为齿冠、齿颈和齿根三部分（图5－7）。齿冠为露在齿龈以外的部分，齿根为镶嵌在齿槽内的部分，齿颈为齿龈包盖的部分。

齿主要由齿质构成，在齿冠的外面覆有光滑而坚硬且呈乳白色的釉质，在齿根的齿质表面被有齿骨质。齿根的末端有孔通齿腔，腔内有富含血管、神经的齿髓。齿髓有生长齿质和营养齿组织的作用，发炎时能引起剧烈的疼痛。

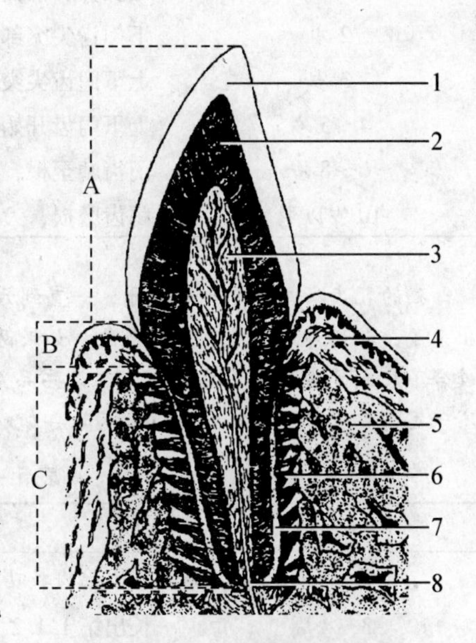

图5－7　齿的断面模式图
1. 釉质　2. 齿质　3. 齿髓　4. 齿龈
5. 齿槽　6. 齿周膜　7. 齿骨质
8. 齿根尖孔

动物的齿可分长冠齿和短冠齿。长冠齿的齿冠长而且一部分在齿槽内，可随磨面的磨损不断向外生长，所以齿颈不明显；齿骨质除分布于齿根外，还包在齿冠釉质的外面。短冠齿可明显地区分为齿冠、齿颈和齿根三部分；其齿冠短。

犬的齿全部为短冠齿，上颌第一二门齿齿冠为三峰形，中部是大尖峰，两侧有小尖峰，其余门齿各有大小两个尖峰。犬的齿呈弯曲的圆锥形，尖端锋利，是进攻和自卫的有力武器。前臼齿为三峰形。臼齿为多峰形。

猫的门齿细小，功能上没有太大作用。犬齿最长，通常是用来抓住或咬住东西的利器。前臼齿较小，主要功能为磨碎食物。后臼齿则可以将食物切成小碎片而容易吞食。

附：犬、猫牙齿的定期变化规律与年龄鉴定

在正常情况下，犬、猫牙齿的出齿和换齿是很有规律的，人们常根据这些变化规律，作为犬、猫年龄的鉴定依据。

犬在20天左右开始长牙。4～6周龄：乳门齿长齐。将近月龄时，乳齿全部长齐，呈白色，细而尖。2～4月龄：更换第一乳门齿。5～6月龄：换第1.1.2三乳门齿及乳犬齿。8月龄以后，全部换上恒齿。1岁：恒齿长齐，洁白光亮，门齿上部有尖突。1.5岁：下颌第一门齿大尖峰磨损至与小尖峰平齐，此时称尖峰磨灭。2.5岁：下颌第二门齿尖峰磨灭。3.5岁：上颌第一门齿尖峰磨灭。4.5岁：上颌第二门齿尖峰磨灭。5岁：下颌第三门齿尖峰稍磨损，下颌第一二门齿磨损面为矩形。6岁：下颌第三门齿尖峰磨灭，犬齿钝圆。7岁：下颌第一门齿磨损至齿根部，磨损面呈纵椭圆形。8岁：下颌第一门齿磨损面向前方倾斜。10岁：下颌第二及上颌第一门齿磨损呈纵椭圆形。16岁：门齿脱落，犬齿不全（表5-1）。

表5-1 犬齿出齿换齿时间

年龄	牙齿情况
2个月以下	仅有乳齿（白、细、尖锐）
2～4个月	更换门齿
4～6个月	更换犬齿（白、牙尖圆钝）
6～10个月	更换臼齿
1岁	牙长齐，洁白光亮，门齿有尖突
2岁	下门齿尖突部分磨平
3岁	上下门齿尖突部分都磨平
4～5岁	上下门齿开始磨损呈微斜面并发黄
6～8岁	门齿磨至根，犬齿发黄磨损唇部，胡须发白
10岁以上	门齿磨损，犬齿不齐全，牙根黄，唇边胡须全白

猫的乳齿从四月龄开始换牙，一直到六月龄左右几乎都会换成恒久齿，此时最常发生恒齿已经长出来了，乳齿却还没掉下来的现象，如果两颗牙齿同时占住一个位置，就应该拔除其中的一颗。另外，咬合不良或牙齿不对称的现象，在某些品系的猫种中是很常见的现象（例如：波斯猫），这种情形并不一定需要矫正，除非会造成疾病时再加以处理即可（表5-2）。

表5-2 猫齿出齿换齿时间

年龄	牙齿情况
2～3周	长出第一乳切齿
3～4周	长出第1.1.2三乳切齿和乳犬齿
2个月	长出第一乳前臼齿（上颌有，下颌无）
3.5～4个月	更换第1.1.1二切齿

续表

年　龄	牙齿情况
4～4.5个月	长出第三切齿
5个月	更换犬齿
4.5～5个月	长出第一前臼齿
4～6个月	长出第1.1.2三乳前臼齿
5～6个月	更换第1.1.2三前臼齿
4～5个月	长出第一后臼齿

（六）齿龈

齿龈为包裹在齿颈周围和邻近骨上的黏膜，与口腔黏膜相延续，无黏膜下层，与齿颈和齿根部的齿周膜紧密相连，呈淡红色，神经分布较少。齿龈随齿介入于齿槽内，移行为齿槽骨膜。后者属结缔组织，将齿固着于齿槽内。

（七）唾液腺

唾液腺是指能分泌唾液的腺体，除一些小的壁内腺（如唇腺、颊腺、腭腺和舌腺等）外，还有腮腺、颌下腺和舌下腺等大的壁外腺。唾液具有浸润食物，利于咀嚼、便于吞咽、清洁口腔和参与消化等作用。

1. 犬的唾液腺

犬的唾液腺（图5-8）比较发达，包括腮腺、颌下腺、舌下腺和眶腺四对。有人认为犬的唾液中不含有淀粉酶，但含有溶菌酶，能杀灭细菌，所以常见犬用舌舐伤口，有清洁消毒作用。由于犬缺乏汗腺，天热时可大量分泌唾液以散热。

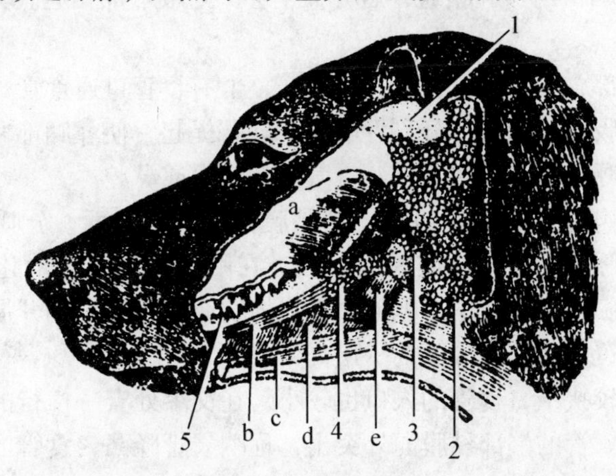

图5-8　犬的唾液腺

1. 腮腺　2. 颌下腺　3. 长管舌下腺　4. 短管舌下腺　5. 舌
a. 咬肌　b. 舌外侧肌　c. 颏舌骨肌　d. 颏舌肌　e. 二腹肌（二腹肌下面可以看到舌骨底肌）

（1）腮腺　较小，为混合腺，轮廓呈不正三角形，比较薄，位于咬肌、寰椎翼和耳廓软骨之间，内侧为二腹肌、面神经等器官，腹侧为颌下腺，其前方与腮腺淋巴结和颞下颌关节相接，呈淡红褐色。背侧端宽广，由一深切迹分成两部，切迹内容纳耳基底部，腹侧端小，盖在颌下腺的外面。腮腺管自前缘的下部离开腺体，向前走，横过咬肌表面，开口于上颌第三前臼齿相对的颊黏膜上。此外沿腮腺管的经路上，常有一些小的副腮腺。

（2）颌下腺　一般比腮腺大，呈椭圆形，黄白色，位于下颌角附近，颌外静脉与颈静脉的汇合角处，其前方邻接下颌淋巴结、舌下腺、咬肌和二腹肌，内侧为二腹肌、颈外动脉和咽后内侧淋巴结，后侧与颈部肌肉相接，周围有纤维囊包被。上部有腮腺覆盖，其余部分在浅面，可以用手触知。颌下腺管开口于舌系带近旁的舌下肉阜。

（3）舌下腺　呈粉红色。分长管舌下腺和短管舌下腺。长管舌下腺非常发达，并与颌下腺紧密相连。短管舌下腺位于舌的下面两侧，其分泌管一部分开口于口腔底，其余部分则进入长管舌下腺的大管内。

2. 猫的唾液腺

很发达。包括耳下腺、颌下腺、舌下腺、臼齿腺和眶下腺五对，均开口于口腔。

二、咽和软腭

（一）咽

是呈漏斗状的肌性囊，为消化管和呼吸道所共有，位于口腔和鼻腔的后方，喉和食管的前上方。根据与鼻腔、口腔及喉的通路，可分鼻咽部、口咽部和喉咽部三部分。

鼻咽部位于软腭背侧，为鼻腔向后的直接延续。鼻咽部的前方有两个鼻后孔通鼻腔，两侧壁上各有一个咽鼓管咽口，经咽鼓管与中耳相通。

口咽部也称咽峡，位于软腭和舌之间，前方由软腭、腭舌弓（由软腭到舌根两侧的黏膜褶）和舌根构成的咽口与口腔相通，后方伸至会厌与喉咽部相通。其侧壁黏膜上有扁桃体窦容纳腭扁桃体。

喉咽部为咽的后部，位于喉口背侧，较狭窄，上有食管口通食管，下有喉口通喉腔。

咽是消化管和呼吸道的交叉部分。吞咽时，软腭提起，使鼻咽部和口咽部隔开，食物由口腔经咽入食管，呼吸时，软腭下垂，空气经咽到喉或鼻腔。

咽壁由黏膜，肌肉和外膜三层组成。咽黏膜衬于咽腔内面，分呼吸部和消化部两部分，在咽腭弓以上为呼吸部，与鼻腔黏膜延续，在咽腭弓以下为消化部，与口腔黏膜延续。咽黏膜内含有咽腺和淋巴组织。咽的肌肉为横纹肌，有缩小和开展咽腔的作用。外膜为颊筋膜的延续，为覆盖在咽肌外面的一层纤维膜。

犬的咽腔顶壁比较狭窄，食管的入口也较小，在交界处有一横行的黏膜褶。咽鼓管的咽腔口小，呈裂隙状。管的端部黏膜向外突出，称咽鼓管隆凸，食管的入口比较小，交界处有一个横行的黏膜褶。

猫的咽向前以会厌和软腭边缘为界，并由咽峡在会厌与软腭之间与口腔相通。咽峡的底部由喉的前端构成，其后端背面通入食管，而腹面则与喉相通。

（二）软腭

为一含肌组织和腺体的黏膜褶，位于鼻咽部和口咽部之间，前缘附着于腭骨水平部上，后缘凹为游离缘，称为腭弓，包围在会厌之前。软腭两侧与舌根及咽壁相连的黏膜褶，分别称为舌腭弓和咽腭弓。

软腭的腹侧面与口腔硬腭黏膜相连，覆以复层扁平上皮，背侧面与鼻腔黏膜相连，覆以假复层柱状纤毛上皮。在两层黏膜之间夹有肌肉和一层发达的腭腺。腺体以许多小孔开口于软腭腹侧面黏膜的表面。

犬的软腭垂向后下方达会厌处，上提时可用口腔呼吸。大部分短头犬的软腭相对较长，由于封盖喉口，而成为呼吸困难的原因。

第二节　食道

食管是食物通过的管道，连接于咽和胃之间，按部位可分颈，胸、腹三段。颈段食管开始位于喉及气管的背侧，到颈中部逐渐移至气管的左侧，经胸前口进入胸腔。胸段位于胸纵隔内，又转至气管背侧继续向后伸延，然后穿过膈的食管裂孔进入腹腔。腹段很短，与胃的贲门相接。

犬的食管一般比较宽阔，仅在起始部一段缩细，称为食管峡。食管在颈前部位于气管背侧正中处，移行至颈的后部则转至气管的左侧。食管在胸腔内位于气管左侧，经左侧颈长肌的腹面到达心脏的基部，由此又斜向内侧，经气管分支处的上方，沿主动脉的右侧，并经左右肺之间向后，穿过膈上的食管裂孔入腹腔而接胃。

猫的食管是一条直的管子，当其适度扩张时，直径约1cm；空虚时，背腹扁平。它位于气管的背侧，经心脏的背部，于距离背部体壁约2cm处，穿过膈与胃相通。食管与膈的附着点是松弛的，足可供食管纵向活动。食管通过胸腔时，位于大动脉后纵隔的腹面。食管壁由肌层、黏膜下层和黏膜所组成，内表面有许多纵褶，无浆膜覆盖。

第三节　胃

犬、猫的胃都是单室胃，位于腹腔内，在膈和肝的后方，是消化管膨大的部分，前端以贲门接食管（称贲门部），后端以幽门与十二指肠相通（称幽门部）。根据胃的弯曲，可分为凹面和凸面，凹面称胃小弯，凸面称胃大弯。胃大弯的突出部分为胃体，突出于贲门部背侧的部分为胃底。胃有暂时贮存食物，分泌胃液，进行初步消化和推送食物进入十二指肠等作用。

网膜　为连接胃的浆膜褶，分大网膜和小网膜。

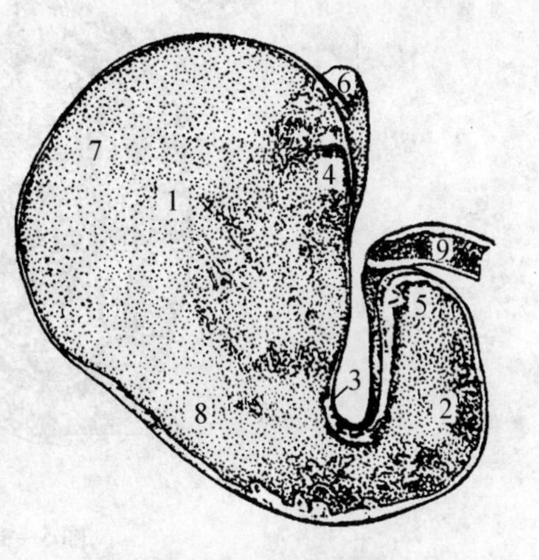

图5－9　犬的胃

1. 胃底腺　2. 幽门部　3. 胃小弯　4. 贲门　5. 幽门　6. 食管　7. 胃底　8. 胃体　9. 十二指肠

犬的胃（图5－9）容积比较大，中等体型犬的胃，其容量约有2.5升左右。胃在充满状态时，容积显著增大，呈不正的梨形。左侧贲门部（包括胃底和胃体）比较大，似圆形，向外呈强隆凸面。位于左季肋部，主要向腹侧及左侧凸出，达于左侧腹壁和腹侧腹壁，最高点可达第11～12肋骨椎骨端；向前接膈的左侧部，向后至第2～3腰椎的横切面。贲门位于体正中面的左侧，第11或12胸椎的下方。胃的右侧（包括幽门部）容积较小，呈圆筒状。幽门位于体正中面的右侧（右季肋部），幽门端略向前上方突出，位于第9肋骨或肋间隙的下部。在胃内充满食物时，可从腹腔底壁触摸胃大弯。胃小弯的前部近乎垂直，后部形成一个窄而深的角（角切迹）。胃小弯的长度仅为胃大弯长度的1/4。胃在空虚或接近空虚状态时，其左侧显著缩小，胃大弯左侧向后伸展，幽门与胃体之间常出现一缩细部，而幽门部改变不大。犬的胃液中所含盐酸的浓度约有0.4%～0.6%，在进食后3～4h内，开始将消化物推向肠管，经过5～10h，胃内容物全部排空。胃通过胃底与膈和贲门与膈之间的胃膈韧带、胃小弯和肝脏之间小网膜以及胃大弯和脾脏之间大网膜与邻近器官连接，位置比较固定。前面为壁面，主要与肝脏相贴；后面为脏面与肠、左肾、胰腺和大网膜等相邻。

犬的大网膜很发达，由浅层和深层构成扁平囊状，介于肠和腹腔底之间。因此，一般开腹时，仅能看到肝脏、脾脏和部分膀胱。浅层起于胃大弯，沿腹底壁延伸至膀胱，然后向背侧旋转变成深层。深层起于食管裂孔至左膈肌脚之间，并向胰腺左叶的背侧延伸，右侧延伸至网膜孔。浅层和深层分别在胃大弯的左侧和十二指肠的周围接合。大网膜上含有大量的脂肪，肥胖的犬几乎连成一层。

犬的小网膜连接胃小弯和肝脏之间，向右侧与十二指肠系膜相连。

猫的胃（图5-10）是消化管最宽大的都分，呈梨形囊状，位于腹腔的前部，几乎全部在体中线的左侧。贲门部宽阔，位于左背侧；幽门部较狭窄，伸向右腹侧，接十二指

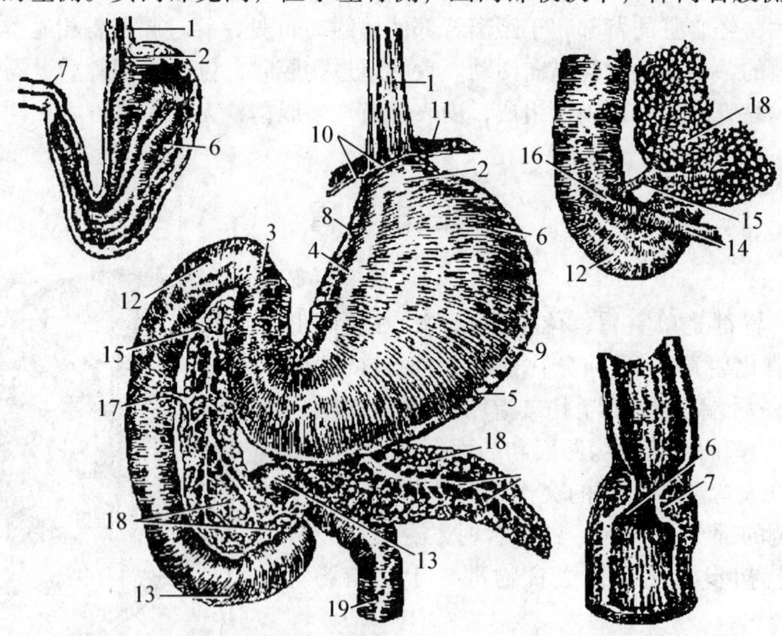

图5-10　猫的胃、十二指肠和胰脏

1. 食管　2. 贲门　3. 幽门　4. 胃小弯　5. 胃大弯　6. 胃黏膜皱襞　7. 幽门瓣　8. 小网膜　9. 大网膜　10. 腹膜壁层　11. 膈　12. 十二指肠（头侧弯）　13. 十二指肠“U”形弯　14. 总胆管　15. 胰管　16. 总导管　17. 副胰管　18. 胰腺小泡　19. 空肠

肠。胃小弯向前并朝向右扭转；胃大弯较长，突向后左侧。胃体占胃的大部分。胃底突出于贲门部背侧。胃的内表面从幽门部沿着胃大弯到贲门部有纵行的皱褶。纵褶的突出程度与胃的扩张有关，当充满食物时，纵褶较浅。幽门部与十二指肠相连接处有一缢痕，它标明幽门瓣的位置。幽门瓣是由消化管较厚的环形肌纤维所组成位于胃与十二指肠相连处。由于环形肌纤维形成的括约肌致使黏膜突向管腔。胃由大网膜及胃肝韧带（小网膜）悬挂着，由胃十二指肠韧带与十二指肠相连，由胃脾韧带与脾相连。

第四节　肠、肝和胰

一、肠、肝和胰的一般形态构造

（一）肠

肠起自幽门，止于肛门，可分小肠和大肠两部分。小肠又分十二指肠、空肠和回肠三段，是食物进行消化和吸收的主要部位。大肠又分盲肠、结肠和直肠三段，其主要功能是消化纤维素、吸收水分、形成和排出粪便等。

肠管很长，在腹腔内盘转弯曲，借肠系膜悬挂于腹腔顶壁。肠管长度与食物的性质、数量等有关，草食兽的较长（反刍兽的更长），肉食兽的较短，杂食兽的介于前两者之间。

1. 小肠

小肠很长，管径较小，黏膜形成许多环形皱褶和微细的肠绒毛，突入肠腔中，以增加与食物接触的面积。小肠部的消化腺很发达，有壁内腺和壁外腺两类：壁内腺除有分布于整个肠管壁固有膜内的肠腺外，在十二指肠和空肠前段的黏膜下层内还分布有十二指肠腺。壁外腺有肝和胰，可分泌胆汁和胰液，由导管通入十二指肠内。消化腺的分泌物内含有多种酶，能消化各种营养物质。

（1）十二指肠　是小肠的第一段，较短，其形态、位置和行程在各种动物都是相似的。起始部在肝的后方形成一“乙”状弯曲，然后沿右季肋部向上向后伸延至右肾腹侧或后方，在右肾后方或髂骨翼附近转而向左（绕过前肠系膜根部的后方）形成一后曲，再向前伸延，在未达到肝以前移行为空肠。十二指肠由窄的十二指肠系膜（或韧带）固定，位置变动小。其后部有与结肠相连的十二指肠结肠韧带。

（2）空肠　是小肠中最长的一段，尸体解剖时常呈空虚状态。空肠形成无数肠圈，并以宽的空肠系膜悬挂于腹腔顶壁，活动范围较大。

（3）回肠　是小肠的末段，较短，与空肠无明显分界，只是肠管较直、肠壁较厚（因固有膜内富含淋巴孤结和淋巴集结所致）。回肠末端开口于盲肠或盲肠与结肠交界处。在回肠与盲肠体之间有回盲韧带，常作为回肠与空肠的分界标志。

2. 大肠

大肠比小肠短，但管径较粗，黏膜面没有肠绒毛。发达的大肠一般都有纵肌带和肠袋。

（1）盲肠　呈盲囊状，其大小因动物种类而异。动物的盲肠常位于腹腔右侧。盲肠一般有两个开口，即回盲口和盲结口，分别与回肠及结肠相通。

(2) 结肠　各种动物结肠的大小、形状和位置很不相同。

(3) 直肠　为大肠中最直的一段，位于骨盆腔内，在脊柱和尿生殖褶、膀胱（雄性）或子宫、阴道（雌性）之间，后端与肛门相连。直肠的前部称为腹膜部，表面覆有浆膜，由直肠系膜将其悬挂于荐椎腹侧；后部称为腹膜后部，表面没有浆膜，而由疏松结缔组织与周围器官相连。

(4) 肛门　为消化管的末段，后端开口于尾根下方。其外层为皮肤，薄而富含皮脂腺和汗腺；内层为由复层扁平上皮构成的黏膜，常形成许多纵褶，填塞于肛门管中；中间为肌层，主要由肛门内括约肌和肛门外括约肌组成。前者属平滑肌，为直肠环行肌层延续至肛门特别发达的部分；后者属横纹肌，环绕在前肌的外围，并向下延续为阴门括约肌（雌性）。它们的主要作用是关闭肛门。此外，在肛门两侧还有肛提肌和肛悬韧带。肛提肌起于坐骨棘，在排粪后有牵缩肛门的作用；肛悬韧带为平滑肌带，在肛门腹侧与对侧同名肌相会后，进入阴门括约肌（雌性）或延续为阴茎缩肌（雄性）。

(二) 肝

是体内最大的腺体，其功能也很复杂，有分泌胆汁；合成体内重要物质，如血浆蛋白（包括白蛋白、纤维蛋白原、凝血酶原、α 及 β 球蛋白）、脂蛋白、胆固醇、胆盐和糖原等；贮存糖原、维生素 A、B 族、维生素 D、维生素 K 以及铁（在枯否氏细胞内）等；解毒以及参与体内防卫体系。在胎儿时期，肝还是造血器官。

肝位于腹前部，在膈之后，大部偏右或全部在右侧。肝呈扁平状，一般为红褐色。可分两面，两缘和三个叶。壁面（前面）凸，与膈接触，脏面（后面）凹，与胃、肠等接触，并显有这些器官的压迹。在脏面中央有一肝门，为门静脉、肝动脉、肝神经以及淋巴管和肝管等进出肝的部位。此外，在多数动物，肝的脏面还有一个胆囊。肝的背侧缘厚，其左侧有一食管切迹，食管由此通过；右侧有一斜向壁面的后腔静脉窝，静脉壁与肝组织连在一起，有数条肝静脉直接开口于后腔静脉。腹侧缘较薄，有两个叶间切迹将肝分为左、中、右三叶。左侧叶间切迹称脐切迹，为肝圆韧带通过处，右侧叶间切迹，为胆囊所在处。中叶又被肝门分为背侧的尾叶和腹侧的方叶。尾叶向右突出的部分，称尾状突，与右肾接触，常形成一较深的右肾压迹。

肝的表面覆有浆膜，并形成下列韧带将肝固定于腹腔内。

左、右冠状韧带　自腔静脉窝两侧至膈中央腱。

镰状韧带　由左、右冠状韧带在腔静脉窝下端合并延续而成，至膈的胸骨部和腹底壁前部。镰状韧带游离缘上有呈索状的肝圆韧带，沿腹底壁至脐，为胎儿脐静脉的遗迹。

左、右三角韧带　分别从肝左叶和右叶的背侧缘至膈。

小网膜（见胃的韧带）。

(三) 胰

由外分泌部和内分泌部两部分组成。外分泌部占腺体的大部分，属消化腺，分泌胰液，内含多种消化酶，对蛋白质，脂肪和糖的消化有重要作用。内分泌部称胰岛，分泌胰岛素和胰高血糖素。

胰通常呈淡红灰色，或带黄色，柔软，具有明显的小叶结构，与唾液腺相似。各种动物胰的形状，大小差异很大，但都位于十二指肠环内，其导管通常有两条，直接开口于十二指肠内。

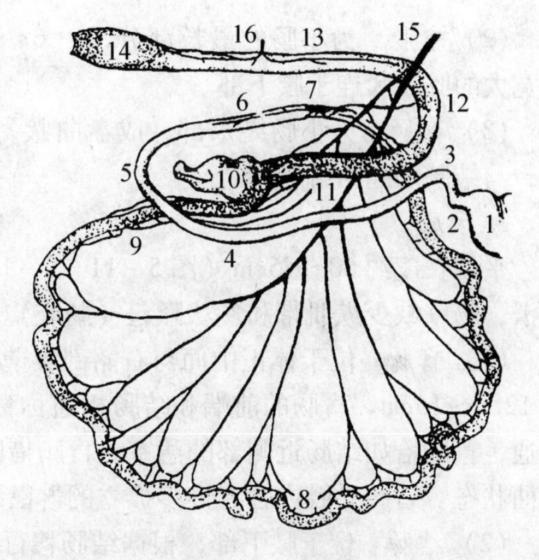

图5－11 犬的肠

1. 胃的幽门部 2. 十二指肠前部 3. 前曲 4. 降部 5. 后曲 6. 升部 7. 十二指肠空肠曲 8. 空肠 9. 回肠 10. 盲肠 11. 升结肠 12. 横结肠 13. 降结肠 14. 直肠 15. 肠系膜前动脉 16. 肠系膜后动脉

二、犬的肠、肝和胰

（一）肠

犬的肠管比较短，约为体长的4～5倍（图5－11、5－12、5－13）。

1. 小肠

全长约3～4米，肠管呈袢状盘曲，位于肝和胃的后方，占腹腔容积的大部。

（1）十二指肠　最短，自幽门起，略偏背侧向后移行，至右腹壁，在接近骨盆口处转向内侧，此段即为十二指肠的逆行部和髂骨弯曲；此后沿左结肠和左肾的内侧向前移行，此段为反回部。然后又向后弯曲（十二指肠空肠弯曲）接空肠。胆管和胰小管开口于十二指肠上距幽门5～8cm处，由此向后2.5～5cm为胰腺大管开口处。

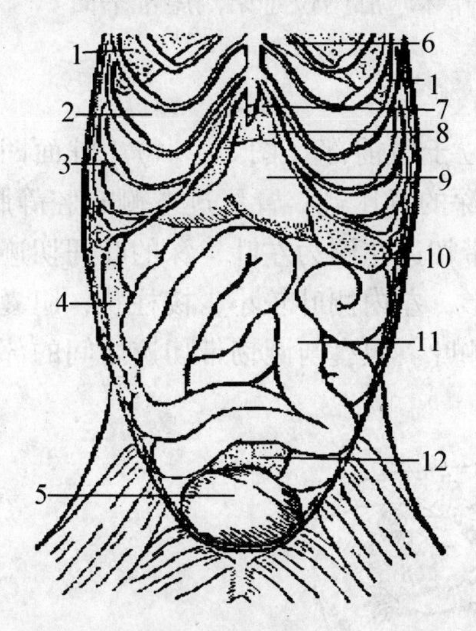

图5－12 犬内脏在腹腔中的自然位置

（浅层，网膜已除去）

1. 肺 2. 膈 3. 第9肋 4. 十二指肠 5. 膀胱 6. 纵膈 7. 剑状软骨 8. 肝9. 胃 10. 脾 11. 回肠12. 降结肠

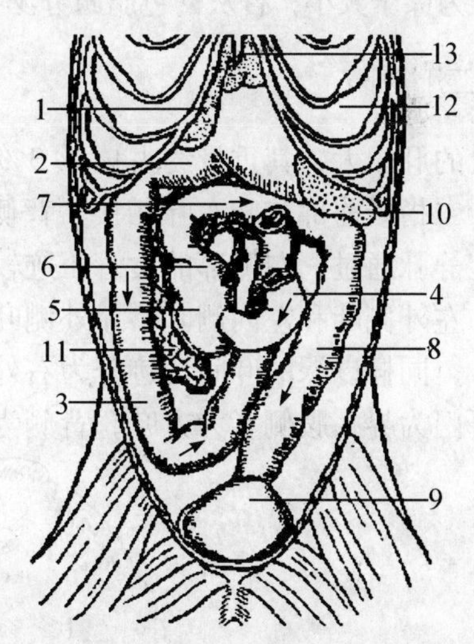

图5－13 犬十二指肠及大肠的位置

（箭头示食物流经的方向）

1. 肝 2. 胃 3. 十二指肠 4. 回肠 5. 盲肠 6. 上行结肠 7. 横结肠 8. 下行结肠 9. 膀胱 10. 脾 11. 胰 12. 膈 13. 剑状软骨

（2）空肠　为小肠的最长部分，由6～8个肠袢组成，位于肝、胃和骨盆前口之间，由宽大的肠系膜连于腰下部。

（3）回肠　为小肠终末部，成盘曲状，由肠系膜连于腰下部，沿盲肠的内侧向前移行，与结肠的起始端相接。

2. 大肠

平均长度约60～75cm（图5－11、5－12、5－13）。犬的大肠管径与小肠相似，表面光滑，肠壁缺少纵肌带和囊状隆起（肠袋）。

（1）盲肠　位于体正中面与右髂部腹壁之间，十二指肠与胰腺右叶的腹面。平均长度约12.5～15cm。盲肠的前端和结肠相通称盲结口，后端是一尖形的盲端。回肠仅与结肠相通，盲肠恰如结肠近侧部的憩室。盲肠借腹膜固定附着于回肠袢，并使盲肠经常保持着弯曲状态。盲肠黏膜内含有许多孤立的淋巴结，呈圆形，中央有一陷窝。

（2）结肠　位于腰下部，根据结肠移行的方位可分为三部分。结肠的起始端与回肠末端相接处称为回结肠口。由此向前，沿着十二指肠逆行部内侧面前行至胃的幽门部，即为结肠右部（或称上行结肠或升结肠），此段很短。转向左侧横过体正中面，即形成结肠的横行部（或称横结肠）。而结肠左侧部（或称下行结肠或降结肠）再弯向后方，沿左肾腹侧面或内缘向后移行，并斜向体正中线。连接直肠，整个结肠的直径都是相同的，但缺少纵带和囊状隆起。结肠起始部有淋巴孤结。

（3）直肠、肛管和肛门　直肠很短，在盆腔内，以直肠系膜附着于荐骨下面。直肠后部略显膨大，为直肠壶腹。直肠黏膜含大量淋巴孤结。直肠外面的腹膜反折线在第二（三）尾椎平面。肛管短，但肛管的三区可以辨认。肛管的皮区两侧各有一小口通入肛旁窦。肛旁窦通常为榛子大小，含灰褐色脂肪分泌物，有难闻的异味。肛门位于第四尾椎平面。

（二）肝

犬的肝较大，其重量约占体重3%，棕红色，位于腹前部（图5－14）。脏面凹，与胃、十二指肠前部和胰右叶相接。背侧缘右侧部有深的肾压迹，肾压迹左侧有腔静脉沟，供后腔静脉通过；左侧部的食管压迹较大。肝圆韧带切迹左侧为左叶，深的叶间切迹将左叶分为左外侧叶和左内侧叶，左外侧叶最大，卵圆形，左内侧叶较小，棱柱状；胆囊右侧为右叶，同样以深的叶间切迹分为右外侧叶和右内侧叶。胆囊与圆韧带切迹之间的部分同样以肝门为界，腹侧者为方叶，背侧为尾叶。

图5－14　犬的肝

1. 左外侧叶　2. 左内侧叶　3. 方叶　4. 右内侧叶　5. 右外侧叶
6. 肝门　7. 尾叶的乳头突　8. 尾叶的尾状突　9. 胆囊

胆囊位于胆囊窝中，通常不达肝的腹侧缘。胆囊管与肝管汇合成胆总管，开口于十二指肠。

（三）胰

犬的胰脏（图5－15）呈“V”形，左、右叶均狭长，二叶在幽门后方呈锐角相连，连接处为胰体。胰管与胆总管一起或紧密相伴而行，开口于十二指肠。开口于胰管入口处后方3～5cm处。

呈浅粉色。柔软，细长。其形状呈“V”字形，分成两个细长的叶，二叶在幽门后方相会合，右叶经十二指肠起始段的背侧面及肝尾叶和右肾的腹侧，向后伸展，其末端可达右肾的后方，包围于十二指肠系膜内。左叶经胃的脏面与横结肠之间，向左后方移行，其末端可达于左肾的前端。胰腺一般有两个胰腺管，即胰管和副胰管。其胰管较小，开口于胆管的近旁，或与胆管合成一个开口。副胰管较粗，开口于胆管开口后方约3～5cm处。

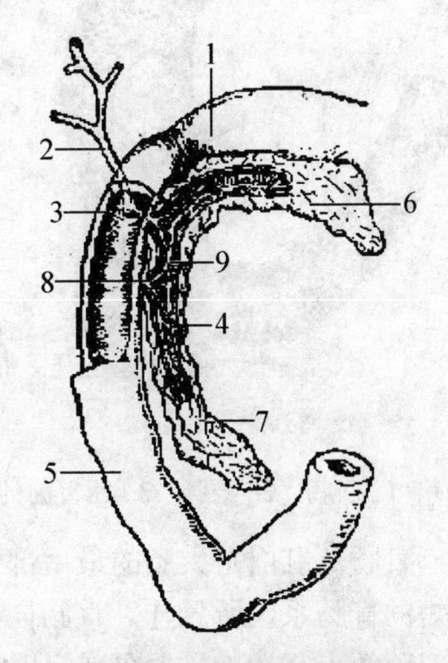

图5－15　犬的胰腺及胰腺管开口处

1. 幽门　2. 胆总管　3. 十二指肠大乳头　4. 胰小管　5. 十二指肠　6. 胰尾　7. 胰头　8. 十二指肠小乳头　9. 胰大管

三、猫的肠、肝和胰

（一）肠

1. 小肠

十二指肠是与胃的幽门部相连的部分。十二指肠第一部分与胃幽门部形成一角度，在幽门部向后约8～10cm处形成一个“U”形的弯曲，然后再伸向左侧，通向空肠。十二指肠全长约14～16cm。十二指肠背壁离幽门部约3cm的黏膜上，可见一个略为突起的乳头，称十二指肠大乳头，其顶端可见一卵圆形的开口，总胆管和胰管均开口于此。

空肠在十二指肠的后面，它与十二指肠没有明显的分界。

回肠在空肠后面（图5－16），两者也无明显界限。回肠被系膜悬挂在腹腔后部，它与腹面的腹壁仅仅由大网膜分隔开，它的直径几乎是不变的，但前部的肠壁较后部的肠壁厚。

2. 大肠

大肠分为结肠、盲肠及直肠，整个大肠的长度约为动物体长的一半。

结肠紧接回肠后面，其连接处有回结肠间瓣。此瓣是由回肠进入结肠处的环肌层与黏膜层显著突出而形成的。结肠长度约23cm，直径约为回肠的三倍。结肠最初在右侧，先伸向头部，然后转向左侧，伸向尾部，在接近中线时伸至腹壁的背部，故结肠可按照它的方向分为升结肠、横结肠与降结肠。

盲肠是结肠头部末端圆锥形的盲囊状的突起（图5－16）。盲肠约2cm。

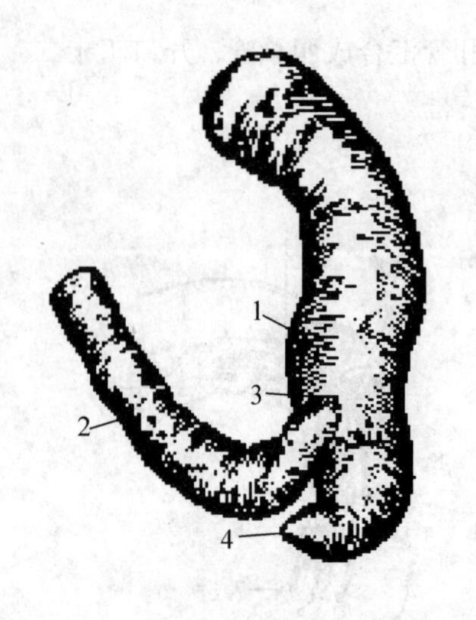

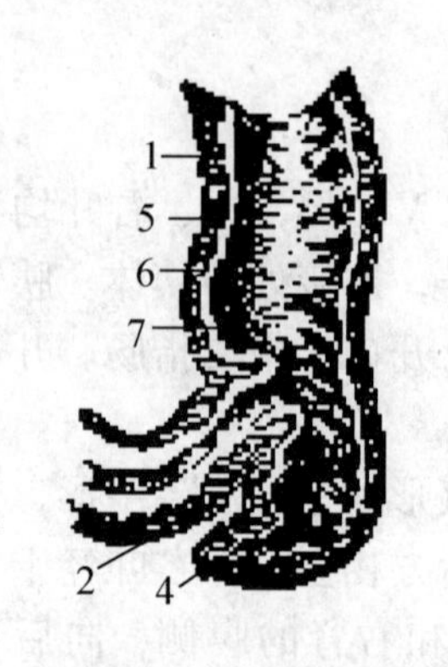

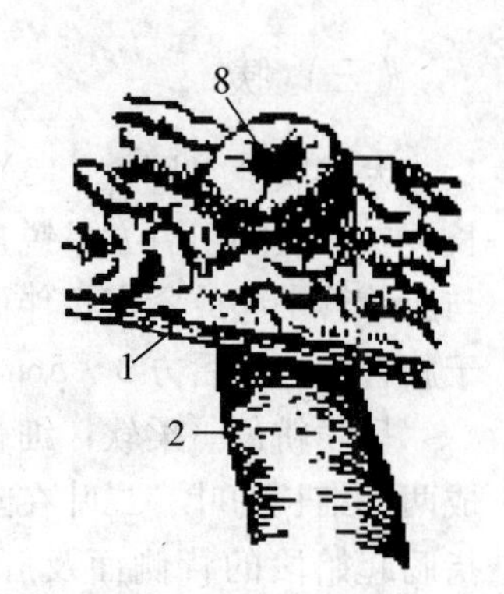

图 5－16　猫的回肠、结肠

1. 回肠　2. 结肠　3. 回盲瓣的位置　4. 盲肠　5. 纵肌层　6. 环肌层　7. 黏膜　8. 瓣膜孔

直肠及肛门是大肠的最后部分，长度约 5cm，位于靠近体壁背部的中线处，在这里被短短的盲肠系膜所悬挂。直肠向外开口于肛门。每侧肛门有两个大的分泌囊，称肛门腺。肛门腺的直径约 1cm，在肛门尾部边缘 1～2mm 处开口于肛门。

（二）肝

猫的肝脏（图 5－17）是一个大的器官，位于腹腔前部，紧贴膈的右方，伸展至胃的腹面，遮盖整个胃（除幽门部外）。肝脏重量约 95.5g，占体重的 3.11%。

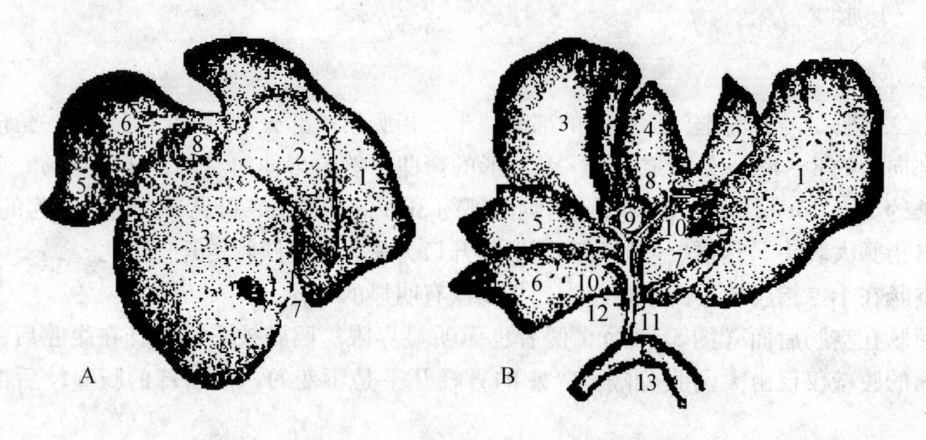

图 5－17　猫的肝脏

A. 壁面：1. 左侧叶　2. 左中叶　3. 右中叶　5、6. 右侧叶　7. 胆叶　8. 后腔静脉的开口与较小的肝静脉的开口　B. 脏面：1. 左侧叶　2. 左中叶　3、4. 右中叶（胆囊叶）　5、6. 右侧叶的前部及后部　7. 尾叶　8. 胆囊　9. 胆管　10. 肝管　11. 总胆管　12. 肝门静脉　13. 部分十二指肠

肝脏被背腹悬韧带区分为左右两叶，每一叶再分为若干小叶。左叶分为左中叶和左侧叶，右叶分为右中叶、右侧叶和尾叶。故猫的肝脏为 5 叶。

1. 左中叶

较小，附着于膈的左半部。

2. 左侧叶

较大，位于膈与胃贲门部之间，其薄的边缘向后延伸，覆盖胃腹面的大部分。

3. 右中叶

很大，附着于膈的右半部。其前表面呈圆顶形，恰对着膈后右三分之二处。它的腹缘很薄，背缘较厚。后面有一条深的背腹裂隙，胆囊位于此裂隙内，故此叶又称为胆囊叶。

4. 右侧叶

位于右中叶的背后面，有一裂隙将此叶又分为后部和前部。后部细长，延伸至右肾；前部较小，其背面恰好至右侧的肾上腺。

5. 尾叶

较小，细长，呈三角锥形，嵌进胃小弯内、它的基部与右侧叶的尾部相连。

整个肝脏被腹系膜覆盖。包围肝脏的腹系膜称纤维囊。

从肝脏伸出的导管称肝管。其中一个肝管是由来自肝脏左半部和胆囊叶左半部较小的导管连接而组成的。另一个肝管则由从胆囊叶的右半部、右侧叶的后部和前部以及尾叶伸出的较小的导管连接而形成。肝管和胆管又连接而成总胆管。

胆囊呈梨形，位于肝脏右中叶背面的裂隙内（图5－17）。向着腹面的一端宽而游离，腹膜覆盖游离端并延伸至肝脏，形成一个或两个韧带状的褶；另一端较窄，与胆管相连。胆管弯曲，长约3cm，远端与两个（或多个）肝管相通；胆管与肝管连接在一起形成总胆管，它沿着肝门静脉走向十二指肠，在十二指肠离幽门部约3cm处，通过十二指肠大乳头开口于十二指肠内。

（三）胰

位于十二指肠弯曲部分，是一个扁平、致密的小叶状腺体，边缘不规则，长约12cm，宽为1～2cm。它的中部弯曲，几乎成直角。

胰脏可分为两部，即胃部及十二指肠部（图5－18）。胃部位于大网膜的降支，接近胃大弯并与其平行，此部游离端与脾脏相接；十二指肠部位于十二指肠“U”字形边界之间的十二指肠网膜内，同时到达“U”字形的底部。胰脏有两个导管——胰管和副胰管。胰管是一根短粗的导管，它先由十二指肠部及胃部的许多小导管联合成两个较大的导管，然后在靠近腺体角部再合并成胰管。胰管收集两部分腺体所分泌的胰液。胰管与总胆管一起开口于十二指肠大乳头。副胰管是由胰管的分支连接而成的，在十二指肠大乳头后方腹面约2cm处还有一小的乳头，称十二指肠小乳头，此为副胰管在十二指肠的开口。副胰管一般是很明显的，但有时缺如。

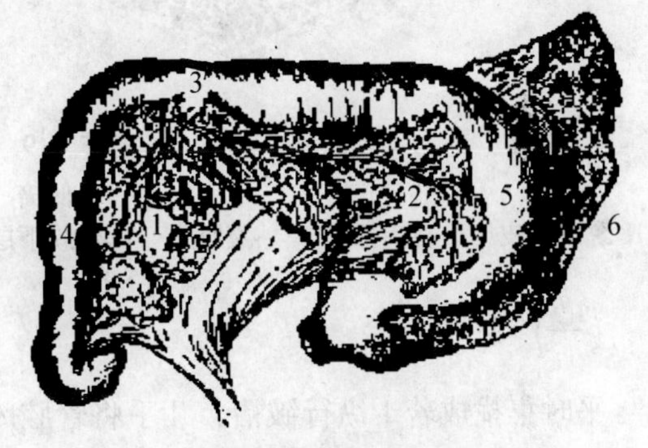

图5－18 猫的胰和脾

（食管已切除，胃转向后）

1、2. 胰（1. 十二指肠部 2. 胃部） 3. 胰导管 4. 十二指肠 5. 胃 6. 脾

第五节　食管、胃、肠、肝、胰的组织结构

一、食管的组织结构

食管由黏膜、黏膜下层，肌层和外膜组成（图 5－19）。

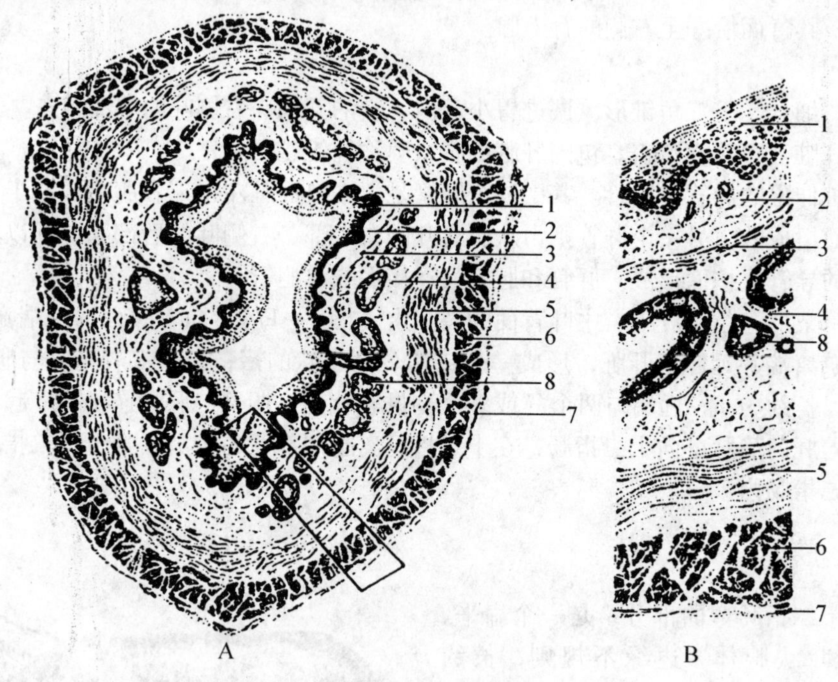

图 5－19　食管横切

A. 低倍　B. 高倍

1. 黏膜上皮　2. 固有膜　3. 黏膜肌层　4. 黏膜下层　5. 内环行肌　6. 外纵行肌　7. 外膜　8. 食管腺

（一）黏膜

平时集拢成若干纵行皱褶，几乎将管腔闭塞，当食物通过时，管腔扩大，纵褶展平。黏膜上皮为复层扁平上皮，浅层细胞角化。固有膜由疏松结缔组织构成，内有血管、淋巴管和食管腺导管等。黏膜肌为分散的平滑肌束，在接近胃时才形成一完整的黏膜肌层。

（二）黏膜下层

很发达，由疏松结缔组织构成，内有血管、淋巴管、神经、食管腺和淋巴小结。

食管腺为混合腺，黏液细胞占多数，其分泌物通过导管分布于黏膜表面，有保护和润滑作用。

（三）肌层

主要分内环，外纵两层，但其中常夹有螺旋状肌纤维，所以分层不很明显。肌层的收

缩有推送食团进入胃的作用。

(四) 外膜

食管颈段为纤维膜，胸、腹段则为浆膜。外膜内有较大的血管、淋巴管和神经。

二、胃的组织结构

(一) 胃壁的一般结构

1. 黏膜

胃黏膜形成许多皱褶，当食物充满时，皱褶变低或消失。在有腺部黏膜的表面，有许多凹隔，称胃小凹，是胃腺的开口处（图5－20）。

上皮除无腺部的上皮为复层扁平上皮外，均由单层柱状细胞组成。柱状细胞排列整齐，底面附着于基膜上。胞核呈椭圆形，位于细胞基底部。在细胞顶部的胞质内，含有许多黏原颗粒，经细胞排出后形成黏液，覆盖在黏膜表面构成一层保护屏障，有保护胃黏膜、免受胃液内盐酸和胃蛋白酶侵蚀的作用。胃上皮细胞不仅被覆于胃黏膜的表面，而且下隔形成胃小凹，构成胃小凹的周壁，以扩大胃黏膜的分泌面积。胃上皮细胞一般呈高柱状，但在胃小凹底部的细胞较矮，当胃上皮细胞受损伤脱落时，由胃小凹底部的新生细胞来补充。

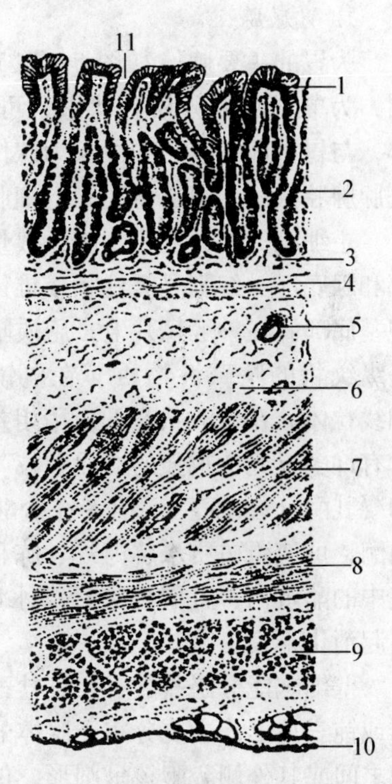

图5－20 胃底部横切（低倍）

1. 黏膜上皮 2. 胃底腺 3. 固有膜 4. 黏膜肌层 5. 血管 6. 黏膜下层 7. 内斜行肌 8. 中环行肌层 9. 外纵行肌 10. 浆膜 11. 胃小凹

固有膜很发达，由富含网状纤维的结缔组织构成，其中布满密集的胃腺。此外，还含有来自黏膜肌层的平滑肌纤维、浸润的白细胞，弥散的淋巴组织和淋巴小结等。

黏膜肌层由内环、外纵两层平滑肌组成，有紧缩黏膜和帮助排出胃腺分泌物的作用。

2. 黏膜下层

很厚，由疏松结缔组织构成，当胃扩张和蠕动时起缓冲作用，有利于黏膜伸展和移位。黏膜下层内含有较大的血管、淋巴管和神经丛。

3. 肌层

胃的肌层很厚，由三层平滑肌组成。内层为斜行肌，仅分布于无腺部，在贲门处最厚，形成贲门括约肌。中层为环行肌，很发达。为肌层的主要部分，在胃的右端特别增厚，形成幽门括约肌。外层为不完整的纵行肌层，肌纤维多集中在胃大弯、胃小弯和幽门窦处。

4. 浆膜

光滑而湿润，被覆于胃的表面。但在胃脾韧带、大网膜和胃膈韧带等附着于胃的部分，无浆膜被覆。

（二）胃腺的结构

胃固有膜内的腺体称为胃腺，由胃黏膜上皮下陷形成，是胃的重要结构和功能部分，能分泌胃液，有重要的消化作用。根据胃腺的结构、分泌物的性质以及分布部位的不同，可分为胃底腺、贲门腺和幽门腺三种。

1. 胃底腺

为胃的主要腺体（图 5－21），分布于胃底部固有膜内，为单管腺或分枝管状腺，可分三段：上段短为腺颈部，与胃小凹相连，中段长为腺体部，下段为腺底部。胃底腺腺腔狭小，组成胃底腺的细胞主要有下列四种类型：

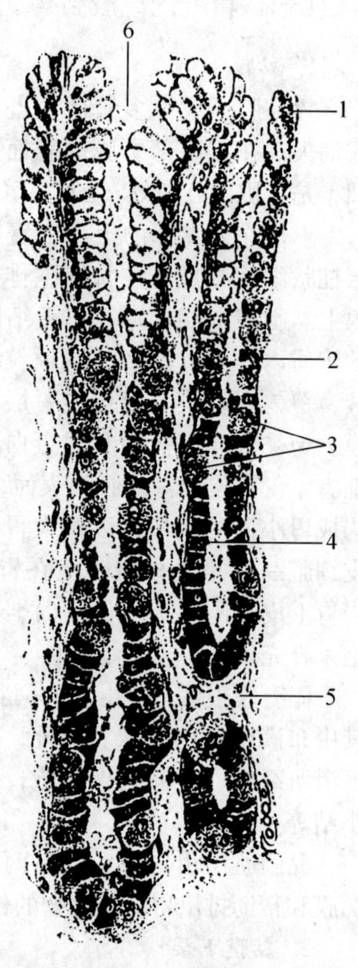

图 5－21　胃底腺（高倍）

1. 胃上皮　2. 颈黏液细胞　3. 壁细胞　4. 主细胞　5. 固有膜　6. 胃小凹

主细胞又称胃酶原细胞，数量较多，主要分布于腺体部和腺底部。细胞呈矮柱状或锥体形，胞核圆形，位于细胞基底部。在一般切片上，胞质嗜碱性，细胞基部有许多呈纵纹状的嗜碱性物质（在电镜下观察为粗面内质网）和线粒体。在生活状态下，用相差显微镜观察，细胞顶部含有许多折光性很强的酶原颗粒。主细胞分泌胃蛋白酶原和凝乳酶（在幼畜）。前者在盐酸作用下，被激活成胃蛋白酶，可使蛋白质水解为脲、胨和多肽；后者能沉降凝固乳中的酪蛋白，且能使之轻微水解，以防迅速进入小肠，引起消化不良。

壁细胞能分泌盐酸，又称盐酸细胞，体积较大，呈圆形或钝三角形，主要分布于腺体的颈部和体部，位于主细胞之间或其外侧。胞核呈圆形，位于细胞中央（常见有双核）。胞质为颗粒状，呈强嗜酸性，被伊红染成红色。壁细胞典型的形态学特征是细胞游离面的胞膜，向胞质内凹陷形成大量迂曲分支的小管，称为细胞内小管，盐酸经细胞内小管排入胃底腺腺腔。在电镜下观察，在细胞内小管附近有许多滑面内质网和粗面内质网，胞质内还有许多粗大的线粒体。有人认为，滑面内质网能传递血浆内 Cl^- 到细胞内小管的胞膜上。而壁细胞又有丰富的碳酸酐酶，它能把细胞代谢过程中产生的 CO_2 与水结合形成碳酸（H_2CO_3）。H_2CO_3 又解离成 H^+ 和 HCO_3^-，而 H^+ 与 Cl^- 在细胞内小管膜内外结合生成 HCl（盐酸）。

颈黏液细胞又称副细胞，一般都成群地分布于腺颈部，但有时在腺体部和腺底部也可见到单个的黏液细胞。黏液细胞一般分布于腺体各段，而以腺底部为最多。颈黏液细胞与主细胞相似，两者在苏木素－伊红染色的切片中很难区别，前者的主要特点是胞核呈扁平状或新月形，胞质染色较浅。颈黏液细胞能分泌黏液，有保护胃黏膜的作用。

消化管内分泌细胞具有内分泌功能，细胞种类很多，分散分布于消化管上皮及腺上皮中。这类细胞在形态上的共同特点是：在细胞基底部（靠近毛细血管的一面）有许多分泌颗粒，颗粒可被银盐或铬盐分别染成黑色或棕色，故又称银亲和细胞或嗜铬细胞。分泌颗粒从基底面释放到毛细血管，成为消化道激素。有的细胞顶端常伸达管腔面或腺腔面，其游离面上有毛簇（微绒毛）。不同种类的内分泌细胞能分别感受腔内的不同刺激，从而释放有关激素。所分泌的激素很多，有胃泌素、胰泌素、高血糖素、缩胆囊素等，它们经过血液循环再作用于消化器官，以调节消化器官活动、消化腺的分泌以及消化吸收过程。

2. 贲门腺

分布于贲门腺部的固有膜内，也是单管状腺，分枝的很少，其末端盘曲呈球状，腺腔较大。腺细胞呈柱状，核圆形或卵圆形，位于细胞基底部；胞质内含有黏原颗粒，主要分泌黏液。腺细胞间常杂有壁细胞和内分泌细胞。

3. 幽门腺

分布于幽门部的固有膜内，腺体形状与贲门腺相似，但位置较深（因胃小凹较深），排列稀疏，腺管分枝多。腺细胞与胃底腺的颈黏液细胞相似，主要分泌黏液。幽门腺内也有散在的壁细胞和内分泌细胞。

三、肠的组织结构

（一）小肠的组织结构

1. 小肠壁的一般结构

小肠壁也分黏膜、黏膜下层、肌层和浆膜四层（图5－22）。

（1）黏膜　小肠黏膜形成许多环形皱褶和微细的肠绒毛，突入肠腔内，以增加与食物接触的面积。

上皮被覆于黏膜和绒毛的表面，由以下三种形态和功能不同的细胞组成。

①柱状细胞　具有吸收功能，数量最多，呈高柱状，底面附着于基膜上。胞核为椭圆形，位于细胞基底部。细胞顶端有明显的纵纹缘，它是由细胞的微小突起（即微绒毛）密集并列所形成，这种结构大大增加了每个细胞的吸收面积。

②杯状细胞　数量较少，散在于柱状细胞之间。细胞的形状随细胞内黏原颗粒的多少而变化。含量多时，细胞上部膨大，下部细窄，呈典型的高脚酒杯状，胞核被挤于细胞的基底部，呈半圆形或三角形。杯状细胞无纵纹缘，仅有一层很薄的细胞膜。杯状细胞能分泌黏液，有润滑和保护上皮的作用。

③分泌细胞　消化管内分泌细胞　主要分布于肠腺上皮细胞之间，在肠绒毛上皮内则很少（详见胃底腺细胞）。

固有膜由富含网状纤维的结缔组织构成，一部分突入绒毛内形成绒毛轴心，另一部分则伸入于肠腺之间。固有膜内除有大量的肠腺外，还有血管、淋巴管、神经和各种细胞成分（如淋巴细胞、嗜酸性粒细胞、浆细胞和肥大细胞等）。此外，还有淋巴小结，它们或单独存在，称为淋巴孤结（分布于十二指肠和空肠），或集合成群，称为淋巴集结（分布于回肠），常伸入到黏膜下层（图5－22C）。

黏膜肌层一般由内环、外纵两层平滑肌组成。部分内层平滑肌纤维随同固有膜伸入肠绒毛内和肠腺之间，收缩时可促使肠绒毛对营养物质的吸收和肠腺分泌物的排出。

（2）黏膜下层　由疏松结缔组织构成。内有较大的血管、淋巴管，神经丛以及淋巴小结等。在十二指肠的黏膜下层内还有十二指肠腺（图5－22A）。

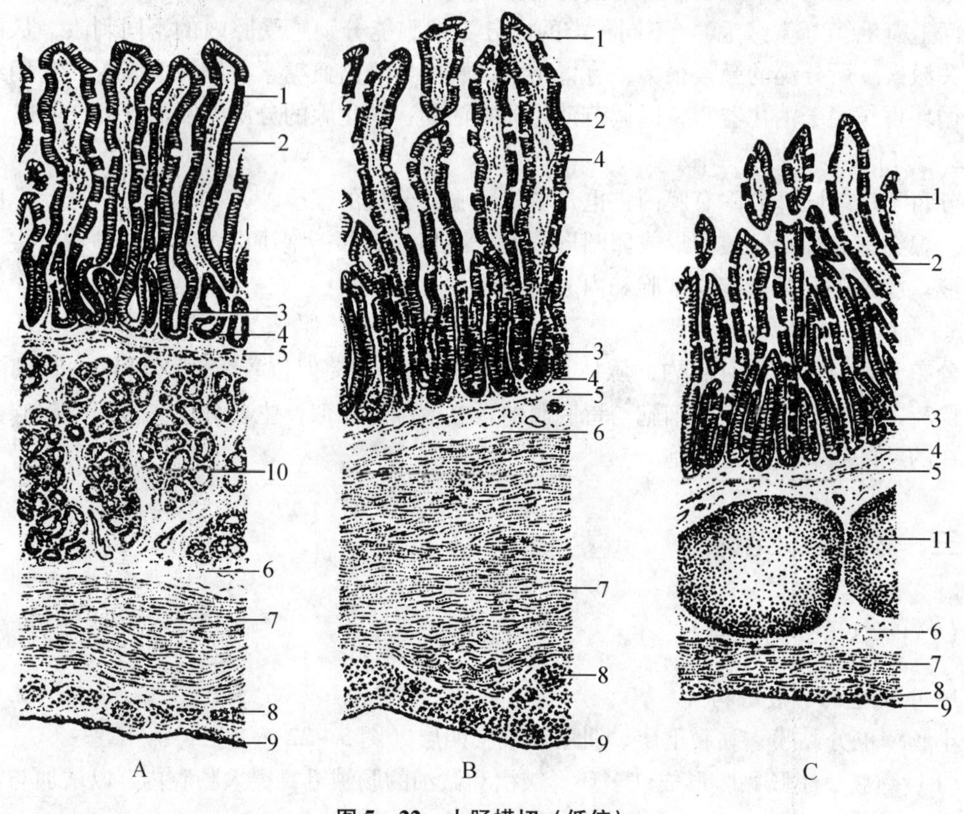

图5－22　小肠横切（低倍）

A. 十二指肠　B. 空肠　C. 回肠

1. 肠上皮　2. 肠绒毛　3. 肠腺　4. 固有膜　5. 黏膜肌层　6. 黏膜下层　7. 内环行肌　8. 外纵行肌　9. 浆膜　10. 十二指肠腺（十二指肠）　11. 淋巴巢结（回肠）

（3）肌层　由内环、外纵两层平滑肌组成。在两肌层之间由结缔组织连接，其中有血管和神经丛。

（4）浆膜　与胃的浆膜相同。

2. 肠绒毛、肠腺和十二指肠腺的结构

（1）肠绒毛　为小肠黏膜的特殊结构（图5－23A、B），在十二指肠和空肠分布为最密，到回肠则逐渐减少而变稀。绒毛由周围的上皮和中央的固有膜组成。上皮由柱状细胞、杯状细胞和消化管内分泌细胞组成。固有膜中央有一条盲端粗大的毛细淋巴管，称中央乳糜管。在中央乳糜管周围有丰富的毛细血管网和纵行排列的平滑肌纤维。

中央乳糜管管壁由一层内皮细胞构成，无基膜，通透性很大，一些较大分子的物质可进入管内。毛细血管的内皮有窗孔，有利于物质的吸收。平滑肌收缩时，绒毛缩短，以促进淋巴和血液运行，加速营养物质的吸收和运输。

(2) 肠腺　又称李氏隐窝（图5－23C），是由肠黏膜上皮下隔到固有膜内形成的单管状腺，开口于肠绒毛之间的黏膜表面。肠腺分泌物中含有多种酶，对各种营养物质的消化很重要。肠腺由以下三种细胞组成。

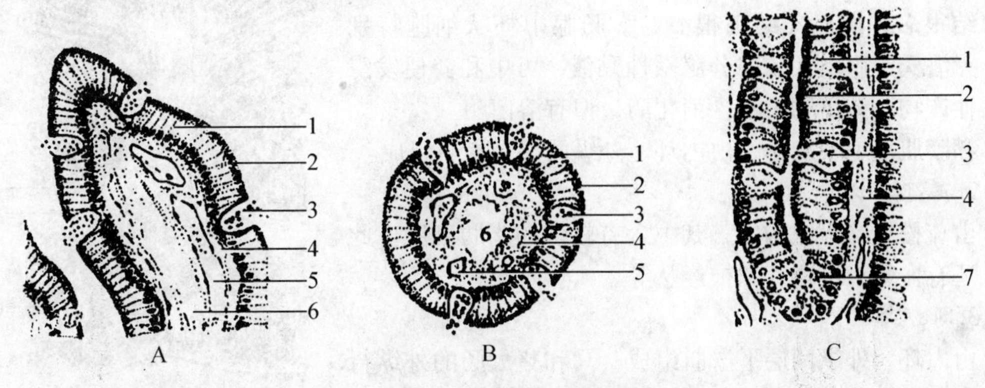

图5－23　肠绒毛和肠腺

A. 肠绒毛纵切　B. 肠绒毛横切　C. 肠腺

1. 柱状细胞　2. 纵纹缘　3. 杯状细胞　4. 固有膜　5. 毛细血管　6. 小央乳糜管　7. 潘氏细胞

柱状细胞　数量最多，是构成肠腺的主要细胞，较肠绒毛的柱状细胞低，纵纹缘很薄或没有。肠腺底部的柱状细胞分化程度较低，可以分裂增殖新的细胞，以补偿死亡、脱落的黏膜上皮细胞。

杯状细胞　散在于肠腺柱状上皮细胞之间，其形态和功能同小肠黏膜的杯状细胞。

消化管内分泌细胞（见胃底腺）。

(3) 十二指肠腺　分布于十二指肠黏膜下层内，似乎是幽门腺的延续（图5－22A）。自幽门起，腺区向后伸延的长度因动物种类而不同。犬、猫的腺区长约1.5～2.0cm。

十二指肠腺为分枝管泡状腺，其分泌部由矮柱状细胞和杯状细胞组成。矮柱状细胞位于细胞基底部。十二指肠腺的导管开口于肠腺底部或直接开口于绒毛之间的黏膜表面。分泌物的主要作用是在黏膜表面构成一层保护屏障，以免胃液的侵蚀。此外，分泌物内还含有淀粉酶和二肽酶。

3. 小肠各段结构的主要特征

(1) 十二指肠　绒毛密集，短而宽，呈叶片状，上皮中杯状细胞较少，固有膜内有十二指肠腺。

(2) 空肠　黏膜形成的环形皱褶发达，绒毛也密集，细而长，呈柱状，上皮中杯状细胞增多。固有膜内有淋巴孤结，没有十二指肠腺和淋巴集结。

(3) 回肠　环形皱褶较低矮，数量也少；绒毛呈杆状，向后逐渐减少，至盲结门处消失，上皮中杯状细胞更多，固有膜内有淋巴孤结和淋巴集结，后者常伸到黏膜下层。

（二）大肠的组织结构

大肠壁的结构与小肠壁基本相似，也有黏膜、黏膜下层、肌层和浆膜四层（图5－24）。

1. 黏膜

大肠黏膜表面光滑，不形成环形皱褶，无肠绒毛，上皮细胞呈高柱状（肛门的上皮为复层扁平上皮），纵纹缘不明显，在柱状细胞之间夹有大量杯状细胞。

固有膜很发达，内有排列整齐、长而直的大肠腺，淋巴孤结很多，淋巴集结则很少。大肠腺中杯状细胞特别多，无潘氏细胞。大肠腺分泌碱性黏液，可中和粪便发酵的酸性产物。分泌物中不含消化酶，但有溶菌酶。

黏膜肌层也较发达，由内环、外纵两层平滑肌组成。

2. 黏膜下层

由疏松结缔组织构成，其中含有较多的脂肪细胞。此外，还有血管、淋巴管和神经丛等。

3. 肌层

由内环、外纵两层平滑肌组成。马和猪大肠的外纵行肌集合形成纵肌带。内环行肌在肛门增厚形成肛门内括约肌。

4. 浆膜

除直肠的腹膜外部以及马的盲肠底和右上大结肠的无浆膜部外，其余部分均覆以浆膜。

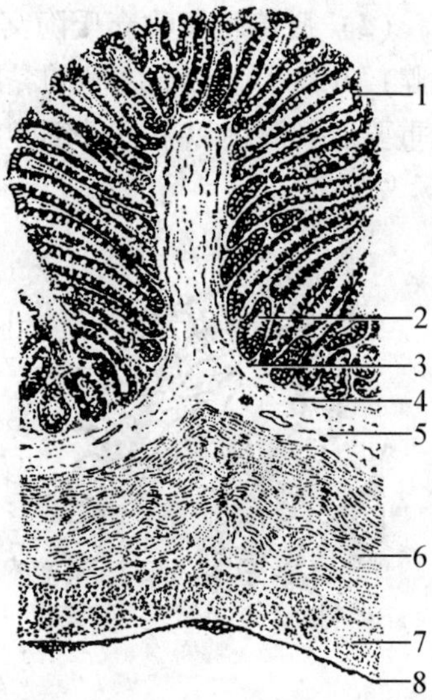

图 5－24 大肠切片（低倍）

1. 黏膜上皮 2. 大肠腺 3. 固有层 4. 黏膜肌层 5. 黏膜下层 6. 内环行肌 7. 外纵行肌 8. 浆膜

（三）肠壁的血管、淋巴管和神经分布

1. 血管

肠壁的血管很丰富，分枝亦多。动脉经肠系膜附着缘进入肠壁，在浆膜下，发出分枝营养浆膜和肌层，其主干穿过肌层到黏膜下层。在黏膜下层内形成较大的动脉丛，其分支有的分布于肌层，有的进入黏膜肌和固有膜，在肠腺和中央乳糜管周围形成毛细血管网。黏膜内毛细血管汇合成小静脉后，返回黏膜下层形成静脉丛和较大的静脉，伴随动脉离开肠壁进入肠系膜，最后入门静脉，进入肝。

氨基酸、葡萄糖和无机盐经绒毛上皮细胞进入毛细血管，通过门静脉流到肝内。

2. 淋巴管

肠壁的淋巴管也很丰富，起始于固有膜的毛细淋巴管，在小肠起始于中央乳糜管，它们在黏膜深部互相连接成小淋巴管，穿过黏膜肌层进入黏膜下层，形成淋巴管网和较大的淋巴管，随血管离开肠壁进入肠系膜，最后入胸导管，汇入静脉。

小肠内脂肪分解产生的脂肪酸、甘油和甘油一酯，被绒毛上皮细胞吸收后，重新合成脂肪，并与蛋白质结合构成乳糜微粒，进入中央乳糜管，经胸导管汇入静脉。通过血液循环，其中大部分被输送到皮下、肠系膜和大网膜等贮存起来；小部分输送到肝等组织中氧化利用。

3. 神经

包括运动神经纤维和感觉神经纤维。运动神经纤维由交感神经节后纤维和副交感神经节前纤维组成，它们和副交感神经的节后神经细胞一起在两肌层之间和黏膜下层内，分别形成肌间神经丛和结膜下神经丛。前者支配肌层活动，后者支配黏膜肌、绒毛内平滑肌和腺体的活动，其中副交感神经纤维兴奋时，可使平滑肌收缩（加速肠蠕动）和腺体分泌。

交感神经纤维的作用则相反。

感觉神经末梢分布于黏膜，其纤维随交感神经和副交感神经离开肠管，并随脑、脊神经的感觉根进入脑和脊髓。

四、肝的组织结构

肝的表面大部分被覆一层浆膜，其深面为由富含弹性纤维的结缔组织构成的纤维囊。纤维囊结缔组织随血管、神经和肝管等进入肝实质内，构成肝的支架，并将肝分隔成许多肝小叶。在肝小叶之间的结缔组织，称为小叶间结缔组织。肝内部的支架除小叶间结缔组织外，还有大量网状纤维，分布于肝小叶内，构成肝小叶内部的支架。

（一）肝小叶

肝小叶（图5－25）为肝的基本结构单位，呈多面棱柱状体。每个肝小叶的中央沿长轴都贯穿着一条中央静脉。肝细胞以中央静脉为轴心呈放射状排列，切片上则呈索状，称为肝细胞索，而实际上是一些肝细胞呈单行排列构成的板状结构，又称肝板。肝板互相吻合连接成网，网眼内为窦状隙。窦状隙极不规则，并通过肝板上的孔彼此沟通，也呈网状。

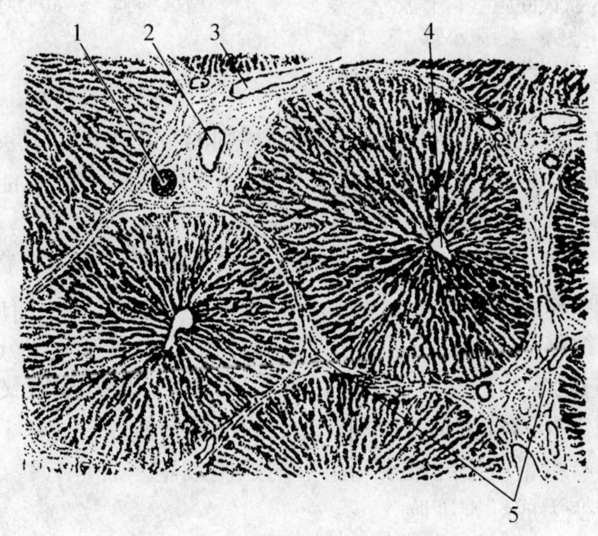

图5－25 肝小叶（低倍）
1. 小叶间胆管 2. 小叶间动脉 3. 小叶间静脉 4. 中央静脉 5. 小叶间结缔组织

1. 肝细胞

呈多面形，胞体较大，界限清楚（图5－26）。胞核圆而大，位于细胞中央（常有双核细胞），核膜清楚，染色质稀疏而着色较浅，有1～2个核仁，胞质在新鲜状态下呈黄色，经固定染色后，胞质内可显示各种细胞器和包含物，如线粒体，高尔基复合体、内质网、溶酶体、微体、糖原、脂滴和色素等。

2. 窦状隙

为肝小叶内血液通过的管道（即扩大的毛细血管或血窦），位于肝板之间。窦壁由扁平的内皮细胞构成，核呈扁圆形，突入窦腔内（图5－27）。

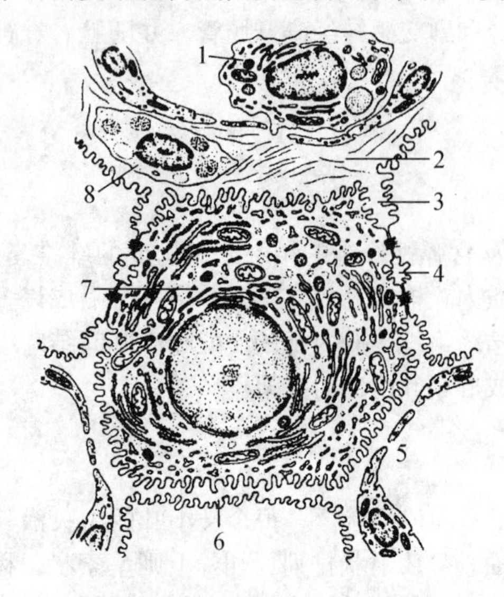

图5－26　肝细胞和肝血窦超微结构模式图

1. 枯否氏细胞　2. 狄氏间隙（内有胶原原纤维）　3. 细胞间隙窝　4. 胆小管　5. 肝血窦　6. 细胞间通道　7. 肝细胞　8. 贮脂细胞

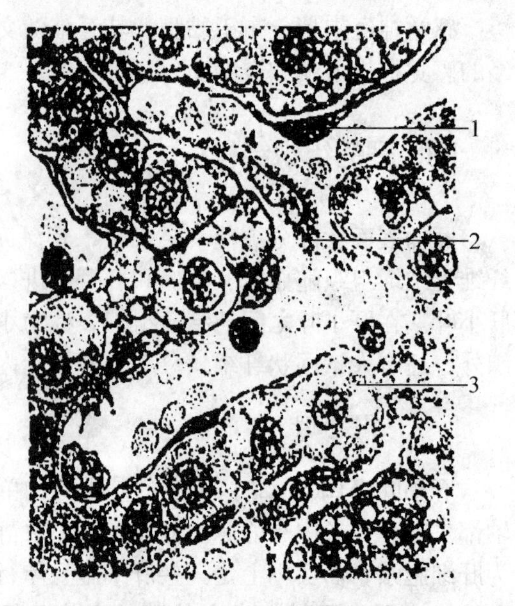

图5－27　窦状腺和枯否氏细胞

1. 内皮细胞　2. 枯否氏细胞　3. 肝细胞

此外，在窦腔内还有许多体积较大、形状不规则的星形细胞，以突起与窦壁相连，称为枯否氏细胞（Kupffer cell）。这种细胞具有变形运动和活跃的吞噬能力，能吞噬血液中的异物和细菌等，是体内巨噬细胞系统的组成成分。

在电镜下观察（图5－28），可见肝细胞和窦壁内皮细胞之间有宽约0.4μm的间隙，称为狄氏（Disse）间隙。窦壁内皮细胞是不连续的，它们之间有裂隙，宽约0.1～0.5μm，另外在内皮细胞上也有散在的窗孔。因此，窦内血浆及其大分子物质（如乳糜微粒等），可以自由通过内皮间隙和窗孔，进入狄氏间隙内。而肝细胞又有微绒毛伸入狄氏间隙。这套结构有利于肝细胞和血液间进行充分的物质交换。

在狄氏间隙内还有少量胶原纤维束和星形的贮脂细胞。后者有贮存维生素A的作用，在病理情况下，可转变为成纤维细胞。

3. 胆小管

是相邻肝细胞膜凹陷间的裂隙构成的微细管道，其管壁就是肝细胞膜（图5－28）。在裂隙周围的相邻肝细胞膜较平整，且互相粘连，将胆小管严密封闭以防胆汁流入窦状隙。胆小管直径约0.5～1.0μm，它以盲端起始于中央静脉周围的肝板内，随肝板的排列方式，也以中央静脉为轴心呈放射状排列，并互相吻合成网状。胆小管在肝小叶边缘与小叶内胆管连接。

（二）门管区

由肝门进出肝的三个主要管道（门静脉、肝动脉和肝管），以结缔组织包裹，总称为肝门管。三个管道在肝内分支，并在小叶间结缔组织内相伴而行，分别称为小叶间静脉、

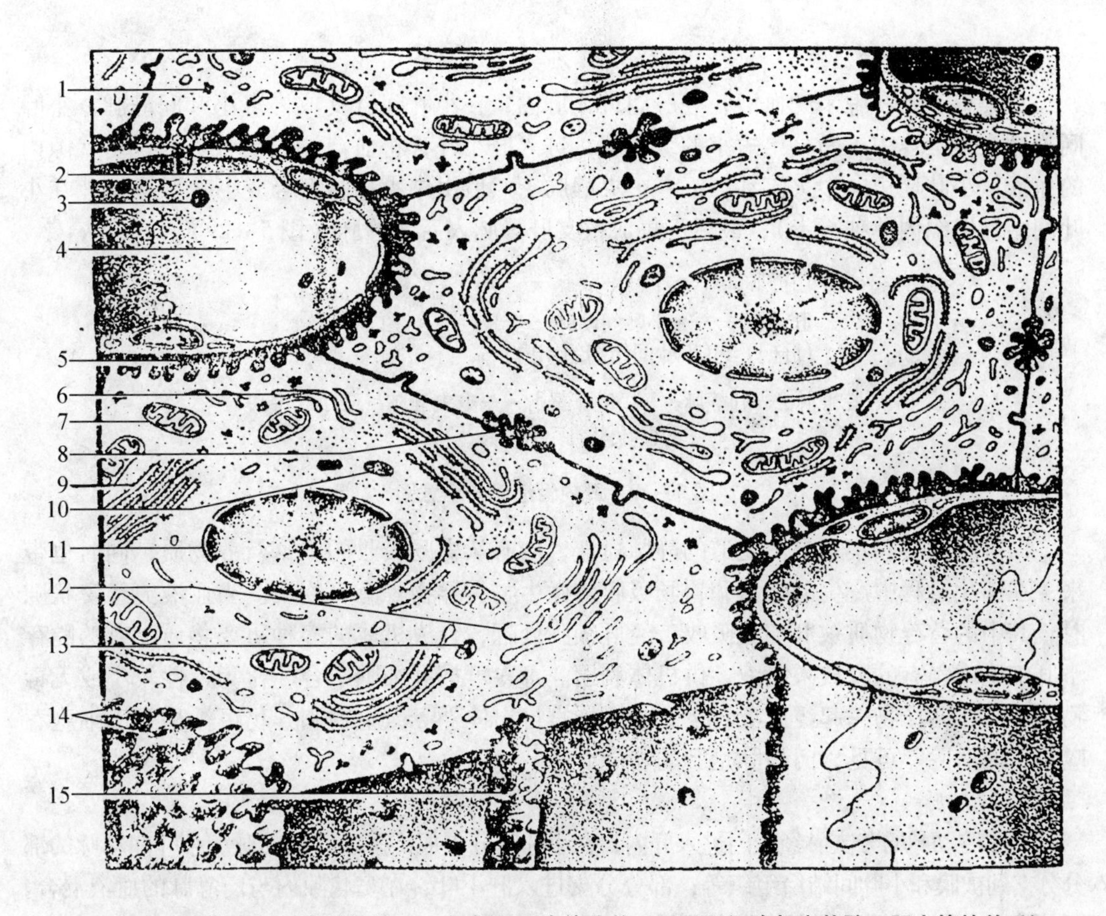

图 5-28 电镜下肝细胞的结构（示相邻肝细胞彼此关系以及肝细胞与窦状隙、胆小管的关系）

1. 糖原颗粒 2. 内皮细胞 3. 内皮细胞孔 4. 窦状隙 5. 狄氏间隙 6. 滑面内质网 7. 线粒体 8. 胆小管横切面 9. 粗面内质网 10. 微体 11. 肝细胞核 12. 内网器 13. 溶酶体 14. 细胞伸入狄氏间隙中的微绒毛 15 胆小管纵剖面、管壁上有微绒毛

小叶间动脉和小叶间胆管。在肝切片上，几个肝小叶相邻的结缔组织内常可见到这三种伴行管道的切面，称为门管区或汇管区。其中以小叶间静脉的管径为最大，管腔不规则，管壁薄，仅由一层内皮和一薄层结缔组织构成。小叶间动脉管径最小，管壁厚，由内皮和数层环行平滑肌纤维构成。小叶间胆管管径亦小，管壁由单层立方上皮组成。在门管区内还有淋巴管和神经伴行。

（三）肝的排泄管

肝细胞分泌的胆汁排入胆小管内。胆汁是从小叶的中央向周边运送，在肝小叶边缘，胆小管汇合成短小的小叶内胆管。小叶内胆管穿出肝小叶，汇入小叶间胆管。小叶间胆管向肝门汇集，最后形成肝管出肝，与胆囊管汇合成胆管后，再通入十二指肠。

（四）肝的血液循环

肝的血液循环比较复杂。进入肝的血管有门静脉和肝动脉，输出肝的血管为肝静脉，其循环途径如下：

1. 门静脉

汇集胃、肠和脾来的血液，经肝门进入肝内，在小叶间分支成许多小叶间静脉。小叶间静脉在伸延途中不断分出短小的终末支，进入肝小叶，将血液注入窦状隙内。窦状隙内的血液从小叶周边向中央流动，汇入中央静脉。然后由中央静脉汇合成小叶下静脉（在小叶间结缔组织内单独行走），最后汇集成数支肝静脉入后腔静脉（图 5－29）。

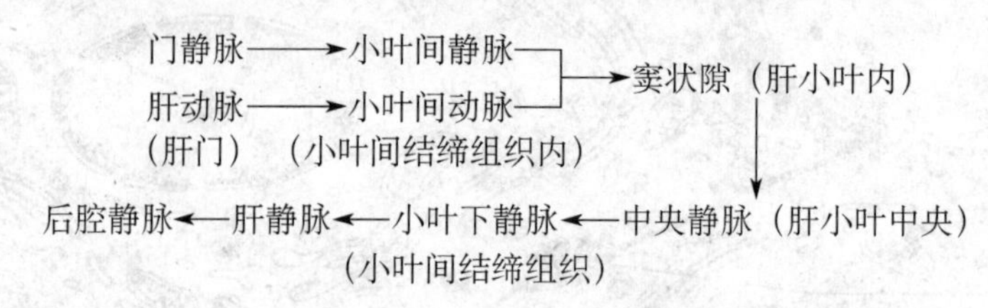

图 5－29　肝内管道流向示意图

门静脉主要收集来自消化道的静脉血液，内有从胃肠吸收的丰富营养物质，同时也带来了在消化过程中产生的毒素和胃肠吸收的微生物、异物等有害物质。当血液流经窦状隙时，其中的营养物质被肝细胞吸收，经肝细胞处理，合成机体的多种重要物质，有的贮存于肝细胞内，有的释放入血液，供机体利用。毒素可被肝细胞结合转化为毒性较小或无毒物质，与代谢产物一起经血液转运到排泄器官排出体外。微生物和异物可被枯否氏细胞吞噬消化而清除。可见，门静脉是肝的功能血管。

2. 肝动脉

为腹腔动脉的分支。经肝门进入肝内，在小叶间分支成许多小叶间动脉。小叶间动脉的部分分支到被膜和小叶间结缔组织等；部分分支进入肝小叶，在窦状隙内与门静脉的血液混合。肝动脉血液内含有丰富的氧和营养物质，以供肝本身物质代谢之用，所以是肝的营养血管。

五、胰的组织结构

胰（图 5－30）的表面有少量结缔组织，但不形成明显的被膜。结缔组织伸入胰内，将腺实质分隔成许多小叶。叶间结缔组织也不发达，内有血管、淋巴管，神经和导管通过。胰具有外分泌和内分泌两种功能，所以胰的实质也分外分泌部和内分泌部两部分。

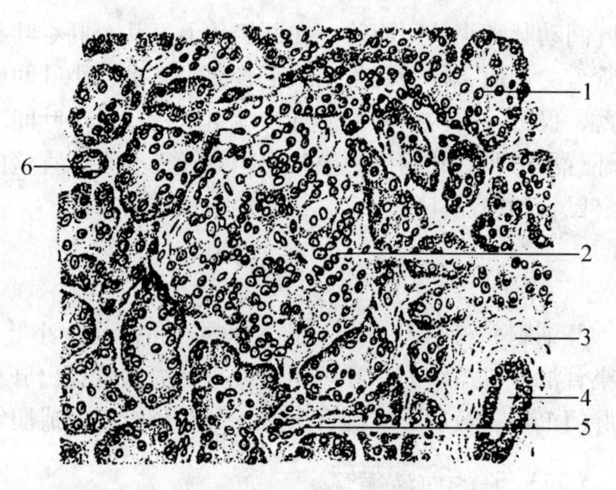

图 5－30　胰腺（低倍）

1. 腺泡　2. 胰岛　3. 小叶间结缔组织　4. 小叶间导管　5. 闰管纵切面　6. 闰管横切面

（一）外分泌部

外分泌部为复管泡状腺，分腺泡和导管两部分。

1. 腺泡

呈球状或管状，大小不一，

腺腔很小，均由浆液性腺细胞组成。腺细胞呈锥体形，胞核圆形，位于细胞基底部，含1～2个明显的核仁。在细胞顶部的胞质内含有许多嗜酸性颗粒，用H－E染色时呈紫红色，是分泌物的前身，称为酶原颗粒。在细胞基底部的胞质内有许多呈纵行排列的线粒体（用电镜观察，还可见丰富的粗面内质网和大量的核蛋白体），呈嗜碱性，染成蓝紫色，是分泌物合成的部位。

分泌物在粗面内质网的核蛋白体上合成后，经内质网转移到高尔基复合体的囊内，浓集变成酶原颗粒。成熟的酶原颗粒移向细胞顶端，最后排入腺腔内。

2. 导管

包括闰管、小叶内导管、小叶间导管、叶间导管和总导管，它们都由单层上皮构成。上皮细胞随管径逐渐增大而增高。

闰管是导管的起始段，细而长，由单层扁平上皮构成，一端伸入腺泡腔内，形成泡心细胞（胰腺腺泡的特点是泡腔内有一些着色淡的扁平的泡心细胞，即闰管上皮细胞）；另一端汇合为由单层立方上皮构成的小叶内导管。小叶内导管出小叶，进入小叶间结缔组织，汇合成管径较大、由低柱状上皮构成的小叶间导管。各小叶间导管再逐渐汇合成管径更大、由高柱状上皮构成的叶间导管。最后汇成1～2条总导管（即胰管和副胰管），开口于十二指肠内。

（二）内分泌部

内分泌部为分布在外分泌部腺泡之间的细胞群，围以少量网状纤维形成的薄膜囊，称胰岛，在H－E染色切片中着色较浅，容易和外分泌部区分。胰岛细胞呈不规则索状排列，且互相吻合成网。网眼内有丰富的毛细血管和血窦。胰岛细胞分泌胰岛素和高血糖素，经毛细血管进入血液，有调节血糖代谢的作用。用马劳瑞－埃赞（Mallory－Azan）法染色，可见胰岛有三种含特殊颗粒的细胞。

1. 甲细胞

胞体较大，多分布于胰岛的周围部，胞质内的颗粒粗大，染成鲜红色。甲细胞约占胰岛细胞总数的20%。甲细胞分泌胰高血糖素，有促进糖原分解、升高血糖的作用。

2. 乙细胞

胞体略小，多分布于胰岛的中央部，胞质内的颗粒细小，染成橘黄色。乙细胞约占胰岛细胞总数的75%，乙细胞分泌胰岛素，与甲细胞分泌的胰高血糖素作用相反，有降低血糖的作用。

3. 丁细胞

数量较少，约占胰岛细胞总数的5%，胞质内的颗粒染成蓝色。丁细胞分泌生长激素释放抑制因子，其作用可能是抑制甲、乙细胞的分泌功能。

韩行敏（黑龙江畜牧兽医职业学院）

第六章　呼吸系统

动物在新陈代谢过程中，要不断地吸入氧，呼出二氧化碳，这种气体交换的过程，称为呼吸。呼吸主要是靠呼吸系统来实现的，但与心血管系统有着密切的联系。由呼吸系统从外界吸入的氧，通过心血管系统运送到全身的组织和细胞，经过氧化，产生各种生命活动所需要的能量和二氧化碳等代谢产物，而二氧化碳又通过心血管系统运至呼吸系统，排出体外，这样才能维持机体正常生命活动的进行。呼吸系统和心血管系统之间的气体交换，称为外呼吸或肺呼吸；心血管系统和组织细胞之间的气体交换，称为内呼吸或组织呼吸。

呼吸系统包括鼻、咽、喉、气管、支气管和肺等器官。

第一节　呼吸道

鼻、咽、喉、气管和支气管是气体出入肺的通道，称为呼吸道。它们由骨或软骨作为支架，围成开放性的管腔，以保证气体自由畅通。

一、鼻

鼻既是气体出入肺的通道，又是嗅觉器官，包括鼻腔和副鼻窦。

（一）鼻腔

鼻腔是呼吸道的起始部，呈长圆筒状，位于面部的上半部，由面骨构成骨性支架，内衬黏膜。鼻腔的腹侧由硬腭与口腔隔开，前端经鼻孔与外界相通，后端经鼻后孔与咽相通。鼻腔正中有鼻中隔，将其等分为左右互不相通的两半。每半鼻腔可分鼻孔、鼻前庭和固有鼻腔三部分。

1. 鼻孔

鼻孔为鼻腔的入口，由内侧鼻翼和外侧鼻翼围成。鼻翼为包有鼻翼软骨和肌肉的皮肤褶，有一定的弹性和活动性。

2. 鼻前庭

为鼻腔前部衬着皮肤的部分，相当于鼻翼所围成的空间。

3. 固有鼻腔

位于鼻前庭之后，由骨性鼻腔覆以黏膜构成。在每半鼻腔的侧壁上，附着有上、下两个鼻甲（由上、下鼻甲骨覆以黏膜构成），鼻腔分为上、中、下三个鼻道。上鼻道较窄，位于鼻腔顶壁与上鼻甲之间，其后部主要为司嗅觉的嗅区。中鼻道在上、下鼻甲之间，通副鼻窦。下鼻道最宽，位于下鼻甲与鼻腔底壁之间，直接经鼻后孔与咽相通。此外，还有一个总鼻道，为上、下鼻甲与鼻中隔之间的间隙，与上述三个鼻道相通。

鼻黏膜被覆于固有鼻腔内面，因结构与功能不同，可分呼吸区和嗅区两部分。

（1）呼吸区　位于鼻前庭和嗅区之间，占鼻黏膜的大部，呈粉红色，由黏膜上皮和固有膜组成。

黏膜上皮为假复层柱状纤毛上皮，其中夹有大量的杯状细胞。上皮纤毛的摆动，有帮助排除黏液和吸入的灰尘等作用。

固有膜由结缔组织构成，紧贴于骨膜或软骨膜上，无黏膜下层，因而不易移动。固有膜内有丰富的血管和腺体等。因此，与空气接触时，不仅能调节空气的温度和湿度，而且能黏着其中的灰尘和细菌等异物，起着保护的作用。

（2）嗅区　位于呼吸区之后，其黏膜颜色随动物种类不同而异。

①黏膜上皮　为假复层柱状上皮，由三种细胞组成。

嗅细胞　为双极神经细胞，具有嗅觉作用。其树突伸向上皮表面，末端形成许多嗅毛，轴突则向上皮深部伸延，在固有膜内集合成许多小束，然后穿过筛孔进入颅腔，与嗅球相连。

支持细胞　为数较多，呈高柱状，胞质内常含有黄色素颗粒。细胞的基底部比较尖细，往往呈分支状态，起支持和营养嗅细胞的作用。

基细胞　位于上皮基部，呈锥状或椭圆形，其分支围绕在支持细胞的基底部，有支持和增生补充其他上皮细胞的作用。

②固有膜　由结缔组织构成，内含嗅腺，其分泌物有溶解化学物质，引起嗅觉刺激的作用。

犬的鼻腔长度因其头型不同而有很大差异，一般与其颜面的长度相一致。鼻腔的周壁由鼻中隔软骨的壁软骨形成。鼻中隔软骨的前端较厚，突出于前颌骨的外侧。犬的鼻腔相当宽大，但大部分空隙被鼻甲骨和筛骨侧板所占据。鼻甲骨分为上鼻甲和下鼻甲，由此将鼻腔分为上鼻道、中鼻道和下鼻道。中鼻道短而狭窄，在其后部分成两支。上支通筛鼻道；下支合入下鼻道，由于下鼻甲骨特别发达，因此，下鼻道的中部很小。鼻腔后部由一横行板分成上下两部。上部为嗅觉部；下部为呼吸部（图6－1）。

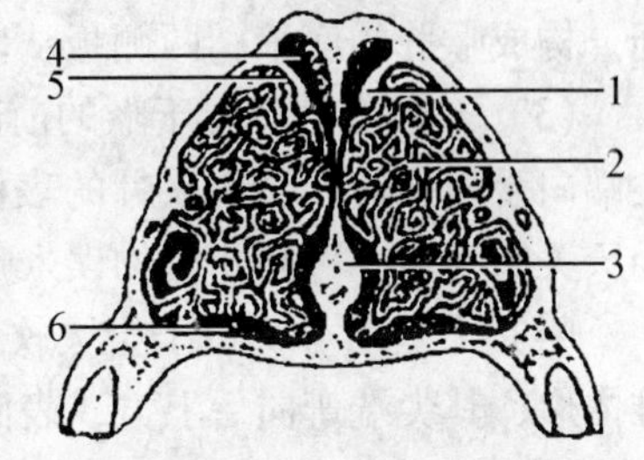

图6－1　犬的鼻腔

1. 上鼻甲　2. 下鼻甲　3. 鼻中隔
4. 上鼻道　5. 中鼻道　6. 下鼻道

猫的左右鼻腔几乎被筛骨鼻甲、上鼻甲和下鼻甲所填满。上鼻甲从鼻骨的腹面突入背面部分；下鼻甲从上颌骨的内侧面突入腹面部分。因此将鼻腔分为三个鼻道：上鼻道、中鼻道和下鼻道。猫的中鼻道仅仅是上鼻道与下鼻道之间一条狭窄的缝隙。鼻腔的腔面衬以黏膜，它在鼻孔处与皮肤相连；同时从内鼻孔通到咽，覆盖内鼻孔的筛骨鼻甲，此为鼻腔的呼吸部。鼻腔的背后部为嗅黏膜所覆盖，有嗅神经分布于此，具有嗅觉机能，为鼻腔的嗅觉部。

（二）副鼻窦

副鼻窦为鼻腔周围头骨内的含气空腔，共有四对：即上颌窦、额窦、蝶腭窦和筛窦。它们均直接或间接与鼻腔相通。副鼻窦内面衬有黏膜，与鼻腔黏膜相连续，但较薄，血管较少。鼻黏膜发炎时可波及副鼻窦，引起副鼻窦炎。副鼻窦有减轻头骨重量、温暖和湿润吸入的空气以及对发声起共鸣等作用。

二、咽

有关内容见消化系统。

三、喉

喉既是空气出入肺的通道，又是调节空气流量和发声的器官。

喉位于下颌间隙的后方，在头颈交界处的腹侧，悬于两个舌骨大角之间。前端以喉口与咽相通。后端与气管相通。喉壁主要由喉软骨和喉肌构成，内面衬有黏膜。

（一）喉软骨和喉肌

1. 喉软骨

包括不成对的会厌软骨、甲状软骨、环状软骨和成对的勺状软骨。

（1）环状软骨　呈指环状，背部宽，其余部分窄。其前缘及后缘以弹性纤维分别与甲状软骨及气管软骨相连。

（2）甲状软骨　为最大的喉软骨，呈弯曲的板状，可分体和两侧板。体连于两侧板之间，构成喉腔的底壁；两侧板从体的两侧伸出，构成喉腔左右两侧壁的大部分。

（3）会厌软骨　位于喉的前部，呈叶片状，基部厚，借弹性纤维与甲状软骨体相连；尖端向舌根翻转。会厌软骨的表面覆盖着黏膜，合称会厌，具有弹性和韧性，当吞咽时，会厌关闭喉口，可防止食物误入喉内。

（4）勺状软骨　位于会厌软骨的前上方，在甲状软骨侧板的内侧，左右各一，呈三面锥体形，其尖端弯向后上方，表面覆盖着黏膜。勺状软骨上部较厚，下部变薄，形成声带突，供声韧带附着。

喉软骨彼此借关节、韧带和纤维膜相连，构成喉的支架。

2. 喉肌

属横纹肌，可分外来肌和固有肌两群。外来肌有胸骨甲状肌和舌骨甲状肌等；固有肌均起止于喉软骨。它们的作用与吞咽、呼吸及发声等运动有关。

（二）喉腔

喉腔为由喉壁围成的管状腔，在其中部的侧壁上有一对明显的黏膜褶，称为声带。声带由声韧带覆以黏膜构成，连于勺状软骨声带突和甲状软骨体之间，是喉的发声器官。声带将喉腔分为前、后两部分；前部为喉前庭，其两侧壁凹陷，称喉侧室；后部为喉后腔。在两侧声带之间的狭窄缝隙，称为声门裂，喉前庭与喉后腔经声门裂相通。

（三）喉黏膜

喉黏膜被覆于喉腔的内面，与咽的黏膜相连续，包括上皮和固有膜。

上皮有两种：被覆于喉前庭和声带的上皮为复层扁平上皮，在反刍兽、肉食兽和猪会厌部的上皮内，还含有味蕾，喉后腔的黏膜上皮为假复层柱状纤毛上皮，柱状细胞之间常夹有数量不等的杯状细胞。固有膜由结缔组织构成，内有淋巴小结（但犬、猫等肉食兽较少）和管泡状喉腺。喉腺分泌黏液和浆液，有润滑声带等作用。

犬的喉头比较短。甲状软骨的软骨板高而短，其腹侧缘互相融接，形成软骨体，体的前部有一显著的隆起，外侧面有明显的斜线。甲状软骨后角强大，有一个圆形关节面与环状软骨相关节。环状软骨的软骨板宽广，软骨弓的两侧有沟状压迹。犬的勺状软骨比较小，且在左右软骨之间还有一勺间软骨。会厌软骨为四边形，下部较为狭窄，称会厌茎，位于甲状软骨角内。

猫的喉会厌软骨位于舌根部舌骨体后约 1cm 处，呈三角形叶状，略弯曲，顶尖向前。从会厌每一侧面的基部向后延伸到勺状软骨的基部有一黏膜褶，称勺状会厌褶，此褶和会厌构成喉门的边界。猫的喉腔可分为三部分，上部的腔为喉的前庭，它的尾缘为假声带。假声带是从会厌靠基部处伸展到勺状软骨尖端的黏膜皱襞。猫由于假声带的震动而发出咕噜咕噜的声音，假声带向后，又有两条黏膜皱襞从勺状软臂的顶尖延伸到甲状软骨，此为真声带。假声带与真声带之间的空腔为喉腔的第二部分。真声带之间的裂隙为声门，由于肌肉的运动而使声门变窄和变宽。喉腔的第三部分为声带与气管第一软骨环之间的空腔，很狭窄。

四、气管与支气管

（一）形态位置

气管为由气管软骨环作支架构成的圆筒状长管，前端与喉相接，向后沿颈部腹侧正中线而进入胸腔，然后经心前纵隔达心基的背侧（约在第五至六肋间隙处），分为左、右两条支气管，分别进入左、右肺。

（二）组织结构

气管壁由黏膜、黏膜下层和外膜组成。

1. 黏膜

（1）上皮　为假复层柱状纤毛上皮，其中夹有许多杯状细胞。基膜相当清晰。

（2）固有膜　由疏松结缔组织构成，其中弹性纤维较多，深部纤维大都呈纵行排列。在固有膜内还有弥散的淋巴组织和淋巴小结。

2. 黏膜下层

由疏松结缔组织构成，与固有膜无明显界限。其中有丰富的血管、神经、脂肪细胞和气管腺。气管腺为混合腺，导管穿过固有膜，开口于黏膜表面。

3. 外膜

外膜是气管的支架，由透明软骨环和结缔组织组成。软骨环呈“C”形，缺口朝向背侧，缺口之间有弹性纤维膜连接，膜内有平滑肌纤维束，可使气管适度舒缩。相邻软骨环借环韧带相连，可使气管适度延长。在气管软骨外面包有结缔组织，内有血管、神经和脂肪组织。

支气管壁的构造与气管壁相似。

（三）犬、猫气管与支气管的特征

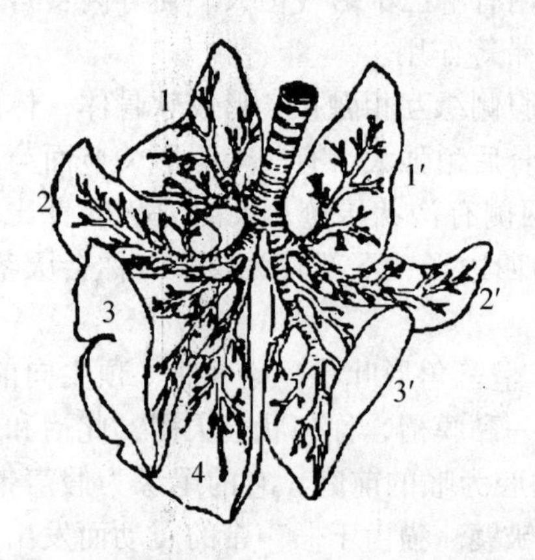

图 6－2　猫的气管、支气管和肺叶的轮廓
1～4. 右肺叶　1′～3′. 左肺叶

犬的气管前端呈圆形，中央段的前侧稍扁平。气管的全长由 40～45 个气管软骨环组成。气管进入胸腔，其分支部位与第 5 肋骨相对。支气管干的分歧角为钝角，在入肺之前，每一支气管干先分成两支。在右肺，前支气管进入尖叶，从支气管干另外分出两支，一支到心叶，另一支到中间叶；在左肺，前支气管先分成两支，一支到尖叶，另一支到心叶。

猫的气管（图 6－2）共有 38～43 个软骨环。气管的第一软骨环比其他软骨环宽些。气管从喉伸至第六肋骨处分叉成为左右两根支气管。右侧支气管进入肺后再分为两个分支，位于肺动脉前面的称动脉上支气管，它直接再分为许多小支气管，位于肺动脉后面的另一分支称动脉下支气管，它先分出三个分支，然后再分为许多小支气管。因此，可以认为右侧支气管有四个分支，而左侧支气管则为三个分支，然后直接分成许多小支气管。

第二节　肺

肺是吸入的空气和血液中二氧化碳进行交换的场所，为呼吸系统中最重要的器官。

一、肺的形态和位置

肺位于胸腔内，在纵隔两侧，左、右各一，右肺通常较大。肺的表面覆有胸膜脏层，平滑、湿润、闪光。健康动物的肺为粉红色，呈海绵状，质软而轻，富有弹性。肺略呈锥体形，具有三个面和三个缘。肋面凸，与胸腔侧壁接触，固定标本上显有肋骨压迹。底面凹，与膈接触，又称膈面。纵隔面与纵隔接触，并有心压迹以及食管和大血管的压迹。在心压迹的后上方有肺门，为支气管、肺血管、淋巴管和神经出入肺的地方。上述这些结构被结缔组织包成一束，称为肺根。肺的背缘钝而圆。腹缘和底缘薄而锐，在腹缘上有心切迹。左肺的心切迹大，相当于第3～6肋骨之间；右肺的心切迹小，相当于第3、4肋骨之间。

犬的左肺分三叶，即尖叶、心叶和膈叶。尖叶的尖端小而钝，位于胸骨柄的上面。心叶上的心压迹浅。在肺根的背侧有明显的主动脉压迹，在肺根的后方有一浅的食管沟。右肺比左肺大1/4。分为四叶，即尖叶、心叶、膈叶和中间叶。尖叶位于心包的前方，并越过体正中面至左侧。中间叶呈不规则的三面圆锥体形，其基底接膈的胸腔面，外侧面有一深沟，容纳后腔静脉和右膈神经。右肺的心压迹较左肺深。在肺根的前方有前腔静脉的沟状压迹；肺根的背侧有奇静脉的沟状压迹；肺根后部的上方，有浅的沟状压迹，主动脉弓由此通过（图6－3，图6－4）。

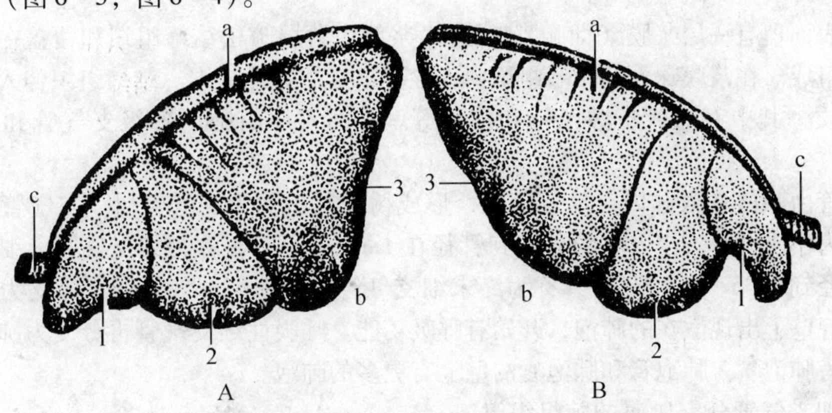

图6－3 犬的肺（外侧面）

A. 左侧面 B. 右侧面

1. 尖叶 2. 心叶 3. 膈叶 a. 肺的钝缘 b. 肺的锐缘 c. 气管

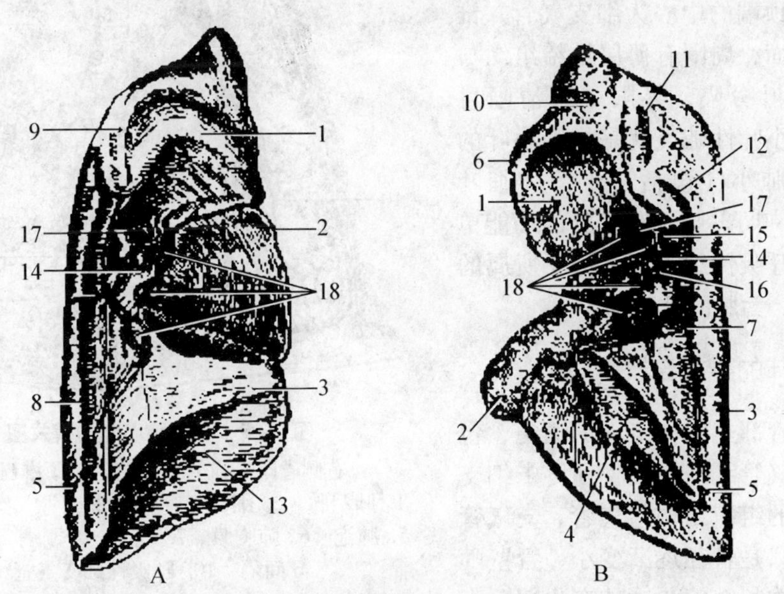

图6－4 犬的肺（内侧面）

A. 左肺 B. 右肺

1. 尖叶 2. 心叶 3. 膈叶 4. 中间叶 5. 肺韧带 6. 心压迹 7. 食道沟 8. 主动脉沟 9. 锁骨－动脉沟 10. 胸内动脉沟 11. 前腔静脉沟 12. 奇静脉沟 13. 膈面 14～16. 支气管 17. 肺动脉 18. 肺静脉

猫的右肺略比左肺大。右肺为四叶，即三个小的近端叶和一个大而扁平的远端叶（尾叶），三个近端叶只是部分分开，其中最前面的一个近端叶伸到食管下端的背部而进入纵隔，故可称为纵隔叶。左肺为三叶，其中靠头部的两个叶基部相连，故可认为左肺有一个单独的叶和两个不完全分开的叶。猫的肺全部重量约19g。左肺7.9g，右肺11.1g。肺全部肺泡展开后，其总面积可达7.2平方米（图6－2）。

二、肺的组织结构

肺的表面覆有一层浆膜（即胸膜脏层），浆膜由薄层疏松结缔组织和覆盖在表面的一层间皮所组成。在浆膜深面的结缔组织内，含有丰富的弹性纤维。结缔组织伸入肺内，构成肺的间质，其中有血管、淋巴管和神经等。肺的实质由肺内各级支气管和无数肺泡组成。

支气管由肺门进入肺内，反复分支，形成树枝状，称为支气管树。支气管分支再分支，统称为小支气管。小支气管分支到管径在1mm以下时，称为细支气管。细支气管再分支，管径到0.35～0.5mm时，称为终末细支气管。终末细支气管继续分支为呼吸性细支气管，管壁上出现散在的肺泡，开始有呼吸功能。呼吸性细支气管再分支为肺泡管，肺泡管再分为肺泡囊。肺泡管和肺泡囊的壁上有更多的肺泡。

每一细支气管分支所属的肺组织组成肺小叶（即次级肺小叶）（图6－5）。肺小叶呈大小不等的多面锥体形，锥顶朝向肺门，顶端的中心为细支气管，锥底向着肺表面，周围有薄层结缔组织与其他肺、小叶分隔，界限一般清晰可辨。临床上小叶性肺炎就是指肺小叶的病变。每一肺小叶包括若干个肺细叶（即初级肺小叶）。肺细叶是肺的功能单位，由每一呼吸性细支气管分支所属的肺组织组成，为肺的呼吸部。

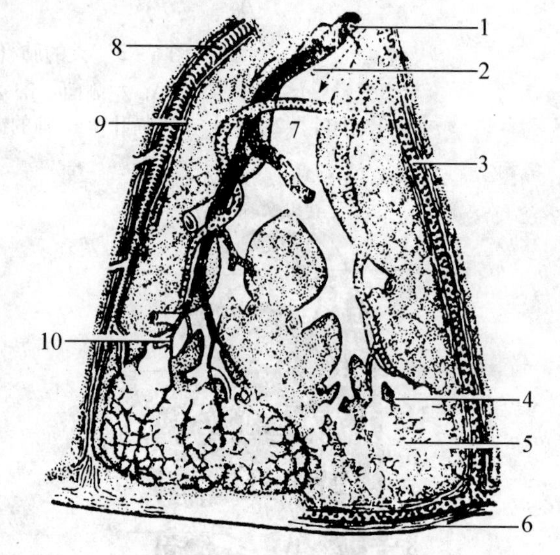

图6－5　一个肺小叶的模式图

（右侧省略了血管，左侧省略了淋巴管）

1. 肺动脉　2. 细支气管　3. 淋巴管　4. 肺泡管　5. 肺泡　6. 肺胸膜　7. 气道　8. 肺静脉　9. 小叶间隔　10. 呼吸性细支气管

（一）肺的导管部

肺的导管部是气体出入的通道，包括各级小支气管、细支气管和终末细支气管。它们的组织结构与气管、支气管基本相似，只是管径逐渐变小、管壁随之变薄，结构相继简化。其变化情况大致如下：

1. 黏膜

其厚度随支气管分支、管径变小而逐渐变薄。因软骨环逐渐变成软骨片，并逐渐减少消失，而平滑肌相对增加，当管腔缩小时，黏膜表面纵行皱褶也逐渐显著。

（1）上皮 绝大部分为假复层柱状纤毛上皮，柱状细胞之间的杯状细胞逐渐减少。到终末细支气管时，上皮变为单层柱状或立方纤毛上皮，杯状细胞已消失。

（2）固有膜 随支气管分支、管径变小而逐渐变薄。

（3）肌层 相当于消化管的黏膜肌层，肌纤维随支气管分支、管径变小而相对增多，由分散的平滑肌束逐渐形成一完整的环行肌层。

2. 黏膜下层

随支气管分支、管径变小而逐渐变薄，腺体数量也逐渐减少。到细支气管时，腺体已经消失。

3. 外膜

软骨成不规则的软骨片，数量也逐渐减少。到细支气管时，软骨完全消失。

综上所述，细支气管的组织结构基本与小支气管相似，只是管径变小，管壁变薄，腺体和软骨已经消失，平滑肌则相对地增多。到终末细支气管时，上皮变为单层柱状或立方纤毛上皮，杯状细胞已消失，平滑肌形成一完整的环行肌层。

从细支气管远段到终末细支气管，具有控制进入肺泡内气流量的作用。在某病理情况下，这部分管壁内的平滑肌发生痉挛性收缩时，加上黏膜水肿，可以导致管腔变窄，甚至阻塞，影响通气，从而发生呼吸困难。临床上常见的哮喘性疾病，即由此而发生。

（二）肺的呼吸部

肺的呼吸部包括呼吸性细支气管、肺泡管、肺泡囊和肺泡（图6-6）。

1. 呼吸性细支气管

是终末细支气管的分支，管壁结构也与终末细支气管相似。但因与肺泡通连，故上皮呈现移行性改变。即上段管壁仍为单层立方纤毛上皮，以后逐渐移行为单层立方上皮，纤毛消失，在接近肺泡开口处移行为单层扁平上皮。上皮下有薄层固有膜，内有弹性纤维和分散的平滑肌纤维。

2. 肺泡管

是呼吸性细支气管的分支，末端与肺泡囊相通，管壁因布满肺泡的开口，所以见不到完整管壁，仅看到轮廓。因固有膜内含有环行的平滑肌纤维和弹性纤维束，所以在切片中可以见到相邻肺泡间的肺泡隔边缘部形成膨大。

3. 肺泡囊

是数个肺泡共同开口的通道，即由数个肺泡围成的公共腔体，囊壁就是肺泡壁。此处肺泡隔内没有平滑肌纤维和弹性纤维束，其末端不形成膨大。

4. 肺泡

是气体交换的场所，呈半球状，一面开口于肺泡囊，肺泡管或呼吸性细支气管，另一面借肺泡隔与相邻肺泡连接。肺泡隔内有丰富的毛细血管网和少量的弹性纤维、网状纤维和胶原纤维。此外，在肺泡腔或肺泡隔内还有一种大而圆的吞噬细胞，称为隔细咆或尘细胞。肺泡富有弹性，可以缩小和扩张。在相邻肺泡之间借肺泡孔相通，有沟通和平衡相邻肺泡内气体的作用，但在感染情况下，微生物也可经此孔而扩散、蔓延。构成肺泡壁的上皮有以下两种细胞（图6-7）。

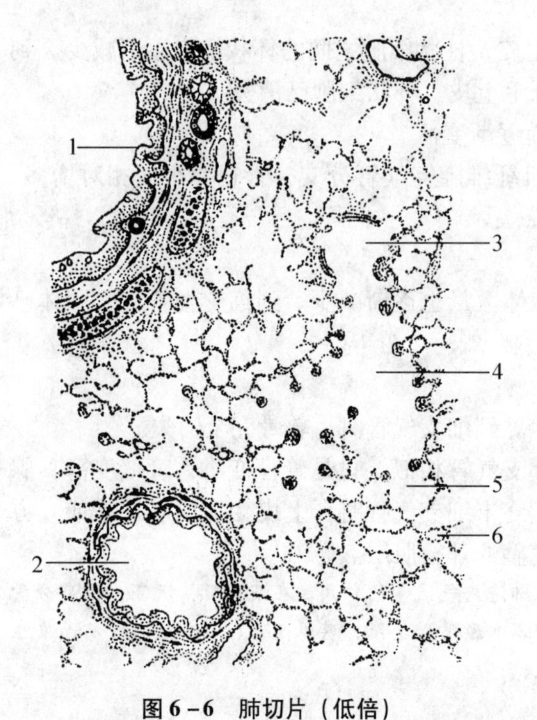

图 6-6　肺切片（低倍）

1. 支气管　2. 细支气管　3. 呼吸性细支气管　4. 肺泡管　5. 肺泡囊　6. 肺泡

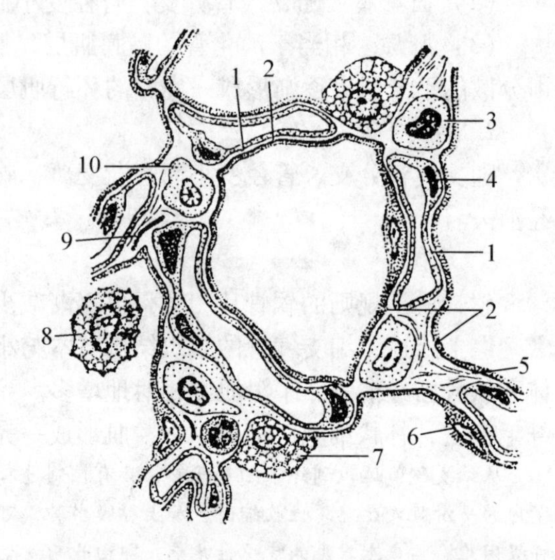

图 6-7　肺泡壁的细胞类型及细胞与基膜的关系

1. 毛细血管的基膜　2. 肺泡上皮的基膜　3. 单核细胞　4. 毛细血管内皮　5. 网状纤维　6. 肺泡扁平细胞　7. 分泌细胞　8. 尘细胞　9. 弹性纤维　10. 结缔组织细胞

（1）扁平细胞　在肺泡的内表面形成一连续性的上皮层。细胞呈扁平状，核椭圆形，稍突入于肺泡腔内。在扁平细胞和邻近毛细血管内皮细胞之间各有一层基膜。因此，肺泡和血液间的气体交换，必须经过肺泡上皮、上皮的基膜、血管内皮的基膜和血管内皮等四层结构。上述这些结构，即构成生理学上所说的气血屏障，是气体交换所必须通过的薄层结构。

（2）分泌细胞　与扁平细胞共同构成肺泡壁上皮。细胞一般呈球状或立方形，稍突入肺泡腔内，胞核圆形，染色较浅。这种细胞具有分泌功能，其分泌物排入肺泡腔内，在扁平细胞表面形成一层薄膜状结构，称为表面活性物质（属脂蛋白），具有降低肺泡表面张力、维持肺泡形状，在肺泡呼气之末不致完全塌陷等作用。

三、肺的血管、淋巴管和神经

（一）肺的血管

肺的血管有两类：一类为完成气体交换的肺动、静脉（属功能血管），另一类为营养肺的支气管动、静脉（属营养血管）。

1. 肺动脉和静脉

肺动脉为大动脉，内含静脉血，从右心室出发，经肺门进入肺内，与支气管伴行，并随支气管分支而分支，最后形成包围在肺泡周围的毛细血管网，与肺泡内的气体进行交换，使静脉血变成动脉血（含氧较多的血液）。由毛细血管网汇集成小静脉，再逐渐汇合成肺静脉。肺静脉在肺内并不与肺动脉伴行，直至形成较大的肺静脉时，方才与肺动脉及支气管伴行，最后经肺门出肺，进入左心房。

2. 支气管动脉和静脉

支气管动脉为胸主动脉的分支，经肺门进入肺内，也与支气管伴行，沿途形成毛细血管网，营养各级支气管、肺动脉，肺静脉，小叶间结缔组织和肺胸膜等。支气管静脉犬汇注于奇静脉。

（二）淋巴管

肺的淋巴管极为丰富。浅层在肺胸腔内形成淋巴管网，然后汇成几条主要淋巴管，注入肺门淋巴结。深层位于肺组织深部，在肺泡管处形成淋巴管网，先形成几条淋巴管，包绕支气管、肺动脉和肺静脉，然后汇成若干主干，注入肺门淋巴结。

（三）肺的神经

肺的运动神经纤维来自迷走神经的副交感神经和交感神经，在肺门处形成肺神经丛，尔后随支气管和肺血管分支，分布于支气管的平滑肌、腺体和血管平滑肌，副交感神经兴奋时，使支气管的平滑肌收缩，腺体分泌，血管的平滑肌松弛，交感神经兴奋时，作用相反。

肺的感觉神经末梢分布于肺胸膜和支气管黏膜，传入纤维通过肺神经丛到迷走神经，进入中枢。

第三节　胸膜和纵隔

一、胸膜

胸膜（图6－8）为一层光滑的浆膜，分别覆盖在肺的表面和衬贴于胸腔壁的内面。前者称为胸膜脏层或肺胸膜，后者称为胸膜壁层。壁层按部位又分衬贴于胸腔侧壁的肋胸膜、膈胸腔面的膈胸膜以及参与构成纵隔的纵隔胸膜。胸膜壁层和脏层在肺根处互相移行，共同围成两个胸膜腔。左、右胸膜腔被纵隔分开，腔内为负压，使两层胸膜紧密相贴，在呼吸运动时，肺可随着胸壁和膈的运动而扩张或回缩。胸膜腔内有胸膜分泌的少量浆液，称为胸膜液，有减少呼吸时两层胸膜摩擦的作用。

二、纵隔

纵隔位于左、右胸膜腔之间，由两侧的纵隔胸膜以及夹于其间的器官和结缔组织所构成。参与构成纵隔的器官有心脏和心包、胸腺（在幼畜）、食管、气管、出入心脏的大血管（除后腔静脉外）、神经（除右膈神经外）、胸导管以及淋巴结等，它们彼此借结缔组织相连。

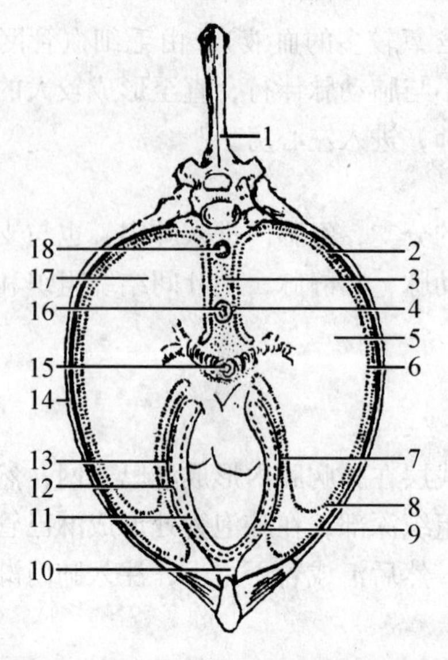

图 6-8　胸腔横断面（示胸膜、胸膜腔）

1. 胸椎　2. 肋胸膜　3. 纵隔　4. 纵隔胸膜
5. 左肺　6. 肺胸膜　7. 心包胸膜　8. 胸膜腔
9. 心包腔　10. 胸骨心包韧带　11. 心包浆膜脏层
12. 心包浆膜壁层　13. 心包纤维层　14. 肋骨
15. 气管　16. 食管　17. 右肺　18. 主动脉

纵隔在心脏所在的部分，称为心纵隔，在心脏之前和之后的部分，分别称为心前纵隔和心后纵隔。

杨兴东（周口农业职业学院）

第七章 泌尿系统

泌尿系统（图7－1）包括肾、输尿管、膀胱和尿道。肾是生成尿液的器官。输尿管为输送尿液入膀胱的通道。膀胱为暂时贮存尿液的器官；尿道是尿液排出体外的管道。

泌尿系统是机体最重要的排泄系统。机体在代谢过程中产生的许多废物和多余的水分，特别是蛋白质的分解产物，经血液循环到肾，在肾内形成尿液后，再经排尿管道排出体外。同时肾脏还是调节体液、维持电解质平衡的器官。如果泌尿系统的功能发生障碍，代谢产物则蓄积于体液中，改变体液的理化性质，破坏体内环境的相对恒定，从而影响机体新陈代谢的正常进行，严重时可危及生命。

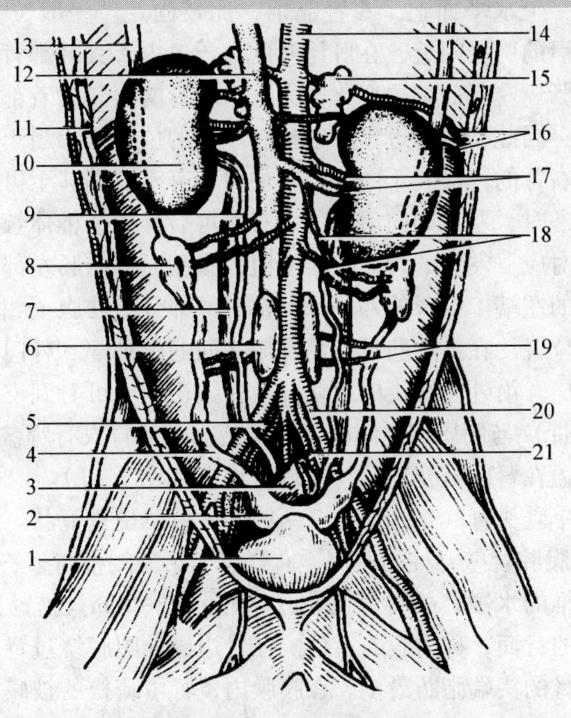

图7－1 雌犬的泌尿生殖器官

1. 膀胱 2. 子宫体 3. 直肠 4. 子宫角 5. 髂总静脉 6. 髂内淋巴结 7. 腰大肌 8. 卵巢 9. 输尿管 10. 右肾 11. 肠系膜后动脉 12. 后腔静脉 13. 子宫悬韧带 14. 腹主动脉 15. 肾上腺 16. 左膈腹动脉、静脉 17. 左肾动脉、静脉 18. 子宫卵巢动脉、静脉 19. 旋髂深动脉、静脉 20. 髂外动脉 21. 骶中动脉

第一节 肾

肾（图7-1）为实质性器官。位于腹腔上部，腰椎腹侧，左右各一，其形态和位置因动物种类不同而异。营养良好的动物肾周围包有脂肪，形成肾脂肪囊。肾的内侧缘凹入称肾门，是输尿管、血管，淋巴管和神经出入之处。肾门向内通肾窦，肾窦是由肾实质围成的腔隙。肾的表面包有一层很厚的纤维膜，称为被膜，正常情况下容易剥离。

肾的实质由多数肾叶构成。每个肾叶分为表面的皮质部和深层的髓质部。皮质部因富于血管，新鲜标本呈红褐色，有许多细小颗粒状的肾小体。髓质部色较淡，由许多肾小管构成髓线，髓质部呈圆锥形，称肾锥体，其末端形成肾乳头与肾盏或肾盂相对。

各种动物由于肾叶联合的程度不同，可分为：有沟多乳头肾，这种肾仅肾叶中间部分合并，肾表面有沟，内部有分离的乳头，如牛肾；平滑多乳头肾，肾叶的皮质部完全合并，但内部仍有单独存在的乳头，如猪肾；平滑单乳头肾，肾叶的皮质部和髓质部完全合并，肾乳头也连成嵴状，如犬肾、马肾和羊肾。

犬的肾（图7-2）比较大，重量约50～60g，占体重的0.5%～0.6%。两肾均呈蚕豆形，表面光滑，属光滑单乳头肾。肾的背腹径较厚，腹侧面呈圆形隆凸，背侧面隆凸度较小。两肾的位置不在一个水平面上，右肾靠前，比较固定。一般位于第三腰椎椎体的下方，有的向前可达最后的胸椎附近，在肝尾叶的深压迹内。其后部背侧接腰下肌，腹侧接胰腺的右支和十二指肠。左肾的位置变化较大。由于肾的腹膜附着部比较松弛，而且受胃容积变化的影响较大，因此，当胃近于空虚时，左肾的位置可相当于第三或第四腰椎椎体的部位，其前端可与右肾的肾门处于同一水平位置，有时前端甚至可达第一腰椎后端的部位。当胃处于充满状态时，左肾则向后移位，有时可后移一个椎体长的距离。这样左肾的前端约与右肾后端相对应。左肾的背面接腰下肌，腹侧面接结肠左部，外侧缘接脾和左肋腹壁，前端接胃及胰的左端。左肾的外侧缘经常有一部分与肋腹壁相接触，在活体上，可在皮外用手触知，其位置约在最后肋骨与髂骨嵴之间的中央部。肾门位于肾内侧缘的中央部，向内凹陷比较宽广。沿外侧缘正中线切开，在纵切面上可看到皮质部和髓质部，而且皮质部的中间带（界带）与髓质部之间的分界清楚。犬的肾没有肾盏。肾盂的形状与髓质部的形状相适应。肾盂在肾门处变窄，与输尿管相接（图7-1）。

猫的肾也是光滑单乳头肾（图7-3、7-4、7-5），呈蚕豆状。猫两肾重量约为体重的0.34%，两肾位于腹腔背壁脊柱的两侧。右肾位于第二腰椎与第三腰椎之间，左肾相当于第三腰椎与第四腰椎的水平，故右肾比左肾略靠前1～2cm。猫肾只有在腹面被腹膜覆盖，即腹膜不包围肾的背面，称为腹膜后位。在肾边缘处腹膜绕过肾脏而达体壁。肾脏边缘常有脂肪堆积，以肾的头端脂肪最多。在腹膜内，肾由疏松的被膜完全包围着。该膜与输尿管及肾盂的纤维层相延续。被膜内可见有丰富的被膜静脉。被膜静脉是猫肾的独有特征。在肾腹面的被膜内，可见从肾门向内呈放射状的沟，其中含有血管。如果从肾腹面平行地切去部分肾实质，可见一空腔，称肾窦。肾窦包括肾盂、肾血管及其分支。肾盂中常有大量的脂肪充塞。肾实质呈圆锥状指向肾乳头。肾乳头顶端是无数尿收集管的开口。从肾腹面正中作一纵切面（图7-2），可见肾实质的外周皮质部颜色较深，中央髓质部色浅。皮质部及髓质部被向乳头顶部汇集的线区分开。

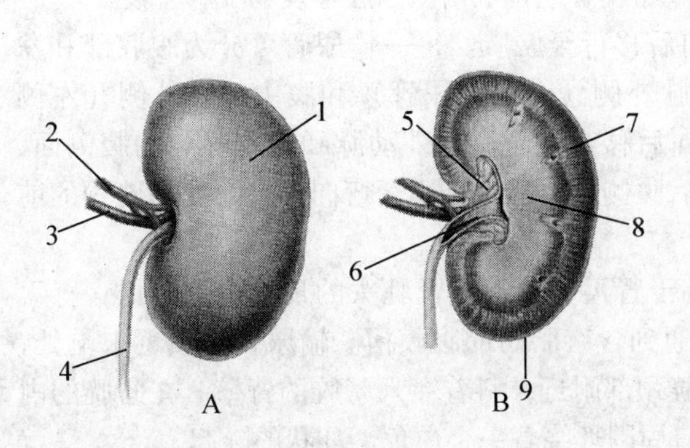

图 7–2 犬的肾

A. 肾外形 B. 肾剖面

1. 肾 2. 肾动脉 3. 肾静脉 4. 输尿管 5. 肾窦内的脂肪 6. 肾盂 7. 肾皮质 8. 肾髓质 9. 外膜

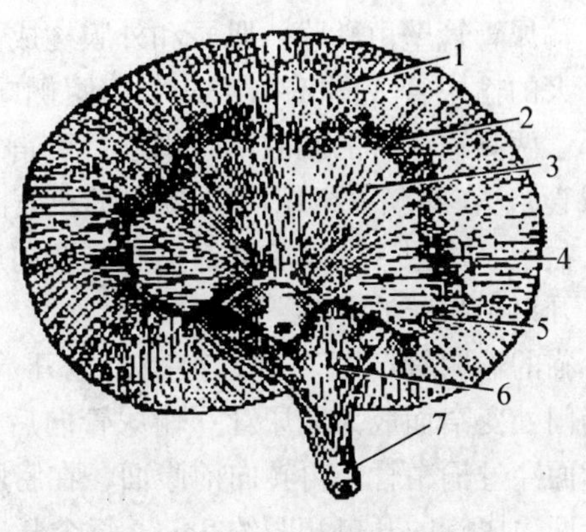

图 7–3 猫肾剖面

1. 皮质部 2. 中间带 3. 髓质部 4. 肾乳头 5. 筛区 6. 肾盂 7. 输尿管

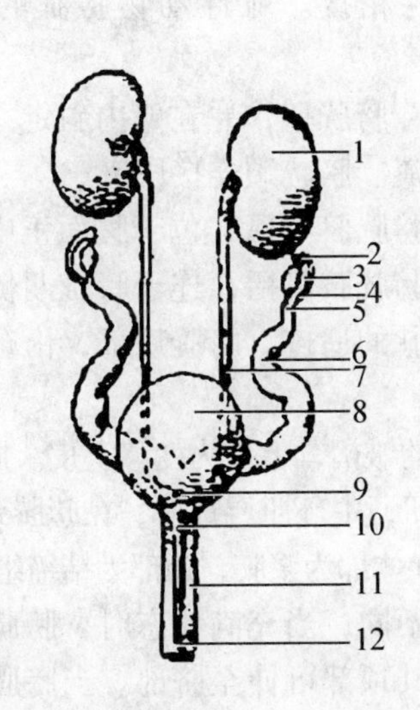

图 7–4 雌猫的泌尿生殖系统

1. 肾 2. 输卵管喇叭口 3. 卵巢伞 4. 输卵管 5. 卵巢 6. 子宫角 7. 输尿管 8. 膀胱 9. 子宫体 10. 尿道 11. 阴道 12. 尿殖窦

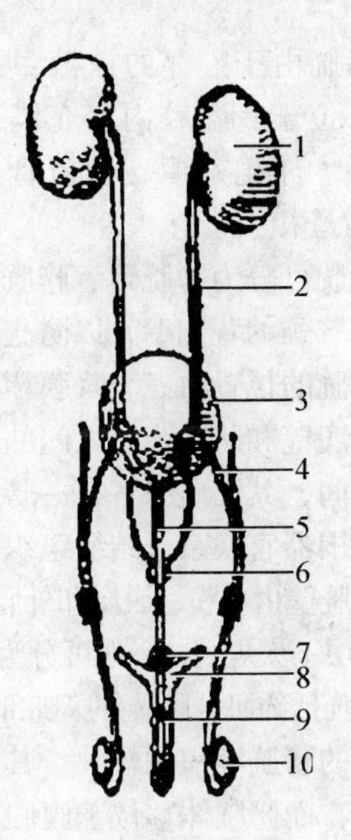

图 7–5 雄猫的泌尿生殖系统

1. 肾 2. 输尿管 3. 膀胱 4. 输精管 5. 尿道 6. 前列腺 7. 尿道球腺 8. 阴茎脚 9. 阴茎体 10. 睾丸

第二节 输尿管、膀胱和尿道

一、输尿管

输尿管起于肾盂，出肾门后，沿腹腔顶壁向后伸延（左侧输尿管在腹主动脉的外侧，右侧输尿管在后腔静脉的外侧)，横过髂内动脉的腹侧进入骨盆腔。

输尿管管壁由黏膜，肌层和外膜构成。黏膜有纵行皱褶。黏膜上皮为变移上皮。

犬的输尿管（图7－1）从肾门腹侧向后移行至膀胱。每一输尿管可分为腹腔部和盆腔部。两侧输尿管的腹腔部分别于后腔静脉外侧（右侧输尿管）和腹主动脉外侧（左侧输尿管)，在腹膜下组织内沿腰小肌表面向后移行，越过髂外动脉和髂总静脉的腹侧面，进入盆腔。输尿管的盆腔部沿盆腔侧壁向后腹侧方向移行，逐渐弯向中央，在膀胱颈的前方，开口于膀胱的背侧壁。

猫的输尿管（图7－4、7－5）也开端于肾盂。尿液从肾乳头的顶端进入肾盂，肾盂在肾门处变窄而成为输尿管。输尿管向后通到含有脂肪的腹膜褶。输尿管在接近末端处，向背面穿过输精管，再转向前腹面，在膀胱颈部附近，斜着穿入膀胱的背壁。在膀胱的内侧，两输尿管的开口相距约5cm，每个开口周围环绕着一个白色、环状的隆起。

二、膀胱

膀胱由于贮存的尿液量不同，其形状，大小和位置亦有变化。膀胱空虚时，呈梨状，位于骨盆腔内。充满尿液的膀胱，前端可突入腹腔内。雄性动物膀胱的背侧与直肠、尿生殖褶、输精管末端、精囊腺和前列腺相接。雌性动物膀胱的背侧与子宫及阴道相接。

膀胱可分为膀胱顶、膀胱体和膀胱颈。输尿管斜穿膀胱壁，并在壁内斜走一段，再开口于膀胱颈的背侧壁，以防止尿液自膀胱向输尿管逆流。膀胱颈连接尿道。

膀胱的位置由三个浆膜褶来固定。膀胱中韧带或膀胱脐中褶，位于腹面正中，是连于骨盆腔底壁和膀胱腹侧之间的腹膜褶。膀胱侧韧带或膀胱脐侧褶，连于膀胱两侧与骨盆腔侧壁之间，其游离缘各有一膀胱圆韧带，为胎儿脐动脉的遗迹。膀胱后部，由疏松结缔组织与周围器官联系，结缔组织内常有多量脂肪。

膀胱壁由黏膜、肌层和外膜构成，黏膜形成不规则的皱褶，上皮为变移上皮。肌层为平滑肌，分层不太规则，一般可分为内纵肌、中环肌和外纵肌，中环肌层最厚，在膀胱颈部，肌层形成膀胱括约肌。膀胱外膜随部位不同而异，膀胱顶部和体部为浆膜，颈部为结缔组织外膜。

犬的膀胱容积比较大。其大小和位置因贮尿量而不同，当充满状态时，膀胱颈在耻骨前缘处，而膀胱体移位于腹腔；若使膀胱充分膨胀，其顶部可伸至脐部。当膀胱空虚或缩小时，则全部退入骨盆腔内。膀胱表面全部被腹膜覆盖。

猫的膀胱呈梨形（图7－4、7－5)，位于腹腔后方，直肠的腹面，与耻骨联合相距很近。膀胱由三条腹膜褶所悬挂，腹面的一条是从膀胱的腹壁穿到腹白线的下面，称悬韧带，侧面一对称侧韧带，它们各自从膀胱两侧穿过直肠两侧而到达背体壁。

三、尿道

有关内容见生殖系统。

第三节　肾的组织结构

肾实质主要由许多弯曲的肾小管组成。各小管之间，有极少量的结缔组织及丰富的毛细血管网。肾的表面有一层由致密结缔组织构成的被膜，其中含有弹性纤维。

肾小管可分为泌尿部与排尿部两段，这两部是互相连续的。

肾小管（图7－6）是一条细长而弯曲的上皮管，其起始端形成双层漏斗样膨大，与毛细血管网共同形成肾小体，肾小体延接为弯曲的近曲小管，弯曲行走于肾小体附近。近曲小管自皮质沿髓放线向下直行进入髓质，管径逐渐变细，此段小管称为髓袢降支，髓升降支在髓质折转成袢，又返向皮质，管径稍变粗称髓袢升支。髓袢升支返回皮质后，管径增粗，弯曲行走于肾小体附近，称为远曲小管。远曲小管末端伸向髓放线汇合于集合管。集合管沿髓放线自皮质入髓质，末端汇入乳头管，开口于肾总乳头上，与肾盂相对。

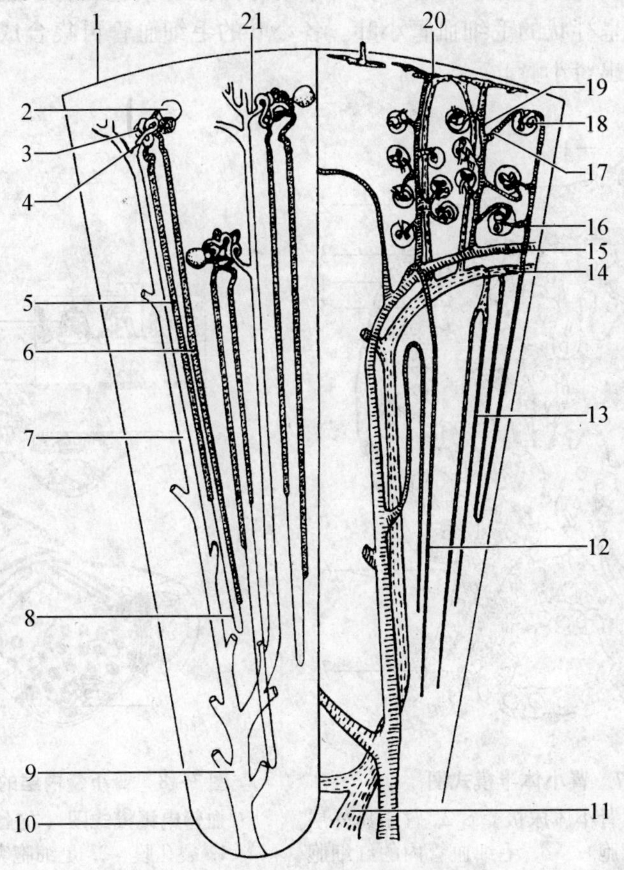

图7－6　肾结构示意图

1. 被膜　2. 肾小囊　3. 近曲小管　4. 远曲小管　5. 近端小管直部　6. 远端小管直部　7. 集合小管　8. 细段　9. 乳头管　10. 肾乳头　11. 叶间静脉　12. 直小动脉　13. 直小静脉　14. 弓形静脉　15. 弓形动脉　16. 出球微动脉　17. 入球微动脉　18. 血管球　19. 小叶间动脉　20. 被膜下血管丛　21. 集合小管

一、泌尿部

泌尿部又称肾单位，是一个功能单位。肾单位包括肾小体、近曲小管，髓袢降支及升支和远曲小管。

（一）肾小体

肾小体分布于皮质小叶内，由肾小球和肾小体两部分组成。肾小体呈圆形或椭圆形，直径约120μm。近髓质部肾小体的体积较大。每个肾小体的一侧，都有一血管极，是肾小球血管出入处。血管极的对侧叫尿极，是肾小囊延接近曲小管处。

1. 肾小球

肾小球（图7-7），由一团毛细血管网组成，周围有肾小囊包裹，为一过滤装置。肾动脉在肾内反复分支形成入球小动脉。输入小动脉由血管极进入肾小囊内，分成数支，每支再继续分成若干呈袢状的毛细血管小叶。各小叶的毛细血管再集合成数支，汇合成出球小动脉，由血管极出肾小囊。

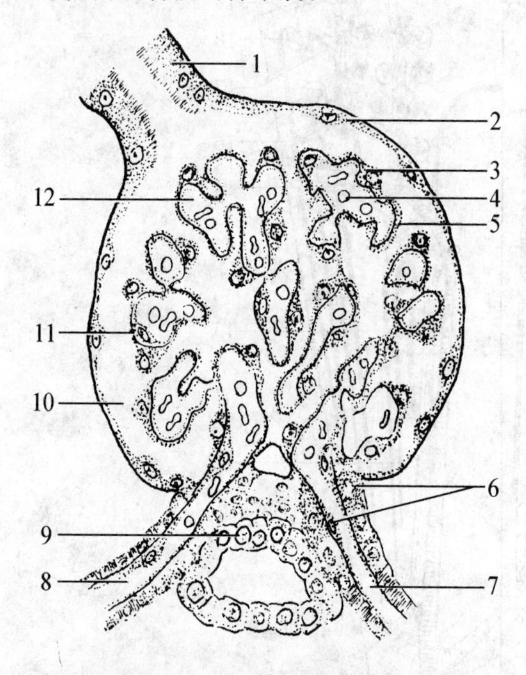

图7-7　肾小体半模式图

1. 近端小管起始部（肾小体尿极）　2. 肾小囊外层　3. 肾小囊内层（足细胞）　4. 毛细血管内的红细胞　5. 基膜　6. 肾小球旁细胞　7. 入球微动脉　8. 出球微动脉　9. 远端小管上的致密斑　10. 肾小囊腔　11. 毛细血管内皮　12. 血管球毛细血管

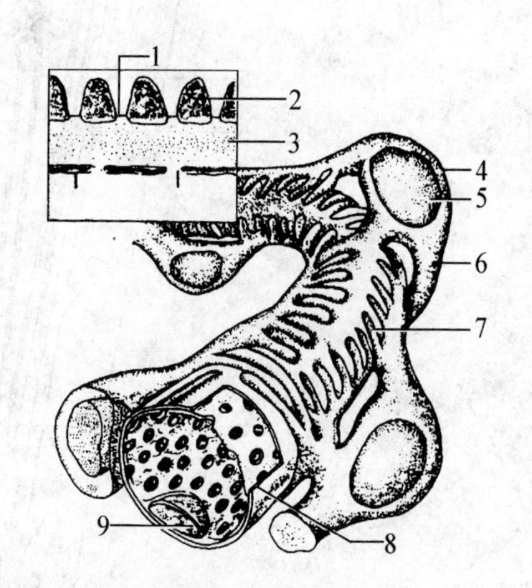

图7-8　肾小囊内层的足细胞与血管球毛细血管电镜模式图（左上：滤过屏障示意图）

1. 裂孔膜　2. 足细胞突起　3. 基膜　4. 足细胞　5. 足细胞核　6. 足细胞的初级突起　7. 足细胞的次级突起　8. 基膜　9. 内皮细胞核

毛细血管的内皮细胞虽扁平梭形，核大而向血管腔凸出，核的周围包有一层极薄的胞浆，并向两侧延伸。电镜下观察，可见细胞上有许多圆形小孔，直径约500～1 000Å。小孔排列整齐，呈筛状（有人认为小孔并非真正的孔，该处仍有一层极薄的隔膜，是由细胞膜外层延续而来）。在毛细血管的内皮细胞下，有一薄层基膜分布（图7-9）。入球小动脉的管径一般较出球小动脉粗大，但在肾的不同部位，管径的大小不一致。当血液流过肾小球时，毛细血管的血压略高，以致血液中的某些成分如水、糖类、无机盐及代谢产物（如尿素、尿酸）等，均可不断地从肾小球毛细血管内滤出，进入肾小囊，形成原尿。

2. 肾小囊

肾小囊（图7-7、7-8）是肾小管起始端膨大凹陷形成的双层杯状囊，囊内容纳肾小球。肾小囊的囊壁分内、外两层，两层间有一狭窄的腔隙，称为囊腔。囊腔内含有肾小球滤出的原尿。

囊壁外层由单层扁平上皮细胞构成。细胞界限较清楚，上皮下有一薄的基膜。

囊壁内层由一层多突的单层扁平细胞——足细胞构成。足细胞与肾小球毛细血管内皮下的基膜紧贴。电镜下，可见足细胞伸出一些大突起。大突起上又有许多小突起。小突起交错排列在基膜上。小突起之间有一定的裂隙。突起上有小的芽孢状结构。足细胞是重要的过滤装置，通过足细胞小突起的胀大或收缩来调节突起间裂隙的大小，控制滤液分子的通过。另外有人认为足细胞小突起间的裂隙处，有一层薄膜称裂隙膜。

（二）近曲小管

近曲小管（图7-9、7-10）在肾小体的尿极处接肾小囊，是肾小管中最长最弯曲的一段，盘绕在肾小体附近。

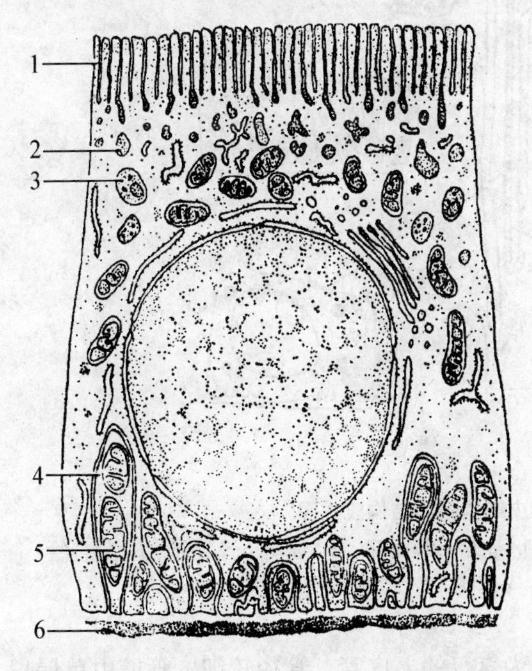

图7-9 近曲小管上皮细胞的电子显微镜模式图

1. 微绒毛 2. 吞噬小泡 3. 溶酶体 4. 与相邻细胞的侧突形成的“交错对插” 5. 线粒体 6. 基膜

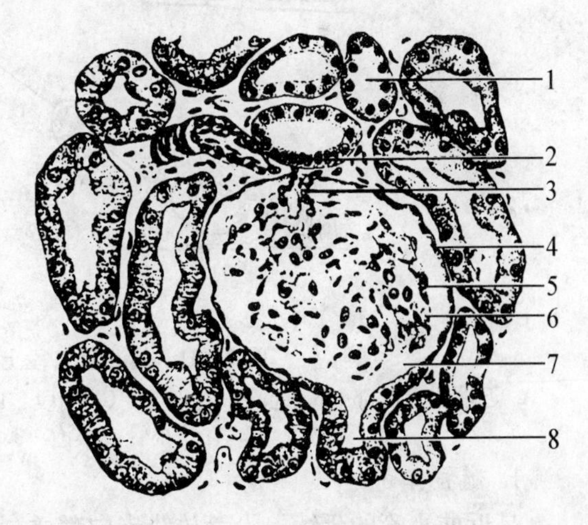

图7-10 肾皮质切面（高倍镜观）

1. 远曲小管 2. 致密斑 3. 血管极 4. 肾小囊壁层 5. 足细胞 6. 毛细血管 7. 肾小囊腔 8. 近曲小管

近曲小管的管径较粗，管腔不规则。管壁的上皮细胞呈锥形，细胞界限不清。细胞的游离面有明显的刷毛缘，细胞的基底部显纵纹。纵纹是细胞基底面的细胞膜凹陷，与相邻细胞的侧突交错对插，构成双层膜样结构。它和细胞的线粒体相间排列，以致呈现光镜下的纵纹，与钠离子的转移有关。

电镜下，刷毛缘是由无数紧密排列的微绒毛构成。可增加细胞的吸收面积。

近曲小管的上皮细胞内含有多种酶，对细胞的生物氧化、物质代谢、重吸收和分泌活动有关。曲小管重吸收能力最大，原尿经过近曲小管时，85%以上的水分、全部的糖类和氨基酸以及部分无机盐被细胞重吸收回到血液中。还有某些大分子物质，不能由肾小体滤出，可经近曲小管的细胞分泌进入尿液。

（三）髓袢

可区分为升支和降支（图 7－11）。

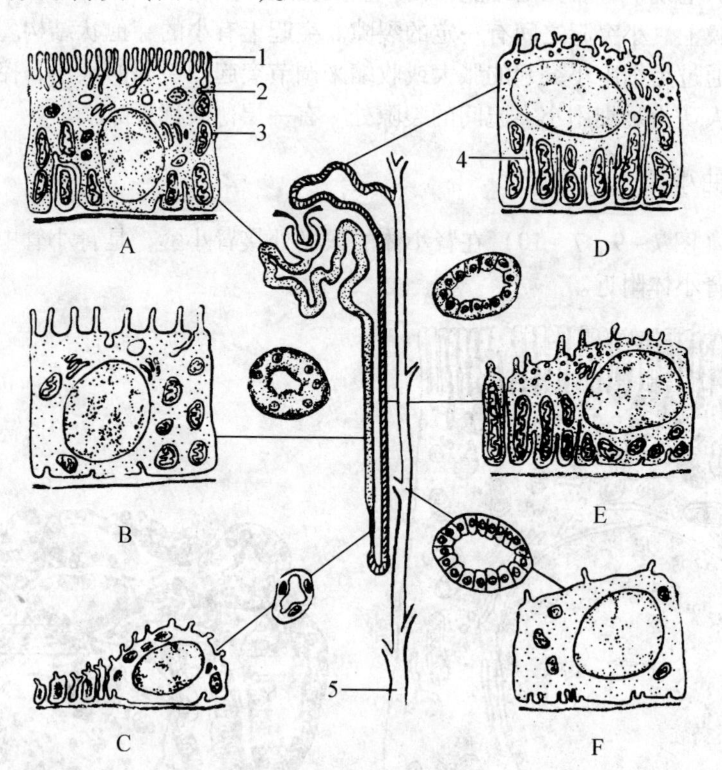

图 7－11　肾小管各段上皮细胞超微结构模式图

A. 近端小管曲部　B. 近端小管直部　C. 细段　D. 远端小管曲部　E. 远端小管直部　F. 集合管
1. 微绒毛　2. 吞饮小管或小泡　3. 线粒体　4. 胞膜内褶　5. 乳头管

1. 髓袢降支

是近曲小管的延续，沿髓放线走向髓质，为直行的上皮管，管径较细。管壁由单层扁平上皮组成。刷毛缘消失。核呈椭圆形，突向管腔。

降支主要功能是重吸收钠和少量水分。

2. 髓袢升支

自髓质沿髓放线返回皮质，到肾小体附近，延续为远曲小管。升支管径较降支粗，由单层立方上皮构成。细胞界限不太明显。

升支主要功能是重吸收钠。

（四）远曲小管

远曲小管（图7－10）与升支的末端相连。较短，弯曲分布于肾小体附近。管径虽较近曲小管细，但管腔大而明显，上皮为低柱状或立方上皮。细胞界限清晰，排列紧密。胞核呈圆形，位于细胞的中央。在普通光学显微镜下，见不到刷毛缘。电镜下，可见到细胞游离面有短而少的微绒毛。远曲小管可重吸收钠和少量水分。

二、排尿部

排尿部包括集合管和乳头管。

（一）集合管

集合管（图7－12）由数条远曲小管汇合而成，自皮质沿髓放线直行入髓质。管壁上皮为单层立方上皮，细胞界限明显。核圆形，着色较深，位于细胞中央。较大的集合管壁上皮为单层柱状上皮。集合管有浓缩尿液的作用，可重吸收水分和钠。因此将集合管列入排尿部似乎与其功能不符。

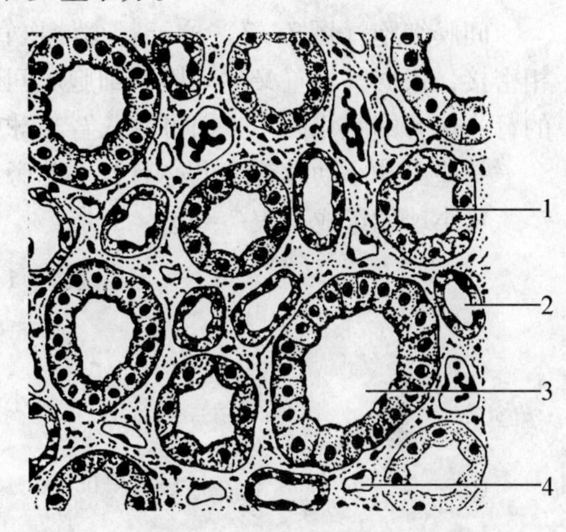

图7－12　肾髓质

1. 远端小管直部　2. 细段　3. 集合小管
4. 毛细血管

（二）乳头管

乳头管是位于肾乳头部较粗的排尿管，由集合管汇集而成。管壁上皮由单层高柱状过渡为复层柱状，靠近肾乳头的开口处，上皮转为变移上皮。

三、肾小球旁复合体

肾小球旁复合体（图7－7），是指位于肾小体血管极附近的一些结构的总称。一般包括三种结构，入球小动脉的肾小球旁细胞、远曲小管的致密斑和间膜细胞。它们位于肾小体血管的三角区内，输入小动脉和输出小动脉分别形成三角区的两个边，远曲小管致密斑构成三角区的底。

（一）肾小球旁细胞

在入球小动脉进入肾小囊处，动脉管壁中膜的平滑肌细胞变肥大，细胞呈球形，胞质内含有许多分泌颗粒。此种发生变化的平滑肌细胞叫肾小球旁细胞（图7－6）。

分泌颗粒圆而大，颗粒内含有肾素。肾素可引起动物体血压增高。

（二）致密斑

远曲小管的起始段，在接近肾小体输入小动脉的一侧，其上皮细胞的形态由低柱状变成细长的高柱状细胞，结构上也与管壁其他部位的细胞不同（图7－6）。致密斑细胞能分泌肾素。另外，有人认为致密斑是化学感受器，可感受远曲小管内液体的容量和浓度，并能对肾小球旁细胞分泌肾素起调节作用。

（三）间膜细胞

间膜细胞（图7－7）位于肾小体血管极的三角区内，与肾小球旁复合体的其他成分相密接，根据其位置又称为极垫细胞。间膜细胞内也含有一些颗粒，被认为与输入小动脉的肾小球旁细胞相同。它们可进入肾小球内毛细血管之间，构成肾小球内的间膜细胞。

一些出球小动脉管壁上亦有肾小球旁细胞，与入球小动脉的基本相似。

肾小球的组成见表7－1。

表7－1　肾小球的组成

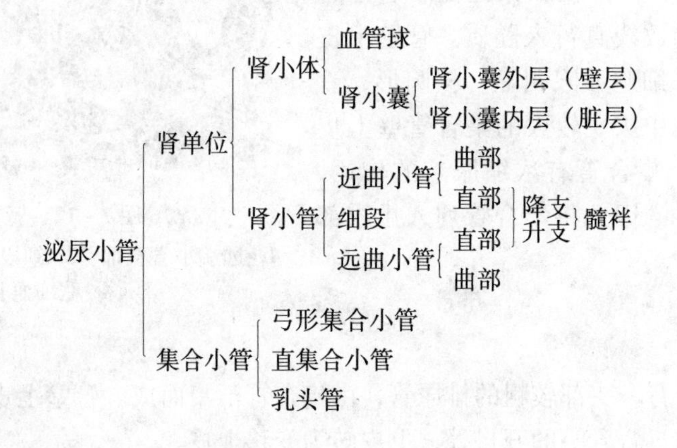

四、肾的血液循环

肾动脉由肾门入肾后，分支走在肾锥体之间，称为叶间动脉。叶间动脉在皮质与髓质交界处的分支，称弓形动脉，该动脉与肾表面平行。弓形动脉有许多分支，其中与肾表面呈垂直方向的分支叫小叶间动脉。小叶间动脉除有小支营养被膜外，主要向周围分出入球小动脉，进入肾小囊，形成肾小球动脉毛细血管网，再集合成出球小动脉。这种动脉间的毛细血管是肾内血液循环的特点。皮质外周部分的出球小动脉离开肾小囊后，又分支形成毛细血管，分布于皮质肾小管之间，也是肾内血液循环的特点。靠近髓质部的出球小动脉离开肾小球后，走向髓质，与由弓状动脉和小叶间动脉直接向髓质分出的小动脉统称为直小动脉。由直小动脉分支形成毛细血管网，分布于髓质的肾小管之间。

被膜的毛细血管，在被膜下汇集成星状静脉进入皮质后，再汇入小叶间静脉，后者与小叶间动脉并行。皮质的小叶间静脉与髓质的直小静脉都汇入弓形静脉，弓形静脉汇合成叶间静脉，后者在肾门处汇集成肾静脉经肾门出肾。

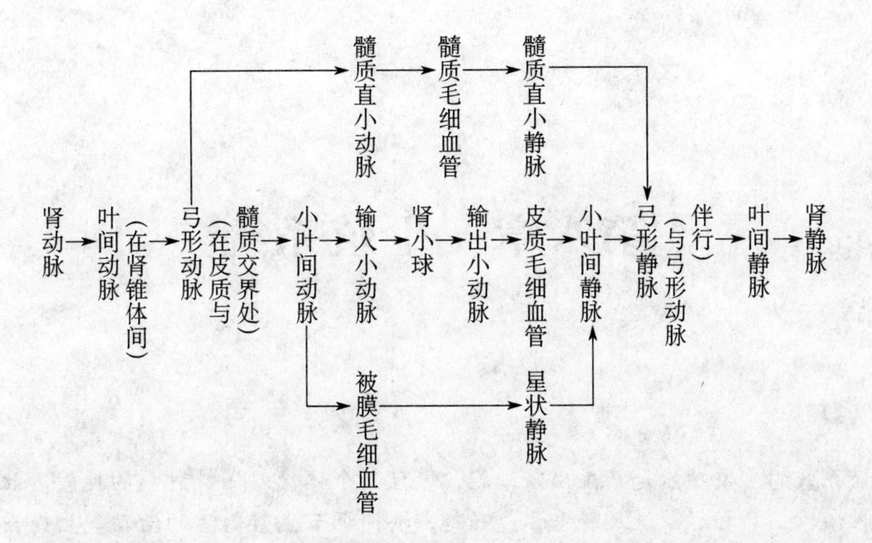

杨兴东（周口农业职业学院）

第八章　生殖系统

生殖系统的主要功能是产生生殖细胞，繁殖新个体，以保持种族的延续。此外，还可分泌性激素，与神经系统及脑垂体等一起，共同调节生殖器官的活动。生殖系统可分雄性生殖器官和雌性生殖器官。

第一节　雌性生殖器官

雌性生殖器官由生殖腺（卵巢）、生殖管（输卵管和子宫）、交配器官和产道（阴道、尿生殖前庭和阴门）组成。卵巢是产生卵子和分泌雌性激素的器官。输卵管是输送卵子和受精的管道。子宫是胎儿发育和娩出的器官。卵巢，输卵管，子宫和阴道为内生殖器官。尿生殖前庭和阴门为外生殖器官。此外，乳腺也与生殖机能有密切关系。

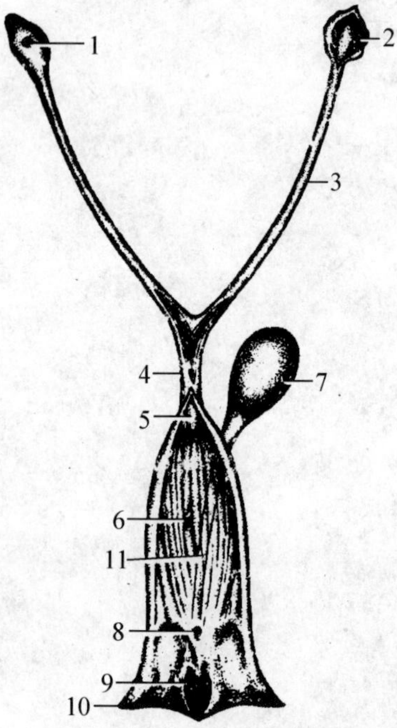

图 8－1　雌犬的生殖器官

1. 卵巢囊　2. 切开的卵巢囊　3. 子宫角　4. 子宫体　5. 子宫颈　6. 阴道　7. 膀胱　8. 尿道外口　9. 阴蒂　10. 阴唇　11. 尿道

一、雌性生殖器官的形态构造

（一）卵巢

卵巢为雌性生殖器官的主要器官，其形状和大小因动物种类、个体、年龄及性周期而异。卵巢由卵巢系膜附着于腰下部。卵巢的子宫端借卵巢固有韧带与子宫角的末端相连。在卵巢系膜的附着缘缺腹膜，神经和脉管由此出入卵巢，此处称为卵巢门。卵巢没有专门排卵的管道，成熟的卵泡破裂时，卵细胞直接从卵巢表面排出。

犬的卵巢（图 8－1）比较小，呈长卵圆形，稍扁平，平均长度约 2cm。每个卵巢的位置，距同侧肾脏的后端 1～2cm或紧相邻，在第 3 或第 4 腰椎的腹侧，或在最后肋骨与髂骨嵴之间的中央部。右侧卵巢在十二指肠的右部与外侧腹壁之间。左侧卵巢的外侧邻接脾脏。每个卵巢都隐藏在一个腹膜囊内，并含有适量的脂肪和平滑肌，囊的腹侧面有一裂口，囊壁由两层浆膜构成，含有适量的脂肪和平滑肌。浆膜伸延到子宫角，形成输卵管系膜和卵巢固有韧带。卵巢内含有卵泡，因此在卵巢表面生成许多隆凸，有许多卵泡含有数个卵子，但缺少明显的卵巢门。

猫的每个卵巢长度约1cm，宽约0.3～0.5cm。一对卵巢的重量为1.2g，其表面可见许多突出的白色小囊。卵巢由子宫阔韧带及卵巢韧带所固定，卵巢横卧在由阔韧带所形成的短的卵巢囊内。

（二）输卵管

输卵管是一对细长而弯曲的管道，位于卵巢和子宫角之间，有输送卵细胞的作用，同时也是卵细胞受精的场所。输卵管为子宫阔韧带外层分出的输卵管系膜所固定。输卵管系膜与卵巢固有韧带之间形成卵巢囊。

输卵管可分漏斗部、壶腹部和峡部三段：

1. 漏斗部

为输卵管起始膨大的部分，其大小因动物种类和年龄不同而有不同。漏斗的边缘有许多不规则的皱褶，称输卵管伞。漏斗的中央有一个小的开口通腹膜腔，称输卵管腹腔口。

2. 壶腹部

较长，为位于漏斗部和峡部之间的膨大部分，壁薄而弯曲，黏膜形成复杂的皱褶。

3. 峡部

位于壶腹部之后，较短，细而直，管壁较厚。末端以小的输卵管子宫口与子宫角相通。

犬的输卵管（图8－1）比较短，平均约5～8cm。最初一段沿卵巢囊外侧向前走，以后转到囊的内侧，沿内侧面向后走。输卵管的弯曲度也比较小。所以卵巢囊相当输卵管系膜的一部分。伞端大部位于囊内，有一部分常经囊的裂口伸到囊的外面，有比较大的腹腔口。输卵管的子宫口很小，接于子宫角。

猫的输卵管顶部呈喇叭状，称喇叭口，位于卵巢前端外侧面，紧贴着卵巢。输卵管从喇叭口向前转，然后向内侧面，再转向后，呈盘曲状，其后端与子宫角相连。输卵管的前三分之二直径较大。后三分之一则较小。

（三）子宫

子宫是一个中空的肌质性器官，富于伸展性，是胎儿生长发育和娩出的器官，子宫借子宫阔韧带附着于腰下部和骨盆腔侧壁，大部分位于腹腔内，小部分位于骨盆腔内，在直肠和膀胱之间，前端与输卵管相接，后端与阴道相通。子宫阔韧带为宽而厚的腹膜褶，含有丰富的结缔组织、血管、神经及淋巴管，其外侧为子宫圆韧带。

犬、猫等动物的子宫均属双角子宫，可分子宫角、子宫体和子宫颈三部分。子宫的形状、大小、位置和结构，因动物种类、年龄、个体、性周期以及妊娠时期等不同而有很大差异。

1. 子宫角

一对，为子宫的前部，呈弯曲的圆筒状，位于腹腔内。其前端以输卵管子宫口与输卵管相通；二角后端会合而成为子宫体。

2. 子宫体

位于骨盆腔内，部分在腹腔内，呈圆筒状，背腹向略扁，向前与子宫角相连，向后延续为子宫颈。

3. 子宫颈

为子宫后段的缩细部，位于骨盆腔内，壁很厚，黏膜形成许多纵褶，内腔狭窄，称为子宫颈管，前端以子宫颈内口与子宫体相通。子宫颈向后突入阴道内的部分称为子宫颈阴道部。子宫颈管平时闭合，发情时稍松弛，分娩时扩大。

犬的子宫（图8－1）的子宫体很短，子宫角细而长。一个中等体型的犬，子宫体的长度约2～3cm，角长约12～15cm。角腔的直径很均匀，没有弯曲，近于直线，全部位于腹腔内。子宫角的分歧角呈“V”字形，向肾脏伸展，后部有腹膜系着。子宫颈很短，含有一厚的肌层，背侧子宫与阴道之间无明显的分界线，但子宫颈壁显著增厚。子宫颈腹侧形成圆柱状突，位于阴道壁上的陷凹内。

犬的子宫阔韧带含有多量脂肪和平滑肌纤维。韧带的中部比两端宽广。后部附着于阴道的前部。圆韧带在一个自阔韧带外侧面突出的皱褶游离缘上，是一个由平滑肌和脂肪所组成的一个带状物。韧带走入腹股沟管，表面由腹膜囊状隆凸部所包被。另外有一韧带状褶，自卵巢囊起，经肾的外侧面向前伸延，在最后肋骨中部附着于腹壁。

妊娠犬的子宫角，外观上有许多膨大部，里面含有胎儿，在每两个膨大部之间，由一细缩部分开。妊娠子宫位于腹腔底面，向前伸展接近胃和肝。

猫的子宫呈“Y”字形，中部为子宫体。从子宫向两侧延伸至输卵管的部分即子宫角。子宫体位于腹腔中直肠的腹面，长约4cm。子宫的后端突入阴道。与阴道相通的部分即子宫颈，阴道向后延伸而成尿殖窦，长约1cm。尿殖窦再向后通到阴门。

（四）阴道

阴道是雌性动物的交配器官，也是产道。阴道呈扁管状，位于骨盆腔内，在子宫后方，向后延接尿生殖前庭；其背侧与直肠相邻，腹侧与膀胱及尿道相邻。有些动物的阴道前部因子宫颈阴道部突入而形成一环状或半环状陷窝，称为阴道穹窿。

犬的阴道（图8－1）比较长，前端变细，无明确的穹窿。肌层很厚，主要为环形肌纤维所组成。黏膜形成纵走皱褶。卵巢冠纵管缺如。

（五）阴道前庭和阴门

1. 尿生殖前庭

是交配器官和产道，也是尿液排出的经路。尿生殖前庭与阴道相似，呈扁管状，前端腹侧以一横行的黏膜褶——阴瓣与阴道为界，后端以阴门与外界相通。在尿生殖前庭的腹侧壁上，紧靠阴瓣的后方有一尿道外口。在尿道外口后方两侧有前庭小腺的开口，两侧壁有前庭大腺的开口。

2. 阴门

与尿生殖前庭一同构成雌性动物的外生殖器官，位于肛门腹侧，由左，右两片阴唇构成，两阴唇间的裂缝称为阴门裂。两阴唇的上下两端相联合，分别称为阴门背联合和腹联合。在阴门腹联合前方有一阴蒂窝，内有小而凸出的阴蒂。阴蒂相当于雄性动物的阴茎，也由海绵体构成。

犬的阴门（图8－1）的阴唇比较厚，腹联合较尖锐。黏膜光滑，呈赤色。由于淋巴滤泡的存在，表面常有小隆起。在尿道口的两侧各有一小陷窝。缺前庭大腺，前庭小腺经常存在，其排出管向下走，在正中嵴的两侧开口。阴蒂体宽广扁平，约3～4cm，不是由海绵体所形成，而主要为脂肪组织，外面由一层白纤维膜包盖，下部含有一些比较大的动脉和多量神经纤维。阴蒂头主要由海绵体所组成，位于一个比较大的阴蒂窝内。另外有一黏膜向后延展，盖在阴蒂头和窝的表面，褶的中央部有一向外突出的部分，常被误为阴蒂。

（六）雌性尿道

较短，位于阴道腹侧，前端与膀胱颈相接，后端开口于尿生殖前庭起始部的腹侧壁，为尿道外口。

二、卵巢、输卵管、子宫的组织结构

（一）卵巢的组织结构和卵的发生

卵巢的组织结构（图8－2）随动物种类、年龄和性周期的不同而异，一般包括被膜和实质两部分。被膜由特殊的生殖上皮和结缔组织的白膜构成，实质又可分为皮质和髓质两部分。

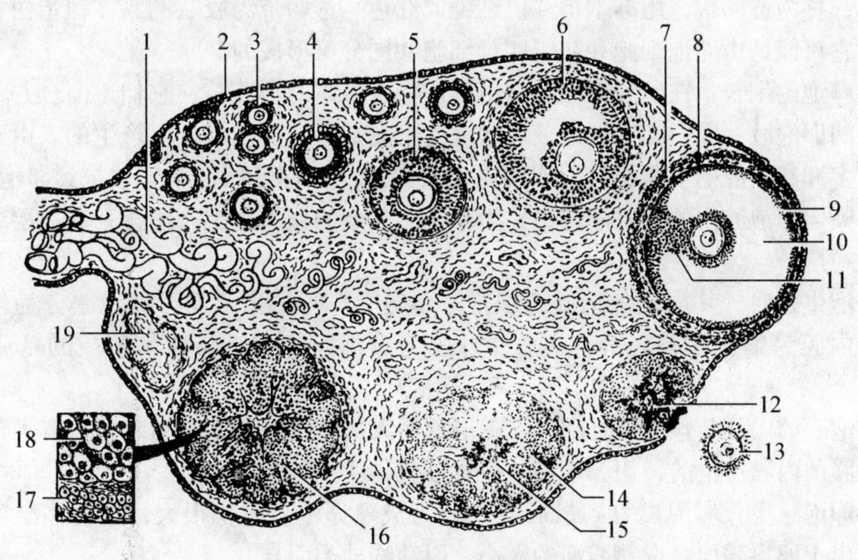

图8－2　卵巢结构模式图

1. 血管　2. 生殖上皮　3. 原始卵泡　4. 早期生长卵泡（初级卵泡）　5、6. 晚期生长卵泡（次级卵泡）　7. 卵泡外膜　8. 卵泡内膜　9. 颗粒膜　10. 卵泡腔　11. 卵丘　12. 血体　13. 排出的卵　14. 正在形成中的黄体　15. 黄体中残留的凝血　16. 黄体　17. 膜黄体细胞　18. 颗粒黄体细胞　19. 白体

1. 被膜

由生殖上皮和白膜组成，卵巢表面除卵巢系膜附着部外，都覆盖着一层生殖上皮。年轻动物的生殖上皮为单层立方或柱状，随年龄增长而趋于扁平。在生殖上皮的下面，有一层由致密结缔组织构成的白膜。

2. 卵巢的实质

卵巢的实质包括皮质和髓质两部分，一般皮质在外，髓质在内。

(1) 皮质　卵巢的皮质由基质、卵泡、闭锁卵泡和黄体等组成。

①基质　皮质内的结缔组织称为基质，由致密结缔组织构成，内含大量的网状纤维和少量的弹性纤维，以及较多的梭形结缔组织细胞。后者能分化为卵巢的间质细胞。

②卵泡　皮质中有许多不同发育阶段的卵泡。每个卵泡都由位于中央的卵细胞和围绕在卵细胞周围的卵泡细胞组成。根据卵泡发育程度的不同，可分为初级卵泡、生长卵泡和成熟卵泡。其中初级卵泡最多，生长卵泡次之，少数或个别卵泡不断发育，最后成熟。有很多卵泡在发育过程中退化或形成闭锁卵泡。

初级卵泡　多位于皮质的表层，是一种数量多，体积小呈球形的卵泡。每个初级卵泡都由初级卵母细胞及其周围的一层扁平或立方的卵泡细胞构成。初级卵泡内的卵母细胞一般为一个，但在多胎的肉食动物有时可见2～6个。初级卵母细胞的胞体较大，中央有一个圆形的泡状核，核内染色质稀少，着色较浅，核仁明显。

生长卵泡　由初级卵泡生长发育而成，又称次级卵泡。卵泡开始生长时，卵泡细胞不断分裂增殖，由单层逐渐变为多层。与此同时，初级卵母细胞也开始生长发育，体积增大，线粒体和卵黄颗粒增多，高尔基复合体也较发达。在细胞周围出现一层均匀一致折光强的厚膜，称为透明带，用苏木精 - 伊红染成红色。透明带为胶状的黏多糖蛋白，内含透明质胶，它可能是由卵泡细胞和初级卵母细胞共同分泌形成的。

随着卵泡的生长，在卵泡细胞之间出现一些含液体的小腔隙，它们逐渐合并，最后形成一个大的卵泡腔，腔内充满卵泡液。卵泡液可能是由卵泡细胞分泌产生的。由于卵泡液的不断增多和卵泡腔的不断扩大，卵细胞及其周围的一部分卵泡细胞被挤到卵泡的一侧，形成一个突向卵泡腔内的丘状隆起，称为卵丘。其余的卵泡细胞密集排列成数层，构成卵泡壁的颗粒层。

在卵泡生长时，其周围的结缔组织进一步分化，形成卵泡膜。卵泡膜分为内、外两层。卵泡内膜为细胞性膜，富有血管。外膜为结缔组织膜，与卵巢皮质的基质无明显界限。

在卵泡膜的内膜与颗粒层之间，有一层透明无构造的薄膜，称为基膜，有人认为此膜是由卵泡膜的内膜产生的，用苏木精－伊红染色，呈浅红色。

成熟卵泡　生长卵泡发育到最后阶段成为成熟卵泡，体积很大，逐渐移至皮质的浅层，并突出于卵巢表面。成熟卵泡的大小，因动物种类而异。

此时，初级卵母细胞长大，核呈空泡状，染色质较少，核仁明显，胞质内富于卵黄颗粒。许多动物在排卵前进行第一次成熟分裂（为减数分裂），形成一个大的、与初级卵母细胞相似的次级卵母细胞和一个第一极体。第二次成熟分裂多在排卵后进行。在初级卵母细胞周围的透明带增厚，卵泡细胞变长，排列疏松，形成放射冠。

成熟卵泡的卵泡膜的内、外两层十分明显，内膜较厚，有丰富的毛细血管和毛细淋巴管；内膜细胞体积增大，由梭形变成椭圆形或多角形，胞质内有丰富的类脂质颗粒。这种细胞能分泌雌激素（或称动情素）。

排卵　由于成熟卵泡内的卵泡液迅速增加，内压升高，颗粒层和卵泡膜变薄，卵泡体积增大，部分突出于卵巢表面，呈液泡状；与此同时放射冠与卵丘之间也逐渐脱离。最后卵泡破裂，次级卵母细胞及其周围的放射冠，随同卵泡液一起排出，此过程称为排卵。排卵时，由于毛细血管受损可以引起出血，血液充满卵泡腔内，形成血体。由于食肉兽出血较少，所以血体不如其他动物明显。

③闭锁卵泡　正常情况下，卵巢内绝大多数的卵泡都不能发育成熟，而在各发育阶段中逐渐退化。这些退化的卵泡称闭锁卵泡。其中以初级卵泡退化最多，而且退化后不留痕迹。

④黄体　成熟卵泡排卵后，卵泡壁塌陷形成皱褶。残留在卵泡壁的卵泡细胞和内膜细胞向内侵入，胞体增大，胞质内出现类脂颗粒，分别演化成粒性黄体细胞和膜性黄体细胞，前者较大。黄体细胞成群分布，其中夹有富含血管的结缔组织，周围仍有卵泡膜外膜包裹，共同形成黄体。

黄体是内分泌腺。其分泌物称为孕酮或黄体素，有刺激子宫腺分泌和乳腺发育的作用，并保证胚胎附植和在子宫内发育。黄体的生长和存在受脑垂体分泌的促黄体素控制。同时黄体素又可抑制脑垂体分泌促卵泡素，使卵泡停止生长。

肉食兽的黄体细胞内，含有一种黄色的脂色素——黄体色素，致使黄体呈现黄色。

黄体的发育程度和存在时间，决定于排出的卵是否受精。如果排出的卵已受精，黄体可继续发育，并存在直到妊娠后期，称为妊娠黄体或真黄体。如动物未妊娠，黄体逐渐退化，此种黄体称发情黄体或假黄体。真黄体或假黄体在完成其功能后，即退化。退化时黄体细胞缩小，胞核固缩，毛细血管减少，周围的结缔组织和成纤维细胞侵入，逐渐由结缔组织所代替，形成瘢痕组织，称为白体。

（2）髓质　髓质为疏松结缔组织，含有丰富的弹性纤维、血管、淋巴管及神经等。而梭形细胞及平滑肌纤维少。卵巢动脉成螺旋状，而静脉则成静脉丛。

髓质与皮质间并没有明显的界限。

3. 卵的发生

卵在没有完全成熟以前，要经过一段很长的发育过程，最后才形成了高度分化、能够进行受精的细胞，此过程称为卵的发生。从卵原细胞开始经过三个时期：即繁增期、生长期和成熟期（图 8－3）。

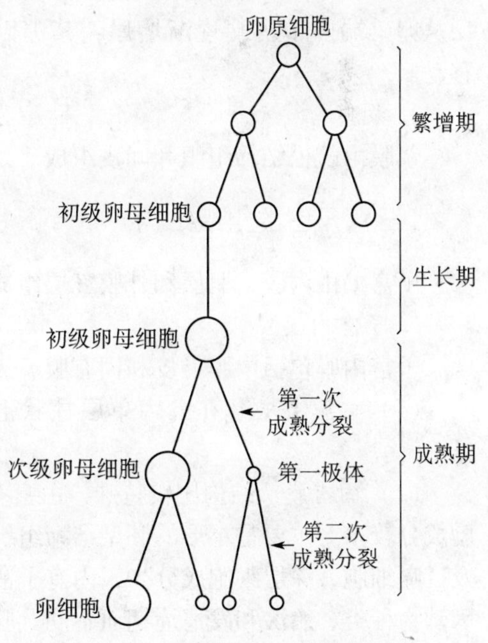

图 8－3　卵子发生过程示意图

（1）繁增期　卵原细胞经有丝分裂，数目显著增加。大多数动物繁增期是在胚胎时完成，出生后不再形成新的卵原细胞，只是卵原细胞继续发育成初级卵母细胞，但犬出生后，可以由生殖上皮产生新的卵原细胞。

(2) 生长期　初级卵母细胞进入生长期，体积不断增大，胞质不断增加，并开始积存卵黄物质。核内脱氧核糖核酸含量倍增。

(3) 成熟期　在此期，初级卵母细胞进行两次成熟分裂。第一次成熟分裂为减数分裂，使新产生的次级卵母细胞的染色体只有初级卵母细胞染色体的一半。

初级卵母细胞经减数分裂后，产生大小不等的两个细胞，大的称为次级卵母细胞，小的称为第一极体。第二次成熟分裂为一般的有丝分裂，分裂结果，形成一个大的卵细胞和一个小的第二极体。初级卵母细胞经两次成熟分裂，只产生一个卵细胞。第一次成熟分裂是在排卵前进行的，而第二次成熟分裂是在输卵管内，精子穿入的短时间内进行的。

(二) 输卵管的组织结构

输卵管的管壁由黏膜、肌层和浆膜三层构成，无黏膜下层（图 8 -4）。

1. 黏膜

黏膜形成许多纵行的皱褶，适于卵的停留、吸收营养和受精。皱褶多少，各部不一，以壶腹部最多，且反复分支。近子宫端，皱褶变低而减少。

(1) 黏膜上皮　黏膜上皮为单层柱状上皮。上皮细胞有两种：一种是有动纤毛的柱状细胞，另一种是无纤毛的分泌细胞，二者相间排列。柱状纤毛细胞的纤毛向子宫端颤动，有助于卵的运送。这种细胞在漏斗部和壶腹部较多，在峡部较少。无纤毛的分泌细胞，胞质内含有分泌颗粒和糖原，其分泌物可供给卵的营养。在发情周期中，上皮细胞的高矮、分泌细胞的活动性、纤毛的明显与否以及数量的多少都有变化。

(2) 固有膜　固有膜由疏松结缔组织构成，含有多种细胞（常有浆细胞、肥大细胞和嗜酸性粒细胞等)、血管和平滑肌。固有膜可伸入皱褶内。

2. 肌层

由内环外纵两层平滑肌组成，两层之间没有明显界限，因有些肌束成螺旋形排列。肌层从卵巢端向子宫端逐渐增厚，其中以峡部为最厚。肌层的收缩有助于卵向子宫方向移动。

3. 浆膜

浆膜由疏松结缔组织和间皮组成。

(三) 子宫的组织结构

子宫壁由内膜，肌层和外膜三层组成（图 8 -5）。

1. 子宫内膜

子宫内膜包括内膜上皮和固有膜。无黏膜下层。

(1) 内膜上皮　在犬为单层柱状上皮。有分泌作用。细胞游离缘有时有暂时性的纤毛。

(2) 固有膜　结构比较特殊，由富有血管的胚型结缔组织构成，分深浅两层：浅层细胞成分较多，主要是星形的胚型结缔组织细胞，细胞借突起互相连接，其间有各种白细胞及巨噬细胞，深层细胞成分少，内有子宫腺。子宫腺为弯曲的分支管状腺。子宫腺的多少因动物种类、胎次和发情周期而不同。腺上皮由分泌黏液的柱状细胞构成。子宫腺的分泌物可供给附植前早期胚胎的营养。

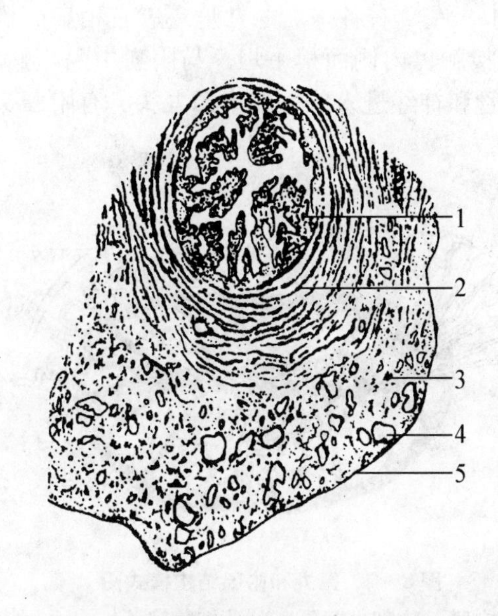

图 8－4　输卵管结构模式图（壶腹部）

1. 黏膜皱襞　2. 环肌　3. 纵肌　4. 血管　5. 浆膜

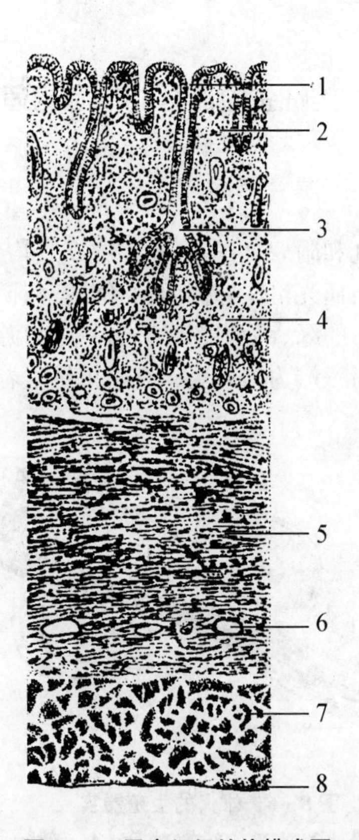

图 8－5　子宫组织结构模式图

1. 子宫腺开口　2. 固有膜浅层　3. 子宫腺　4. 固有膜深层　5. 环肌层　6. 血管　7. 纵肌层　8. 浆膜

2. 肌层

子宫的肌层是平滑肌。由强厚的内环行肌和较薄的外纵行肌构成。在内、外肌层之间为血管层，内有许多血管和神经分布。

3. 外膜

子宫外膜为浆膜，由疏松结缔组织和间皮组成。

第二节　雄性生殖器官

雄性生殖器官由生殖腺（睾丸）、输精管道（附睾、输精管、尿生殖道）、副性腺、交配器官（阴茎和包皮）和阴囊组成。睾丸是产生精子和雄性激素的器官。附睾有贮存精子的作用。副性腺一般包括精囊腺、前列腺和尿道球腺（犬只有前列腺，猫无精囊腺），其分泌物有营养和增强精子活动的作用。睾丸，输精管道和副性腺称内生殖器官，而阴茎、包皮和阴囊为外生殖器官。

一、雄性生殖器官的形态构造

（一）睾丸和附睾

睾丸和附睾（图8－6、8－7）均位于阴囊中，左、右各一。睾丸呈左、右稍扁的椭圆形，表面光滑。外侧面稍隆凸，与阴囊外侧壁接触，内侧面稍平坦，与阴囊中隔相贴。附睾附着的缘，为附睾缘，另一缘为游离缘。血管和神经进入的一端为睾丸头，有附睾头附着。另一端为睾丸尾，有附睾尾附着。

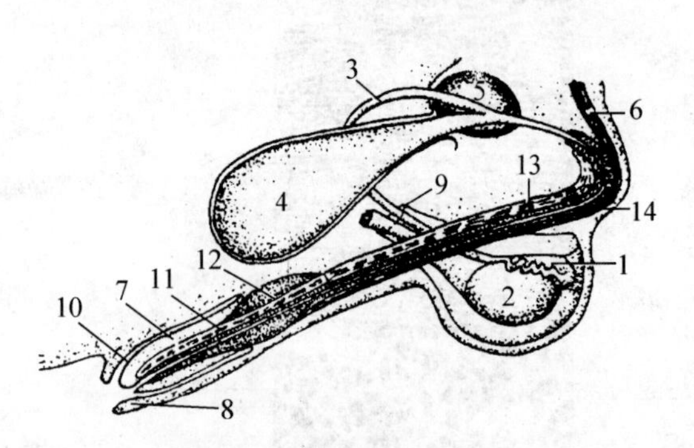

图8－6　雄犬的生殖器官

1. 附睾体　2. 睾丸　3. 输精管　4. 膀胱　5. 前列腺　6. 阴茎缩肌　7. 阴茎头　8. 包皮　9. 精索　10. 包皮腔　11. 阴茎骨　12. 阴茎头球　13. 阴茎海绵体　14. 尿道海绵体

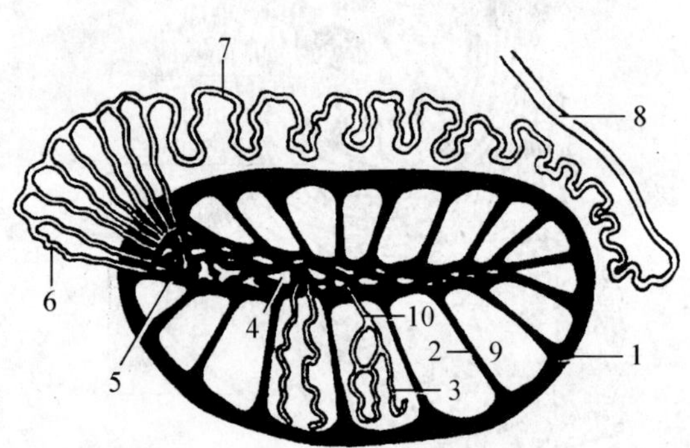

图8－7　睾丸和附睾结构模式图

1. 白膜　2. 睾丸间隔　3. 曲细精管　4. 睾丸网　5. 睾丸纵隔　6. 输出小管　7. 附睾管　8. 输精管　9. 睾丸小叶　10. 直细精管

1. 睾丸

表面大部分由浆膜被覆，称为固有鞘膜。固有鞘膜的下面为一层由致密结缔组织构成的白膜。

在胚胎时期，睾丸位于腹腔内，肾脏附近。出生前后，睾丸和附睾一起经腹股沟管下降至阴囊中，这一过程，称为睾丸下降。如果有一侧或两侧睾丸没有下降到阴囊，称单睾或隐睾，无生殖功能。

犬的睾丸（图8－6）比较小，成卵圆形，长轴自上后方向前下方倾斜。睾丸纵隔位于中央，相当发达。

猫的两个睾丸的重量约4～5g。

2. 附睾

为贮存精子和精子进一步成熟的场所。外面也被覆有固有鞘膜和薄的白膜。

附睾可分为附睾头、附睾体与附睾尾。附睾头膨大，由十多条睾丸输出小管组成。睾丸输出小管汇合成一条很长的附睾管，弯曲并逐渐增粗，构成附睾体和附睾尾，在附睾尾延续成输精管。附睾尾借睾丸固有韧带与睾丸相连。固有韧带由睾丸尾延续到阴囊（总鞘膜）的部分称阴囊韧带。去势时切开阴囊后，必须切断阴囊韧带，才能摘除睾丸和附睾。

犬的附睾（图8－6）较大，紧密附着于睾丸外侧面的背侧方。精索及鞘膜，二者都很长，斜行于阴茎的两侧。鞘膜上端有时闭锁，所以无鞘膜环的构造。输精管膨大部较细。

（二）输精管和精索

1. 输精管

输精管（图8－6、8－7）由附睾管直接延续而成，由附睾尾沿附睾体至附睾头附近，进入精索后缘内侧的输精管褶中，经腹股沟管入腹腔，然后折向后上方进入骨盆腔，在膀胱背侧的尿生殖褶内继续向后伸延，开口于尿生殖道起始部背侧壁的精阜上。

犬的输精管在尿生殖褶内形成不明显的壶腹，其黏膜内有腺体（壶腹腺）分布，又称输精管腺部。

猫的输精管始端盘曲，从附睾的尾部与精索动脉、精索静脉一起走向精索，越过输尿管，向前弯曲，接近膀胱颈的背面，穿过前列腺。然后在膀胱颈背壁的内侧面开口于尿道。

2. 精索

精索为一扁平的圆锥形结构，其基部附着于睾丸和附睾，上端达鞘膜管内环，由神经、血管、淋巴管、平滑肌束和输精管等组成，外表被有固有鞘膜。

（三）尿生殖道和副性腺

1. 尿生殖道

雄性动物的尿道兼有排精作用，所以称为尿生殖道，前端接膀胱颈，沿骨盆腔底壁向后伸延，绕过坐骨弓，再沿阴茎腹侧的尿道沟，向前延伸至阴茎头末端，以尿道外口开口于外界。

尿生殖道管壁包括黏膜层、海绵体层、肌层和外膜。黏膜层有很多皱褶。海绵层主要是由毛细血管膨大而形成的海绵腔。肌层由深层的平滑肌和浅层的横纹肌组成。横纹肌的收缩对射精起重要作用，还可帮助余尿排出。

尿生殖道分骨盆部和阴茎部，两部以坐骨弓为界。在交界处，尿生殖道的管腔稍变窄，称为尿道峡。峡部后方的海绵层稍变厚，形成尿道球或称尿生殖道球。

尿生殖道骨盆部位于骨盆腔内，在骨盆腔底壁与直肠之间。在起始部背侧壁的中央，有一圆形隆起，称为精阜。精阜上有一对小孔，为输精管及精囊腺排泄管的共同开口。此外，在骨盆部黏膜的表面，还有其他副性腺的开口。骨盆部的外面有环行的横纹肌，称尿道肌。

尿生殖道阴茎部为骨盆部的直接延续，自坐骨弓起，经左、右阴茎脚之间进入阴茎的尿道沟。此部的海绵层比骨盆部稍发达，外面的横纹肌称为球海绵体肌，其发达程度和分布情况因动物不同而异。

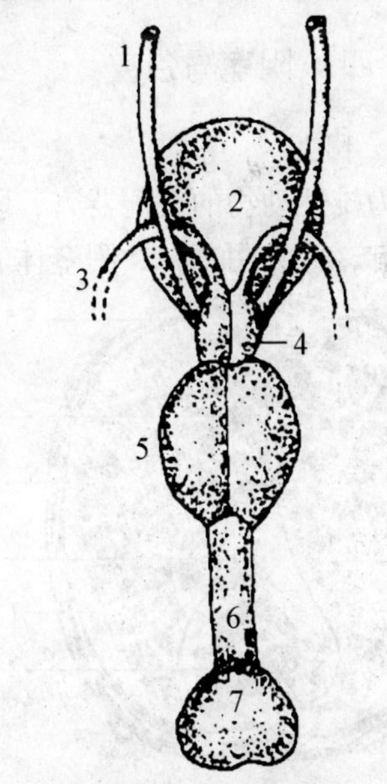

图8－8 犬副性腺

1. 输尿管 2. 膀胱 3. 输精管 4. 壶腹腺 5. 前列腺 6. 尿生殖道骨盆部 7. 阴茎球

犬的尿生殖道骨盆部比较长，前部包藏在前列腺内（此部在临床上需要注意，有时由于前列腺的膨大，可以影响排尿）。坐骨弓外的尿道特别发达呈球形，称尿道球，这是由于该部尿道海绵体特别发达的缘故（图8－8）。

2. 副性腺

一般包括前列腺、成对的精囊腺及尿道球腺（图8－8）。其分泌物与输精管壶腹部的分泌物，以及睾丸生成的精子共同组成精液。副性腺的分泌物有稀释精子、营养精子及改善阴道环境等作用，有利于精子的生存和运动。

（1）前列腺　位于尿生殖道起始部的背侧，一般可分腺体部和扩散部（壁内部）。这两部以许多导管成行地开口于精阜后方的尿生殖道内。前列腺的发育程度与动物的年龄有密切的关系，幼龄时较小，到性成熟期较大，老龄时又逐渐退化。

（2）尿道球腺　一对，位于尿生殖道骨盆部末端的背面两侧，在坐骨弓附近，其导管开口于尿生殖道内。

（3）精囊腺　一对，位于膀胱颈背侧的尿生殖褶中，在输精管壶腹部的外侧。每侧精囊腺的导管与同侧输精管一般共同开口于精阜。

凡是幼龄去势的动物，副性腺不能正常发育。

犬只有前列腺，比较大，组织坚实，带黄色。位于耻骨前缘，呈球形环绕在膀胱颈及尿道的起始部，有一正中沟分腺体成两叶。输出管很多。前列腺小叶（扩散部）位于尿道膀胱交界处的尿道壁内，向后伸延一短的距离。腺的大小，多有变异，特别是老龄犬，有时显著增大。

猫的副性腺只有前列腺和尿道球腺，而无精囊腺。

猫的前列腺是一个双叶状的结构，它位于尿道背面，并与输精管相通，它通过几个小孔将分泌物注入尿道。

猫的尿道球腺如豌豆大，位于阴茎基部的尿道两侧，开口于尿道。

（四）阴茎与包皮

1. 阴茎

为雄性动物的交配器官，附着于两侧的坐骨结节，经左、右股部之间向前延伸至脐部的后方，可分阴茎根、阴茎体和阴茎头三部分（图8－6、8－9）。

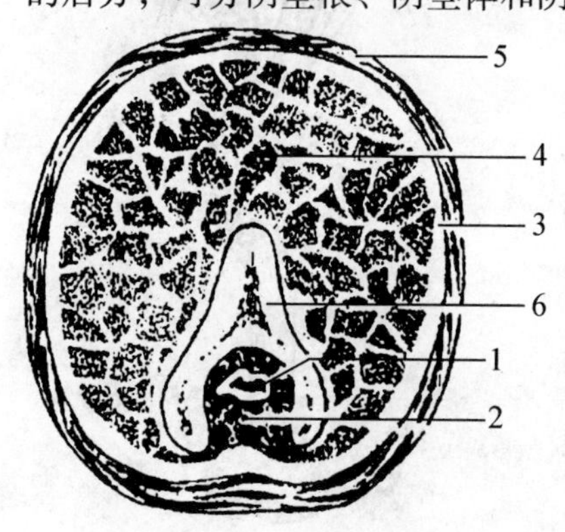

图8－9　阴茎的横断面

1. 尿生殖道　2. 尿道海绵体　3. 阴茎白膜　4. 阴茎海绵体　5. 阴茎筋膜　6. 阴茎骨

（1）阴茎根　以两个阴茎脚附着于坐骨弓的两侧，其外侧面覆盖着发达的坐骨海绵体肌（横纹肌）。两阴茎脚向前合并成阴茎体。

（2）阴茎体　呈圆柱状，位于阴茎脚和阴茎头之间，占阴茎的大部分。在起始部由两条扁平的阴茎悬韧带固着于坐骨联合的腹侧面。

（3）阴茎头　位于阴茎的前端，其形状因动物种类不同而有较大差异。

阴茎主要由阴茎海绵体和尿生殖道阴茎部构成。阴茎海绵体外面包有很厚的致密结缔组织白膜，富有弹性纤维。白膜的结缔组织向内伸入，形成小梁，并分支互相连接成网。小梁内有血管、神经分布，并含有平滑肌（特别是肉食兽）。在小梁及其分支之间的许多腔隙，称为海绵腔。腔壁衬以内皮，并与血管直接相通。海绵腔实际上是扩大的毛细血管。当充血时，阴茎膨大变硬而发生勃起现象，故海绵体亦称勃起组织。

分布到阴茎的阴茎深动脉，沿小梁分出许多短的分支。这些分支在阴茎回缩时，呈螺旋状，故称螺旋动脉。这种动脉直接开口于海绵腔中。螺旋动脉内壁有隆起的内膜垫，垫内有平滑肌束。平时，垫内的平滑肌略呈收缩状态，内膜垫隆起增厚，闭塞动脉管腔，减少血流量。

阴茎勃起时，螺旋动脉和小梁的平滑肌松弛，致使螺旋动脉伸直，管腔开放，血液可直接流入海绵腔。由于中央较大的海绵腔首先充血膨胀，压迫外周的海绵腔，因而堵塞血液流入白膜静脉丛的口。血液继续流入海绵腔，压力增高，阴茎勃起。射精后，螺旋动脉的平滑肌收缩，血液流入海绵腔减少，随时由于小梁肌纤维的收缩和弹性纤维的回缩，海绵腔的血液进入静脉中，勃起消失。

尿生殖道阴茎部周围包有尿道海绵体，位于阴茎海绵体腹侧的尿道沟内。尿道海绵体的构造与阴茎海绵体相似。尿道海绵体的外面被有球海绵体肌。

阴茎的肌肉除构成尿生殖道壁的球海绵体肌外，还有坐骨海绵体肌和阴茎缩肌。

坐骨海绵体肌　为一对纺锤形肌，起于坐骨结节，止于阴茎脚，收缩时将阴茎向后向上牵拉，压迫阴茎海绵体及阴茎背静脉，阻止血液回流，使海绵腔充血，阴茎勃起，所以又称阴茎勃起肌。

阴茎缩肌　为两条细长的带状平滑肌，起于尾椎或荐椎，经直肠或肛门两侧，于肛门腹侧相遇后，沿阴茎腹侧向前延伸，止于阴茎头的后方。该肌收缩时可使阴茎退缩，将阴茎隐藏于包皮腔内。

阴茎的外面为皮肤，薄而柔软，容易移动，富有伸展性。

犬的阴茎（图 8－6、8－9）有些特殊构造。在阴茎后部有两个很清楚的海绵体，正中由阴茎中隔分开。中隔的前方有一块骨，称阴茎骨，骨的长度在大型犬约在 10cm 以上。阴茎骨相当于海绵体的一部分骨化而成。腹侧部有容受尿道的沟状压迹，背侧圆隆，前端变小。

猫的阴茎主要包括两个阴茎海绵体，其中有丰富的血窦。阴茎有背腹沟，两个海绵体在此处相连接。尿生殖道位于腹沟，精子和尿液均从此处通过，猫的阴茎远端也有一块阴茎骨。

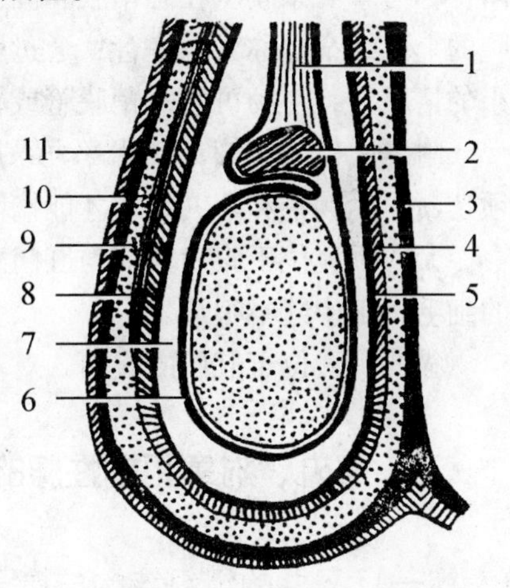

图 8－10　阴囊结构模式图

1. 精索　2. 附睾　3. 阴囊中隔　4. 总鞘膜纤维层　5. 总鞘膜　6. 固有鞘膜　7. 鞘膜腔　8. 睾外提肌　9. 筋膜　10. 肉膜　11. 皮肤

2. 包皮

为皮肤折转而形成的一管状鞘，有容纳和保护阴茎头的作用。

犬的包皮在阴茎的前部围绕成一个完整的环套，最外层即普通皮肤，内层薄，稍呈红色，缺腺体。包皮阴茎层紧密附着于龟头突，内部含有多数淋巴结，包皮腔底部的结比较大，常凸出于包皮腔内。

（五）阴囊

为呈袋状的腹壁囊，内有睾丸、附睾及部分精索（图8－10）。阴囊壁的结构与腹壁相似，分以下数层。

1. 皮肤

阴囊皮肤薄而柔软，富有弹性，表面有短而细的毛，内含丰富的皮脂腺和汗腺。阴囊表面的腹侧正中有阴囊缝，将阴囊从外表分为左、右两部。

2. 肉膜

紧贴于皮肤的深面，不易剥离。肉膜相当于腹壁的浅筋膜，由含有弹性纤维和平滑肌纤维的致密结缔组织构成。肉膜在正中线处形成阴囊中隔，将阴囊分为左、右互不相通的两个腔。中隔背侧分为两层，沿阴茎两侧附着于腹壁。肉膜有调节温度的作用，冷时肉膜收缩，使阴囊起皱，面积减小，天热时肉膜松弛，阴囊下垂。

3. 阴囊筋膜

位于肉膜深面，由腹壁深筋膜和腹外斜肌腱膜延伸而来，将肉膜和总鞘膜疏松地连接起来，其深面有睾外提肌。睾外提肌来自腹内斜肌，包于总鞘膜的外侧面和后缘。此肌收缩时可上提睾丸，接近腹壁，与肉膜一同有调节阴囊内温度的作用，以利于精子的发育和生存。

4. 总鞘膜

当睾丸和附睾通过腹股沟管下降到阴囊时，腹膜亦随着到阴囊，形成腹膜袋，即鞘膜突。总鞘膜就是附着于阴囊最内面的鞘膜突，即腹膜壁层，强而厚，为腹横筋膜所加强。由总鞘膜折转到睾丸和附睾表面的为固有鞘膜，相当于腹膜的脏层。折转处形成的浆膜褶，称为睾丸系膜。在总鞘膜和固有鞘膜之间的腔隙，称为鞘膜腔，内有少量浆液。鞘膜腔的上段细窄，称为鞘膜管；通过腹股沟管以鞘膜管口或鞘环与腹膜腔相通。在鞘膜口缩小的情况下，小肠可脱入鞘膜管或鞘膜腔内，形成腹股沟疝或阴囊疝，需进行手术治疗。

附睾尾借阴囊韧带（为睾丸系膜下端增厚形成）与阴囊相连。去势时切开阴囊后，必须切断阴囊韧带和睾丸系膜才能摘除睾丸和附睾。

犬的阴囊位于腹股沟部与肛门之间的中央部。阴囊部的皮肤常带有色素，且生有稀疏的细毛，正中缝不很清楚。

猫的阴囊位于肛门的腹面，对着坐骨联合的中线。它的正中缝很明显。

二、睾丸、附睾和副性腺的组织结构

（一）睾丸的组织结构与精子的发生

睾丸的结构包括被膜和实质两部分。

1. 被膜

除附睾缘外，睾丸的表面均覆盖着一层浆膜，即睾丸固有鞘膜。浆膜深面为白膜。白膜厚而坚韧，由致密的结缔组织构成。白膜结缔组织在睾丸头处伸入到睾丸实质内，形成睾丸纵隔，贯穿睾丸的长轴。自睾丸纵隔上分出许多呈放射状排列的结缔组织隔，称为睾丸小隔。睾丸小隔伸入到睾丸实质内，将睾丸实质分成许多锥形的睾丸小叶。

2. 实质

睾丸的实质由细精管、睾丸网和间质组织组成。每个睾丸小叶内，有2～3条细精管，细精管之间为间质组织。细精管在睾丸纵隔内汇成睾丸网。睾丸网在睾丸头处接睾丸输出小管。

（1）细精管　细精管包括曲细精管和直细精管（图8－7）。

①曲细精管　为精子发生的场所，它从盲端起始于小叶边缘，向纵隔迂回伸延（图8－11）。管长50～80cm，直径为100～200μm，管腔大小不一，管壁由基膜和复层生殖上皮组成。上皮包括两种类型的细胞：一种是产生精子的生精细胞，另一种是支持细胞，具有支持和营养生精细胞的作用。上皮下基膜明显。

生精细胞　在性成熟的动物，睾丸曲细精管内的生精细胞可分为精原细胞、初级精母细胞、次级精母细胞、精子细胞和精子几个发育阶段（图8－11、8－12）。

图8－11　睾丸曲细精管切面

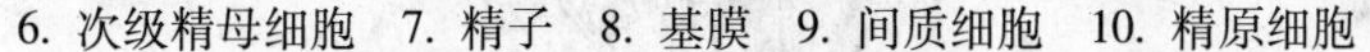

1. 毛细血管　2. 间质组织　3. 初级精母细胞　4. 足细胞　5. 精子细胞
6. 次级精母细胞　7. 精子　8. 基膜　9. 间质细胞　10. 精原细胞

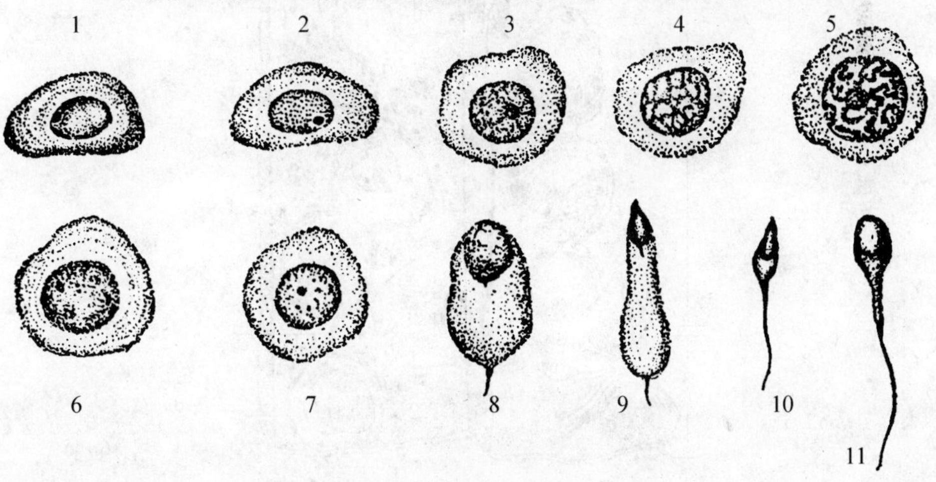

图8－12　各期生精细胞形态

1～3. 各型精原细胞　4、5. 初级精母细胞　6. 次级精母细胞　7. 精子细胞　8～11. 变态过程中的精子

精原细胞 是生成精子的干细胞。此细胞紧靠基膜分布，胞体较小，呈圆形或椭圆形，胞质清亮。胞核大而圆，染色深。

初级精母细胞 是由精原细胞分裂发育形成，仅次于精原细胞的，为1～2层大而圆的细胞。胞核大而圆，多处于分裂时期，有明显的分裂相。每个初级精母细胞经第一次成熟分裂（减数分裂）产生两个较小的次级精母细胞。次级精母细胞的染色体为初级精母细胞染色体的一半，即为单倍体，这点与卵子在形成过程中，与第一次成熟分裂相同。不同的是一个初级精母细胞分裂产生两个次级精母细胞，而初级卵母细胞只产生一个次级卵母细胞，另一个为第一极体。

次级精母细胞 位于初级精母细胞的内侧。细胞较小，呈圆形，胞核大而圆，染色较浅，不见核仁。次级精母细胞存在的时间很短，很快进行第二次成熟分裂，生成两个精子细胞。

精子细胞 位置靠近曲细精管的管腔，常排成数层。细胞更小，呈圆形。胞核圆而小，染色深，有清晰的核仁。精子细胞不再分裂，经过一系列复杂的形态变化，变成高度分化的精子。

精子 包括头、颈和尾三部分。头部多呈扁卵圆形，染色很深。刚形成的精子经常成群地附着于支持细胞游离端，尾部朝向管腔。精子成熟后，即脱离支持细胞进入管腔。

支持细胞 又称足细胞或塞托利氏细胞（Sertoli's cell）（图8－13），是曲细精管管壁上体积最大的一种细胞。胞体呈高柱状或圆锥状，底部附着在基膜上，顶端伸向管腔。细胞高低不等，界限不清。胞核圈套，呈卵圆形或三角形，着色浅，有1～2个明显的核仁。常有数个精子的头部嵌附于细胞的顶端，细胞周围也有各发育阶段的生精细胞附着，细胞质内含有丰富的糖原和类脂。支持细胞对生精细胞有营养和支持作用，并能吞噬退化的精子。

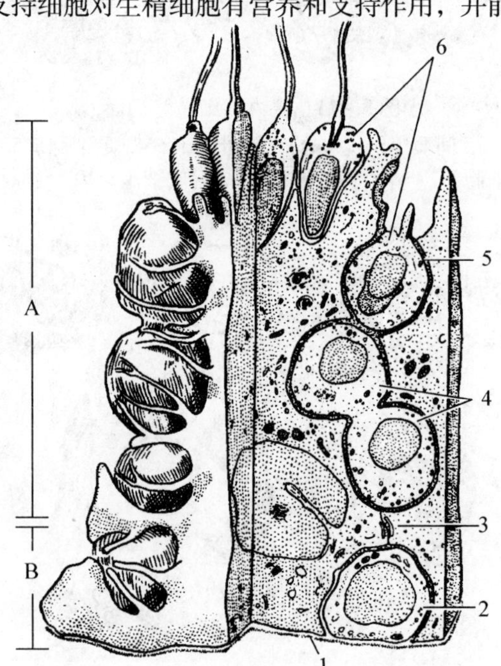

图8－13 支持细胞超微结构立体模式图

A. 支持细胞顶部 B. 支持细胞基部

1. 基膜 2. 精原细胞 3. 紧密连接 4. 精母细胞 5. 支持细胞与生精细胞间的细胞间隙 6. 精子细胞

②直细精管 是曲细精管末端变直的一段，末端接睾丸网（图 8－11）。直细精管短而细，管壁衬以单层立方或扁平上皮。

（2）睾丸网 是由直细精管进入睾丸纵隔内互相吻合而成的网状小管，管腔宽窄不一，管壁上皮是单层立方或扁平上皮。

（3）间质组织 睾丸的间质组织为填充在曲细精管之间的结缔组织。其中含有血管、淋巴管、神经纤维和睾丸特有的间质细胞。睾丸间质细胞大都成群分布在曲细精管之间，或沿小血管周围排列。间质细胞胞体较大，呈卵圆形或多边形。胞核大而圆，细胞质嗜酸性，含有脂肪小滴和褐色素颗粒等，脂褐素的含量随年龄增长而增多。一般认为间质细胞分泌雄性激素，主要是睾丸酮，可增进正常性欲活动、促进副性腺的发育并与第二性征的出现有关。间质细胞的数量与动物种类及年龄有关。

3. 精子的发生

精子的发生可以分为四个时期：繁增期、生长期、成熟期和成形期（图 8－14）。

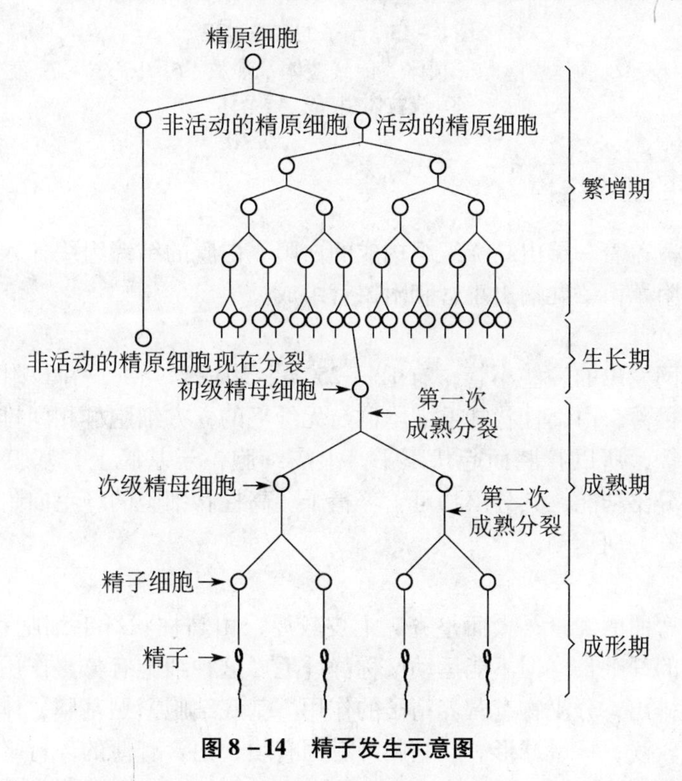

图 8－14 精子发生示意图

（1）繁增期 精原细胞进行有丝分裂，每个细胞分裂出一个非活动的精原细胞，以保精子发生的延续，同时分裂出另一个活动的精原细胞，由它分裂四次而得到 16 个精原细胞。

（2）生长期 最后一代精原细胞不再分裂，开始进入生长期，称为初级精母细胞。此期细胞体积增大，核内 DNA 增多。

（3）成熟期 初级精母细胞进入成熟期要进行两次成熟分裂。与卵子的形成一样，第一次成熟分裂为减数分裂，第二次成熟分裂为一般有丝分裂。与卵形成不同的地方是初级精母细胞的两次成熟分裂都在曲细精管内进行，分裂的结果是生成四个精子细胞。

（4）成形期　精子细胞不再进行分裂，而是经过一系列变态后，由圆形细胞变成有鞭毛能活动的特殊细胞——精子。在形态变化过程中，细胞质的高尔基复合体、线粒体、中心体和核等都发生一系列的变化（图8－15）。

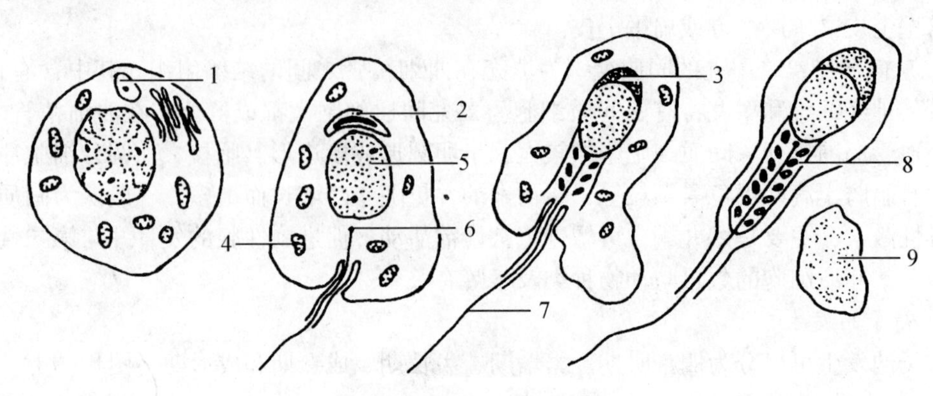

图8－15　精子的变态过程

1. 顶体颗粒　2. 顶体囊泡　3. 顶体　4. 线粒体　5. 核　6. 中心粒　7. 鞭毛　8. 线粒体鞘　9. 残余体

（二）附睾的组织结构

附睾的表面覆盖着一层由结缔组织构成的白膜。白膜的结缔组织伸入附睾内，将附睾分成许多小叶。附睾由睾丸输出小管和附睾管组成。

1. 睾丸输出小管

是指从睾丸网发出的一些小管，有12～25条，构成睾丸头，并与附睾管通连。睾丸输出小管的管壁很薄，由高柱状纤毛细胞群与无纤毛的立方细胞群相间排列组成的。由于上皮细胞高矮不等，所以管腔面起伏不平。上皮细胞位于基膜上，基膜外为薄层的固有膜。立方细胞有分泌功能，其分泌物可营养精子。高柱状细胞的纤毛向附睾方向摆动，有利于精子向附睾管方向运动。

2. 附睾管

是一条长而弯曲的细管，大而整齐，上皮较厚，由高柱状纤毛细胞和基底细胞组成。高柱状纤毛细胞的纤毛长，但不能运动又称静纤毛。这种细胞有分泌作用，其纤毛有助于细胞内分泌物的排出，分泌物有营养精子的作用。基底细胞紧贴基膜，体积较小，呈圆形或卵圆形，染色较浅，核呈球形。在基膜外有固有膜，内含有薄的环行平滑肌层。近输精管端尚有散在的纵行平滑肌束。

睾丸输出小管和附睾管都具有分泌功能，对精子除供给营养外，还有促进精子继续成熟的作用。精子在附睾中获得活泼运动功能，并具有受精能力。

（三）输精管的组织结构

输精管的管壁较厚，由黏膜、肌层和外膜组成（图8－16）。

1. 黏膜

输精管的黏膜有纵行皱褶。黏膜上皮由假复层柱状上皮逐渐过渡到单层柱状上皮。在输精管前段，假复层柱状上皮内的柱状细胞有微绒毛。基底细胞紧贴基膜，多呈圆形和卵圆形。固有膜由疏松结缔组织构成，富有血管及弹性纤维。

输精管壶腹部为输精管的有腺部分，在黏膜固有层内，有分支的管泡状腺体。腺上皮为单层立方或柱状上皮，夹有基底细胞。

2. 肌层

输精管的肌层较发达，由平滑肌组成。

3. 外膜

大部分由浆膜被覆。

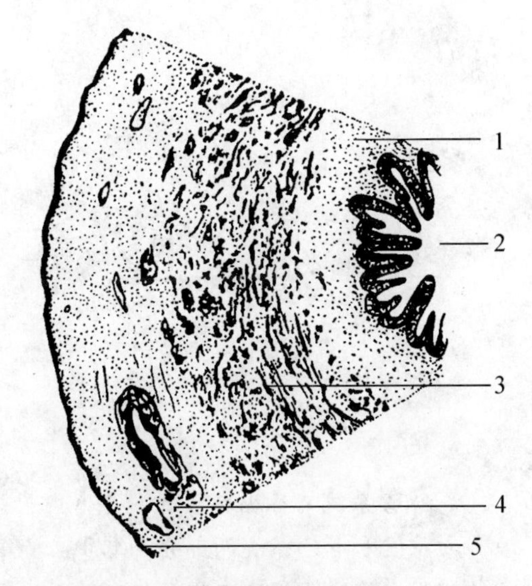

图 8-16　输精管模式图

1. 固有膜　2. 管腔　3. 肌层　4. 浆膜下层　5. 浆膜

（四）副性腺的组织结构

1. 前列腺

前列腺是复管状腺或复管泡状腺，其外面包有较厚的结缔组织被膜，其中含较丰富的平滑肌纤维。被膜的结缔组织伸入腺内，将腺体分成若干小叶。小叶间结缔组织含有多量的平滑肌纤维，这是前列腺结构的特点之一。平滑肌纤维有助于腺体分泌物的排出。

前列腺腺泡有较大的腺腔。腔面不整齐，上皮高低不一，有呈立方、柱状或假复层柱状等，显示各种不同的分泌活动状态。前列腺的叶内导管上皮与腺泡上皮相似，不易区分，随着导管逐渐增粗，导管上皮也由单层柱状过渡为复层柱状，在尿生殖道的开口处，导管上皮变为变移上皮。

前列腺的分泌物是一种稍黏稠的蛋白样液体，呈弱碱性，具有特殊臭味，能中和酸性的阴道液，并能刺激精子，使精子活动起来。

2. 尿道球腺

尿道球腺为复管状腺或复管泡状腺。腺的外面覆盖着结缔组织的被膜。犬、猫等动物的被膜内含有平滑肌纤维。被膜的结缔组织和肌纤维还伸入到腺实质内将腺体分为若干小叶。

腺小叶中有许多细、弯曲而分枝的复管泡状腺。其小导管为单层柱状上皮，大的导管由变移上皮构成。其导管开口于中央集合窦。腺上皮为单层柱状细胞，偶见有基底细胞。

尿道球腺的分泌物透明黏滑，由黏液和蛋白样液组成。分泌物参与精液的组成，并有冲洗和润滑尿道的作用。

3. 精囊腺

为复管状腺或管泡状腺。腺上皮为假复层柱状上皮，包括较高的柱状细胞和小而圆的基底细胞。基底细胞数量少，稀疏地排列在基膜上。叶内导管和主排泄管衬以单层立方上皮。

精囊腺的分泌物是构成精液的主要成分之一，分泌物为弱碱性的黄白色黏稠液体，含有丰富的果糖，具有营养和稀释精子的作用。

庞淑华（黑龙江畜牧兽医职业学院）

第九章　心血管系统

脉管系统又称循环系统，是体内封闭的管道系统。由于管道内所含体液不同而分为心血管系统和淋巴系统两部分。其中心血管系统是主要的，内含血液，在心脏和血管搏动的推进下，终生不停地在周身循环流动。淋巴系统可视为心血管系统的辅助部分，它和心血管系统不同，是个单程向心回流的管道，内含淋巴（由血液产生），最后汇入心血管系统。

脉管系统的主要机能是运输。一方面把从消化系统吸收来的营养物质和肺吸进的氧，运送到全身各部组织、细胞，供其生理活动的需要；另一方面又把组织、细胞产生的代谢产物如二氧化碳和尿素等，运送到肺、肾和皮肤排出体外。体内各种内分泌腺分泌的激素也是通过血液和淋巴运送到全身，对机体的生长、发育和生理功能起着调节作用，即所谓体液调节。此外，脉管系统还有保护机体和调节体温等作用。

心血管系统由心脏和血管（包括动脉、毛细血管和静脉）组成（图9－1）。

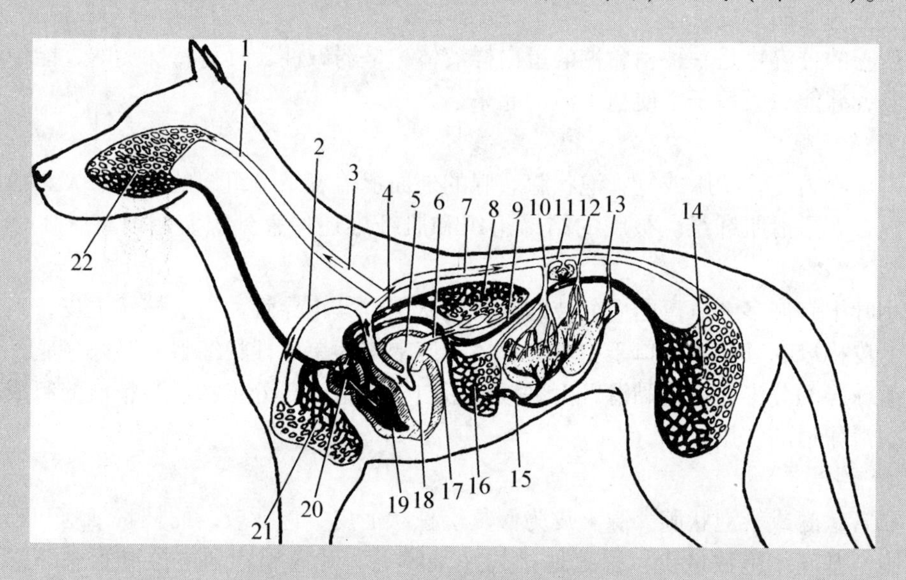

图9－1　成年动物血液循环模式图

1. 颈总动脉　2. 左锁骨下动脉　3. 臂头动脉　4. 肺动脉　5. 左心房　6. 肺静脉　7. 胸主动脉　8. 肺毛细血管　9. 后腔静脉　10. 腹腔动脉　11. 腹主动脉　12. 肠系膜前动脉　13. 肠系膜后动脉　14. 骨盆部和后肢的毛细血管　15. 门静脉　16. 肝毛细血管　17. 肝静脉　18. 左心室　19. 右心室　20. 右心房　21. 前肢毛细血管　22. 头颈部毛细血管

心脏是血液循环的重要动力器官，在神经体液调节下，进行有节律地收缩和舒张，使血液按一定方向流动。

动脉从心脏起始，是输送血液到肺和全身各部的血管，沿途反复分支，管径愈分愈小，管壁愈来愈薄，最后移行为毛细血管。

毛细血管为连接于动脉和静脉之间的微细血管，互相连接成网状，遍布全身各部。毛细血管壁很薄，具有一定的通透性，以利于血液和周围组织进行物质交换。

静脉是收集血液回心脏的血管，从毛细血管起，逐渐汇合成小、中、大静脉，最后通入心脏。

第一节　心脏

一、心脏的位置和形态

心脏（图9－2、9－3、9－4、9－5）为中空的肌质器官，外被心包包围，位于胸腔纵隔内，夹于左、右两肺之间，略偏左侧。

动物的心脏呈左、右稍扁的圆锥体，上部宽大，为心基。心基部与大血管相连，位置固定。其余部分则游离于心包中，其下部尖，为心尖。心脏前缘凸，后缘短而直。

在心脏的表面，近心基处有冠状沟，是心房和心室的外表分界。沟的上部为心房，下部为心室。在心的左侧面和右侧面，分别有一左纵沟和一右纵沟。左纵沟位于左前方，自冠状沟向下伸延，大致与心脏的后缘平行，不达心尖。右纵沟位于右后方，自冠状沟向下伸延至心尖。左、右纵沟是左、右心室的外表分界，两沟前部为右心室，后部为左心室。在冠状沟和左、右纵沟内有营养心脏的血管，并有脂肪填充。

犬的心脏外形（图9－2、9－3）呈不规则的锥形，当心脏舒张扩大时，呈卵圆形，心尖部钝圆。中型犬的心脏重约150g，相当于体重的1%，一般猎犬心脏比较大。而运动少又富有脂肪的犬，其心重仅为体重的0.5%。

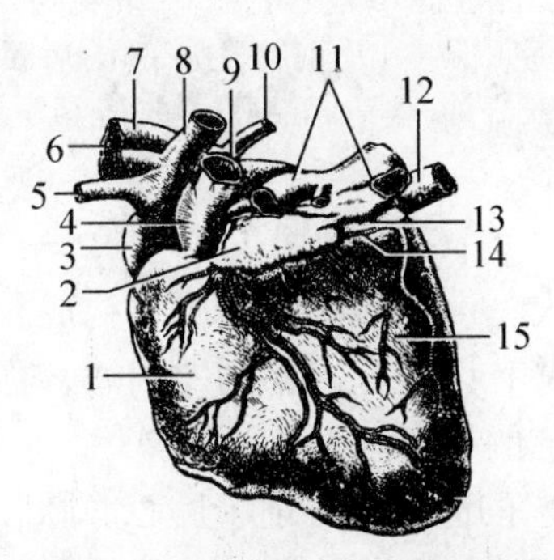

图9－2　犬的心脏（左侧面）

1. 右心室　2. 左心房　3. 右心房　4. 肺动脉　5. 臂头动脉　6. 左锁骨下动脉　7. 前腔静脉　8. 主动脉　9. 肺动脉　10. 奇静脉　11. 肺静脉　12. 后腔静脉　13. 心大静脉　14. 左冠状动脉　15. 左心室

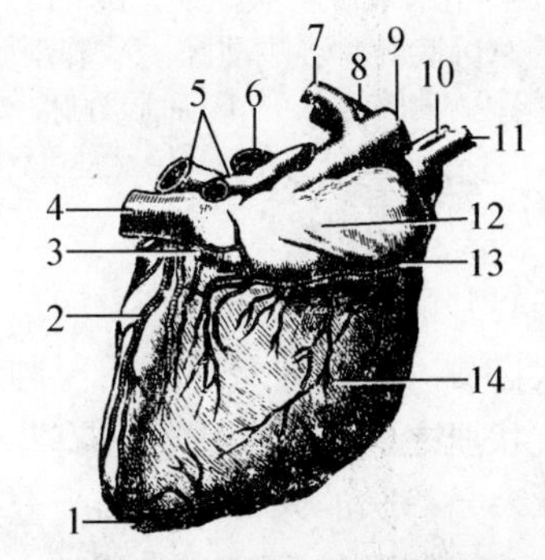

图9－3　犬的心脏（右侧面）

1. 心尖　2. 左冠状动脉　3. 冠状窦　4. 后腔静脉　5. 肺静脉　6. 肺动脉　7. 奇静脉　8. 主动脉　9. 前腔静脉　10. 左锁骨下动脉　11. 臂头动脉　12. 右心房　13. 右冠状动脉　14. 右心室

由于犬心脏的长轴斜度很大，所以心脏的底部主要对着胸腔前口。心在胸腔内处于第3～7肋骨处，左右不对称，心尖朝向后下方，且略偏向左方，可达第6～7肋软骨（甚至到第8肋骨处）。心的胸肋面大部分位于胸腔底面，自第5胸肋关节起向后的一段距离。心脏的左侧缘在第4～6肋骨部与左胸壁接触，其右侧缘在第5肋骨部与右胸壁相接触。

猫的心脏（图9－6、9－7）侧面和背面大部分被肺所覆盖，前端的腹面有胸腺。心脏大约在第4或第5肋骨到第8肋骨之间，其心尖部稍向左偏，并接触膈。

二、心腔的构造

心腔以纵走的房中隔和室中隔分为左、右两半。每半又分为上部的心房和下部的心室。所以心腔共有右心房、右心室、左心房和左心室四个腔。同侧的心房和心室各以房室口相通（图9－4、9－5、9－7）。

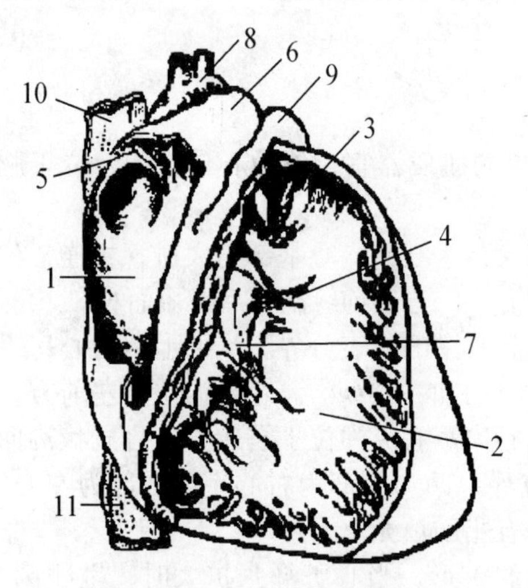

图9－4　犬的右心房和右心室

1. 右心房　2. 右心室　3. 肺动脉半月瓣　4. 乳头肌　5. 梳状肌　6. 右心耳　7. 右房室瓣　8. 主动脉　9. 肺动脉　10. 前腔静脉　11. 后腔静脉

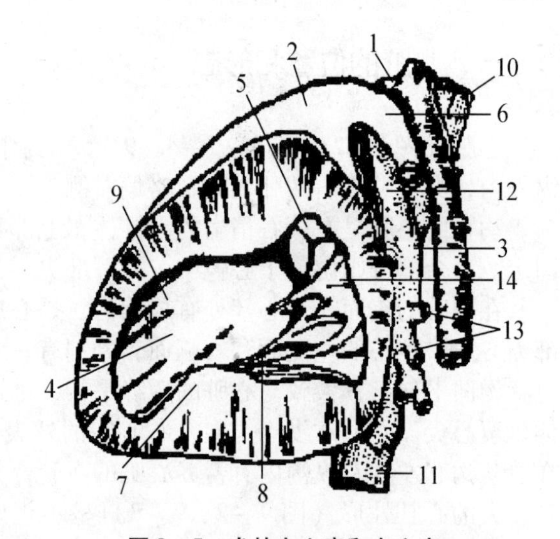

图9－5　犬的左心房和左心室

1. 主动脉弓　2. 右心室　3. 左心房　4. 左心室　5. 主动脉半月瓣　6. 肺动脉　7. 乳头肌　8. 腱索　9. 室中隔　10. 前腔静脉　11. 后腔静脉　12. 左心耳　13. 肺静脉　14. 左房室瓣

（一）右心房

位于心基的右前部和右心室的前背侧，壁薄而腔大，由右心耳和静脉窦构成。右心耳呈圆锥状盲囊，尖端向左、向后至肺动脉的前方，内壁有许多方向不同的肉嵴，称为梳状肌。在梳状肌之间的陷凹中，还有几个散在的心小静脉的开口（图9－4）。

静脉窦是静脉的入口部，接受全身（除肺静脉外）的静脉血。前、后腔静脉分别开口于右心房的背侧壁和后壁，两开口之间有发达的静脉间嵴，有分流前、后腔静脉血液及避免互相冲击的作用。冠状窦开口于后腔静脉口的腹侧，接受来自心脏壁的冠状静脉的血液，心大静脉和心中静脉开口于此，冠状窦开口处有小的冠状窦半月瓣。在后腔静脉入口附近的房中隔上，有卵圆窝，是胚胎期卵圆孔的遗迹。

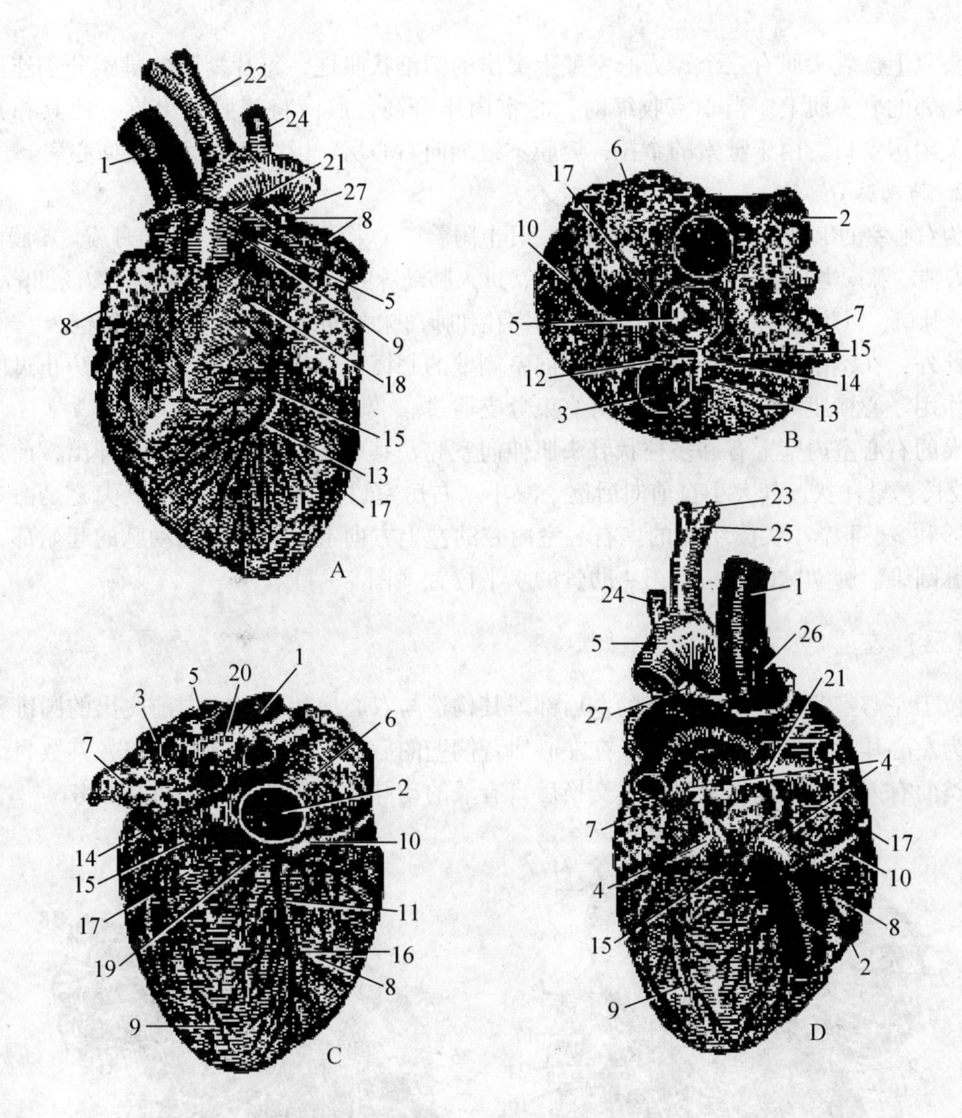

图 9－6 猫的心脏

A. 腹面观 B. 前面观 C. 肺静脉 D. 除去前面的血管

1. 前腔静脉 2. 后腔静脉 3. 肺动脉 4. 肺静脉 5. 主动脉 6. 右心耳 7. 左心耳 8. 右心室 9. 左心室 10. 右冠状动脉 11. 右降支 12. 左冠状动脉 13. 左降支 14. 旋支 15. 心大静脉 16. 心中静脉 17. 心小静脉 18. 动脉圆锥 19. 冠状窦 20 左心房 21. 心包 22. 无名动脉 23. 右锁骨下动脉 24. 左锁骨下动脉 25. 颈总动脉 26. 奇静脉 27. 动脉韧带

在右心房的下方有一右房室口，通右心室。

（二）右心室

构成心室的右前部，室壁较薄，室腔不达心尖。其上方有两个口：前口较小，为肺动脉口，后口较大，为右房室口。

1. *右房室口*

为右心室的入口，以致密结缔组织构成的纤维环为支架。纤维环上附着有三片三角形的瓣膜，称三尖瓣，游离缘向下垂入心室，并有数条纤细的结缔组织腱索，连接到心室壁的乳头肌上。乳头肌有三个，为心室壁上突出的圆锥状肌柱，每片瓣膜的腱索分别连接到两个相邻的乳头肌上。当心室收缩时，心室内压升高，血液将瓣膜向上推，使其相互合拢，关闭房室口。由于腱索的牵拉，瓣膜不致翻向右心房，以防止血液倒流回心房。

2. 肺动脉口

为右心室的出口，也由一纤维环支持，环上附着三个半月形的瓣膜，称半月瓣。瓣膜的凹面向着肺动脉。当心室舒张时，室内压降低，进入肺动脉的血液倒流，充满半月瓣的凹陷，关闭肺动脉口，以防止血液倒流回心室。在房室孔和肺动脉之间的心室部分是动脉圆锥。

此外，在室中隔上，有横过室腔走向室侧壁的心横肌，当心室舒张时，有防止过度扩张的作用。心横肌内有心传导系统房室束分支通过。

犬的右心室内壁上有许多柱状乳头肌伸向室腔，其中4个乳头肌由中隔伸出，前方的1个较长，呈柱状，其大小自前向后逐个减小。右房室口呈卵圆形。犬的三尖瓣是由2个大尖瓣和3～4个小尖瓣组成的。右心室内腔的左上方向上突出，是肺动脉的起始部，称为动脉圆锥。肺动脉的开口在第4肋骨的水平位置（图9－4）。

（三）左心房

位于左心室背侧，形成心基的左后部。其构造与右心房相似，有向前突出的圆锥状盲囊，为左心耳，内壁也有梳状肌。在左心房背侧壁的后部，有数个肺静脉口，其数目因动物种类而有差异。在肺内经过气体交换后富有氧的动脉血，经肺静脉流回左心房。

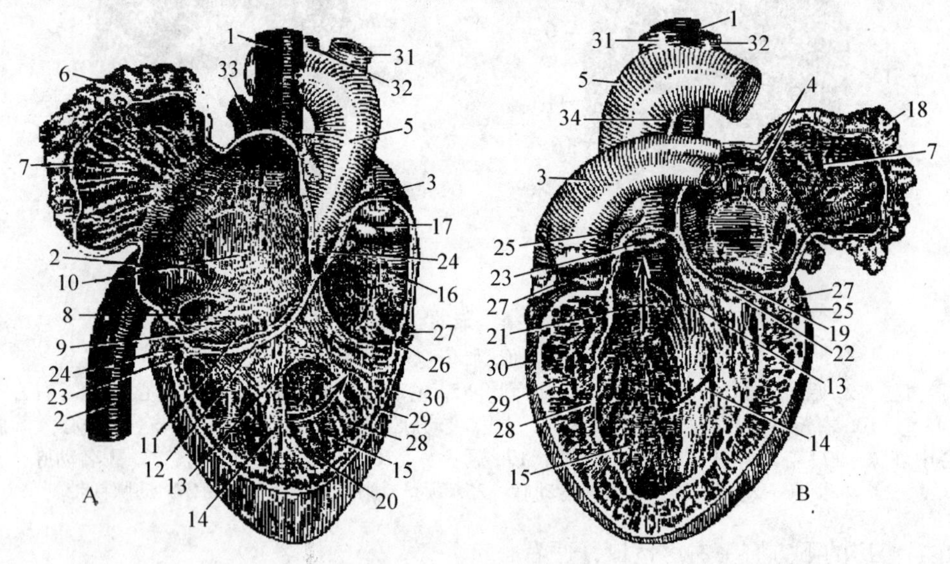

图9－7　猫心脏的内腔

A. 右心房右心室　B. 左心房左心室

1. 前腔静脉　2. 后腔静脉　3. 肺动脉　4. 肺静脉　5. 主动脉　6. 右心耳　7. 梳状肌　8. 冠状窦　9. 冠状窦的半月形瓣膜　10. 卵圆窝　11. 右房室口　12. 三尖瓣　13. 腱索　14. 乳头肌　15. 肉柱　16. 动脉圆锥　17. 半月瓣　18. 左心耳　19. 左房室口　20. 右心室　21. 左心室　22. 左房室瓣（二尖瓣）　23. 半月瓣　24. 右冠状动脉　25. 左冠状动脉　26. 旋支　27. 心大静脉　28. 心内膜　29. 心肌（层）　30. 心外膜（心包脏层）　31. 无名动脉　32. 左下锁骨下动脉　33. 奇静脉　34. 动脉韧带

在左心房的下方有一左房室口，通左心室。

犬的左心房的后侧及右侧一般有6个肺静脉开口（图9-5）。

猫的肺静脉分3支进入左心房的背面（图9-7）。

（四）左心室

位于左心房腹侧，构成心室的左后部。室壁很厚，室腔伸达心尖，其上方也有两个口：前口较小，为主动脉口，后口较大，为左房室口。

1. *左房室口*

为左心室的入口，也有纤维环，环上附着有两片强大的瓣膜，称二尖瓣，其构造和作用与三尖瓣相同。

2. *主动脉口*

为左心室的出口，纤维环上也附着有三个半月瓣，其形态和作用同肺动脉半月瓣。左心室内也有心横肌。

犬的左心室壁上乳头肌较少，有两个粗大的乳头肌伸向室腔，并经腱索连于瓣膜上。房室口的二尖瓣由2个大尖瓣和4～5个小尖瓣所组成，二尖瓣较右心室三尖瓣更加大而坚韧。主动脉的开口在第5肋骨部的水平（图9-5）。

猫的主动脉口的每一个瓣膜都部分地隐蔽一个主动脉窦。在左面瓣膜的主动脉窦内有冠状动脉的开口（图9-7）。

三、心壁的构造

心壁分三层：外层为心外膜，中层为心肌，内层为心内膜（图9-8）。

（一）心外膜

即心包的浆膜脏层，紧贴于心肌表面，由间皮和结缔组织构成，血管、淋巴管和神经等沿心外膜的深面伸延。

（二）心肌

为心壁最厚的一层，主要由心肌纤维构成，内有血管、淋巴管和神经等。心肌被房室口的纤维环分为心房和心室两个独立的肌系，因此心房和心室可分别收缩和舒张。由于功能不同，各腔壁肌层厚薄不一。心房肌较薄，分内、外两层：外层总的包于两个心房的浅层；内层为右心房所固有。心室肌层较厚，左心室肌层最厚，肌纤维呈螺旋状排列，约可分内纵行、中环行、内斜行三层。中环形肌层为各心室所固有。

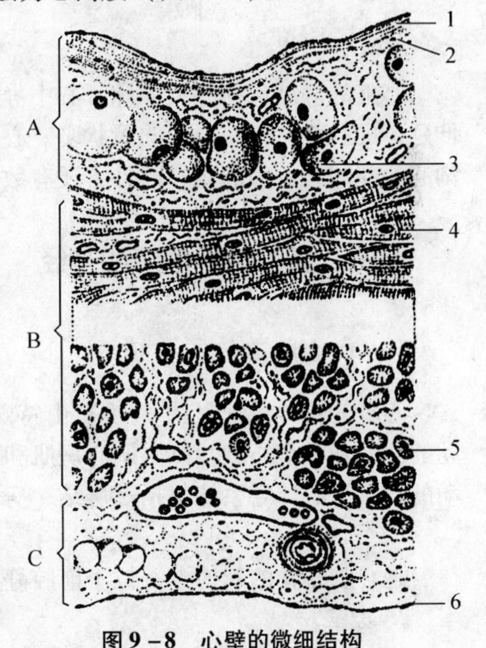

图9-8　心壁的微细结构

A. 心内膜 B. 心肌　C. 心外膜

1. 内皮　2. 内皮下层　3. 浦肯野氏纤维

4. 环肌层　5. 纵肌层　6. 间皮

（三）心内膜

薄而光滑，紧贴于心房和心室壁的内表面，与
血管的内膜相延续，其深面有血管、淋巴管、神经和心传导纤维等。心脏的瓣膜就是由心内膜折皱而成的双层结构，中间夹一层致密结缔组织。瓣膜的结缔组织与纤维环及腱索相连续。

四、心脏的血管

心脏本身的血液循环，称为冠状循环，包括冠状动脉、毛细血管和静脉（图 9－2、9－3、9－7）。

（一）冠状动脉

分左、右两支，每支动脉又分为旋支和下行支。左、右冠状动脉分布于心房肌和心室肌，在肌层中形成丰富的毛细血管网。

1. *左冠状动脉*

起自主动脉根部的左侧，经肺动脉和左心耳之间进入冠状沟，立即分为两支，即旋支和下行支。旋支沿冠状沟向后伸延，犬的旋支绕到心的右侧。下行支沿左纵沟伸向心尖。

2. *右冠状动脉*

起自主动脉根部，向前进入冠状沟，沿冠状沟向右、向后伸至右纵沟，其下行支向下伸至心尖，旋支继续沿冠沟向后伸延。

（二）心静脉

心脏的静脉包括心大静脉、心中静脉、心小静脉及冠状窦。心大静脉伴随左冠状动脉伸延，最后开口于右心房的冠状窦。心中静脉（犬有两条）伴随右冠状动脉伸延，在右纵沟起始部注入心大静脉。此外，还有数支心小静脉，直接开口于右心房的梳状肌之间。

五、心脏的传导系统和神经

（一）心脏的传导系统

心脏的传导系统（图9－9）由特殊的心肌纤维构成，其主要功能是产生并传导心搏动的冲动到整个心脏，以协调心房肌和心室肌，按一定的顺序进行舒缩，维持心脏正常活动的节律。心传导系统包括窦房结、房室结和房室束及其分支等。

1. *窦房结*

是心脏正常的起搏点，位于前腔静脉和右心耳之间的界沟内。

2. *房室结*

位于房中隔右房侧的心内膜下，右冠状窦的前方，色稍淡。

3. *房室束*

为房室结的直接延续，它在室中隔上部，分为一较细的右束支（右脚）和一较粗的左

束支（左脚），后者穿过室中隔。左、右束支分别在室中隔的左室侧和右室侧的心内膜下伸延，分出许多小支分布于室中隔，并通过心横肌分布到左、右心室的侧壁。上述小分支在心内膜下分散成蒲肯野氏纤维，与普通心肌纤维相连接。

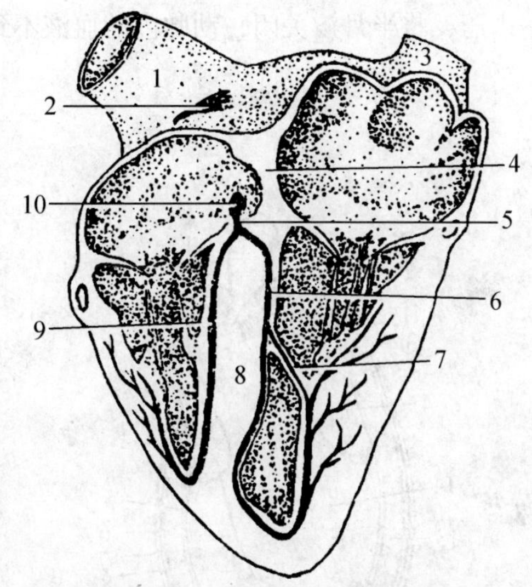

图9-9　心的传导系统示意图

1. 前腔静脉　2. 窦房结　3. 后腔静脉　4. 房中隔　5. 房室束　6. 房室束的左脚　7. 心横肌　8. 室中隔　9. 房室束的右脚　10. 房室结

（二）心脏的神经

心脏的运动神经有交感神经和副交感神经。交感神经兴奋时能使窦房结发生的搏动频率增加，房室束传导速度加快，房室肌收缩力量增强，所以称心加强神经。副交感神经兴奋时作用相反，所以称心抑制神经。

心的感觉神经分布于心壁各层，其纤维随同迷走神经和交感神经进入脑和脊髓。

六、心包

心包（图9-10）为包围心脏周围的锥形囊，囊壁由浆膜和纤维膜构成，起保护心脏的作用。

浆膜分壁层和脏层，壁层的外面围纤维膜，在心基部和大血管根部折转移行为脏层。脏层紧贴于心脏的外表面，构成心外膜。在壁层和脏层之间的空隙，称为心包腔，内有少量浆液，称为心包液，起润滑作用，以减少心搏动时的摩擦。

纤维膜为一层坚韧的结缔组织膜，在心基部与出入心脏的大血管的外膜相连，在心尖部折转而附着于胸骨背侧壁，与心包胸膜共同构成胸骨心包韧带，将心包固着于胸骨上。

有人认为心包是指包围心脏的浆膜囊，不包括纤维层。

心包位于纵隔内，被覆在心包外的纵隔胸膜，称为心包胸膜。

犬的心包与胸壁密切接触的区域，大部分在胸廓壁的腹侧，略似三角形。其前缘位于右侧第4肋软骨，并经过正中面延展至第3肋软骨间隙，接近肋软骨关节部。其右缘自第4肋骨的胸骨端，延伸至第8肋软骨的胸骨关节。左缘开始于前缘的左端，经第4肋骨的软骨部，距软骨肋关节约2.25cm至第5、6软骨肋关节处。

七、心脏的功能与血液循环路径

心脏相当于一个“动力泵”，其瓣膜装置类似泵的“阀门”，在心房和心室进行有节律的地交替收缩和舒张的过程中，它们可以顺血流而开张，逆流血而关闭，从而保证血液在心腔内按一定方向流动（图9-11）。

心房收缩时，心室舒张。这时房内压大于室内压，推开二尖瓣和三尖瓣，左、右心房内的血液分别经左、右房室口流入左、右心室。与此同时，肺动脉和主动脉内的压力大于室内压，将半月瓣关闭，动脉内的血液不致倒流回心室。

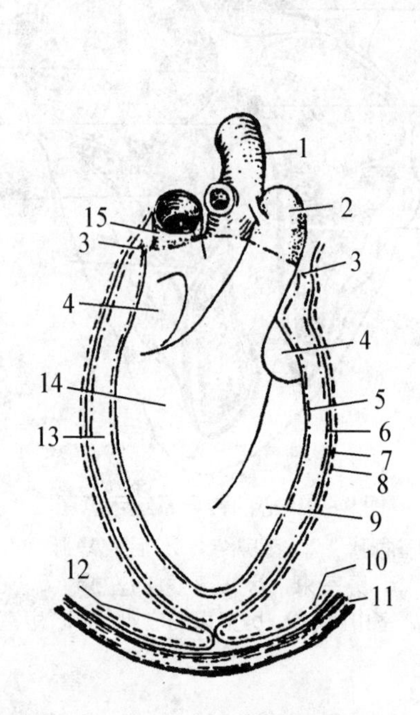

图 9－10　心包结构模式图

1. 主动脉　2. 肺动脉　3. 心包脏层转到壁层的地方　4. 心房肌　5. 心外膜　6. 心包壁层　7. 纤维膜　8. 心包胸膜　9. 心　10. 肋胸膜　11. 胸壁　12. 胸骨心包韧带　13. 心包腔　14. 心室肌　15. 前腔静脉

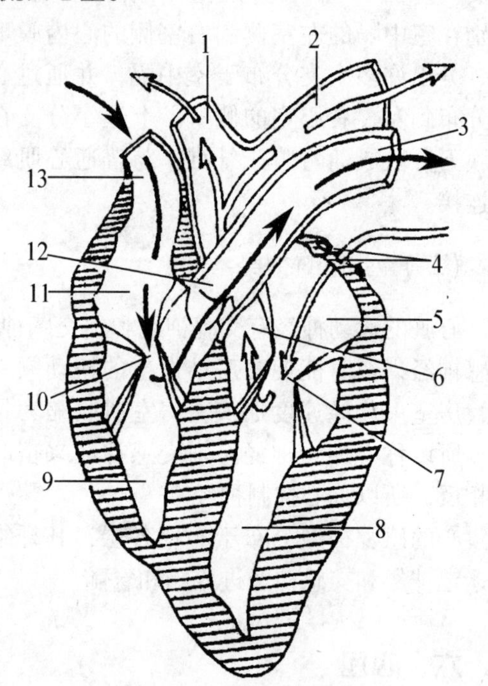

图 9－11　血液在心腔内的路径

1. 臂头动脉总干　2. 主动脉　3. 肺动脉　4. 肺静脉　5. 左心房　6. 主动脉口　7. 左房室口　8. 左心室　9. 右心室　10. 右房室口　11. 右心房　12. 肺动脉口　13. 前后腔静脉

心室收缩时，心房舒张，室内压大于房内压，压迫三尖瓣和二尖瓣，关闭房室口，使心室的血液不致逆流入心房；同时，心室内的压力大于主动脉和肺动脉，从而推开半月瓣，将左、右心室的血液分别压入主动脉和肺动脉。在心房舒张时，前、后腔静脉和肺静脉的血液分别进入右、左心房。

由于心室、心房的交替收缩和舒张，使血液在心血管系统中按一定方向循环不止。根据血液在心血管系统内流动的路径，可将其分为体循环和肺循环，这两个循环是整个血液循环中不可分割的两部分，它们通过心脏互相连续，循环往复，共同完成机体的运输功能。

（一）体循环

心室收缩时，从左心室将含有丰富的氧和营养物质的动脉血输出，经主动脉及其分支，送至全身各部毛细血管，进行组织内气体交换和物质交换，使动脉血变成了含有组织代谢产物和二氧化碳较多的静脉血，再经各级静脉，最后主要汇合成前、后腔静脉，注入右心房。由于血液沿上述途径循环的路程较远，所以又称大循环。

（二）肺循环

心室舒张时，经体循环返回的静脉血，从右心房流入右心室。当心室收缩时，又从右心室输出经肺动脉及其分支，到达肺泡周围的毛细血管，在此进行气体交换，变成了动脉血，然后经肺静脉回流入左心房，再流入左心室。由于血液沿上述途径循环的路程较近，所以又称小循环。

第二节　血管

一、血管的一般特征

（一）血管的种类、结构和功能

1. 动脉

管壁厚而富有弹性。离心脏越近则管径越粗，管壁也越厚，弹性也越大，弹性纤维也越多，对维持血压、保持血流连续性有重要意义。离心脏越远，弹性纤维则逐渐减少，而平滑肌纤维却相对增多。平滑肌舒缩可改变管径大小，以调节局部血流量和血流阻力。

动脉管壁由内膜、中膜和外膜组成。由最大的动脉到最小的动脉，其管径大小和管壁结构是逐渐变化的，中间没有截然的分界。一般按动脉管径的大小，分大、中、小三种类型。其中以中动脉的分层较明显，故首先叙述。

（1）中动脉　因中膜含有丰富的平滑肌纤维，所以又称肌型动脉（图9－12）。

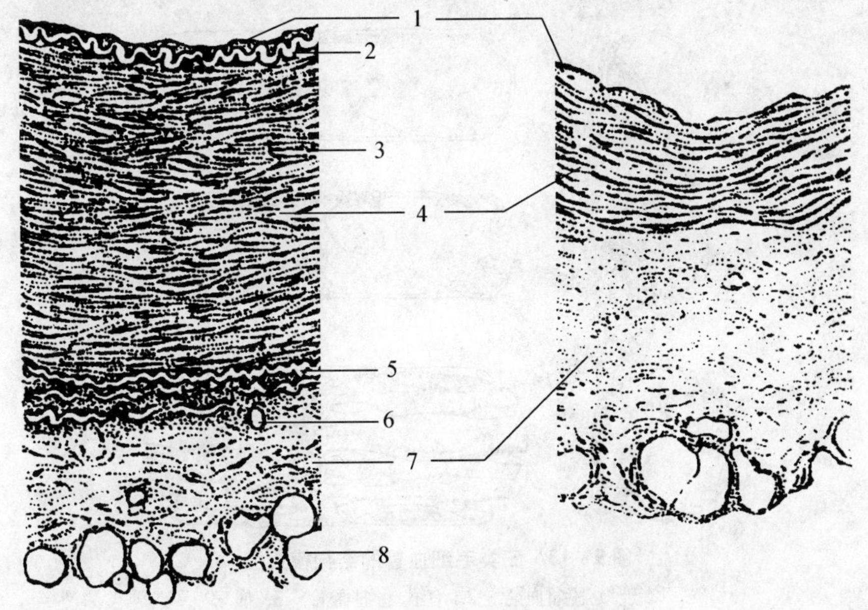

图9－12　中动脉（左）和中静脉（右）

1. 内膜　2. 内弹性膜　3. 平滑肌　4. 中膜　5. 外弹性膜　6. 营养血管　7. 外膜　8. 脂肪细胞

内膜 是三层膜中最薄的一层，由内皮、内皮下层和内弹性膜组成。

内皮：衬于管壁的内表面，光滑，可减少血流的阻力。

内皮下层：为一薄层结缔组织，当内皮受损伤时，具有修补作用。

内弹性膜：由弹性纤维组成的薄膜，在横切面上常呈波纹状，可作为内膜与中膜的分界线。

中膜 甚厚，主要由许多环行平滑肌纤维构成，其中夹有少量结缔组织和弹性纤维。

外膜 厚度与中膜几乎相等，主要由结缔组织构成。近中膜处有一层外弹性膜，为外膜与中膜的分界线。外膜内含有滋养血管、神经和淋巴管。

（2）小动脉 管径在1mm以下的均可列入小动脉。其管壁结构的特点是：内弹性膜薄，缺外弹性膜；中膜由平滑肌纤维构成，一般为2～4层（最小的动脉，平滑肌常不连续成层）。

（3）大动脉 因中膜富含弹性纤维，所以又称弹力型动脉，如主动脉和肺动脉等。其管壁结构的特点是：内弹性膜较厚，但与中膜分界不清；中膜最厚，主要由弹性纤维构成，其中有少量的平滑肌纤维和胶原纤维，外膜较薄。

2. 静脉

常与动脉伴行，也分大、中、小三种类型。管壁也由三层组成（图9－12）。与伴行的动脉比较，其特点是：管径大；管壁薄，弹性纤维和平滑肌纤维均较少，三层膜分界不明显，中膜薄而外膜厚。有些部位的静脉（如四肢和颈部等），其内膜形成成对的半月形静脉瓣，有防止血液倒流的作用。

3. 毛细血管

是管腔最细，分布最广的血管，连接于动脉和静脉之间（图9－13）。毛细血管在器官、组织内分支并互相吻合成网。

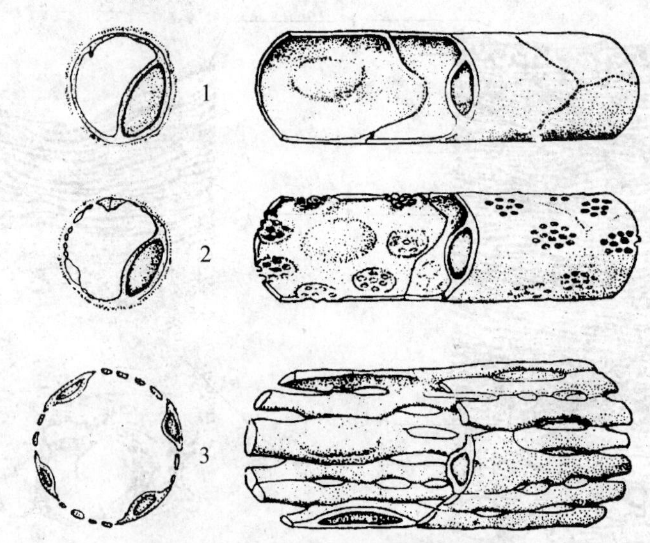

图9－13 三类毛细血管的结构模式图

1. 连续毛细血管 2. 有孔毛细血管 3. 血窦

毛细血管分布的疏密程度随器官、组织不同而异。在代谢功能旺盛的器官、组织，如横纹肌、肺、肝、肾、大多数腺体、黏膜及脑灰质等，毛细血管分布很稠密。相反，在代谢功能较低的平滑肌、腱、神经干及浆膜等，毛细血管分布较稀疏。在上皮、软骨及角膜等，则无毛细血管分布。

毛细血管短而细，平均长约0.5～1mm，最长的不超过2mm；直径为5～20μm，平均约8μm，管壁极薄，厚约0.1～0.5μm。

毛细血管构造简单，管壁主要由一层内皮细胞构成。细胞外为基膜，基膜外为一薄层结缔组织。内皮细胞呈扁平梭形，其长轴与血管长轴平行。很小的毛细血管管壁仅由一、二个内皮细胞围成。细胞核为扁椭圆形，位于细胞中央，稍向管腔内突出。细胞内除有一般细胞器外，还有许多吞饮小泡。在相邻细胞之间有缝隙，宽约100～200Å，可容小分子物质通过。有些内皮细胞本身有小孔，孔径约800～1 000Å。基膜很薄，膜上也有孔。毛细血管的这些结构特征，有利于管内外物质进行交换。

基膜外结缔组织内有成纤维细胞、巨噬细胞和间充质细胞等，常统称为外膜细胞。此外，还有一种扁平多突细胞，紧贴于管壁外面，称为周细胞。这种细胞的性质还不清楚，有人认为周细胞具有收缩作用，可控制毛细血管管径，但未得到证实。有实验表明，内皮细胞受某些化学物质或机械性刺激时，其本身就可收缩而改变管径大小。

窦状隙是一种特殊的毛细血管，分布于肝、腺、骨髓和一些内分泌腺内。其特点是腔大，不规则，能容较多的血液，血流较慢。窦壁结构因器官而异，多数内分泌腺的窦状隙内皮有孔，并有连续的基膜。而肝的窦状隙内皮则不连续，细胞之间有较大的缝隙，基膜不完整或没有基膜，所以通透性更高，更有利于进行物质交换。

4. 微循环

微循环（图9－14）是指微动脉和微静脉之间的微细血管内的血液循环。这些微细血管包括微动脉、中间微动脉、真毛细血管、通毛细血管（直捷通路）和微静脉。

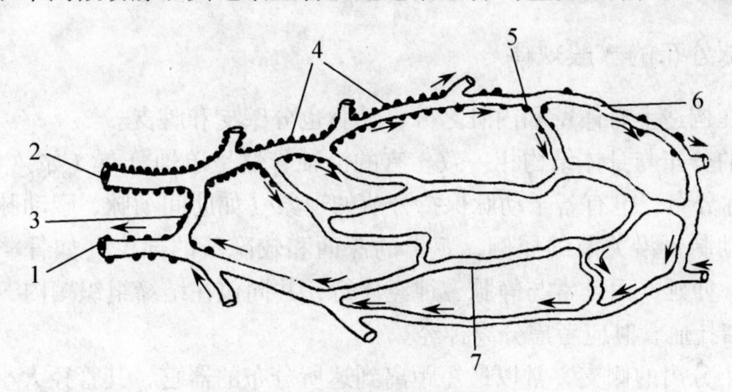

图9－14 微循环组成模式图

1. 微静脉 2. 微动脉 3. 动静脉吻合 4. 中间微动脉 5. 前毛细血管括约肌 6. 直捷通路 7. 真毛细血管

（1）微动脉 是指小动脉靠近毛细血管的部分。管壁除有内皮外，只有一层较完整的平滑肌。平滑肌舒缩，起调节微循环血流量的总闸门作用。

（2）中间微动脉 微动脉的分支为中间微动脉，管壁平滑肌已不是完整的一层。

（3）真毛细血管 即一般毛细血管，是由中间微动脉分出的许多分支，互相通连吻合成网。真毛细血管管壁极薄，其起始部由少数平滑肌组成的前毛细血管括约肌，是调节微循环的分闸门。

(4) 通毛细血管　是直捷连接微动脉和微静脉的毛细血管，又称直捷通路。

(5) 微静脉　常与微动脉伴行。较细的微静脉叫毛细血管后微静脉，微静脉的管径比毛细血管稍粗，结构与毛细血管相似。

(6) 微循环的作用　微循环是血液与组织、细胞间进行物质交换的场所，一般情况下（即组织处于低功能状态下），血液主要通过直捷通路（路程短、流速快）由微动脉到微静脉，只有少部分血液流经真毛细血管。当功能需要提高时，许多前毛细血管括约肌松弛，大量真毛细血管管腔开放，于是大量血液流经毛细血管网，增加组织内的血流量，促进物质交换。由此可见，微循环能调节血流量，对组织、细胞的营养供应和代谢产物的排出起着重要作用，是血液循环的基本功能单位。有人把动静脉吻合也列入微循环。

(二) 血管壁上的滋养血管、淋巴管和神经

较大的血管管壁内都有小动脉和小静脉，分布于外膜和中膜的外层，供给其营养。而内膜和中膜的内层，主要靠血管腔内血液渗透来的物质供应。淋巴管也分布于外膜内。

血管壁内的神经有运动神经和感觉神经。运动神经是植物性神经，支配血管平滑肌。其中大部分是交感神经，少数是副交感神经（全身大部分血管有无副交感神经支配说法不一）。交感神经主要使血管收缩（但使冠状动脉、肺动脉扩张），副交感神经作用相反。感觉神经含有两种神经纤维，一种是主要传导感觉的感觉神经纤维；另一种是仅存在于某些部位的血管壁内，如主动脉弓和颈动脉窦等处的专门感受血压的感受器，以及主动脉体（在主动脉弓区域）、颈动脉体等专门感受血液化学成分的感受器。

(三) 动脉分布的一般规律

(1) 躯干在构造上有体壁和内脏之分，动脉也分壁支和脏支。

(2) 动脉的分布与身体结构相一致。有的沿轴骨骼呈单轴分布（如：主动脉）；绝大多数呈两侧对称分布，也有若干动脉保持分节的现象（如肋间动脉、腰动脉等）。

(3) 多数动脉干沿关节的屈侧，躯干的深面和较隐蔽的部位（如骨、肌肉和筋膜形成的沟及管内）伸延，而且常与静脉、神经伴行，共同包在结缔组织鞘内，形成血管神经束，因此，当结扎血管时应考虑分离神经。

(4) 由主干分出的侧支，常以最短距离到达所分布的器官，其管径大小与器官功能相适应。在代谢功能旺盛的器官，如心脏、肾和甲状腺等，血管较粗，分支较丰富。与主干平行的侧支称侧副支，其末端与主干侧支相吻合，形成侧副循环，即主干的血液可通过侧副支再回流到主干。当主干血流发生障碍时，侧副支能代替主干。

(5) 相邻动脉之间常有分支相通，称为吻合，该分支称吻合支。吻合有平衡血压、转变血流方向和起着侧副支的作用。在小动脉之间，特别是毛细血管之间吻合更多。吻合有以下几种类型。

①简单吻合　相邻动脉之间借交通支直接连接起来。

②宽口吻合　如胎儿的主动脉和肺动脉之间的动脉导管等。

③动脉弓　分布于同一器官相邻两动脉的分支呈弓状吻合，如空肠动脉弓等。

④动脉网和血管丛　动脉的终末分支在同一平面上互相吻合成网状，称为动脉网。如由空肠动脉弓发出的动脉网。血管丛与动脉网相似，但不在一个平面上，如脑脉络丛等。

⑤动静脉吻合　指小动脉和小静脉的直接连接。

(6) 由小叶构成的器官如肝、肾等，动脉由器官门进入，按小叶结构分布。在肌肉、韧带和神经，动脉由多处进入，按纤维行程分布。

(7) 静脉常比动脉粗，数目也多。可分浅静脉和深静脉。

①浅静脉　位于皮下，也称皮下静脉，在体表可见，常被用来采血、放血和静脉注射等。

②深静脉　多与同名动脉伴行，一条中等动脉或小动脉常伴有两条静脉。

二、肺循环的血管

包括肺动脉、毛细血管和肺静脉。

(一) 肺动脉

起于右心室，在主动脉的左侧向后向上伸延，至心基的后上方分为左、右两支，分别与左、右支气管一起经肺门入肺。在肺内随支气管面分支，最后在肺泡周围形成毛细血管网，在此进行气体交换。在分支之前，肺动脉的背部表面以短的动脉韧带连接主动脉（此韧带在成年猫几乎消失）。

(二) 肺静脉

由毛细血管网汇合而成，随肺动脉和支气管而行，最后汇合成数支（犬的肺静脉一般为6支；猫的肺静脉分3组进入左心房，第1组来自右肺的前叶和中央叶，第2组来自左肺相应的叶，第3组来自肺的尾叶，每组由2～3条静脉组成），由肺门出肺后注入左心房。

三、体循环的血管

体循环的血管也包括动脉、毛细血管和静脉。

(一) 动脉

1. 主动脉

为体循环动脉的总干，起于左心室，起始部向前直行，称为升主动脉，然后再转向后方，形成一锐角弯曲的弓，称为主动脉弓（图9－15），在其根部发出左、右冠状动脉后，向后移行为胸椎腹侧的胸主动脉，穿过膈的主动脉裂孔至腹腔，称为腹主动脉。腹主动脉在第五、六腰椎腹侧分为左，右髂外动脉和左、右髂内动脉。

2. 胸腔内的动脉

胸腔内的动脉见表9－1。

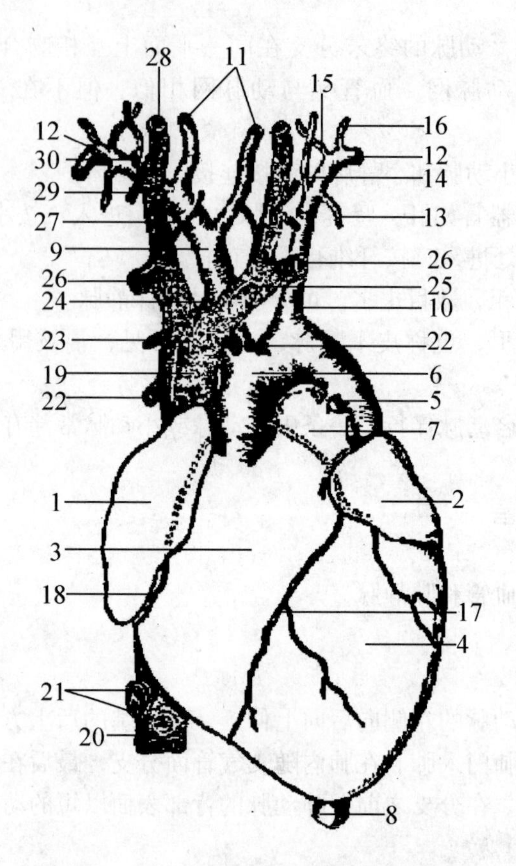

图9－15　犬的心脏及附近的大血管

1. 右心耳　2. 左心耳　3. 右心室　4. 左心室　5. 动脉导管索　6. 主动脉弓　7. 肺动脉　8. 胸主动脉　9. 臂头动脉　10. 左锁骨下动脉　11. 左、右颈总动脉　12. 腋动脉　13. 胸廓内动脉　14. 椎动脉　15. 肋颈干　16. 左肩颈干　17. 左冠状动脉　18. 右冠状动脉　19. 前腔静脉　20. 后腔静脉　21. 肝静脉　22. 肋颈脊椎干　23. 胸廓内静脉　24. 甲状腺最下静脉　25. 左臂头静脉　26. 腋静脉　27. 颈内静脉　28. 右颈外静脉　29. 远端交通支　30. 右肩颈静脉

表9－1　胸腔内动脉简表

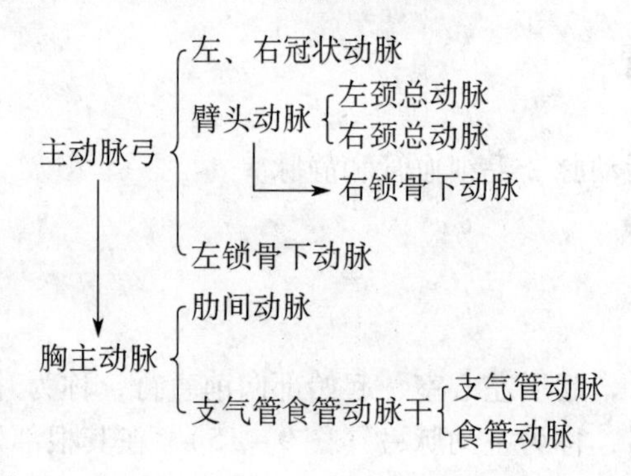

（1）犬胸腔内的动脉

①主动脉弓（图9－15）　在根部发出左、右冠状动脉（见心脏的血管），顶部有两个大血管分支。第1个大的分支偏向右侧，称为臂头动脉；第2个分支较小，偏向左侧，称为左锁骨下动脉（左臂动脉）。

臂头动脉 向前行，起初走于食管腹侧面，以后移至气管下，先分出左颈总动脉，然后分出右颈总动脉，其主干绕过第 1 肋骨成为右锁骨下动脉（右臂动脉），出胸腔后进入右前肢。

左锁骨下动脉 向前行于食管的左侧面，并形成一浅弓，然后绕过第 1 肋骨出胸腔，进入左前肢。

②胸主动脉 为主动脉弓向后的延续，在胸椎腹侧稍偏左，分出下列分支：

肋间动脉 犬的肋间动脉为 9 对或 10 对，除前数对由左锁骨下动脉和劈头动脉的分支分出外，其余均由胸主动脉分出。肋间动脉在肋间隙上端分为一背侧支和腹侧支。前者较小，分布于脊髓和脊柱背侧的肌肉及皮肤；后者沿肋骨后缘向下伸延，分布于胸侧壁的肌肉和皮肤。

支气管食管动脉干 很短，在第 6 胸椎处自胸主动脉分出，立即分为一支气管动脉和一支食管动脉，分别分布于肺内支气管和食管。

③锁骨下动脉（臂动脉） 在胸腔内的分支如下：

椎动脉 起始于臂动脉主干相当于第 1 肋间隙处。向前沿颈长肌走行（在右侧横过气管侧面），并沿颈部上行至第 3 颈椎处，分为 3 支。其中最大支分布于颈部肌，第 2 支在第 2 和第 3 颈椎间进入椎管内，与相对的动脉相连，一支与枕动脉的分支相接，形成基底动脉。第 3 支为主干的延续，经寰椎翼与枕动脉吻合。

背动脉与颈深动脉 起自同一总干，密接椎动脉。此主干横过椎动脉的外侧面，在颈长肌上上行，分为 2 支。前支颈深动脉，自第 1 肋骨上端的内侧分出，成小分支至颈部深侧肌肉。背动脉分出肋骨下动脉（再分成 2～3 肋间动脉），从第 1 肋间隙背侧端穿出，分成小分支至棘肌。

颈下动脉 起第 1 肋骨，分出颈上动脉和肩横动脉。颈上动脉分布于臂头肌，肩横动脉。颈上动脉分布于臂头肌，肩横动脉至肩胛下肌。

胸内动脉 发出分支至胸部乳腺。

（2）猫胸腔内的动脉

①主动脉弓 在第 3 和第 4 或第 4 和第 5 肋间隙的对侧。在其根部的主动脉窦发出左、右冠状动脉（见心脏的血管）。之后又分出臂头动脉（或无名动脉）、左锁骨下动脉。主干延续为胸主动脉（图 9 – 16）。

②臂头动脉 臂头动脉从主动脉弓的凸面发出向头端走行（图 9 – 15、9 – 17）。它首先发出一个小的纵隔动脉向腹方进入纵隔。然后发出左颈总动脉，再发出右颈总动脉，之后其主干延续为右锁骨下动脉。颈总动脉是臂头动脉的重要分支，供给头颈部的血液。

③左锁骨下动脉 从主动脉弓的凸面发出，并向头端走行（图 9 – 17）。约在第 1 肋骨处弯曲进入腋窝，成为腋动脉，供给前肢的血液。

④胸主动脉 为主动脉弓向后在胸腔内的延续，在胸椎腹侧稍偏左，分出下列分支：

肋间动脉 由主动脉的背面发出。每个肋间动脉（图 9 – 17）都通过肋间隙，并分为 3 支：一支在两肋骨之间延伸；另一支进入背部的深层肌肉；第 3 支通过椎间孔进入脊髓管。但需指出的是，到第 1、2（有时还有第 3）肋间隙去的这些动脉，通常起源于锁骨下动脉。

支气管动脉 有两条。每条都起源于第 4 肋间隙对侧的主动脉，或起于第 4 肋间动脉。它们伴随支气管进入肺脏。

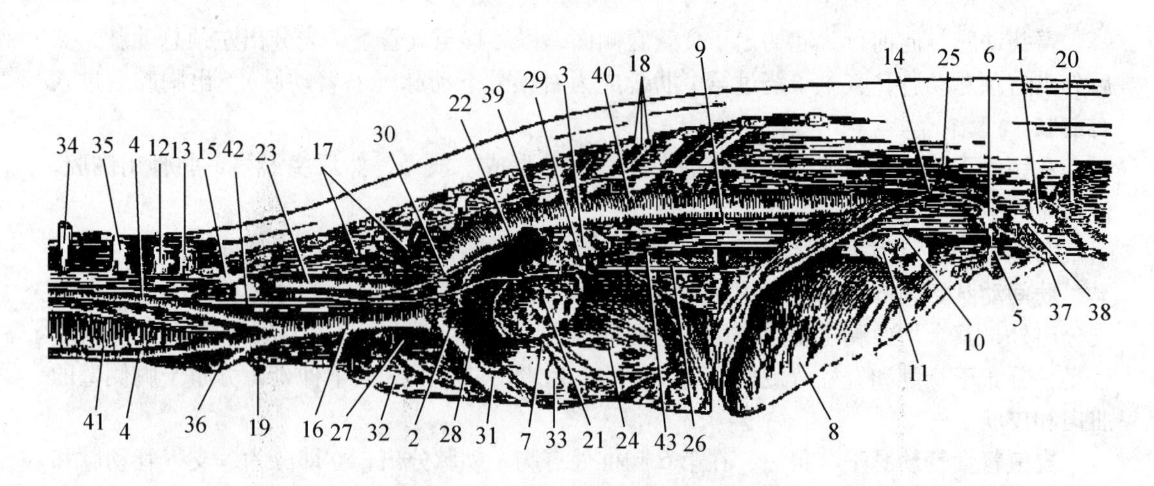

图 9－16　猫的心脏和胸主动脉侧面观

1. 肾上腺　2. 主动脉弓　3. 左支气管　4. 颈总动脉　5. 腹腔动脉　6. 腹腔神经节　7. 左冠状动脉　8. 膈　9、10. 食管背部神经干　11. 食管　12. 颈神经　13. 胸神经　14. 内脏大神经　15. 星状神经节　16. 臂头动脉　17. 肋骨间动脉　18. 肋间动脉　19. 胸廓内动脉　20. 结肠　21. 左心室　22. 肺动脉　23. 左锁骨下动脉　24. 左心室　25. 内脏小神经　26. 膈神经　27. 前腔静脉　28. 肺动脉　29. 肺静脉　30. 返神经　31. 右心房　32. 右肺　33. 右心室　34、35. 颈神经　36. 右锁骨下动脉　37. 肠系膜前动脉　38. 肠系膜前神经节　39. 交感干　40. 胸主动脉　41. 气管　42. 迷走神经　43. 食管腹部神经干

食管动脉　是进入食管不同区域的小分支。

3. 头颈部的动脉

(1) 犬的头颈部的动脉　头颈部的动脉见表 9－2。

①颈总动脉（图 9－17）　右颈总动脉自气管腹侧面斜向气管右侧，向前上方行走，末端部再侧倾向气管背侧。左颈总动脉的背侧与食管相接触，然后移向气管左侧，向前行走。双侧颈总动脉在寰椎翼下分出枕动脉、颈内动脉和颈外动脉。

枕动脉　沿舌下神经后方上行至副乳突，其外侧面有颈内动脉、迷走神经和交感神经横过。绕过副乳突而成为一弯曲的径路，在枕骨颈面与颈峭平行，同对侧动脉吻合，并分出小支至颈肌、头腹侧直肌和咽。此外，枕动脉还分出脑膜后动脉，经过乳突孔，再分成小支至脑硬膜。

枕动脉发出枕支和返支。枕支即脑脊动脉经椎间孔，在椎管内与对侧的动脉吻合，并同来自椎动脉的一支相连，形成基底动脉。在脊髓腹侧形成脊髓腹侧动脉。返支向上行，与椎动脉相吻合，发出的分支分布于头后斜肌。

颈内动脉　穿过后破裂孔进入颈椎管，由颈动脉孔入脑腔后，在脑腹侧形成脉管丛，由其分支与大脑中动脉和眼外动脉相连。大脑中动脉向外走至大脑外侧裂再分成多数细支，分布于大脑半球的外侧面。在视交叉的背面有大脑前动脉，向前伸出筛动脉分布至嗅球；向两侧分出眼内动脉随视神经分布于眼球。

②颈外动脉　是颈总动脉的直接延续部分，沿咽的侧壁走行，从枕颌肌下穿出，在窝后突的后方，分为颞浅动脉和颌内动脉。此外，还发出副支，如颌外动脉、舌动脉、舌下动脉和耳后动脉（耳大动脉）。

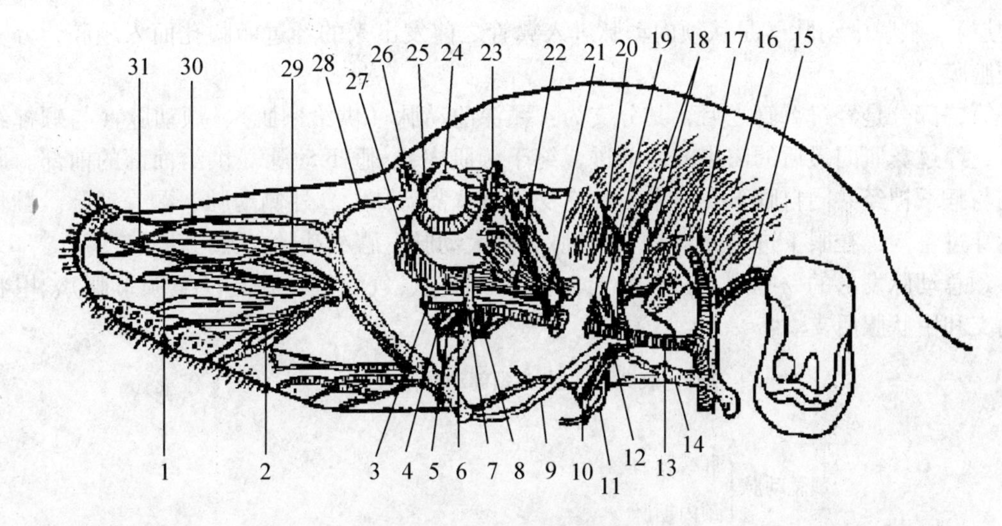

图 9－17 犬头部主要血管

1. 上齿槽支神经 2. 上唇支 3. 眶下动脉及神经 4. 蝶腭动脉及神经 5. 腭前动脉及神经 6. 返折静脉 7. 眼外静脉 8. 腭后动脉及神经 9. 舌神经 10. 上齿槽神经及血管 11. 下颌舌骨肌支 12. 三叉神经下颌支 13. 颌内动脉 14. 颌内静脉 15. 耳前血管 16. 颞肌 17. 颧眶血管 18. 颞深动脉 19. 翼肌支 20. 颊动脉及神经 21. 眼动脉 22. 颧神经 23. 滑车上动脉及神经 24. 上眼睑 25. 泪结节 26. 下眼睑 27. 下斜肌 28. 内眦静脉 29. 鼻外侧静脉 30. 鼻背静脉 31. 鼻前支

颌外动脉 颌外动脉在枕下颌肌背侧端的表面后缘，自颈外动脉分出，经过舌骨，在枕下颌肌和茎舌骨肌间，沿枕下颌肌的背内侧缘走行。在此过程中分出至下颌腺和舌下腺的动脉，及至枕下颌肌、茎舌肌和翼肌的分支。舌下动脉沿下颌骨的腹缘至咬肌与枕下颌肌所成的沟内，向前行变成面动脉。面动脉常在面静脉之前侧深面，向前在笑肌的深面近颧肌的止点又分为下唇动脉、口角动脉、上唇动脉 3 个分支，前两支进入下唇黏膜内，上唇动脉则进入上唇的黏膜内。

颞浅动脉 颞浅动脉是颈外动脉的两个终支之一，它横过颞骨颧突的后端，穿过颞筋膜，向额骨进行，几与颧突平行，而与颞肌发生密切联系，其终支供给额部和上下眼睑。其分支有 3 个：面横动脉（为一小支，供给咬肌的表面）、耳前动脉（自其主支至耳下腺，咬肌及其肌肉和皮肤）、颧眶动脉（供给眼睑额耳顶肌的血液，颧眶动脉的额支，即供给该处血液）。

耳后动脉 耳后动脉又称耳大动脉，在近枕下颌肌的起始和在枕下颌肌与舌骨之间离开颈外动脉；它曲绕枕下颌肌，在耳下腺的深面向后行而分布在耳的后部，有 3 个分支：有数支分布于胸头肌和锁乳头肌以及耳下腺和下颌腺、茎乳动脉（为小型动脉，进入颞骨的茎乳孔）、一根耳前支供给耳前，与耳前动脉吻合。

③颌内动脉 为颈外动脉的直接延续，始于下颌骨的后缘的内侧面，进入翼腭凹。颌内动脉可分为两部分，以蝶骨的翼管为界。

第一部分是在其未进入翼管之前，曲向头的内侧，在下颌关节略向前处。其分支为：下齿槽动脉（甚大，与其同名的血管越过翼外肌，一同进入下颌孔。在下颌管内分出许多到齿龈的小支，其终支由颏孔出来供血给下唇颏部，称颏动脉）、颞深后动脉（与下齿槽动脉在同一处离开颌内动脉，常有两支或三支，曲绕下颌关节的前侧，向上而达颞凹，以供给颞肌血液）、咬肌动脉（有时是从颞深动脉之一分支，自下颌切迹供血给咬肌的深层和中层）、脑膜中动脉（是从颌内动脉进入翼管之前发出来的经过卵圆孔而入颅腔，分支于硬脑膜）。

第二部分是经过翼管之后，其分支为：颞深前动脉（供给颞肌）、颊动脉（与颊神经伴行，经过翼肌向最后的臼齿方向前进，终于颊肌内）、眶下动脉（供给面部的前部。此分支与眶下神经共同自眶下孔出来，其终支分为鼻背动脉、鼻外侧动脉、颧骨动脉。颧骨动脉穿过骨沟，在眼下进到面部）、眼动脉、腭大动脉、腭小动脉、蝶腭动脉。

颈总动脉发出的一些副支，有咽支、喉支、肌支、气管支、腺支（至颌下腺）、甲状腺前支和甲状腺后支。

表 9-2　犬头颈部动脉简表

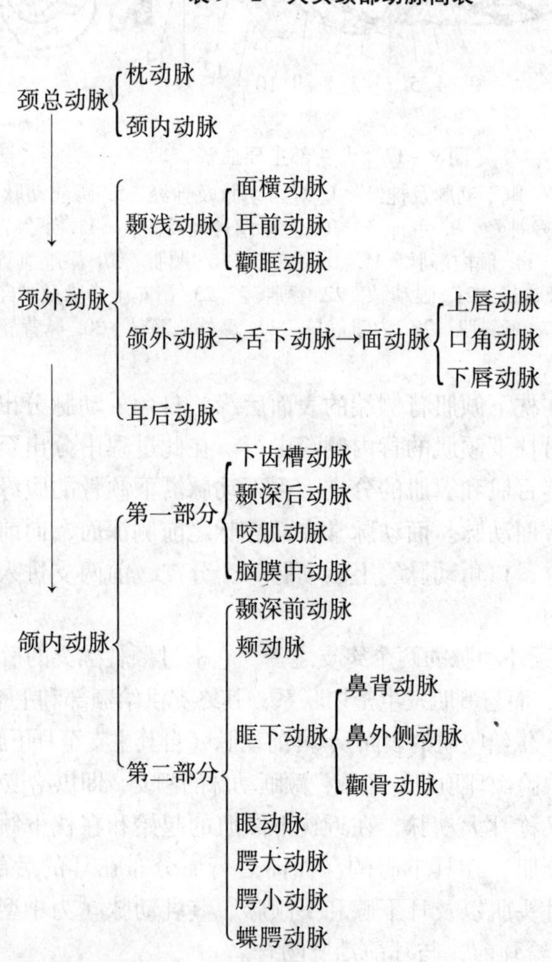

（2）猫的头颈部的动脉

颈总动脉　前已述及，两个颈总动脉起源于臂头动脉（图 9-17）。每个都沿气管一侧通向头端。在胸内，颈总动脉位于锁骨下动脉内侧和前腔静脉的背侧。在颈部，颈总动脉伴随迷走和交感神经以及颈内静脉，位于头长肌和气管之间的间隙中；其腹面被胸骨乳突肌和胸骨甲状肌所覆盖，紧贴于胸骨甲状肌的外侧缘。颈总动脉的主要分支有：

甲状腺后动脉：是一个小动脉，它或起源于颈总动脉起点的附近，或起源于颈总动脉起点之前的臂头动脉。它向头端走行并发生分支到气管和食管。

甲状腺前动脉：甲状腺前动脉在甲状软骨对侧离开颈总动脉，并向中间和尾端走行，其分支达甲状腺、胸骨甲状肌和胸骨舌骨肌。有一个小分支（喉前动脉）通向喉部向喉部肌肉供血。

枕动脉：起源于大约与颈内动脉同一部位的颈总动脉。它立即发出一个大的分支到背侧，通过头长肌和脊柱之间，达颈部的深层肌肉。而后枕动脉横过二腹肌的外表面，达头颅的背面。并在夹肌下面沿着人字嵴走行。

颈内动脉：是颈总动脉的末支之一。

颈外动脉：在发出颈内动脉以后，颈总动脉的延续部分是颈外动脉。

4. 前肢的动脉

（1）犬的前肢动脉　见表9－3。

表9－3　犬前肢动脉简表

锁骨下动脉→腋动脉→肩胛下动脉→正中动脉
- 桡动脉
  - 背支→腕背侧动脉网
  - 掌支→掌深动脉网弓
- 尺动脉
  - 第1掌心动脉
  - 第2、3、4掌心浅动脉

①锁骨下动脉（臂动脉）　自第1肋骨前缘出胸腔，转向后下方，成为腋动脉，它是肩胛下动脉的起始部，肩胛下动脉转至上臂的内侧面向下行，在肘部经臂二头肌与旋前圆肌之间下行为正中动脉。约在前臂的上1/3与中1/3的交界处，分为桡动脉与尺动脉（图9－18）。

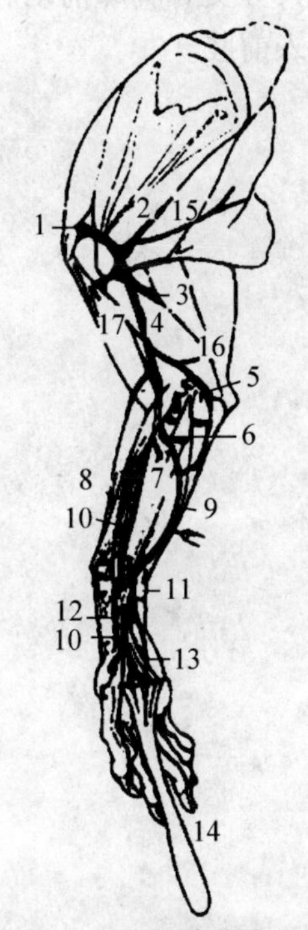

图9－18　犬的前肢动脉分布模式图

1. 腋动脉　2. 胸廓外动脉　3. 臂深动脉　4. 臂动脉　5. 尺侧副动脉　6. 骨间总动脉　7. 掌心深动脉　8. 桡骨动脉　9. 尺骨动脉　10. 正中动脉　11. 副腕骨　12. 掌心深动脉弓　13. 掌心浅动脉弓　14. 切断的指浅屈肌　15. 大圆肌　16. 臂三头肌　17. 臂二头肌

②桡动脉　是正中动脉较小的终末支，沿桡骨内缘下行，在腕部附近分为背支和掌支。背支参与形成腕背侧动脉网；掌支沿腕骨内缘的后方下行，接骨间掌侧动脉的末端支，形成掌深动脉弓。

③尺动脉　为正中动脉末端支较大的一支，在腕部上方，分出一联合支至桡动脉。然后稍向外侧斜行，在掌骨中央附近分出第1掌心动脉，并分为第2、3、4掌心浅动脉。

（2）猫的前肢动脉

①左锁骨下动脉　起源于主动脉弓的凸面，恰在无名动脉起点的远方，距心脏约2～3cm处。它向头端走行并略向左侧，在第1肋骨前方转向，进入左前肢。

②右锁骨下动脉　是臂头动脉的直接

延续。臂头动脉通常大约在第2、3肋间隙水平发出右颈总动脉，在此之后，即为右锁骨下动脉。

锁骨下动脉的分支有：椎动脉、胸廓内动脉等，最后它以腋动脉进入前肢。

椎动脉　起于第1肋骨对侧的锁骨下动脉的背部表面。它在颈长肌的胸部部分的边缘通向头背端，并进入第6颈椎的横突孔。椎动脉向头端走行，在第1颈椎横突孔的头端转向背面，位于第1颈椎侧表面的沟内。在此发出一大的分支，此分支向侧背向走行而达颈部的肌肉，并与枕动脉的分支相吻合，然后椎动脉通过第1颈椎孔进入椎管。行至脊髓的腹面，两椎动脉合并形成基底动脉，并沿着脑的腹中线通向头端。就在它们合并之前，两椎动脉各发出分支向尾部走行。很快，两支合为一体，形成脊髓前动脉，并通向脊髓的尾端。

基底动脉　如前面描述过的，基底动脉在两个椎动脉合并处发出。它沿着延髓和桥脑的腹正中线通向头端，并发出许多分支到有关结构。小脑下后动脉是一个分支，在两边通到小脑尾部的表面上，并发出分支。在桥脑头端的边缘上，基底动脉分开。在每边的分开处发出一个大的分支，横过大脑脚到达小脑前部，这就是小脑前动脉。在此稍向头端，从同一部位的附近发出较小的大脑后动脉侧向通至大脑尾部，并加入颈内动脉。

腋动脉　是位于第1肋骨侧面的锁骨下动脉的延续。其分支有胸廓前动脉、胸廓长动脉、肩胛下动脉和肱动脉。肱动脉在肩胛下动脉的远方进入前肢。

5. 腰腹部的动脉

(1) 犬的腰腹部动脉　腰腹部动脉见表9－4。

表9－4　腰腹部动脉简表

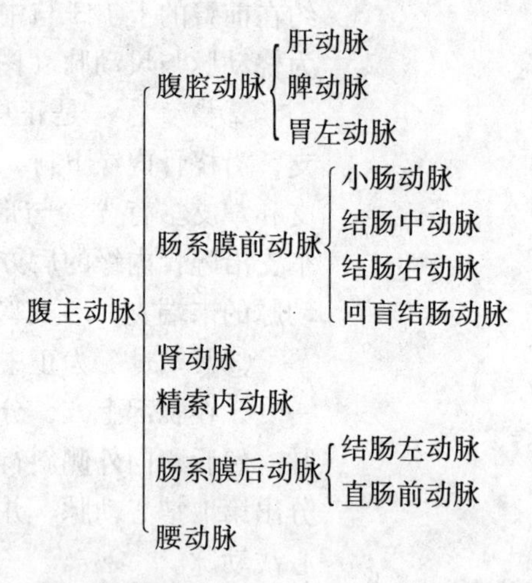

- 腹主动脉
  - 腹腔动脉
    - 肝动脉
    - 脾动脉
    - 胃左动脉
  - 肠系膜前动脉
    - 小肠动脉
    - 结肠中动脉
    - 结肠右动脉
    - 回盲结肠动脉
  - 肾动脉
  - 精索内动脉
  - 肠系膜后动脉
    - 结肠左动脉
    - 直肠前动脉
  - 腰动脉

①腹主动脉　为腰腹部的动脉主干（图9－19），位于腰椎腹侧，向后伸延到第5、6腰椎处分为左、右髂外动脉和左、右髂内动脉。

腹主动脉有两类分支，一类为壁支，即成对的腰动脉，其分支分布情况与肋间动脉相似，分布于腰腹部肌肉、皮肤和脊髓；另一类为脏支，分布于脏器，由前向后依次为腹腔动脉、肠系膜前动脉、肾动脉、肠系膜后动脉、睾丸动脉或子宫卵巢动脉。其中肾动脉和睾丸动脉或子宫卵巢动脉是成对的。

②腹腔动脉　主动脉穿过膈肌进入腹腔后，从腹主动脉腹侧面发出的一条血管即为腹腔动脉。它分出肝动脉后，形成一短干，由短干再分成胃动脉和脾动脉（图9－19）。

肝动脉　自腹腔动脉分出后向右侧移行，先后发出几个分支，即肝固有动脉、胃右动脉和胃十二指肠动脉。

肝固有动脉　可分为几个小支，与门静脉一起分布于肝脏内。

胃右动脉　先行至幽门处，再沿胃小弯分布于贲门，并与胃左动脉吻合。

胃十二指肠动脉　为肝动脉分出胃右动脉以后的延续部分，在幽门附近再分支为右胃网膜动脉和胰十二指肠动脉。前者在网膜内沿着胃的大弯移行，并与左胃网膜动脉吻合。

胃左动脉　沿胃的背面至胃小弯，分成小支，大部分布在胃的左部，其分支与胃右动脉吻合。

脾动脉　分出胰脏支，到达脾脏的腹侧。以后又分出左胃网膜动脉和胃脾动脉。后者经脾的背侧并分布于该处，另有小分支分布于胃的左端。

③肠系膜前动脉　起自腹主动脉干，位于腹腔动脉分出部位的紧后方。肠系膜前动脉有3个分支，即结肠右动脉、结肠中动脉和回盲结肠动脉。其主干延续为小肠动脉，发出14～16个分支，并在肠系膜接近肠部处形成一系列的吻合弓（图9－19）。

结肠右动脉是一小的动脉，位于结肠的右侧部。结肠中动脉为结肠动脉中最大的动脉，分布于横结肠和结肠左侧部的一部分。回盲结肠动脉又分出回肠支、盲肠支和结肠支。在结肠动脉间有吻合，并与空肠动脉吻合。

④肾动脉　起于肠系膜前动脉起始部之后，是一对比较大的动脉，分为左、右两支。右肾动脉较长，横过后腔静脉的背侧，移向右前方至右肾肾门处。左肾动脉的起始部位于右肾动脉之后，比较短，发出后即直接向外侧走向左肾。

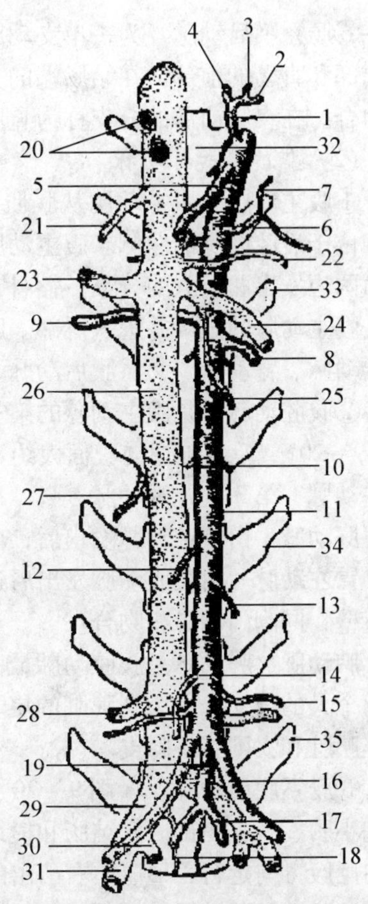

图9－19　犬腹主动脉与后腔静脉之关系

1. 腹腔动脉　2. 脾动脉　3. 胃左动脉　4. 肝总动脉　5. 肠系膜前动脉　6. 左膈腹动脉　7. 膈后动脉　8. 左肾动脉　9. 右肾动脉　10. 腰动脉　11. 腹主动脉　12. 右精索动脉　13. 左精索动脉　14. 肠系膜后动脉　15. 旋髂深动脉　16. 髂外动脉　17. 髂内动脉　18. 骶中动脉、静脉　19. 髂内动脉、骶中动脉的共同干　20. 肝静脉　21. 右膈腹静脉　22. 左膈腹静脉　23. 右肾静脉　24. 左肾静脉　25. 左精索静脉　26. 后腔静脉　27. 右精索静脉　28. 旋髂深静脉　29. 髂总静脉　30. 髂内静脉　31. 髂外静脉　32. 第1腰椎　33. 第3腰椎　34. 第5腰椎　35. 第7腰椎

⑤精索动脉或子宫卵巢动脉　起自腹主动脉，在肠系膜后动脉起始处附近。左右各有一支，细长。在雄性犬体内，精索动脉通过腹股沟进入阴囊，分布到睾丸及附睾。在雌性犬体内，子宫卵巢动脉移行于卵巢附近分为3～4支，分布于卵巢、输卵管和子宫角的前部。

⑥肠系膜后动脉　为一单支动脉，在结肠系膜内，下行，随即分成两支，分布于结肠末端部和直肠的前部。在结肠端的分支为结肠左动脉，沿结肠左部前行，并与肠系膜前动脉吻合。在直肠前部的分支称为直肠前动脉，与阴部内动脉的直肠中支吻合。

（2）猫的腰腹部动脉

①腹主动脉　腹主动脉从膈肌（从第二腰椎水平）进入腹腔。它沿着背中线通向尾端，位于后腔静脉的左侧。腹主动脉发出壁支到体壁，发出内脏支过内脏，并在第1荐椎腹面两边发出两条大的分支：髂外动脉和髂内动脉，一条很小的中间血管——骶中动脉。这是腹主动脉的延续并进入尾部。腹主动脉主要分支有：腹腔动脉、肠系膜前动脉、肾上腺腰动脉、肾动脉、肠系膜后动脉、髂腰动脉、腰动脉、髂外动脉和髂内动脉等。

②腹腔动脉　是腹主动脉的第1个大分支。它从膈肌孔尾端约1cm处的腹主动脉发出（图9－20），笔直地通向腹面大约3或4cm，然后分为3支。最头端的是肝动脉；其次是胃左动脉；第3支是脾动脉。

肝动脉　由腹腔动脉发出后，向头腹面走行，通过大网膜下降支，向头端到肝脏。

胃左动脉　由腹腔动脉发出后达胃小弯，并沿胃小弯向右延伸。它发出许多小分支到达胃壁，同幽门动脉相吻合。

脾动脉　脾动脉是腹腔动脉最大的分支，是腹腔动脉的直接延续（图9－20）。它分出两个大的分支，一个到脾脏的尾端，另一个到基头端。从尾端的一支又分出一条分支，通至胰脏和大网膜下降支。

③肠系膜前动脉　（图9－20、9－21）比腹腔动脉大些，它是不成对的动脉，供血液到小肠、胰脏尾部、升结肠和横结肠。它发自腹腔动脉尾端约1cm处的腹主动脉腹面，并向尾腹方向走行，形成向右凸出的弯曲。它发出胰十二指肠后动脉、中结肠动脉、右结肠动脉、回结肠动脉以及到小肠的许多分支。

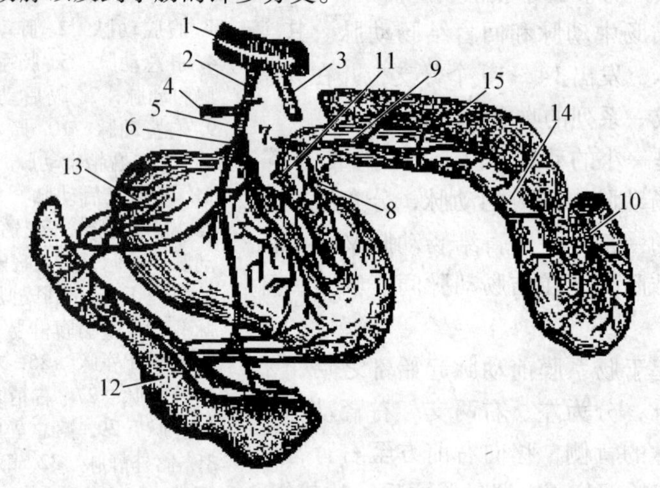

图9－20　猫腹主动脉及其分支

1. 腹主动脉　2. 腹腔动脉　3. 肠系膜前动脉　4. 肝动脉　5. 胃左动脉　6. 脾动脉　7. 胃十二指肠动脉　8. 胃网膜右动脉　9. 胰十二指肠前动脉　10. 胰十二指肠后动脉　11. 胃右动脉　12. 脾脏　13. 胃　14. 十二指肠　15. 胰脏

④肾上腺腰动脉　起于腹主动脉，每侧一个，约在肠系膜前动脉起点尾端 2cm 处发出。每条都侧向走行达于体壁的背面，供应这个区域肌肉的血液。一个大的分支沿肾脏背部肌肉的表面通向尾端，与髂腰动脉相吻合。

⑤肾动脉　（图 9－21）两条肾动脉起源于腹主动脉两侧，通常大约在相同的地点发出。左侧的向尾侧向走行，右侧的向头侧向走行达于肾脏。常常在进入肾脏以前分开。肾动脉发出一个到肾上腺的分支。

⑥精索内动脉或子宫卵巢动脉　起自大约与肾尾端同一水平的腹主动脉（图 9－21），侧向走行，在雄性达腹股沟管和阴囊；雌性则达卵巢和子宫。

⑦肠系膜后动脉　大约从最后一个腰椎水平的腹主动脉发出。它走向大肠并在其附近分为两支：左结肠动脉沿降结肠头向走行，同中结肠动脉相吻合；另一为肛门前动脉，沿降结肠和直肠尾向走行，同肛门中动脉相吻合。

⑧髂内动脉　由髂外动脉起点的尾端不超过 1cm 处的腹主动脉发出（图 9－21）。每条向尾侧面走行，位于髂总静脉的内侧，并发出分支供给骨盆围内的组织和骨盆壁的肌肉。

髂内动脉的分支有：

脐动脉　起于髂内动脉起点远侧约 1cm 处走向腹面，到膀胱。在该处又分为两支：膀胱上动脉到膀胱侧面；膀胱下动脉到膀胱颈部和尿道。

臀下动脉　是髂内动脉的末端部分。

⑨骶中动脉　这是腹主动脉的终末延续，进入骶和尾部，一直延伸至尾的末端（图 9－21）。

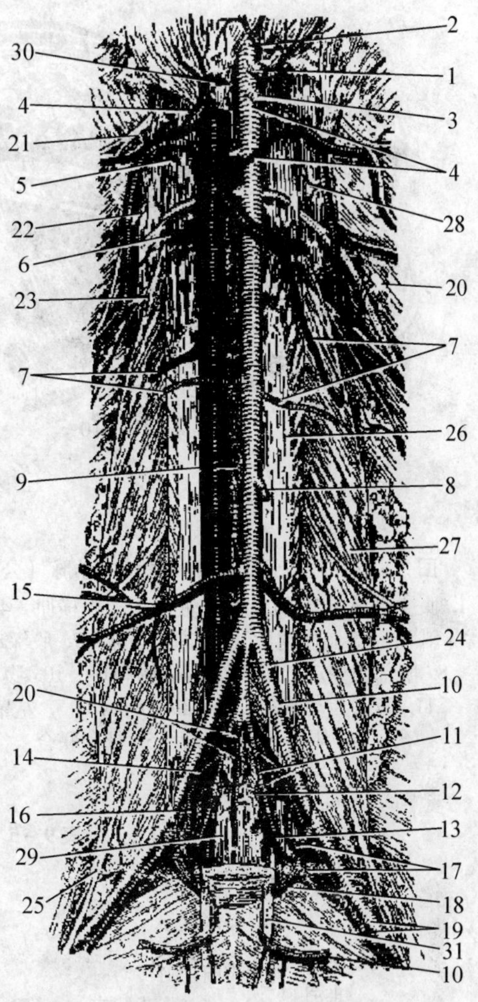

图 9－21　猫腹主动脉、后腔静脉及其分支

1. 腹腔动脉　2. 膈后动脉　3. 肠系膜前动脉　4. 膈动、静脉　5. 肾上腺动脉　6. 肾动脉、静脉　7. 精索内动、静脉　8. 肠系膜后动脉　9. 腰动、静脉　10. 髂外动脉　11. 髂内动、静脉　12、13. 髂内动脉　14. 脐动脉　15. 髂腰动脉　16. 腹壁后动、静脉　17. 股深动脉　18. 阴部外动、静脉　19. 股动、静脉　20. 骶中动脉　21～23. 腰神经　24. 精索神经　25. 股神经　26. 腰小肌　27. 髂腰肌　28. 腰方肌　29. 骶尾腹侧肌　30. 主动脉裂孔　31. 精索

6. 骨盆部和尾部的动脉

左、右侧的髂内动脉是骨盆部和尾部动脉的主干，在第 5、6 腰椎腹侧由腹主动脉分出，沿荐骨腹侧和荐坐韧带的内侧面向后伸延，分支分布于骨盆腔器官、荐臀部和尾部的肌肉和皮肤（图 9－22）。

7. 后肢的动脉

（1）犬的后肢动脉　见表 9－5。

①髂外动脉　是自腹主动脉分出的 1 对血管，位于髂内动脉起始部的前方。一般无副支，出腹腔以后，在后肢股部的近端称股动脉（图9－23）。

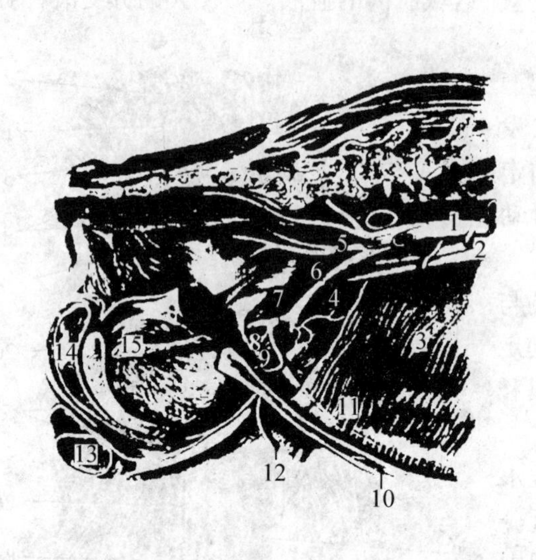

图 9－22　分布于腹壁和骨盆壁的动脉（公犬）

1. 腹主动脉　2. 肠系膜前动脉　3. 腹横肌　4. 腹内斜肌　5. 髂内动脉　6. 髂外动脉　7. 股深动脉　8. 阴部腹壁动脉干　9. 腹股沟腹环　10. 腹直肌　11. 腹壁后动脉　12. 阴部外动脉　13. 左睾丸　14. 阴茎的尿道球　15. 骨盆联合

图 9－23　犬右后肢的主要动脉（内侧观）

1. 髂外动脉　2. 股深动脉　3. 股动脉　4. 隐动脉　5. 股后动脉　6. 腘动脉　7. 隐动脉的背侧支　8. 隐动脉的跖侧支　9. 胫前动脉　10. 足底外侧动脉　11. 足底内侧动脉

表 9－5　后肢动脉简表

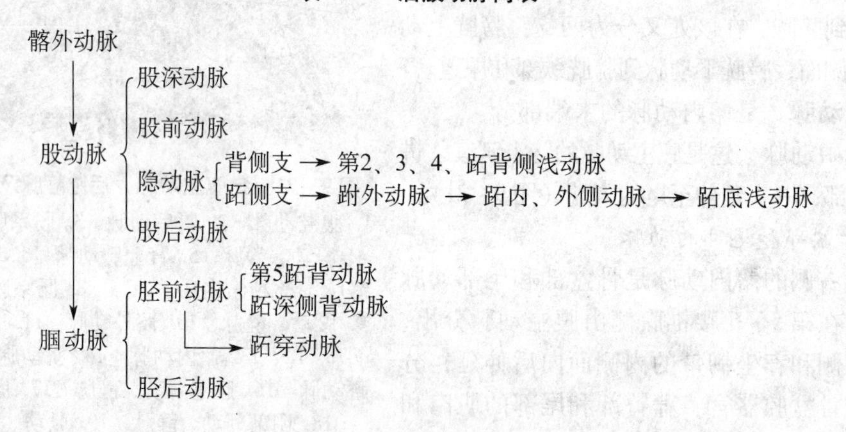
髂外动脉
↓
股动脉
- 股深动脉
- 股前动脉
- 隐动脉
  - 背侧支 → 第2、3、4、跖背侧浅动脉
  - 跖侧支 → 跗外动脉 → 跖内、外侧动脉 → 跖底浅动脉
- 股后动脉

↓
腘动脉
- 胫前动脉
  - 第5跖背动脉
  - 跖深侧背动脉
  - → 跖穿动脉
- 胫后动脉

②股动脉　是股部的动脉主干。起始于耻骨前缘，近于垂直地向下行、走于缝匠肌后方的股管内，经过股骨后面的脉管沟，至腓肠肌二头间，延续为腘动脉。股动脉还发出若干分支，如股深动脉、股前动脉、隐动脉和股后动脉等。它们分布至大腿各肌肉及阴部器官等处。

隐动脉　较大，在大腿中央的稍下方，起自股动脉的内侧面，部位较为靠近表层，下行至小腿的近端分为背侧支和跖侧支。前者斜向下前方，横过胫骨的内侧面而至跗关节的屈面，再分出第2、3、4跖背侧浅动脉。它们沿跖骨间沟下行。跖侧支较大，下行并分出跗外动脉至跗部外侧，在跗骨的跖侧面再分成跖内、外侧动脉，至跖骨跖面中央，在趾指关节处分为3支趾底浅动脉。

③腘动脉　是股动脉的直接延续部分，处于腓肠肌之间，起初在股骨后面下行，然后分为胫前动脉和胫后动脉。

胫后动脉　很小，其小支分布至小腿近端部的屈肌上。

胫前动脉　下行至胫骨和跗骨的前面，其延续部分为跖穿动脉，此外还分出第5跖背侧动脉和3个跖深侧背动脉。

(2) 猫的后肢动脉

髂外动脉　从腹主动脉发出后斜向尾端，位于髂总动脉的腹面、靠近腰小肌的内表面。它走行于腰小肌和髂腰肌的腹表面，同时延伸到腹肌的腱上。通过髂腰肌腹尾侧的肌腱孔离开腹腔，行进至股部的内侧表面。髂外动脉的分支有股深动脉和股动脉。

股深动脉：是由髂外动脉离开腹腔之前发出。

股动脉：髂外动脉在股内侧面的延续。

(二) 静脉

静脉主干及分支见表9-6。

表9-6　犬静脉主干及其主要分支简表

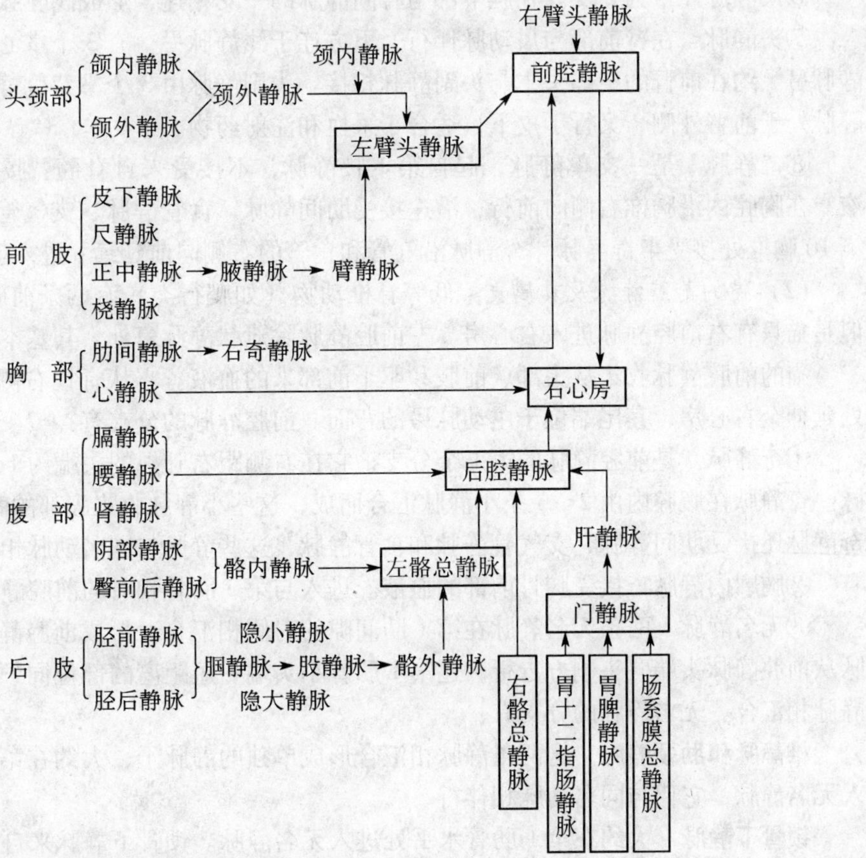

头颈部：颌内静脉、颌外静脉 → 颈外静脉 → 左臂头静脉（颈内静脉 → 左臂头静脉）

左臂头静脉 → 前腔静脉；右臂头静脉 → 前腔静脉

前　肢：皮下静脉、尺静脉、正中静脉、桡静脉；正中静脉 → 腋静脉 → 臂静脉 → 左臂头静脉

胸　部：肋间静脉 → 右奇静脉 → 前腔静脉；心静脉 → 右心房

前腔静脉 → 右心房

腹　部：膈静脉、腰静脉、肾静脉 → 后腔静脉；阴部静脉、臀前后静脉 → 髂内静脉 → 左髂总静脉

后　肢：胫前静脉、胫后静脉 → 腘静脉 → 股静脉 → 髂外静脉 → 左髂总静脉（隐小静脉、隐大静脉 → 股静脉）

左髂总静脉 → 后腔静脉；右髂总静脉 → 后腔静脉

胃十二指肠静脉、胃脾静脉、肠系膜总静脉 → 门静脉 → 肝静脉 → 后腔静脉

后腔静脉 → 右心房

1. 前腔静脉及其属支

前腔静脉主要汇集头颈部、前肢和胸壁静脉的血液，在胸前口处由左、右腋静脉和左、右颈静脉汇合而成，位于气管和臂头动脉总干的腹侧，在心前纵隔内向后伸延，注入右心房。

（1）犬的前腔静脉及其属支　由左右两支短的臂头静脉汇合而成，每个臂头静脉由颈静脉和臂静脉汇合而成。奇静脉发自第1腰静脉，沿食管右侧向前延续，也汇入前腔静脉。

①颈外静脉　颈外静脉为颈静脉主干，也是颈部的主要静脉。它由颌内静脉与颌外静脉在颌下腺的后缘处汇合而成。每侧颈外静脉沿着颈部胸头肌下行，仅被皮肤和皮肌覆盖，下行至颈后部穿过第1肋骨，至锁颈肌下方与颈内静脉相汇，再与前肢的臂静脉汇合成臂头静脉。此外，左右两侧颈外静脉在环状软骨下方，常有一横支相连。

②颈内静脉　很细，处于颈部深层，纵走于胸头肌与胸骨舌骨肌之间，靠近颈总动脉的内侧。常由咽静脉和甲状腺静脉连合形成。

③颌内静脉　在颌下腺后缘与颌外静脉汇合成颈外静脉，颌内静脉沿颌下腺后缘，延伸至耳下腺，接受来自深处的眶静脉丛、大脑背静脉、浅层的颞浅静脉和大耳静脉等。

④颌外静脉　较细、其主干位于颌下腺的腹侧，接受面总静脉、舌静脉和舌下静脉等来自面部及下颌部的血液。

⑤臂静脉与桡静脉　均与同名动脉伴行。

⑥尺静脉　常为2支。在腕下部与骨间静脉的一支相连，形成浅静脉弓。

⑦头静脉　在臂前部与尺动脉伴行，下方连于浅静脉弓，有3个掌心短静脉开口于浅静脉弓。约在前臂的中部头主与头副静脉相接。头副静脉由3个掌背侧静脉汇合而成。头静脉处于前臂外侧，又行于皮下，适合于采血和注射药物。

⑧奇静脉　是一支单静脉，起自第1腰静脉，不接受来自脊髓、腰肌、膈等处的血液。在胸腔内沿胸椎右侧向前行，沿途接受肋间静脉、食管静脉、支气管静脉；在第9和第10胸椎处接受半奇静脉。奇静脉沿气管和食管的右侧向前延续，进入前腔静脉。

（2）猫的前腔静脉及其属支　低等脊椎动物（如爬行类）有两条前腔静脉进入心脏。但是猫只有右前腔静脉进入右心房。左前腔静脉除冠状静脉窦外，其基本部分全部消失。

猫的前腔静脉收集从头部、前肢和躯干前部来的血液。它从脊柱右侧第1肋骨的水平处延伸至右心房，其尾端位于主动脉弓的背面。前腔静脉的分支有：

①奇静脉　是前腔静脉的第1个分支，它在右侧距右肺根的头端约1cm处进入前腔静脉。奇静脉在腹腔内由2～3条小静脉汇合而成，这些小静脉收集腹部的背壁肌肉的血液。奇静脉还接受肋间静脉、支气管静脉和食管静脉，这些静脉与同名动脉相伴行。

②胸廓内静脉　接受胸骨前部的血液。进入与第3肋骨相对的前腔静脉。

③无名静脉　两条无名静脉在第1肋间隙的对侧相汇合，形成前腔静脉。每条无名静脉从前腔静脉头端向头侧方走行，达第1肋骨小头端一短距离的部位同颈外静脉和锁骨下静脉相汇合。无名静脉的分支有：

椎静脉和肋颈静脉　这两条静脉相汇合形成单独的静脉干，大约在第1肋骨的对侧进入无名静脉，它们与同名动脉相伴行。

锁骨下静脉　大约在第1肋骨水平处进入无名静脉。锁骨下静脉来自前肢。

颈外静脉 来自头、面部。其分支有肩胛横静脉、颈内静脉、面前静脉和面后静脉等。

2. 后腔静脉及其属支

后腔静脉收集后肢、骨盆壁、骨盆腔器官、腹壁、腹腔器官和膈的静脉血液，在骨盆入口处由左、右髂总静脉汇合而成，沿腹主动脉右侧向前伸延，经过肝的腔静脉窝（在此处接受肝静脉），穿过膈的腔静脉孔进入胸腔内，经右肺心膈叶和副叶之间入右心房。后腔静脉在向前伸延途中，接受腰静脉、睾丸静脉或子宫卵巢静脉、肾静脉和肝静脉的血液。

（1）犬的后腔静脉及其属支 犬的后腔静脉起始部于盆腔内，由左右髂总静脉汇合而成，沿体正中面，在腹主动脉的右侧向前移行。穿过膈肌的腔静脉孔进入胸腔，开口于右心房的后部。

汇入后腔静脉的分支有腰静脉、精索内静脉、肾静脉。它们的走行方向均与同动脉伴行。膈静脉为引导膈部血液回心的静脉，在膈肌的腔静脉孔处进入后腔静脉；肝静脉是输出肝脏血液的静脉，粗而短，在肝背侧面的腔静脉沟内进入后腔静脉。

髂总静脉 由髂内静脉和髂外静脉汇合而成。

髂内静脉：其流入支与同名动脉的分支相当，但它并不分为体壁支和内脏支。

髂外静脉：主要汇聚来自后肢的回心血液。髂外静脉为股静脉上行的延续部。其汇流支包括：股静脉、腘静脉及其附属支等。这些静脉均与同名动脉伴行。

（2）猫的后腔静脉及其属支 猫的后腔静脉约在最后一个腰椎水平、两髂总静脉汇合处开始形成。它在背中线附近向头端走行，先位于腹主动脉的背部，而后到其右侧，再到其腹面。它在肝尾叶的背面进入肝脏。通过肝后，在中心腱腹侧边缘附近穿过膈肌进入胸腔，最后进入右心房。后腔静脉接受以下分支：

①膈静脉 收集从膈肌来的血液，进入后腔静脉。

②肝静脉 有很多条。它们收集来自肝脏的血液，在膈肌尾端进入后腔静脉。

③肾静脉 接受来自肾脏的血液。

④精索内静脉（雌猫为卵巢静脉） 长的精索内静脉与睾丸来的精索相伴行。左精索内静脉通常进入左肾静脉。

⑤腰静脉和髂腰静脉 它们与同名动脉相伴行。

⑥髂总静脉 是两条大的静脉血管，长约4～5cm，它们在荐部汇合，形成后腔静脉。髂总静脉是由大的髂外静脉和较小的髂内静脉汇合而成。

髂外静脉 与相应的动脉相伴行，收集后肢的血液。

⑦骶中静脉 常进入左髂总静脉。

3. 门静脉

门静脉（图9－24） 是腹腔内较大的静脉，收集胃、小肠、大肠（除直肠后部外）、胰和脾等处的静脉血液。门静脉在后腔静脉腹侧向前穿过胰的门静脉环，与肝动脉一起经肝门入肝，在肝内反复分支汇入窦状隙，最后又集合为数支肝静脉注入后腔静脉，其汇流支包括：肠系膜后静脉、脾静脉、胃十二指肠静脉、胰静脉等，它们大都与同名动脉相伴行。由此可见，门静脉与一般静脉不同，一般静脉由许多小静脉合成一主干后，不再进行分支，而门静脉则是介于两端小静脉之间的静脉干。

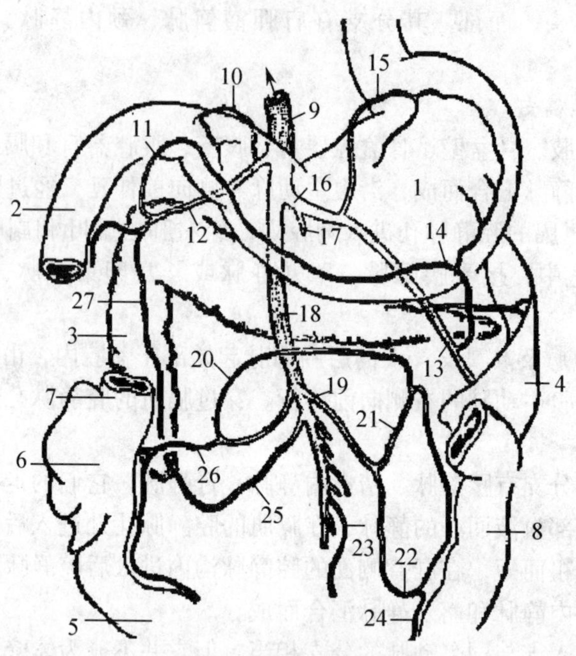

图 9－24　犬门静脉系

1. 胃　2. 十二指肠　3. 胰　4. 脾　5. 回肠　6. 盲肠　7. 升结肠　8. 降结肠　9. 肝门静脉　10. 幽门静脉　11. 右胃网膜静脉　12. 胃十二指肠静脉　13. 脾静脉　14. 胃网膜静脉　15. 胃冠状静脉　16. 胃脾静脉　17. 胰静脉　18. 肠系膜总静脉　19. 肠系膜后静脉　20. 结肠右静脉　21. 结肠中静脉　22. 结肠左静脉　23. 肠静脉　24. 直肠静脉　25. 胰、十二指肠后静脉　26. 回盲结肠静脉　27. 胰、十二指肠前静脉

猫的门静脉（图 9－25）　在胃的幽门端，由肠系膜前静脉和胃脾静脉汇合而成。并从那里起沿网膜孔的腹部边缘到肝脏，并发出分支到肝的各叶。在到肝脏以前，门静脉接受胰十二指肠静脉、胃网膜静脉和胃冠状静脉的血液。

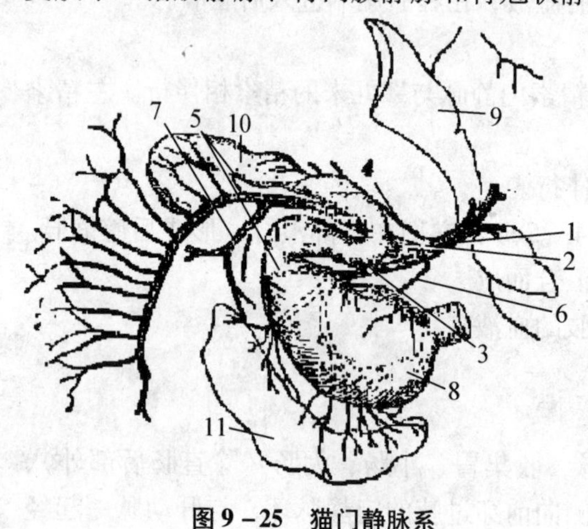

图 9－25　猫门静脉系

1. 肝门静脉　2. 肠系膜前静脉　3. 胃脾静脉　4. 胰十二指肠静脉　5. 胃网膜静脉　6. 胃前静脉　7. 肠系膜后静脉　8. 胃　9. 肝　10. 十二指肠　11. 脾

胃冠状静脉　收集胃小弯来的血液，并与胃脾静脉相吻合。通常进入幽门附近的门静脉。

胰十二指肠静脉　接受胰和十二指肠第 1 部分来的血液，并进入门静脉。

胃网膜静脉　来自胃大弯和大网膜的升支，它进入胃冠状静脉开口的腹右侧的门静脉。

胃脾静脉　由 3 个分支汇合而成：1 支来自胰脏的水平部；1 支来自胃和脾脏；第 3 支来自脾脏和大网膜的降支（图 9－25 中虚线所示）。这 3 条分支汇合而成一个共同干——胃脾静脉与肠系膜前静脉相汇合，最后形成门静脉。

肠系膜前静脉　接受从小肠和大肠来的肠系膜后静脉的血液。大量的分支相连接形成的主干与胃脾静脉相汇合即形成门静脉。

直肠后部的静脉经阴部内静脉注入髂内静脉。

四、胎儿血液循环

胎儿在母体子宫内发育，其需要的全部营养物质和氧都是通过胎盘由母体供应，代谢产物也同时通过胎盘由母体带走。所以胎儿血液循环具有与此相适应的一些特点（图 9－26）。

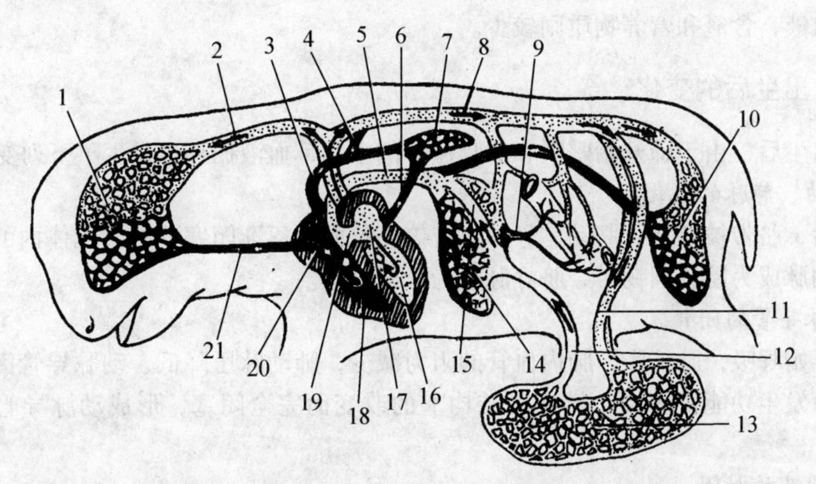

图 9－26　胎儿血液循环模式图

1. 身体前部毛细血管　2. 走向身体前部的动脉　3. 肺动脉　4. 动脉导管　5. 后腔静脉　6. 肺静脉　7. 肺毛细血管　8. 主动脉　9. 门静脉　10. 身体后部毛细血管　11. 脐动脉　12. 脐静脉　13. 胎盘毛细血管　14. 肝毛细血管　15. 静脉导管　16. 左心室　17. 左心房　18. 右心室　19. 卵圆孔　20. 右心房　21. 前腔静脉

（一）心脏和血管构造的特点

①胎儿心脏的房中隔上有一卵圆孔，使左、右心房相互沟通。但由于孔的左侧有一卵圆孔瓣，且右心房的压力起于左心房，所以右心房的血液只能流向左心房。

②胎儿的主动脉和肺动脉之间有动脉导管相通。因此来自右心室的大部分血液通过动脉导管流入主动脉，仅有少量血液入肺。

③脐血管　胎盘是胎儿与母体进行气体及物质交换的特有器官，以脐带与胎儿相连。脐带内有两条脐动脉和一条脐静脉。

脐动脉由髂内动脉或阴部内动脉分出，沿膀胱侧韧带到膀胱顶，再沿腹腔底壁向前伸延至脐孔，进入脐带，经脐带到胎盘，分支形成毛细血管网。

脐静脉由胎盘毛细血管汇集而成，经脐带由脐孔进入胎儿腹腔，沿肝的镰状韧带伸延，经肝门入肝。

（二）血液循环的途径

胎盘内富有营养物质和含氧较多的动脉血，经脐静脉进入胎儿肝内，经过肝的窦状隙

（在此与来自门静脉的血液混合）后，最后汇合成数支肝静脉，注入后腔静脉，与来自胎儿身体后半部的静脉相混合，入右心房，大部分血液又经卵圆孔到左心房，再经左心室到主动脉及其分支，大部分到头、颈和前肢。

来自胎儿身体前半部的静脉血，经前腔静脉入右心房到右心室，再入肺动脉。由于肺尚无功能活动，因此，肺动脉中的血液只有少量入肺，大部分经动脉导管到主动脉，主要到身体的后半部，并经脐动脉到胎盘。

由此可见，胎儿体内的血液大部分是混合血，但混合程度不同。到肝、头颈和前肢的血液，含氧和营养物质较多，以适应肝功能活动和胎儿头部发育较快的需要。到肺、躯干和后肢的血液，含氧和营养物质则较少。

（三）出生后的变化

胎儿出生后，由于肺开始呼吸和胎盘循环的中断，血液循环也发生了下列变化。

1. 脐动、静脉的退化

出生后，脐带被切断，脐动、静脉血流停止，血管逐渐闭塞萎缩，在体内的一段形成韧带。脐动脉成为膀胱圆韧带，脐静脉成为肝圆韧带。

2. 动脉导管的闭锁

由于开始呼吸，肺扩张，肺内血管的阻力减少，肺动脉压降低，动脉导管因管壁肌组织收缩，而发生功能性闭锁，继之以结构上的改变而完全闭塞，形成动脉导管索或动脉韧带。

3. 卵圆孔的封闭

由于肺静脉回左心房的血浓量增多，内压增高，致使卵圆孔瓣膜与房中隔粘连，结缔组织增生、变厚，将卵圆孔封闭，形成卵圆窝。此后，心脏的左半部和右半部完全分开，左半部为动脉血，右半部为静脉血。

李景荣（黑龙江生物科技职业学院）　程广东（佳木斯大学医学院）

第十章　淋巴系统

淋巴系统由淋巴管和淋巴器官组成，它与心血管系统有着密切的联系。血液经动脉输送到毛细血管时，其中一部分液体（血浆）经毛细血管动脉端滤出，进入组织间隙形成组织液。组织液与组织、细胞进行物质交换后，大部分渗入毛细血管静脉端，另一部分则渗入周围毛细淋巴管，成为淋巴。淋巴沿淋巴管向心流动，最后归入静脉。由此可见，淋巴管是协助体液回流的一条径路，也可视为静脉的辅助导管。在淋巴管的通路上有许多淋巴结。

淋巴是无色或微黄色的液体，由淋巴浆和淋巴细胞组成。在未通过淋巴结的淋巴内，没有淋巴细胞，只有通过淋巴结后才含有淋巴细胞。小肠绒毛内的毛细淋巴管尚可吸收脂肪，其淋巴呈乳白色，称为乳糜。

淋巴器官的种类很多，但都是由网状组织为基础的淋巴组织（含有大量淋巴细胞的网状组织）构成的。它们是体内重要的防卫装置，一方面参与机体的免疫反应，另一方面能吞噬进入体内的细菌和异物，具有滤过作用。同时，淋巴器官还能不断地产生淋巴细胞等血液有形成分，所以也是造血器官。

第一节　淋巴管

淋巴管为淋巴通过的管道，根据汇集顺序、口径大小以及管壁厚薄，可分为毛细淋巴管、淋巴管、淋巴干和淋巴导管。

一、毛细淋巴管

毛细淋巴管和毛细血管相似，其特点是：管的起始部呈稍膨大的盲端：管径粗细不一（从数 μm 到 100μm 以上），管壁只有一层内皮细胞，通常无基膜和外膜细胞，在内皮细胞之间裂隙多而大，所以比毛细血管有更大的通透性，除组织液外，还能使大分子物质，如蛋白质、细菌、异物等透过管壁。

毛细淋巴管广泛分布于全身各处，但在无血管结构（如上皮、角膜、晶状体等）以及中枢神经、脾髓、骨髓等处则无毛细淋巴管。

二、淋巴管

由毛细淋巴管汇集而成，其形态结构与静脉相似。但管壁较薄，瓣膜更多；管径较细，粗细不均，常呈串珠状；在淋巴管的行程中，通常要通过一个或多个淋巴结。

按淋巴管所在的位置，可分浅层淋巴管和深层淋巴管。前者汇集皮肤和皮下组织的淋巴，其行程多趋向与浅静脉伴行。后者汇集肌肉、骨和内脏的淋巴，多伴随深部的血管和神经。在浅、深层淋巴管之间有小支相通连。

按淋巴对淋巴结的流向，可分输入淋巴管和输出淋巴管。前者较多，可从淋巴结的整个表面进入淋巴结。后者较少，从淋巴门离开淋巴结。

三、淋巴干

为身体一个区域内的大的淋巴集合管，多与大血管伴行。如气管淋巴干、腰淋巴干、腹腔淋巴干和肠淋巴干等。

四、淋巴导管

为全身最大的淋巴集合管，共有两条，即胸导管和右淋巴导管。

（一）胸导管

为全身最大的淋巴管（图 10－1），起始部呈长梭状膨大，称为乳糜池，位于最后胸椎和第二、三腰椎腹侧，在主动脉和右膈脚之间。注入乳糜池的有左、右腰淋巴干（收集腹壁、骨盆腔器官和后肢的淋巴）和内脏淋巴干（收集腹腔内脏器官和脾的淋巴）。胸导管入胸腔后，沿胸主动脉的右上方向前伸延，约至第六胸椎处，越过食管和气管左侧转而向下，在胸前口处注入前腔静脉。胸导管在伸延途中还收集胸上壁、胸侧壁、左侧胸下壁、左肺和心脏左半的淋巴。左侧气管干（收集左侧头颈和左前肢的淋巴）也注入它的末端。由此可见，胸导管几乎收集除右淋巴导管以外的全身淋巴。

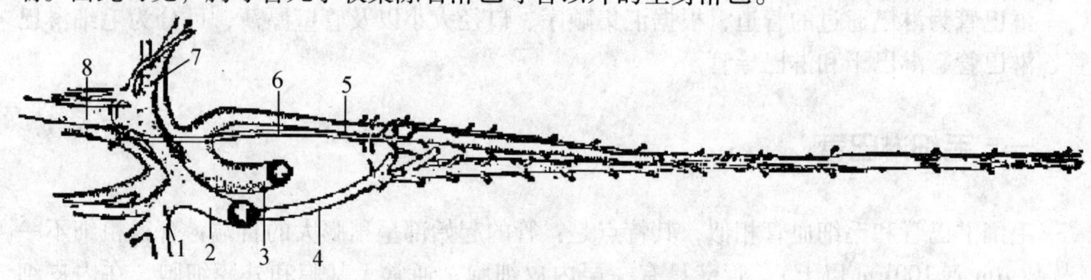

图 10－1　犬胸导管和奇静脉的关系

1. 臂头静脉　2. 前腔静脉　3. 主动脉弓　4. 奇静脉　5. 胸主动脉　6. 胸导管　7. 腋静脉　8. 颈外静脉

（二）右淋巴导管

短而粗，为右侧气管干的延续，末端注入前腔静脉部。右淋巴导管仅收集右侧头颈部、右前肢、右肺、心脏右半以及右侧胸下壁的淋巴。

第二节 淋巴器官

淋巴组织在体内分布很广，其中一部分并不形成淋巴器官，而是分散存在于其他器官内。由于淋巴组织内的淋巴细胞聚集程度不同，有的密集呈球状的称淋巴小结，呈索状的称淋巴索，它们主要分布于淋巴结和脾内。肠黏膜内的淋巴孤结和淋巴集结也是淋巴小结或淋巴小结的集合体。淋巴细胞排列较疏松的淋巴组织，称为弥散淋巴组织，主要分布于消化管、呼吸道和泌尿生殖道的黏膜内。上述淋巴组织起着过滤和防卫作用。

淋巴器官包括脾、淋巴结和血淋巴结。而胸腺和扁桃体因与上皮有密切关系，所以称为淋巴上皮器官。

近年来，对淋巴细胞的来源、发育和分布以及在免疫活动中的作用有了较深的认识，常将淋巴器官分为初级淋巴器官和次级淋巴器官两类。

初级淋巴器官又叫中枢淋巴器官，如胸腺和鸟类的腔上囊，在胚胎发育过程中出现较早，其原始淋巴细胞来源于骨髓的干细胞，在此类器官激素的影响下，可分化成为T细胞或者B细胞。T细胞是在胸腺内分化形成的；因胸腺拉丁名的第一个字母是T而得名。B细胞是在腔上囊等淋巴器官内分化形成的，因腔上囊拉丁名的第一个字母是B而得名。哺乳动物无腔上囊，腔上囊的类同器官为骨髓，但有人认为是肠胃道的淋巴组织。

次级淋巴器官又叫周围淋巴器官，如淋巴结和脾，在胚胎发育过程中出现较晚。其淋巴细胞分别来自胸腺、骨髓或腔上囊。它们定居在特定区域内，可就地繁殖，然后进入淋巴循环和血液循环，并游走到其他组织和病灶中去，参与机体的免疫活动。

一、胸腺

胸腺位于胸腔前部纵隔内。向前分成左右两叶，沿气管伸至颈部。犬、猫等肉食类的胸腺主要在胸腔内。胸腺的大小和结构随年龄有很大变化。动物出生后，胸腺仍继续生长，到性成熟期体积最大。以后则逐渐退化萎缩。

犬的胸腺开始退化年龄是1岁。胸腺退化后被结缔组织或脂肪组织所代替，但并不完全消失。即使在老年期，在胸腺原位的结缔组织中，仍可找到小块有活动的胸腺结构。

胸腺的表面覆盖着一层疏松结缔组织，称为被膜。被膜组织向内伸入，将腺组织分隔成许多胸腺小叶。每个胸腺小叶都由皮质和髓质两部分组成，整个胸腺的髓质是互相连续的，构成所谓髓质树或髓质轴。皮质和髓质均以网状上皮细胞作为支架，其中充满着淋巴细胞。皮质内的淋巴细胞密集，在染色切片上着色较深，髓质内淋巴细胞很少，着色较浅。在髓质内还有特殊的胸腺小体（Hassell小体），它是由数层网状上皮细胞呈同心圆排列，构成的圆形或卵圆形小体。

胸腺是个淋巴器官，兼有内分泌功能。胸腺网状上皮细胞分泌胸腺素。骨髓中的干细胞转移到胸腺后，在胸腺素的作用下，分化成胸腺淋巴细胞。后者在胸腺内大量死亡，仅有少数随血流转移到其他淋巴器官（如淋巴结、脾等）内，称为胸腺依赖淋巴细胞或T细胞（此种细胞具有免疫活性），它们在那里定居并继续增殖，参与细胞的免疫活动。进入血液中的胸腺素有进一步促进T细胞成熟并提高免疫力的作用。

猫的胸腺是重要的淋巴器官，幼猫发育良好，成年后部分或全部退化。猫的胸腺呈灰红色，分左右两叶，左叶比右叶稍大，一般位于胸腔纵隔内，夹于两肺之间，前端有的个体可以突出胸前口而形成颈部，后端伸达心包后缘。

二、淋巴结

淋巴结为位于淋巴管经路上的唯一淋巴器官，所以淋巴回流时必须通过淋巴结。淋巴结的数目较多，单个或成群地分布在身体的一定部位，多位于凹窝或隐蔽之处，如腋窝，关节的屈侧，脏器门以及大血管附近。身体的每一个较大器官或局部都有一个主要的淋巴结群。

淋巴结的大小不一，小的直径只有几毫米，大的可达几厘米。淋巴结的形状多样，有球形、卵圆形、肾形、扁平状等。淋巴结的一侧凹陷为门，是输出淋巴管和血管、神经出入之处。另一侧隆凸，有多条输入淋巴管注入。但猪淋巴结输入管和输出管的位置，正与此相反。

（一）淋巴结的一般组织结构

淋巴结由被膜和实质组成。

1. 被膜

为覆盖在淋巴结表面的一层含少量平滑肌纤维的结缔组织膜。被膜结缔组织向实质内伸入，形成许多小梁，并互相连接成网。

2. 实质

由淋巴组织构成，可分皮质和髓质两部分。

（1）皮质　位于淋巴结的外周部，包括淋巴小结，副皮质区和皮质淋巴窦三部分。

①淋巴小结　呈圆形或椭圆形，位于皮质浅区内。多数淋巴小结可明显地区分着色浅淡的中央区和较深的周围区。中央区内除网状细胞外，主要为B淋巴细胞、巨噬细胞以及少量的小淋巴细胞和浆细胞等，淋巴细胞增殖能力较强，故称为生发中心。周围区主要为大量密集的小淋巴细胞。淋巴小结是B淋巴细胞主要分化繁殖区。

②副皮质区　是指分布在淋巴小结之间及其深面的一些弥散淋巴组织。它是T淋巴细胞的栖居繁殖之地，又称胸腺依赖区。

③皮质淋巴窦　是位于被膜下以及小梁和淋巴小结之间互相通连的腔隙。窦壁内面衬着由网状细胞形成的内皮。内皮细胞间有小孔，淋巴和淋巴细胞可经此孔出入。在窦腔内有与窦壁相连的网状纤维和网状细胞。后者能转变为巨噬细胞。

（2）髓质　位于淋巴结的中央部，由髓索和髓质淋巴窦组成。髓索为密集排列呈索状的淋巴组织，它们彼此连接成网状。髓索也能产生淋巴细胞，也是B淋巴细胞栖居繁殖之地。髓质淋巴窦位于髓索与小梁之间，与皮质淋巴窦相连续，结构也相同。

输入淋巴管穿过被膜进入皮质淋巴窦，经髓质淋巴窦汇合成输出淋巴管，由淋巴结门出淋巴结。淋巴通过淋巴窦时，由于淋巴窦蜿蜒迂曲，且其中还有网状纤维和网状细胞构成的细网，所以速度很慢，有利于发挥淋巴结内具有吞噬能力的细胞和抗体的作用。

（二）主要淋巴结的分布和位置

在动物，淋巴结或淋巴结群通常位于身体的同一部位，而且接受几乎相同区域的输入淋巴管。这种淋巴结或淋巴结群称为该区域的淋巴中心（图 10－2）。

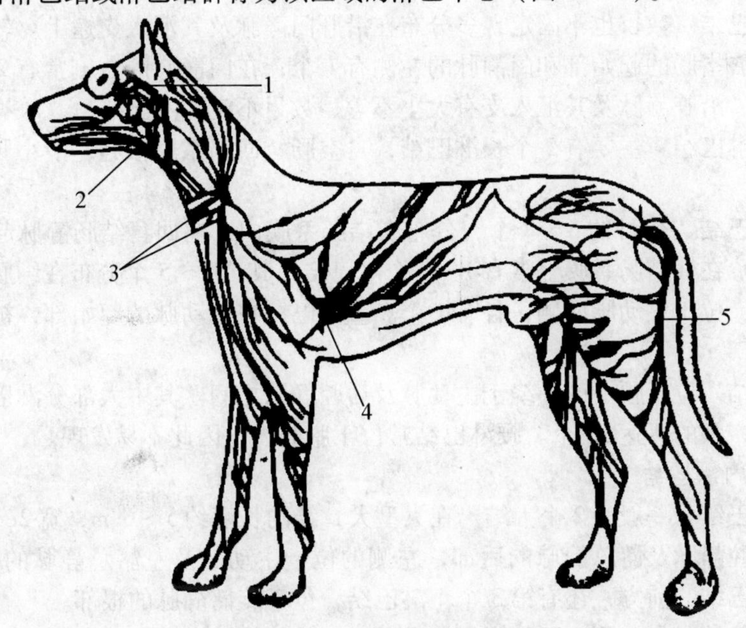

图 10－2 犬的浅淋巴管和淋巴结

1. 腮腺淋巴结 2. 下颌淋巴结 3. 颈浅淋巴结 4. 腋副淋巴结 5. 腘淋巴结

1. 犬的主要淋巴结

(1) 头颈部淋巴结

①颌下淋巴结 位于咬肌与颌下腺之间的角部，在颌静脉的上方和下方，外表仅被皮肤和皮肌所覆盖。一般在两侧各有 2 个或 3 个。

②腮淋巴结 小而圆，位于咬肌后缘的上部与腮腺间，部分或全部被腮腺所覆盖。

③咽背淋巴结 位于咽的背侧，被胸乳肌和颌下腺所覆盖。每侧常有 1 个，体型较大的犬，其淋巴结常达 5cm 左右。

④肩胛前淋巴结（或称颈浅淋巴结） 位于下锯肌上，在冈上肌的前缘，包埋于脂肪内，每侧常有 2 个，或 3 个或 1 个。一般为卵圆形，长约 2. 5cm。

(2) 胸部淋巴结

①胸淋巴结 每侧 1 个，位于第 2 胸骨节部。有时有一个位于此淋巴结前方的第 3 淋巴结，大型犬胸淋巴结的长度约 2. 5cm。

②纵隔淋巴结 位置和数目变化较大。一般有 2 或 3 个淋巴结，位于气管、食管、臂头动脉的腹侧和前腔静脉的左侧。另一些淋巴结常在臂头动脉的外侧面。在气管与前腔静脉间常有 1 或 2 个淋巴结；在气管的右侧，右臂动脉的背外侧有 1 或 2 个淋巴结；在气管

表面，气管与奇静脉的交叉处也有淋巴结。

③支气管淋巴结　常有4个。其中最大的1个是支气管中淋巴结，位于主支气管的分叉处，呈“V”字形。左支气管淋巴结位于左侧支气管的分叉处，恰居于主动脉弓与左肺动脉所形成的角内。右支气管淋巴结比较小，位于右支气管的表面，食管的外侧，有的犬并不存在。尖叶支气管淋巴结位于尖叶支气管根部的前方，此淋巴结呈黑色。此外，还有小的淋巴结沿支气管分布于肺内。

（3）腹腔内淋巴结

①肝门淋巴结　数目也不固定，多分布在沿肝门静脉及其汇入支途上。较固定和较大的淋巴结在十二指肠的起始部和门静脉的左侧有1个；在门静脉的右侧常有2个。在网膜的胃脾附着部，沿脾静脉及其汇入支有大小不等、数目不定的淋巴结。

②肠系膜淋巴结　主要有2个长淋巴结，自空肠、回肠系膜根起，沿小肠动脉及静脉排列。

③结肠淋巴结　数目约5～8个，分布在结肠系膜内，在回盲结肠静脉起始部有1个或2个淋巴结。在横结肠系膜上常有1～2个淋巴结，其余2～5个分布在结肠的末端部。

肾淋巴结　位于主动脉两侧，各有1个。左淋巴结在肾动脉的起始部，被后腔静脉所遮盖。

④腰淋巴结　位于腰下区，绕于主动脉及后腔静脉之间。其中大部分淋巴结很小，而数量变化很大，多的可达15个。腰淋巴结常位于脂肪内，因此不易发现。

（4）盆腔内淋巴结

①髂内淋巴结　一般为2个大结。在大型犬，结的长度约5～6cm，宽2cm。其中右侧的1个位于后腔静脉及髂总静脉的后部，左侧的位于主动脉及左髂总静脉的附近。此外，有些犬的大淋巴结的前方，还有第3个小淋巴结，位于旋髂静脉的根部。

②髂外淋巴结　位于腰小肌的腹面，在髂内、外静脉的分歧处。

③荐淋巴结　位于盆腔顶壁，由于常埋于脂肪内，所以不易看到，而且其数目及排列形式变化很大。一般位于荐尾腹侧肌前方，有2～3个淋巴结。

（5）四肢淋巴结

①前肢　腋淋巴结位于大圆肌远端内侧的脂肪内，在大型犬呈圆盘状，约2.5cm宽，有时还有1个小的淋巴结。

②后肢　腘淋巴结在腓肠肌周围的脂肪内，在相当于膝关节水平的位置。位于股二头肌与半腱肌之间，卵圆形，长4.5cm，宽3cm。

2. 猫的主要淋巴结

重要的体壁淋巴结有下颌淋巴结、颈浅淋巴结、髂下淋巴结、腘淋巴结、腹股沟浅淋巴结（阴囊淋巴结或乳房淋巴结）等。

重要的内脏淋巴结有支气管淋巴结、肠系膜淋巴结、肝淋巴结、肾淋巴结、肛门直肠淋巴结等。

扁桃体位于口咽部，可分为颚扁桃体、舌扁桃体和咽扁桃体等。

三、脾

脾是体内最大的淋巴器官，有造血、灭血、滤过血液、贮存血液、调节血量以及参与机体免疫活动等机能。

（一）脾的形态位置

各种动物的脾均位于腹前部，在胃的左侧。

犬脾　镰刀形，长而窄，腹侧较宽，上端尖，深红色。位于最后肋骨和第1腰椎横突的腹侧，在胃左侧和左肾之间。当胃充满时，脾的长轴方向与最后肋骨一致，较松弛地附着于大网膜上。

猫脾　扁平细长而弯曲，其左侧末端较宽，深红色，位于胃的左侧，平行于胃大弯，悬挂在大网膜的降支内，靠在胃大弯的后面。

（二）脾的结构

脾由被膜和脾髓组成（图10－3）。

1. 被膜

为覆盖在脾表面的一层富含弹性纤维和平滑肌纤维的结缔组织膜，其表面覆以浆膜（即腹膜）。被膜组织向脾髓内伸入，形成许多小梁，并分支互相吻合；构成网状支架。被膜和小梁内的平滑肌纤维舒缩；对脾的贮血量起着重要的调节作用。

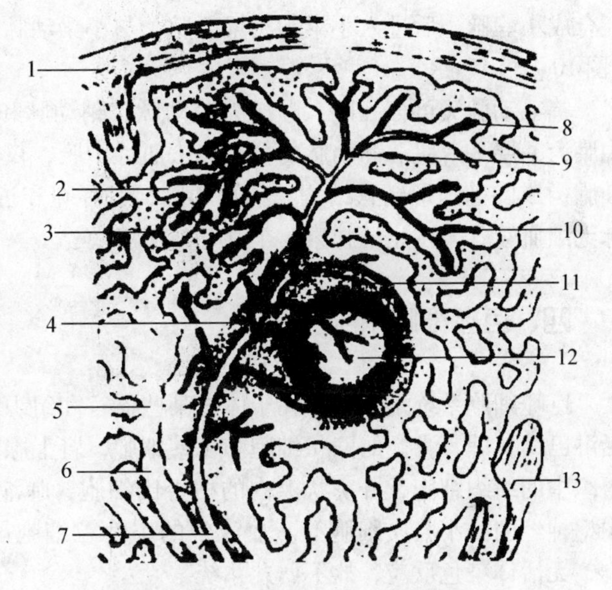

图10－3　脾的结构及血液循环通路
1. 被膜　2. 脾索　3. 脾血窦　4. 中央动脉　5. 淋巴鞘　6. 小梁静脉　7. 小梁动脉　8. 鞘动脉　9. 髓动脉　10. 动脉毛细血管　11. 边缘区　12. 脾小结（生发中心）　13. 小梁

2. 脾髓

由淋巴组织构成，可分白髓和红髓两种。

（1）红髓　由脾索和脾窦组成，由于含有许多红细胞，故呈红色。

脾索　为彼此吻合成网状的淋巴组织索，其中除有网状细胞和淋巴细胞外，还有巨噬细胞、浆细胞和各种血细胞。

脾窦　即血窦，分布于脾索之间，其形状、大小视血液充盈程度而变化。窦壁内皮细胞呈长杆状，沿脾窦长轴平行排列。内皮细胞之间有裂隙，基膜也不完整，这些都有利于血细胞从脾髓进入脾窦。

（2）白髓　主要由密集的淋巴组织构成，沿着动脉分布，分散于红髓之间。白髓包括动脉周围淋巴组织鞘和淋巴小结。

动脉周围淋巴组织鞘简称淋巴鞘，呈长筒状，紧包在穿行其中的动脉——中央动脉周围。淋巴鞘相当于淋巴结的副皮质区，主要是T淋巴细胞定居的地方，是脾的胸腺依赖区。

淋巴小结即脾小结，位于淋巴鞘的一侧，其结构与淋巴结内的淋巴小结相似，也有生发中心，其中主要是B淋巴细胞。中央动脉位于小结的一侧，处于偏心位置。

白髓周围向红髓移行的区域，称为边缘区。边缘区结构较为疏松，内有较多的巨噬细胞、淋巴细胞和丰富的血管，是血液进入白髓和红髓的门户。有很强的吞噬滤过作用。

犬的脾小结及动脉周围淋巴鞘都很发达，而猫的动脉周围淋巴鞘则不发达。鞘动脉的大小和数量因动物的种类不同而异，犬、猫的鞘动脉的数量不多，体积也小。犬的脾窦发达，猫的脾窦不发达。

（三）脾的血液循环

脾动脉自脾门入脾后，沿小梁分支形成小梁动脉。小梁动脉离开小梁进入脾实质，穿入白髓，为中央动脉。中央动脉除有小的分支成为毛细血管营养白髓本身外，多数分支进入边缘区。其主干进入红髓并分成数支，形似笔毛，故称为笔毛动脉，其主干进入红髓并分成数支，形似笔毛，故称为笔毛动脉，其终束血管少数开口于脾窦，多数终止于脾索的网状组织的网眼中。血液经脾窦后，再通过脾窦内皮间隙进入脾窦。脾窦逐步汇合成小静脉，后进入小梁为小梁静脉，与小梁动脉伴行，最后汇合成脾静脉从脾门出脾（图10－3）。

笔毛动脉又可分三段，顺次为髓动脉、鞘动脉和动脉毛细血管。髓动脉的内皮较厚，中膜为一层平滑肌。髓动脉的分支失去肌性中膜，仅在内皮的外面包绕着巨噬细胞和网状细胞构成的椭圆形鞘状结构，称鞘动脉，有吞噬和过滤作用。每条鞘动脉可分1～2条动脉毛细血管，大多止于脾索，个别开口于脾窦。

四、巨噬细胞系统

巨噬细胞系统是分散存在于体内某些器官和组织中具有吞噬功能的细胞总称。主要包括淋巴结，脾、骨髓的网状细胞和窦壁细胞，肾上腺和脑垂体血窦的内皮细胞，疏松结缔组织中的组织细胞，肝窦状隙内的枯否氏细胞，肺泡隔内的尘细胞，血液中的单核细胞，中枢神经内的小胶质细胞等。血液中的中性粒细胞虽有吞噬细菌的作用，但不能吞噬异物，无活体染色反应，故不属此系统。

由此可见，巨噬细胞系统是体内具有强大吞噬和防御能力的细胞系统。在正常生理情况下，它们能不断地清除体内衰老死亡的细胞和碎片，当外界细菌和异物侵入机体时，则表现出活跃的吞噬能力，并能清除病灶中坏死的组织和细胞。

巨噬细胞系统过去称为网状内皮系统，后来发现不是所有的内皮细胞都具有吞噬能力，而具有吞噬能力的也不只限于网状细胞。所以“网状内皮系统”这一名词不确切，近年来多改用巨噬细胞系统。

李景荣（黑龙江生物科技职业学院）　程广东（佳木斯大学医学院）

第十一章　神经系统

第一节　概述

神经系统包括脑和脊髓，以及与脑、脊髓相连接并分布全身各处的周围神经。神经系统可接受体内和体外的刺激，并将刺激转化为神经冲动，通过脑和脊髓各级中枢的整合，再经周围神经控制和调节机体各个系统的活动。一方面使机体适应外界环境的变化，另一方面也调节着机体内环境的相对平衡，保证生命活动的正常进行，使动物体成为一个完整的对立统一体。

神经系统按其位置、结构和功能的不同，可分为中枢神经系统与周围神经系统两部分。中枢神经系统包括脑和脊髓，分别位于颅腔和椎管内；周围神经系统是指脑和脊髓发出的神经，其末端通过各种末梢装置分布于全身各器官，包括由脑发出的脑神经和由脊髓发出的脊神经。周围神经又可根据功能和分布范围的不同，分为躯体神经和植物性神经。躯体神经分布于体表、骨、关节和骨骼肌；植物性神经分布于内脏、心血管与腺体。躯体神经和植物性神经都含有传入（感觉）纤维与传出（运动）纤维。传入纤维将神经冲动自感受器传向中枢，传出纤维则将神经冲动自中枢传向周围效应器。植物性神经（传出纤维）依功能可再分为交感神经和副交感神经。

神经系统的基本活动方式是反射，即接受内外环境的刺激，并作出适宜的反应，反射活动的形态基础是反射弧。反射弧包括 5 个环节，即感受器、传入（感觉）神经、中枢、传出（运动）神经和效应器。最简单的反射弧仅由 2 个神经元组成，即传入神经元和传出神经元直接在中枢内形成突触，如肌牵张反射。一般的反射弧，在传入和传出神经元之间有一个或多个中间神经元参加，中间神经元越多，引起的反射活动就越复杂。

第二节　中枢神经

一、概述

中枢神经系统包括脑和脊髓，分别位于颅腔和椎管内。神经系统将接受到的体内、外刺激，转化为神经冲动，通过中枢神经系统各级中枢的整合，再经周围神经控制和调节机体各个系统的活动，从而保证生命活动的正常进行。

二、脊髓

脊髓由胚胎时期的神经管后部发育而成，基本上保持了原始神经管形状，具有节段性，是中枢神经系统的低级部分。脊髓是躯干与四肢的初级反射中枢，与脑的各级中枢联系密切，又是神经冲动的传导通路，正常情况下，脊髓的活动都是在脑的控制下进行。

（一）脊髓的外形和位置

脊髓位于椎管内，其前端在枕骨大孔处与延髓相连，后端止于荐骨中部，呈背腹略扁的圆柱状，依据所在部位可分为颈部（颈髓）、胸部（胸髓）、腰部（腰髓）、荐部（荐髓）和尾部（尾髓）。脊髓的全长粗细不等，有2个膨大，即颈膨大和腰膨大。在颈后部和胸前部由于分出至前肢的神经，神经细胞和纤维含量较多，形成颈膨大。在腰荐部分出至后肢的神经，故也较粗大，称腰膨大。腰膨大之后则逐渐缩小呈圆锥状，称脊髓圆锥。自脊髓圆锥向后伸出一根细丝，叫终丝。在胚胎发育过程中，脊柱比脊髓生长快，脊髓逐渐短于椎管，荐神经和尾神经自脊髓发出后要在椎管中向后延伸一段，才能到达其相应的椎间孔。因而脊髓圆锥周围排列有较长的神经，形成马尾。

脊髓表面有几条平行的沟，在腹侧面正中的沟较深，叫腹正中裂；背侧面正中的沟较浅，叫背正中沟。裂和沟把脊髓分为左、右两半。在背正中沟的外侧，有背外侧沟，脊神经的背侧根（感觉根）就是通过背外侧沟进入脊髓。腹正中裂的外侧有腹外侧沟，有脊神经的腹侧根（运动根）通出。

（二）脊髓的内部构造

脊髓由灰质和白质构成，从脊髓横切面观察（图11－1），灰质位于中央，呈“H”形，颜色灰暗；白质位于灰质外周，呈白色。灰质中央是中央管，纵贯脊髓全长，前接第四脑室，后达终丝起始部，在脊髓圆锥内呈菱形扩张形成终室。

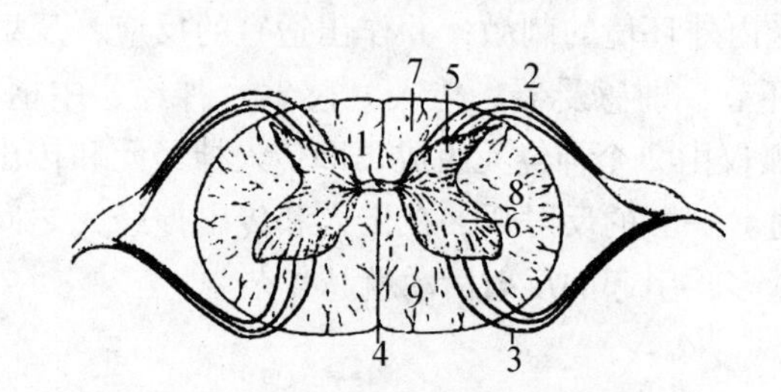

图11－1　脊髓的横断面模式图

1. 中央管　2. 背侧根　3. 腹侧根　4. 腹正中裂　5. 背角　6. 腹角　7. 背侧索　8. 侧索　9. 腹侧索

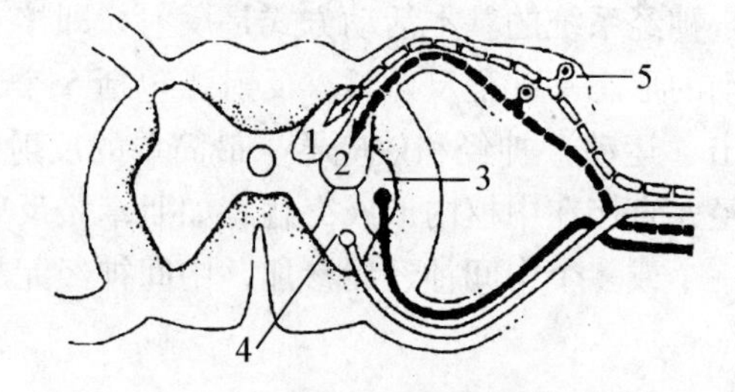

图11－2　脊髓灰白质划分模式图

1. 躯体传入神经元　2. 内脏传入神经元（由1和2构成背角）　3. 内脏传出神经元（侧角）　4. 躯体传出神经元（腹角）　5. 脊神经节

1. 灰质

灰质主要由神经元的胞体和树突构成（图11－2）。横切面上，可见每侧灰质都有背、

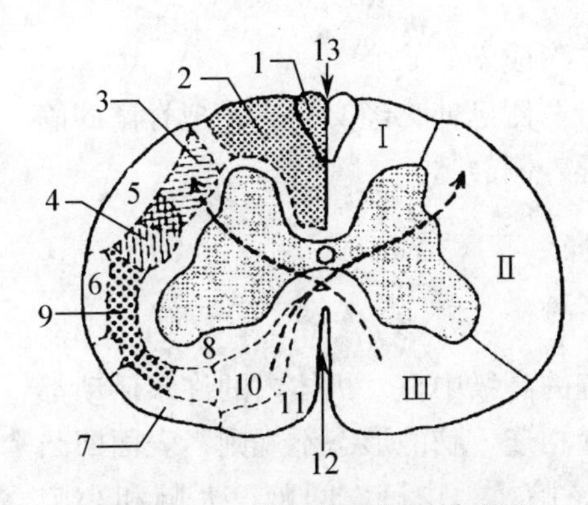

图11-3　犬的脊髓断面模式图

（主要表示神经传导束的位置）

箭头表示锥体交叉

Ⅰ. 背侧索　Ⅱ. 侧索　Ⅲ. 腹侧索

1. 薄束　2. 楔束　3. 皮质脊髓侧束

4. 红核脊髓束　5. 脊髓小脑背侧束

6. 脊髓小脑腹侧束　7. 脊髓丘脑侧束

8. 脊髓固有束　9. 脊髓丘腹侧束

10. 皮质脊髓腹侧束　11. 前庭脊髓束

12. 腹正中裂　13. 背正中沟

腹侧两个突出部，分别称为背角和腹角，从第1胸节段（或第8颈节）到第3腰节段，灰质中间部向外突出形成侧角。它们在脊髓前后连贯形成柱状，分别称为背侧柱、腹侧柱和外侧柱。背侧柱的神经元属于中间神经元；腹侧柱主要由运动神经元组成，一般把运动神经元分为两群；内侧群（内侧核）支配躯干肌，外侧群（外侧核）支配四肢肌。外侧柱内的神经元属于植物性神经，聚集形成中间外侧核。中央管背侧和腹侧的灰质称为灰质连合。

2. 白质

白质主要由有髓纤维组成（图11-2），含有长短不等的纤维束，被灰质柱分为3个索。在背侧柱与背正中沟之间的为背侧索；位于腹侧柱与腹正中裂之间的为腹侧索，位于背侧柱与腹侧柱之间的为外侧索。靠近灰质的白质为一些短的连接脊髓各段之间的纤维，形成脊髓固有束。背侧索是由脊神经感觉神经元的中枢突构成，为感觉传导束，主要包括内侧的薄束和外侧的楔束。外侧索内的神经束，位于浅部的是感觉传导束；位于深层的是运动传导束；腹侧索内的神经束主要是运动传导束（图11-3）。

（三）脊髓的被膜和血管

1. 脊膜

脊髓外面被覆有3层结缔组织膜，总称为脊膜。由内向外依次为脊软膜、脊蛛网膜和脊硬膜（图11-4）。

（1）脊软膜　很薄，紧贴在脊髓的表面，富有神经和血管。

（2）脊蛛网膜　也很薄，缺乏神经和血管，与脊软膜之间形成相当大的腔隙，称为蛛网膜下腔，向前与脑蛛网膜下腔相通，容纳脑脊液。蛛网膜通过结缔组织小梁与脊硬膜和脊软膜相联结。荐尾部的蛛网膜下腔较宽。

（3）脊硬膜　为白色致密的结缔组织膜。在脊硬膜与脊蛛网膜之间形成狭窄的硬膜下腔，内含少量液体，向前与脑硬膜下腔相通。在脊硬膜与椎管之间，有一较宽的腔隙，称为硬膜外腔，内含静脉和大量脂肪，有脊神经通过。临床做脊髓硬膜外麻醉时，就是把麻醉药注入硬膜外腔，以阻滞脊神经的传导作用。

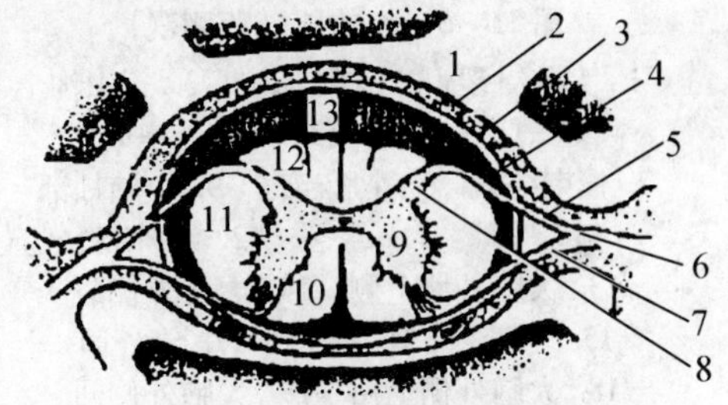

图11-4　脊髓的横断面模式图

（主要表示脊膜）

1. 椎弓　2. 硬膜外腔　3. 脊硬膜

4. 硬膜下腔　5. 背侧根　6. 脊神经节

7. 腹侧根　8. 背侧柱　9. 腹侧柱

10. 腹侧索　11. 外侧索

12. 背侧索　13. 蛛网膜下腔

2. 脊髓的血管

脊髓的主要动脉是脊髓腹侧动脉。它沿腹正中裂延伸，分布于脊髓。脊髓腹侧动脉由枕动脉、椎动脉、肋间背侧动脉、腰动脉和荐外侧动脉的脊髓支形成。

脊髓的主要静脉是脊柱窦，它沿着椎体背侧纵韧带两侧延伸，经交通支，把脊髓的静脉血送入枕静脉、椎静脉、肋间背侧静脉、腰静脉和荐外侧静脉。

三、脑

脑由胚胎时期的神经管前部发育而成，是神经系统的高级中枢，机体内的许多活动都在脑的控制下完成。脑位于颅腔内，经枕骨大孔与脊髓相连。脑的形态不规则，表面凹凸不平，根据外部形态和内部结构特征可区分为延髓、脑桥、中脑、间脑、大脑和小脑（图11－5、11－6、11－7、11－8）。通常将延髓、脑桥和中脑合称为脑干。

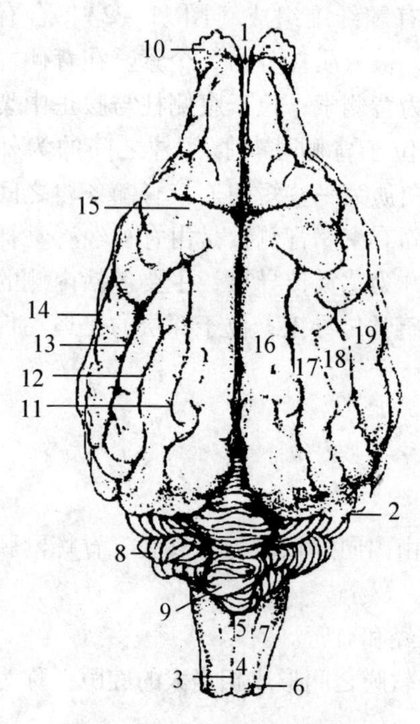

图11－5　犬的脑（背侧观）

1. 大脑纵裂　2. 大脑横裂　3. 正中沟　4. 薄束　5. 薄束结节　6. 楔束　7. 楔束结节　8. 小脑半球　9. 小脑蚓部　10. 嗅球　11. 缘裂　12. 缘外裂　13. 大脑外侧上侧　14. 大脑外侧裂　15. 十字裂　16. 缘回　17. 缘外回　18. 大脑外侧上回　19. 大脑外侧回

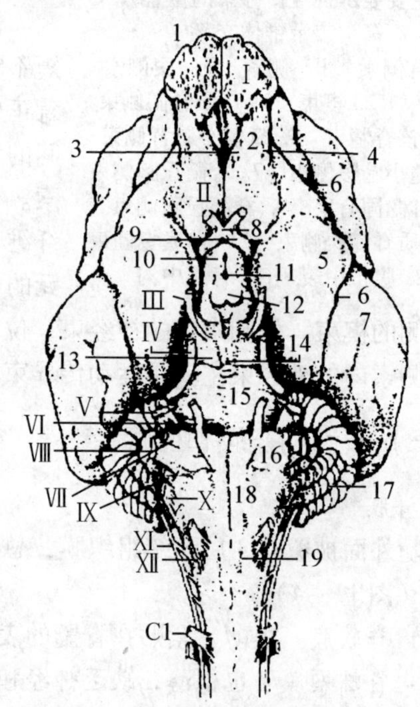

图11－6　犬的脑（腹侧观）

罗马数字表示相应的脑神经

C1　第1颈神经

1. 嗅球　2. 嗅总回　3. 内侧嗅回　4. 外侧嗅回　5. 梨状叶　6. 嗅脑裂　7. 大脑外侧回　8. 视交叉　9. 视束　10. 灰质隆起　11. 漏斗（脑垂体已切除）　12. 乳头体　13. 大脑脚　14. 脚间窝　15. 脑桥　16. 斜方体　17. 小脑半球　18. 锥体　19. 锥体交叉

（一）脑干

脑干通常包括延髓、脑桥和中脑（图11－10）。脑干也由灰质和白质构成，灰质形成许多的神经核团，位于白质中，其中与第3～12对脑神经直接联系的神经核团称为脑神经核。脑干内的白质包括脑干本身各核团间的联系纤维、大脑和小脑及脊髓等相互联系，经过脑干的纤维以及脑干各神经核团与脑干以外各结构间的联系纤维。

1. 延髓

(1) 延髓的外形　延髓是脑的最后部，后连脊髓，前接脑桥，背面大部分被小脑覆盖，腹面则位于枕骨基底部的背侧。延髓呈前宽后窄，背腹略扁的柱状。其腹面有腹正中裂，是脊髓腹正中裂的延续。在裂的两侧有向前后伸延的隆起，叫锥体。在锥体的后端有纤维交叉，叫锥体交叉。延髓前端的锥体两侧，有一窄小的横行隆起，称为斜方体。延髓前后部的形态差别较大，其后部的形态与脊髓相似，也有中央管，称为延髓的闭合部；前部的中央管开放，形成第四脑室底的后部，称延髓的开放部。第四脑室后部两侧走向小脑的隆起，叫绳状体，又称小脑后脚，主要由出入小脑的部分纤维构成，两脚之间所连的薄层白质为后髓帆。在绳状体的后外侧有结节状隆凸，内侧的称为薄束结节，深部有薄束核；外侧的称为楔束结节，深部有楔束核。在延髓的两侧由前向后依次有面神经根、前庭耳蜗神经根、舌咽神经根、迷走神经根和副神经根；锥体前端的两侧有外展神经根，后部两侧发出舌下神经根。

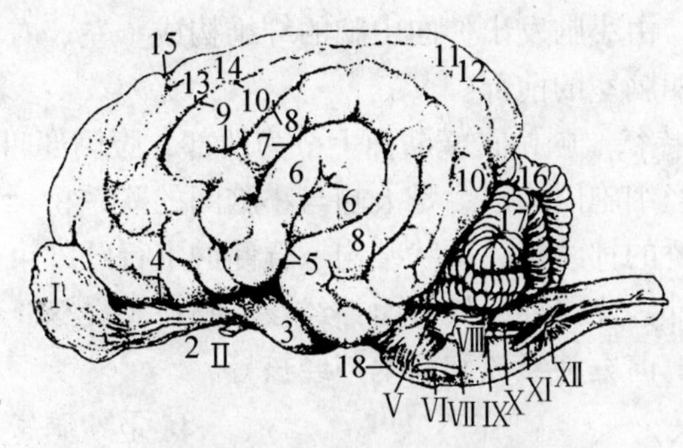

图 11－7　犬的脑（外侧观）

罗马数字表示相应脑神经

1. 嗅球　2. 嗅回　3. 梨状叶　4. 嗅脑裂　5. 大脑外侧裂　6. 大脑外侧回　7. 大脑外侧裂　8. 大脑外侧回　9. 大脑外侧上裂　10. 大脑外侧上回　11. 脑缘外裂　12. 脑缘外回　13. 冠状裂　14. 冠状回　15. 十字裂　16. 小脑中叶　17. 小脑半球　18. 脑桥

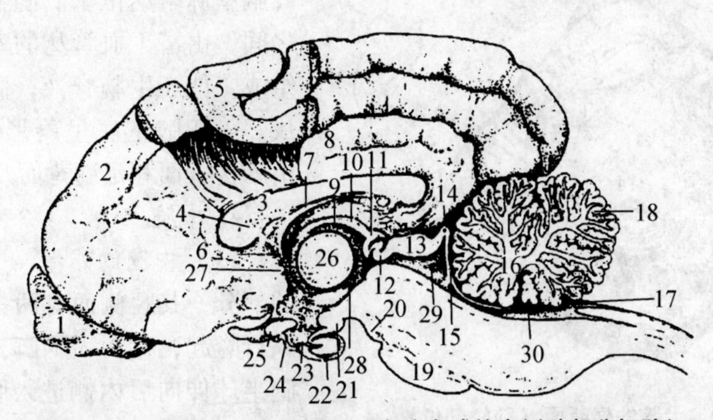

图 11－8　犬的脑正中纵切面（大脑半球的内侧壁部分切除）

1. 嗅球　2. 大脑半球　3. 胼胝体　4. 透明中隔　5. 大脑皮质　6. 室间孔　7. 脑弓　8. 扣带回　9. 丘脑　10. 丘脑上部　11. 松果体　12. 大脑后联合　13、14. 前丘及其后丘联合　15. 前髓帆　16. 小脑髓质　17. 后髓帆　18. 小脑皮质　19. 脑桥　20. 大脑脚　21. 乳头体　22. 垂体　23. 漏斗　24. 灰结节　25. 视交叉　26. 中间块　27. 大脑前联合　28. 第三脑室　29. 中脑导水管　30. 第四脑室

（2）延髓内部结构特征　延髓后部的结构与脊髓相似，但是，由于中央管在延髓的中部逐渐偏向背侧并敞开形成第四脑室，所以前部的变化比较大。主要特点是形成锥体交叉、内侧丘系交叉及薄束核和楔束核的出现。大脑皮质的下行纤维在延髓腹侧正中形成发达的锥体束，锥体束的3/4纤维交叉到对侧形成锥体交叉；在延髓的背侧出现薄束核和楔束核，发出的二级纤维交叉到对侧形成内侧丘系交叉；由于上述纤维发生交叉，运动神经核团和感觉神经核团的位置已失去脊髓中的规律排列。

主要的神经核有舌下神经核、疑核、迷走神经背核、延髓泌涎核、孤束核、三叉神经脊束核、副神经核及薄束核和楔束核等。

2. 脑桥

（1）脑桥的外形　脑桥位于小脑的腹侧，前接中脑，后连延髓（图11－9）。其腹面呈一宽的横行隆起，正中央有一纵行的浅沟，称基底沟。脑桥腹侧部从两侧向背侧伸入小脑，形成小脑中脚。又称脑桥臂。脑桥背面凹陷，形成菱脑窝的前半部，两侧壁的隆起为小脑前脚，又称结合臂，由小脑发出伸向中脑的纤维构成。左、右小脑前脚间所夹的薄层白质称前髓帆，构成第四脑室的前部。

（2）脑桥内部结构特征　脑桥在横断面上分为两部，腹侧部叫基底部，它是由纵横行的纤维和散在其中的神经细胞团构成，是大脑与小脑间的联系桥梁；背侧部叫被盖部，是延髓背侧部的延续，脑桥的神经核、网状结构、脊髓的上行纤维束以及除锥体外的一些下行纤维束都集中在被盖部。主要神经核有面神经核、脑桥泌涎核、外展神经核、三叉神经运动核、三叉神经主核、前庭神经核和耳蜗神经核等。

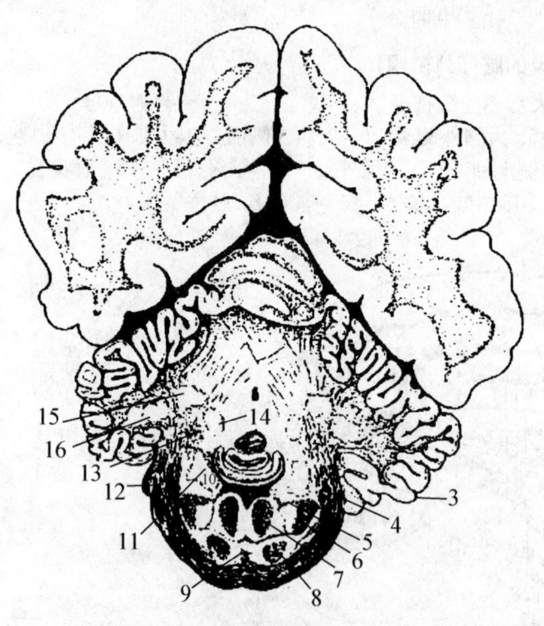

图11－9　犬脑的横断面（脑桥部位）

1. 大脑半球皮质　2. 大脑半球髓质　3. 小脑皮质　4. 小脑中脚　5. 三叉神经脊束　6. 三叉神经脊束核　7. 内侧纵束　8. 锥体　9. 脑桥核　10. 第四脑室　11. 前庭神经核　12. 位听神经根　13. 小脑前脚　14. 室顶核　15. 小脑中位核　16. 小脑外侧核

3. 第四脑室

第四脑室位于延髓、脑桥和小脑之间的腔隙，前通中脑导水管，后接脊髓中央管。顶壁呈帐篷形，由前髓帆、小脑、后髓帆和第四脑室脉络丛构成。第四脑室脉络丛位于后髓帆与菱形窝后部之间，由富于血管丛的室管膜和脑软膜组成，能产生脑脊液；侧壁由小脑脚构成；第四脑室底呈菱形，又称菱形窝，由脑桥背面和延髓背面开放部构成。

4. 中脑

（1）中脑的外形　中脑是脑中最小的部分，其腹侧面有两条伸向前外方的纵行隆起，称为大脑脚，它们分别从大脑半球伸向后内侧进入脑桥。左、右大脑脚间的凹窝称脚间窝。中脑的背侧为顶盖，其表面呈两对丘状隆起称为四迭体，前方的一对叫前丘，后方的一对叫后丘。从后丘向前外方发出一斜行隆起，称为后丘臂，连于间脑的内侧膝状体。从前丘发出一条前丘臂伸向间脑的外侧膝状体。

(2) 中脑内部结构特征 中脑中部有纵贯中脑的中脑导水管，前通第三脑室，后连第四脑室。在横断面上可见中脑导水管周围有灰质包围，称为中央灰质。以中央灰质为界，将中央灰质背侧部分称为中脑顶盖；中央灰质的腹侧部分称为大脑脚，大脑脚又可分为背侧的被盖和腹侧的脚底。中脑顶盖主要结构是灰质形成的四迭体。前丘接受视束的纤维，发出纤维至外侧膝状体，再至大脑皮质。后丘主要接受耳蜗神经核的纤维，发出的纤维至内侧膝状体，再至大脑并有纤维至前丘，是声反射的联络站。大脑脚主要由运动纤维组成。被盖是脑桥被盖的延续，内有脑神经核团和其他核团以及上下行纤维。中脑主要神经核团有滑车神经核、动眼神经核、动眼神经副核、三叉神经中脑核、红核、黑质等。

(二) 小脑

1. 小脑的外形

小脑略呈球形，位于延髓和脑桥的背侧，构成第四脑室的顶壁。其表面有许多沟和回(图11－7)。小脑被两条纵沟分为两侧的小脑半球和正中蚓部。蚓部最后有一小结，向两侧伸入小脑半球腹侧，与小脑半球的绒球合称绒球小结叶，是小脑最古老的部分。绒球小结叶调节平衡和肌紧张。小脑半球属新小脑，与大脑半球联系密切，调节随意运动。

2. 小脑内部结构特征

小脑表面为灰质，称为小脑皮质；深部为白质，称为小脑髓质（图11－8)。白质呈树枝状伸向小脑皮质，称为小脑树。白质深部存在的核团，称为小脑核，主要有三对，外侧一对最大，称小脑外侧核或齿核，中部的核团为顶核（内侧核)，中部外侧的核为栓核（小脑中位核)。

小脑借前、中、后三对脚与延髓、脑桥、中脑和丘脑相连。小脑后脚主要是来自脊髓和延髓进入小脑的纤维，如脊髓小脑背侧束、前庭小脑束和橄榄小脑束等。小脑中脚由脑桥核发出的脑桥小脑束组成。小脑前脚主要由小脑齿核发出的纤维组成。

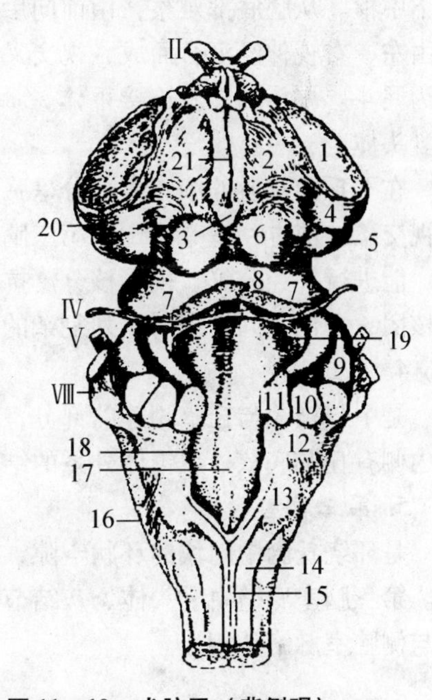

图11－10 犬脑干（背侧观）

小脑已去除，罗马字母表示相应的脑神经
1. 内囊的纤维断面 2. 视丘的背侧 3. 松果体
4. 外侧膝状体 5. 内侧膝状体 6. 前丘
7. 后丘 8. 前髓帆中的滑车神经的交叉纤维
9. 小脑中脚 10. 小脑后脚 11. 小脑前脚
12. 耳蜗神经背侧核 13. 绳状体 14. 楔束
15. 薄束 16. 浅弓形纤维 17. 正中沟
18. 内侧隆起 19. 界沟 20. 视束
21. 第三脑室背侧缘

(三) 间脑

间脑位于中脑和大脑半球之间，被两侧的大脑半球所覆盖，内有第三脑室。间脑可分为丘脑、上丘脑、下丘脑和底丘脑(图11－8)。

1. 丘脑

是2个卵圆形的灰质团块，由其中央灰质形成的丘脑中间块相联结，其周围的环状裂隙为第三脑室。丘脑的前端狭窄而隆凸，称为丘脑前结节。后端膨大，称为丘脑枕。丘脑含有许多神经核，其中一部分核是上行传导路的总联络站，接受来自脊髓、脑干和小脑的纤维，由此发出纤维至大脑皮质。在丘脑枕的后外侧，有2个小隆起，即内侧膝状体和外侧膝状体。内侧膝状体位于后内侧，借后丘臂连接后丘，接受上行的听觉纤维，是听觉传导路中的最后一个中继站，发出的纤维终止于大脑皮质。外侧膝状体位于外侧，借前丘臂连接前丘，接受视束的纤维，发出的纤维至大脑皮质，是视觉传导路的最后一个中继站。

2. 上丘脑

位于第三脑室顶部周围。主要包括僵三角、僵连合和松果体。僵三角位于前丘的前方，是边缘系的组成部分，内隐僵核；左、右僵三角相连部分为僵连合；僵三角的背侧为圆锥形的松果体，它属于内分泌腺。

3. 下丘脑

位于间脑的腹侧部，构成第三脑室的底壁和侧壁的腹侧部。它是植物性神经系统的皮质下中枢。从脑底部观察，由前向后为视交叉、视束、灰结节、漏斗、垂体和乳头体。视束由左、右视神经汇合而成，视交叉向后伸延为视束。视交叉的后部为灰结节，它向下移行为漏斗。漏斗的腹侧连接垂体。垂体为体内重要的内分泌腺。灰结节后方的圆形隆起，为乳头体。

在下丘脑灰质的细胞大部分呈弥散分布，神经核团主要有视上核和室旁核。视上核位于视交叉的前方；室旁核位于第三脑室侧壁内。它们均发出神经纤维沿漏斗柄伸向垂体后叶，能进行神经分泌。视上核分泌抗利尿素，室旁核分泌催产素。此外丘脑还含有许多重要核团，它们共同管理一系列复杂的代谢活动和内分泌活动。

4. 底丘脑

是中脑被盖与丘脑相连的部分，位于大脑脚背侧，红核和黑质均延伸至此。在大脑脚背内侧有丘脑底核，属锥体外系的结构。

5. 第三脑室

是环绕丘脑中间块的环状空隙，前方借左、右室间孔与侧脑室相通，后方通中脑导水管。第三脑室底壁由乳头体、灰结节和视交叉形成；背侧壁为第三脑室脉络丛，并经室间孔与侧脑室脉络丛相连。

（四）大脑

大脑又称端脑，位于脑干的前方，后方以大脑横裂与小脑分开，背侧被大脑纵裂分为左、右两个大脑半球，两半球由横行纤维构成的胼胝体相连。大脑半球包括嗅脑、大脑皮质和白质、基底核和侧脑室。

1. 大脑半球的皮质和白质

（1）*皮质* 为覆盖于大脑半球表面的一层灰质，是神经活动的高级中枢。外侧面以由前向后的外侧嗅沟与嗅脑为界。表面出现许多沟状凹陷，称为脑沟，在脑沟之间的隆起为脑回。根据大脑皮质的机能和位置，每一大脑半球分为5个叶（图11－11），背侧面为顶叶，前部为额叶，外侧面的颞叶，后面为枕叶及半球的内侧面的边缘叶。一般认为额叶是运动区，顶叶是一般感觉区，颞叶是听觉区，枕叶是视觉区，边缘叶为调节内脏活动的高级中枢。

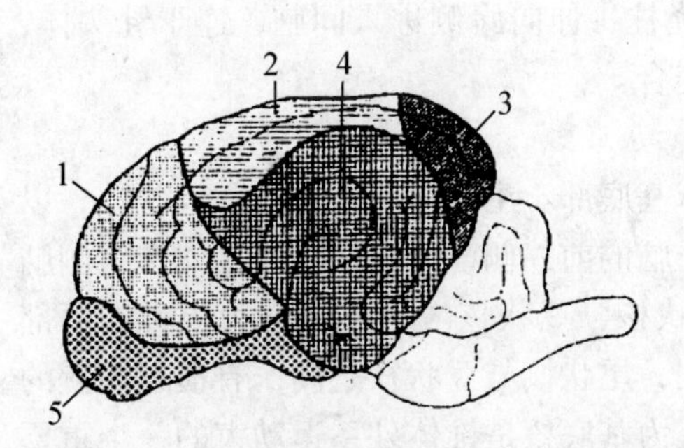

图 11－11 犬的大脑半球各叶（外侧观）

1. 额叶 2. 顶叶
3. 枕叶
4. 颞叶
5. 嗅球

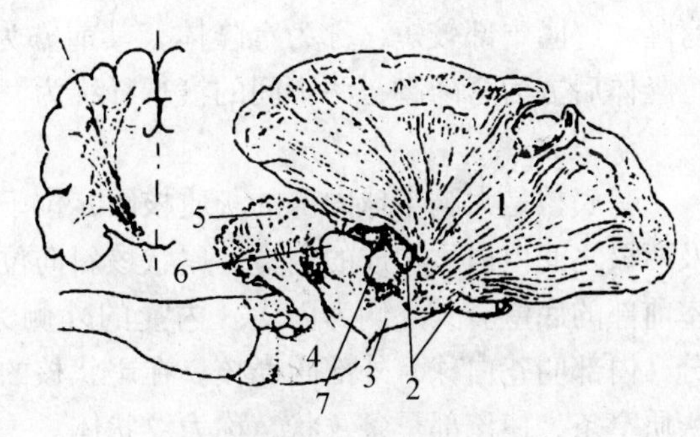

图 11－12 犬脑的内囊

（部分大脑皮质和小脑皮质已切除）
左上图表示部分端脑

1. 内囊的纤维 2. 视束（部分切除） 3. 大脑脚
4. 脑桥 5. 小脑髓质 6. 后丘 7. 内侧膝状体

（2）白质　也称为大脑半球髓质，主要由神经纤维构成，包括投射纤维、连合纤维和联络纤维 3 种。投射纤维是大脑皮质与皮质下中枢相联系的纤维，分上行（感觉）和下行（运动）纤维 2 种，都集中通过内囊（图 11－12）。因此，内囊受伤会出现广泛的感觉和运动障碍；连合纤维是 2 个半球的相应部位互相联系的横行纤维，这主要有位于大脑纵裂深部的胼胝体。胼胝体的前后端均与穹隆邻接，但在两者中间的大部分，是以白质薄板相连，这个白质薄板称为透明中隔；联络纤维是大脑半球本侧各叶之间相互联系的纤维。

2. 嗅脑

嗅脑位于大脑的腹侧，由嗅球、嗅束、嗅三角、梨状叶和海马等构成。

（1）嗅球、嗅束和嗅三角　嗅球呈卵圆形，位于大脑半球前端，是嗅脑最前端的部分。嗅球中空为嗅球室，与侧脑室相通。嗅球接受嗅黏膜的嗅神经纤维，即嗅丝，内含嗅神经的终止核。嗅球的后面接两个嗅束（嗅回），即内侧嗅束和外侧嗅束。内侧嗅束伸向半球内面的旁嗅区，外侧嗅束向后连于梨状叶。内、外侧嗅束之间的三角形灰质隆起称嗅三角。嗅球和嗅三角等结构属于旧皮质。

（2）梨状叶　为嗅三角后方、大脑脚外侧的梨状隆起，其表面是灰质，前端深部有杏仁核，位于侧脑室底壁。梨状叶被视为嗅觉皮质区。

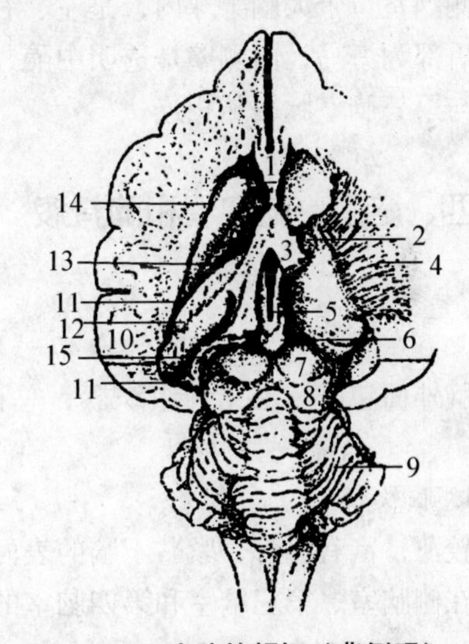

图 11－13 犬脑的额切（背侧观）

（左侧部分大脑半球和右侧的海马和基底核切除）

1. 隔核 2. 视丘的背侧表面 3. 胼胝体
4. 内囊 5. 第三脑室背侧面 6. 松果体
7. 前丘 8. 后丘 9. 小脑
10. 大脑半球外侧壁的断面 11. 侧脑室
12. 海马 13. 尾状核的尾
14. 尾状核的头 15. 齿状回的断面

(3) 海马　由白质和灰质组成，属古老皮质（图 11－13）。呈三角形，由梨状叶的后部和内侧部转向半球的深部而成。左、右半球的海马前端于正中相连接，形成侧脑室后部的底壁。海马的纤维向外侧缘集中形成海马伞，伞的纤维向前内侧伸延，与对侧相连形成穹隆。穹隆中部较短，称为穹隆体，其前方为穹隆柱，伸向腹侧进入间脑，连于乳头体，穹隆体后方为穹隆脚，两脚间的横行纤维为海马连合。

3. 基底核

基底核是大脑半球内部的灰质核团，位于半球基底部。主要包括尾状核和豆状核，以及两核之间由白质构成的内囊。尾状核斜向位于丘脑的前外侧，并与丘脑相接，作为侧脑室前部的底壁。其外侧为内囊。内囊的外侧为豆状核，豆状核酸白质又分为内、外两部分，内部叫苍白球，外部叫壳核。在尾状核的前端，尾状核与豆状核之间，有横越内囊的灰质窄条，使该部呈条纹状，称为纹状体。一般认为基底核是锥体外系运动束的一个重要联络站。

4. 边缘叶

边缘叶位于大脑半球内侧面，由扣带回及其后端腹侧的海马回和齿状间相连而形成的一个穹隆形脑回。由于其位于大脑与间脑相接处的边缘，故称边缘叶。边缘叶与附近的皮质以及有关的皮质下结构，在结构和功能上有密切联系，从而构成一个统一的功能系统，称为边缘系统。边缘系统不仅与嗅觉有关，而且参与个体生存、种族保存、内脏活动调节等。

5. 侧脑室

侧脑室位于大脑半球内，是左、右对称的 2 个腔隙。顶壁为胼胝体；底壁前部为尾状核，后部为海马；内侧壁是透明中隔，以室间孔通第三脑室。侧脑室内有脉络丛，在室间孔处与第三脑室脉络丛相连。

四、脑膜、脑血管和脑脊液

（一）脑膜

脑外面包有三层结缔组织膜，总称为脑膜。由内向外依次为脑软膜、脑蛛网膜和脑硬膜。

1. 脑软膜

较薄，富有血管，紧贴于脑的表面，并随血管分支伸入脑中形成鞘，围于小血管的外面，在侧脑室、第三脑室和第四脑室的脑软膜含有大量的血管丛，能产生脑脊液。

2. 脑蛛网膜

很薄，包围于软膜外面，以无数纤维与之相连。位于蛛网膜与软膜之间的腔隙称蛛网膜下腔，内含脑脊液。蛛网膜在矢状窦形成许多绒毛状突起，叫蛛网膜粒，脑脊液通过蛛网膜粒渗透到静脉窦。经第四脑室脉络丛上的孔使脑室与蛛网膜下腔相通。

3. 脑硬膜

较厚，包围于蛛网膜外。位于硬膜与蛛网膜之间的腔隙称硬膜下腔，内含少量液体。硬膜紧贴于颅腔壁，其间无腔隙存在。硬膜形成大脑镰、小脑幕和鞍隔。大脑镰位于两大脑半球之间；小脑幕位于大脑半球与小脑之间；鞍隔位于垂体背侧。脑硬膜含有静脉窦，接受来自脑的静脉血。在大脑镰内有矢状窦和直窦，接受脑背侧部的静脉；在鞍隔和基底部有海绵窦和基底窦，接受脑腹侧部的静脉。

（二）脑血管

脑的血液来自颈内动脉、枕动脉和椎动脉。这些动脉在脑底汇合成动脉环，围绕垂体。从动脉环上分出侧支，分布于脑。

脑的静脉汇于脑硬膜中的静脉窦。脑背侧部的静脉血液注入矢状窦、直窦等处，然后经大脑上静脉入颞浅静脉；脑腹侧部的静脉汇入海绵窦和基底窦，二窦相通，并有眼外静脉连于海绵窦。基底窦借大脑下静脉通入颅枕静脉。

（三）脑脊液

脑脊液是由各脑室脉络丛产生的无色透明液体，充满各脑室及蛛网膜下腔。脑脊液对维持脑组织的渗透压和颅内压的相对恒定有重要作用，并起着淋巴的功能以及减少外力震荡的作用。发生病变时其成分和压力发生变化，故临床进行“腰穿”，抽取脑脊液进行检查，协助对某些疾病作出诊断。

脑脊液不断由脉络丛产生，沿一定途径循环，又不断被重吸收回流到血液，称作脑脊液循环（图 11－14），其循环途径如下：左、右侧脑室脉络丛产生的脑脊液→左、右侧室间孔→第三脑室，与第三脑室脉络丛产生的脑脊液汇合→中脑导水管→第四脑室，与第四脑室脉络丛产生的脑脊液汇合→正中孔和外侧孔→蛛网膜下腔→大脑背侧→经蛛网膜粒渗透到矢状窦→回到血液循环中。若脑室系统的通路发生阻塞，脑脊液循环即发生障碍，可产生脑积水或颅内压增高。

五、脑、脊髓传导径

动物在生命活动过程中，通过感受器不断地接受内外环境的刺激。感受器兴奋后，转化为神经冲动，经过传入神经传导到中间神经元，再经中间神经元到大脑皮质，经过分析综合，产生适当的神经冲动，经中间神经元传出，最后经传出神经元到效应器，作出相应的反应。一般把感受器经周围神经、脊髓、脑干到大脑皮质的神经通路，叫做感觉传导路；由大脑皮质经脑干、脊髓、周围神经到效应器的神经通路，叫做运动传导路。

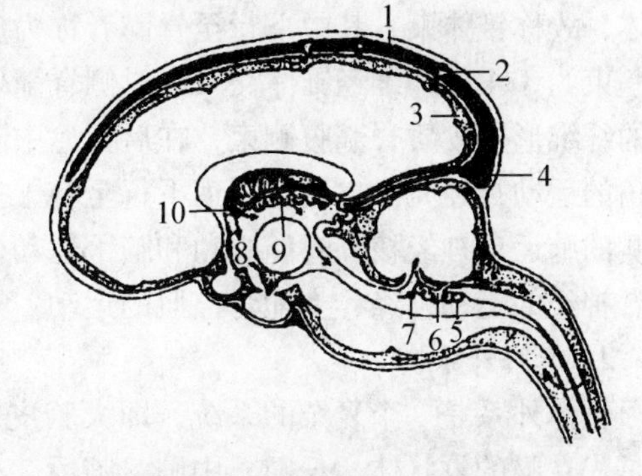

图 11－14 脑脊液的形成和循环

1. 背侧矢状窦 2. 蛛网膜粒 3. 蛛网膜下腔 4. 小脑幕 5. 第四脑室 6. 第四脑室脉络丛 7. 第四脑室的开口 8. 第三脑室 9. 第三脑室脉络丛 10. 室间孔

（一）感觉（上行）传导路

躯体感觉传导路有深感觉（本体感觉）、浅感觉（温、痛及触压觉）及特殊感觉（视觉、听觉、平衡觉及味觉和嗅觉等）传导路。在此主要介绍深感觉和浅感觉传导路。

1. 躯体深感觉传导路

包括意识性（大脑性）深感觉传导路和反射性（小脑性）深感觉传导路。

（1）意识性深感觉传导路　为薄束和楔束及内侧丘系。第一级神经元的胞体位于脊神经节内，其周围突构成脊神经的感觉纤维，分布于躯干和四肢的肌、腱和关节等处感受器；其中枢突由脊神经的背侧根进入脊髓，在背侧索中上行，组成薄束和楔束，与延髓的薄束核和楔束核的第二级神经元形成突触。第二级神经元发出的轴突交叉至对侧，形成内侧丘系，在脑干上行，止于丘脑腹后外侧核。第三级神经元发出的纤维经内囊到大脑皮质感觉区，形成感觉。一般认为薄束传导前肢和躯体前半部形成的冲动，而楔束传导躯体后半部的感觉。

（2）反射性深感觉传导路　有脊髓小脑束。第一级神经元位于脊神经节内，其周围突构成脊神经的感觉纤维，分布于肌、腱和关节的深部感受器；中枢突经背侧根入脊髓，与脊髓背侧柱的第二级神经元发生突触。第二级神经元的轴突进入脊髓的外侧索，构成脊髓小脑背侧束和腹侧束，分别经小脑后脚和前脚到小脑蚓部皮质，反射地调节肌肉的紧张度，以维持身体的平衡。

2. 躯体浅感觉传导路

有脊髓丘脑束，传导体表和内脏痛、温觉及体表粗、浅触压觉的刺激。第一级神经元的胞体位于脊神经节，其周围突分布于体表和内脏，中枢突经背根进入脊髓的背侧柱，与固有核的神经元发生突触。第二级神经元的轴突经白质交叉到对侧的外侧索，构成脊髓丘脑侧束，经脑干上行，终止于丘脑，并与丘脑腹后外侧核发生突触。第三级神经元的轴突经内囊到大脑皮质的感觉区。

（二）运动（下行）传导路

调节躯体运动的下行传导路主要包括锥体系和锥体外系。

1. 锥体系

由大脑皮质运动区的锥体细胞发出轴突组成的纤维束，经内囊、大脑脚、脑桥和延髓锥体，故称锥体束，其中下行至脊髓者称为皮质脊髓束，止于脑干者称皮质脑干束。皮质脊髓束约3/4的纤维经锥体交叉到对侧脊髓外侧索下行，形成皮质脊髓外侧索；少数不交叉的纤维形成皮质脊髓腹侧束，在后行途中陆续止于脊髓各节同侧的中间神经元，再到腹侧角的运动神经元。皮质脑干束下行至脑干接近脑运动神经核时，先通过中间神经元再到两侧的脑运动神经核。脊髓腹角和脑干运动神经核的运动神经元发出的纤维，组成脑神经和脊神经的运动神经，支配骨骼肌的运动。

2. 锥体外系

锥体外系是一个复杂的系统，即大脑皮质锥体细胞发出的纤维不直接到脑干或脊髓，而是先在脑的纹状体、丘脑、中脑、脑桥、小脑或脑干的网状结构中交换神经元，组成复杂的神经链后，再至脑运动神经核或经过脊髓中间神经元，再与腹侧柱的运动神经元相突触。因不经过延髓锥体，故称锥体外系。锥体外系管理骨骼肌的运动，调节肌紧张性，协调肌肉活动，维持姿势和平衡。锥体外系主要包括大脑皮质一纹状体系和大脑皮质、脑桥、小脑系。

(1) 大脑皮质—纹状体系 大脑皮质锥体细胞发出的纤维，直接或通过丘脑至纹状体的尾状核和壳核，由尾状核和壳核发出的纤维到苍白球，苍白球发出的纤维到红核和网状结构等处。红核发出的纤维形成红核脊髓束，左右交叉，止于脊髓腹侧柱的运动神经元；网状发出的纤维，形成网状脊髓束，有一部分纤维交叉到对侧，止于脊髓腹侧柱的运动神经元。

(2) 大脑皮质、脑桥、小脑系 大脑皮质锥体细胞发出的纤维经内囊、间脑、中脑至脑桥的脑桥核。脑桥核发出纤维经对侧的脑桥臂入小脑；到小脑皮质后叶新区。小脑皮质细胞的轴突至齿状核。齿状核发出纤维交叉到对侧的红核。红核发出的纤维组成红核脊髓束，交叉后到对侧的脊髓腹侧柱。脊髓腹侧柱发出的纤维到躯干和四肢的骨骼肌，以调节骨骼肌的运动和紧张性。小脑皮质的纤维还通过齿状核和丘脑到大脑皮质，以影响大脑的活动。

(三) 内脏传导路

内脏神经的中枢是在大脑皮质的边缘叶、丘脑和小脑等处，但这些部位多数通过下丘脑而实现其功能，故下丘脑被认为是调节这些植物性神经活动的高级中枢。内脏传导路包括内脏感觉传导路和内脏运动传导路。这2个传导路目前尚不十分清楚，在此仅介绍内脏感觉传导路。

一般认为痛觉第一级感觉神经元胞体位于脊神经节，周围突随交感神经分布，中枢突进入脊髓与背侧该细胞形成突触，第二级神经元的纤维与脊髓丘脑束伴行，向上到丘脑腹后核，再至大脑边缘叶，或经网状结构至丘脑内侧核群，向上到大脑。

传导一般内脏感觉的第一级神经元胞体，位于迷走神经结状神经节，周围突随副交感神经到内脏。中枢突到孤束核。第二级神经元轴突可能随三叉丘系到丘脑，再传到大脑。盆腔器官的感觉神经随盆神经传入。

六、猫的中枢神经

(一) 脊髓

位于椎管内，呈略扁的圆柱状。其前端于枕骨大孔处与延髓相接，向后延伸至荐部。脊髓粗细不一。在第4～7颈椎或第1胸椎处形成颈膨大；在第3～7腰椎处形成腰膨大。第7腰椎以后，到荐椎处，直径逐渐变细，末端细长，形成终丝。

(二) 脑

1. 延髓

猫的延髓（图11－15、11－16）呈扁平、截顶的锥形，前宽后窄。背面有小脑，背面前部被小脑覆盖。第1对颈神经根部的起点可作为脊髓与延髓的分界，但在外形上，两者的分界没有明显的标志。

2. 脑桥

自延髓向前，在小脑的腹面（图11－15、11－16），脑桥由大量横行的纤维所组成。

脑桥的纤维向外侧略为集中，并弯向背面，伸入小脑形成脑桥臂。

3. 小脑

小脑（图 11－15、11－16）在生长过程中表面形成许多皱褶，在不同的标本皱褶形式各异。小脑在增加其大小的同时，既向外侧扩展，又向后、向前扩展，这样，它向前与大脑相接（被小脑幕分开）。从猫脑的背面观，可见小脑遮盖了中脑和间脑，向后则覆盖延髓的较大部分。

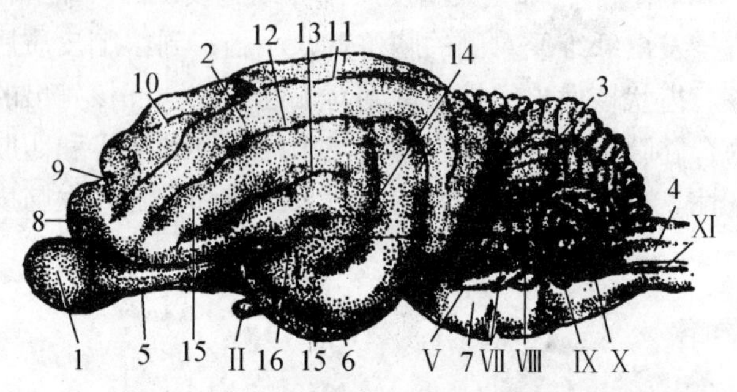

图 11－15　猫脑侧面观

1. 嗅球　2. 左半球　3. 小脑　4. 延髓　5. 嗅回　6. 梨状叶　7. 脑桥　8. 前薛氏沟　9. 十字沟　10. 柄状沟　11. 外缘沟　12. 上薛氏沟　13. 外薛氏前沟　14. 外薛氏后沟　15. 外嗅沟　16. 薛氏裂　Ⅱ－Ⅺ. 脑神经

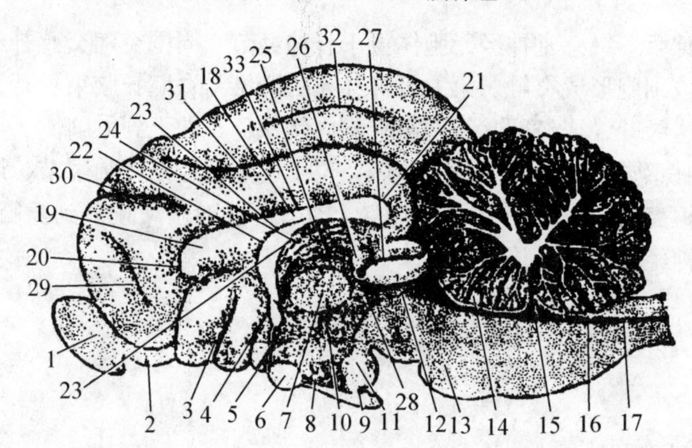

图 11－16　猫脑正中矢状切面观

1. 嗅球　2. 嗅回　3. 前穿质　4. 前联合　5. 终板　6. 视交叉　7. 丘脑中间块　8. 漏斗　9. 垂体　10. 第 3 脑室　11. 乳头体　12. 中脑导水管　13. 脑桥　14. 前髓帆　15. 第 4 脑室　16. 后髓帆　17. 中央管　18. 胼胝体　19. 胼胝体膝部　20. 胼胝体额部　21. 胼胝体压部　22. 透明隔　23. 穹窿　24. 第 3 脑室脉络丛　25. 髓纹　26. 松果体　27. 四叠体　28. 后联合　29. 镰沟　30. 十字沟　31. 胼端沟　32. 缘沟　33. 胼胝上沟

4. 中脑

脑的背面观中脑被小脑和大脑遮盖（图 11－15、11－16）；腹面观可见中脑的底部与桥脑相接。中脑背面顶部可见有两对隆起，称四叠体。前后两对隆起的中间隔有横沟。前丘为圆形，后丘卵圆形。前丘比后丘大。大脑脚构成中脑的底部，在脑的腹面观可见大脑角为两束宽阔的纤维束，从桥脑前面发出，向前通向大脑。

5. 间脑

丘脑为间脑的主要部分（图 11－15、11－16），此外还包括视束、视交叉、漏斗、松果体、乳头体、第3脑室及其脉络丛。

丘脑呈卵圆形，被大脑半球后面突出部分所覆盖。丘脑内侧边缘靠近中线处，其外侧端隆起形成一个尖的圆形突出物，称外侧膝状体。在它的正腹面还有一个很显著的圆形隆起即内侧膝状体。在间脑的腹面视交叉后方有一个圆形的灰结节，其后缘有两个白色隆起称乳头体。在灰结节腹面正中连着一个中空的漏斗，其下方接脑垂体。在丘脑后缘、两个前丘之间有小的圆锥形松果体。

6. 大脑

猫的大脑（图11－15、11－16）从背侧面看，较短而宽，略呈桃形，从外侧面看，呈不等的三角形。两个半球为大脑的主要部分。大脑的背侧部两半球之间完全分开，而底部有横向连接左右两个半球的胼胝体。大脑半球向后伸延，覆盖了小脑的前部。猫的嗅球呈卵圆形，嗅束发达。

第三节　周围神经

周围神经系统是由联系中枢和各器官之间的神经纤维构成。根据分布的不同可分为躯体神经和内脏神经。躯体神经又分为自脊髓发出的脊神经和自脑发出的脑神经。躯体神经分布于体表、骨、关节和骨骼肌，而内脏神经分布于内脏、腺体和心血管。

一、脊神经

脊神经（图11－17）有35～38对，其中颈神经8对，胸神经13对，腰神经7对，荐神经3对和尾神经4～7对。第1对颈神经出寰椎椎外侧孔，第2～7对颈神经依次出相应的椎间孔，第8对颈神经出第7颈椎和第1椎之间的椎间孔。胸、腰、荐、尾神经，分别穿过其相对应椎骨的椎间孔出椎管。

每一对脊神经都由与脊髓相连的腹侧根和背侧根在椎间孔处汇合而成。腹侧根属运动性，又称运动根，由脊髓腹角运动神经元以及脊髓胸1（或颈8）至腰3节侧角中间外侧核和荐2～4节副交感核的神经元发出的轴突组成；背侧根属感觉性，又称感觉根，由脊神经节中假单极神经元的中枢突组成。脊神经节是背侧根在椎间孔处的膨大部分，主要由假单极神经元的胞体聚集而成。脊神经节的神经元发出的中枢突组成背侧根，经脊髓背外侧沟进入脊髓，其周围突是走向外周的纤维，与腹侧根相合形成脊神经。

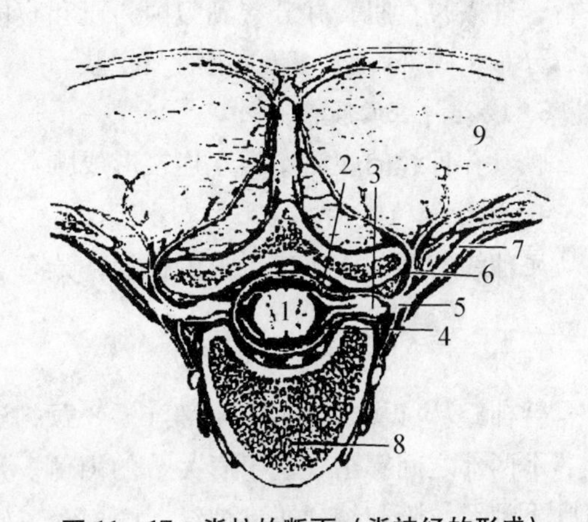

图11－17　脊柱的断面（脊神经的形成）

1. 脊髓　2. 背侧根　3. 脊神经节　4. 腹侧根
5. 脊神经　6. 脊神经背侧支　7. 脊神经腹侧支
8. 椎体　9. 脊柱背侧肌

脊神经是混合神经，含有以下4种神经

成分：将神经冲动由中枢传向效应器而引起骨骼肌收缩的躯体运动（传出）纤维；将神经冲动由中枢传向效应器引起腺体分泌、内脏运动及心血管舒缩的内脏运动（传出）纤维；将感觉冲动由躯体（体表、骨、关节和骨骼肌）感受器传向中枢的躯体感觉（传入）纤维；将感觉由腺体、内脏器官及心血管传向中枢的内脏感觉（传入）纤维。

脊神经出椎间孔后，分为背侧支和腹侧支。背侧支分布于脊柱背侧的肌肉和皮肤；腹侧支分布于脊柱腹侧和四肢的肌肉及皮肤。

（一）脊神经的背侧支

每一颈神经、胸神经和腰神经的背侧支又分为内侧支和外侧支，分布于颈背侧、背部和腰部。荐神经和尾神经的背侧支分布于荐部和尾背侧。

（二）脊神经的腹侧支

1. 颈神经的腹侧支

颈神经的腹侧支分布于颈腹侧的肌肉，并穿通臂头肌，分布皮肤。主要分支有耳大神经、颈横神经和膈神经。

（1）耳大神经　来自第2颈神经，沿寰椎翼外侧缘向耳廓伸延，分布于耳廓背面皮肤。

（2）颈根神经　由第2颈神经的分支形成，走向下颌，主要分布于下颌间隙皮肤。

（3）膈神经　为膈的运动神经，由第5～7颈神经的分支形成，沿斜角肌腹侧缘进入胸腔，在纵隔内向后行，横过心包，分布于膈。

2. 胸神经的腹侧支

胸神经的腹侧支又叫肋间神经，沿肋骨的后缘向下伸延与同名血管并行分布于肋间肌、腹壁肌和躯干皮肤；最后肋间神经又称肋腹神经，经腰方肌背侧面向外侧伸延，在第1腰椎横突顶端的前下方分为深、浅两支：深支沿最后肋骨后缘在腹内斜肌与腹横肌之间下行，进入腹直肌，并分支到腹内斜肌和腹横肌；浅支穿过腹外斜肌，在躯干皮肌深面下行，分布于腹外斜肌、躯干皮肌及皮肤。

3. 腰荐神经的腹侧支

腰、荐神经的腹侧支相互连接形成腰荐神经丛。

4. 尾神经的腹侧支

尾神经的腹侧支形成尾腹侧神经，分布于尾腹侧肌肉和皮肤。

（三）臂神经丛

臂神经丛（图11－18）由第6～8颈神经和第1、2胸神经的腹侧支形成，在斜角肌上、下两部之间穿出，位于肩关节的内侧。从臂神经丛上发出8支神经，即肩胛上神经、肩胛下神经、腋神经、肌皮神经、胸神经、桡神经、尺神经和正中神经。

1. 肩胛上神经

由第6、7颈神经的腹侧支形成。从臂神经丛前部分出，与同名动脉一起经肩胛下肌和冈上肌之间，绕过肩胛骨前缘伸向外后方，分布于冈上肌、冈下肌及肩关节。

2. 肩胛下神经

由第6、7、8颈神经的腹侧支形成。自臂神经丛分出后，常分2～4支分布于肩胛下肌。

3. 腋神经

由第8颈神经的腹侧支形成。从臂神经丛中部发出后，经肩胛下肌与大圆肌之间，在肩关节后方分出数支，分布肩胛下肌、大圆肌、小圆肌、三角肌和臂头肌，并分出皮支分布臂部和前臂背侧面的皮肤。该神经的麻痹不会出现运动障碍。

4. 肌皮神经

由第7、8颈神经的腹侧支形成。从臂神经丛前部发出，分出分布到臂二头肌和喙臂肌的肌支后，在腋动脉下方与正中神经相连形成腋袢，其主干与正中神经一起沿臂动脉前缘下行，到臂下13处与正中神经分开，主要分布臂二头肌和臂肌，并分出皮支，即前臂内侧皮神经，在二肌之间走向前臂内侧面，分布前臂、腕、掌内侧皮肤。该神经的损伤可引发提举前肢障碍。

5. 胸肌神经

由第7、8颈神经和第1胸神经的腹侧支构成。分为前、后两部：前部叫胸肌前神经，有数支，分布于胸浅肌和胸深肌；后部叫胸肌后神经除分布于胸深肌、皮肌和皮肤外，还分出胸长神经、胸背侧神经和胸外侧神经。胸长神经沿胸腹侧锯肌的表面后走，分布于此肌；胸背侧神经横过大圆肌，走向后上方，分布于背阔肌；胸外侧神经沿胸廓外静脉向后延伸，分布于躯干皮肌和皮肤。

6. 桡神经

由第7、8颈神经和第1胸神经的腹侧支构成，是臂神经丛中最粗的分支。从臂神经丛后部分出，沿尺神经后缘下行，进入臂三头肌长头与内侧头之间，通过臂肌沟出前肢的前外侧面，并在途中发出臂三头肌各头、前臂筋膜张肌及肘肌的肌支，出肌支后，在臂部的下部分布于包括腕尺侧伸肌在内的所有的腕关节和指关节伸肌。其皮支为前臂背侧皮神经，常常反转至前臂和腕部的背外侧。此神经容易在外伤时受损。

7. 尺神经

由第8颈神经和第1颈神经的腹侧支形成。从臂神经丛后部分出，起初与正中神经一起沿臂部下行，然后离开正中神经至肘突，横过肘关节

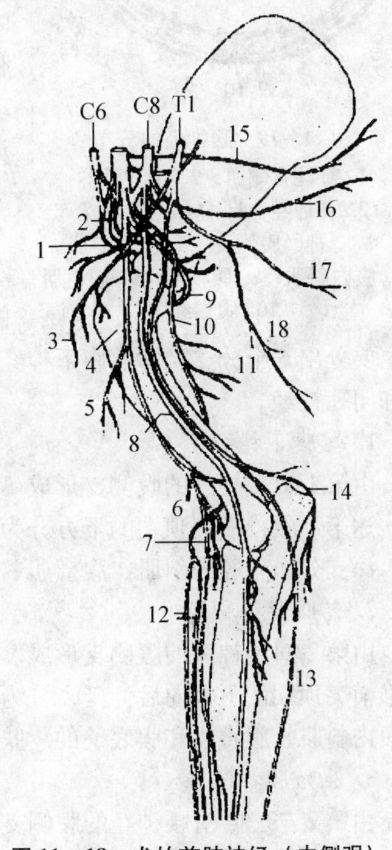

图11－18 犬的前肢神经（内侧观）

C6. 第6颈神经 C8. 第8颈神经 T1. 第1胸神经 1. 肩胛上神经 2. 肩胛下神经 3. 胸前神经 4. 肌皮神经 5. 近侧肌支 6. 远侧肌支 7. 前臂内侧皮神经 8. 正中神经 9. 腋神经 10. 桡神经 11. 分布于伸仙的肌支 12. 前臂背侧皮神经 13. 尺神经 14. 前臂掌侧皮神经 15. 胸长神经 16. 胸背侧神经 17. 胸外侧神经 18. 胸后神经

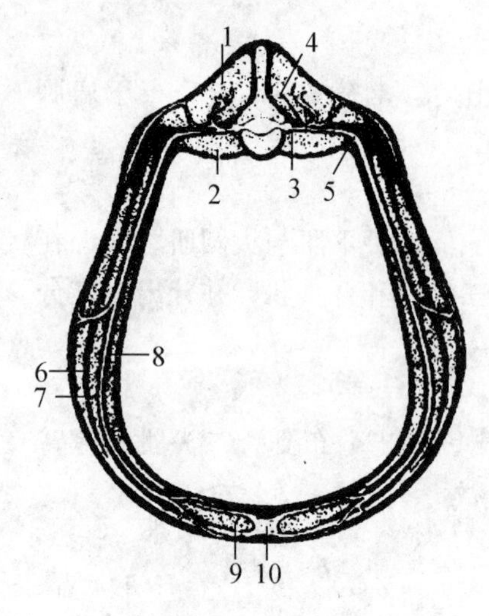

图11－19　腰神经的分布

1. 脊柱背侧肌　2. 腰下肌群
3. 脊神经　4. 脊神经背侧支
5. 脊神经腹侧支　6. 腹外斜肌
7. 腹内斜肌　8. 腹横肌　9. 腹直肌
10. 腹白线

的后面，主要分布于腕关节和指关节屈肌、骨间肌和掌外侧的皮肤。此神经出现麻痹后不会发生运动和站立姿势的障碍。

8. 正中神经

由第8颈神经和第1胸神经的腹侧支形成，是前肢最长的神经。从臂神经丛后部分出，沿臂动脉前缘与肌皮神经一起向下伸延，到肱骨中部与肌皮神经分离后，越过肘关节内侧副韧带，沿腕桡侧屈肌的深面，至腕部。在前臂部或腕管内分成2支或更多支，穿过腕管，分布于掌侧面。正中神经与尺神经共同分布于腕关节和指关节所有屈肌。此神经的损伤不会引起运动障碍，但会出现站立时腕关节过度伸展，而出现前爪比正常翘起。

（四）腰神经丛

后位第3～4腰神经腹侧支和前位2个荐神经的腹侧支共同形成腰荐神经丛（图11－19）。腰神经腹侧支主要分出6个分支，即髂腹下神经、髂腹股沟神经、生殖股神经、股外侧皮神经、股神经和闭孔神经。

1. 髂腹下神经

由第1对腰神经的腹侧支形成。起自腰神经丛，经腰方肌与腰大肌之间，向后下方伸延，达第2腰椎横突顶端的下方分为浅、深两支。浅支分布于腹外斜肌和腹侧壁后部的皮肤；深支分布于腹内斜肌、腹横肌、腹直肌及腹底壁的皮肤。

2. 髂腹股沟神经

由第2对腰神经的腹侧支形成。起自腰神经丛，从腰方肌与腰大肌之间穿出，经第4腰椎横突顶端的下方向后伸延，分为浅、深两支。浅支分布于膝褶外侧的皮肤；深支分布于腹内斜肌、腹直肌和腹底壁的皮肤。

3. 生殖股神经

由第2、3、4对腰神经的腹侧支形成。起自腰神经丛，横过旋髂深动脉的外侧向下伸延，分为前、后两支，除分支到腹内斜肌外，两支均通过腹股沟管，公犬分布于包皮、阴囊和提睾肌，母犬则分布到乳房。

4. 股外侧皮神经

由第3、4对腰神经的腹侧支形成。起自腰神经丛，沿腹横筋膜下行，在髋结节的下方穿通腹肌，经阔筋膜张肌内侧与旋髂深动脉后支并行，直至膝褶处，分布于股部外侧和膝关节前面的皮肤。

5. 股神经

第5、6、7对腰神经的腹侧支形成。起自腰神经丛，是腰神经丛中最粗的神经。由髂肌和腹大肌之间穿出，有分支分布于髂腰肌，并分出隐神经，本干与旋股外侧动脉一起进入股直肌与股内侧肌之间，分为数支，分布于股四头肌。此神经发生机能障碍时，出现膝关节僵直，股内侧感觉丧失。

6. 隐神经

在股神经横过腰大肌腱处分出，有分支进入缝匠肌，然后于股管中下行，从缝匠肌与股薄肌之间出于皮下，分布于股部及小腿内侧皮肤。

7. 闭孔神经

由第4～7对腰神经的腹侧支形成。起自腰神经丛，沿髂骨体的内侧伸至闭孔，出分支到闭孔内肌，主干从闭孔通出后分布于闭孔外肌和股内侧肌群。

（五）荐神经丛

荐神经丛（图11－20）参与构成腰荐神经丛，位于荐骨腹侧，分出5个分支，即臀前神经、臀后神经、阴部神经、直肠后神经和坐骨神经。

1. 臀前神经

由第6、7对腰神经和第1对荐神经的腹侧支形成。起自腰荐神经丛，与臀前动脉一起经过坐骨大孔穿出盆腔，分布于阔筋膜张肌、臀中肌和臀深肌等。

2. 臀后神经

由第1、2对荐神经的腹侧支形成。起自腰荐神经丛，经坐骨大孔出盆腔，分支分布于臀浅肌、臀股二头肌、半腱肌和半膜肌等。

3. 阴部神经

由第1～3对荐神经的腹侧支形成。起自荐神经丛，在荐结节阔韧带内侧面走向后下方，出皮支分布于股后部的皮肤，然后分出会阴神经，分布于尿道、肛门和会阴等处，主干绕过坐骨弓出盆腔，公畜转至阴茎背侧，称为阴茎背侧神经，沿阴茎背侧向前伸延，分布于阴茎和包皮；母畜则为阴蒂背神经，分布于阴唇和阴蒂。

4. 直肠后神经

来自最后荐神经的腹侧支。起自腰荐神经丛，通常有2支，均较细，在直肠与尾骨肌之间向后行走。公畜分布于肛门；母畜分布于肛门、阴蒂和阴唇。还有小分支到尾骨肌及肛提肌。

5. 坐骨神经

坐骨神经是全身最粗大的神经，由第6、7腰神经和第1～3对荐神经的腹侧支形成。自腰

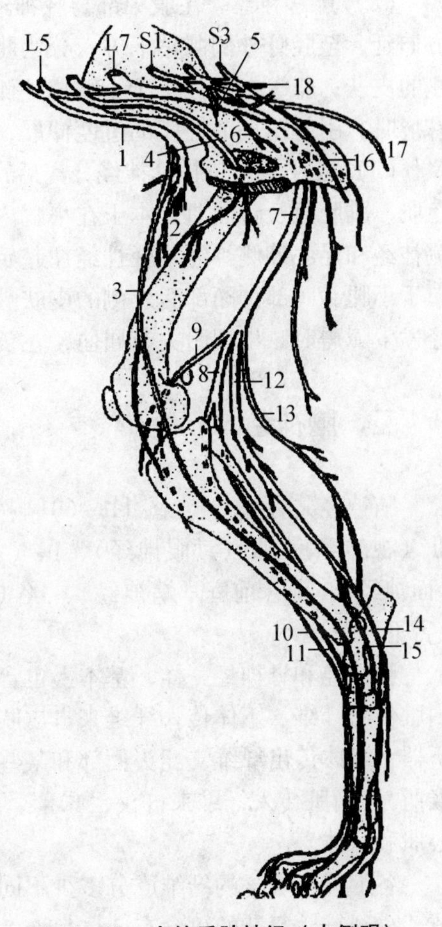

图11－20　犬的后肢神经（内侧观）

L5. 第5腰神经　L7. 第7腰神经
S1. 第1荐神经　S3. 第3荐神经
1. 股神经　2. 分布于股四头肌的肌支
3. 隐神经　4. 闭孔神经　5. 盆神经
6. 分布于闭孔内肌、股方肌等肌支
7. 坐骨神经　8. 腓总神经
9. 小腿外侧皮神经　10. 腓浅神经
11. 腓深神经　12. 胫神经
13. 小腿跖侧皮神经　14. 足底内侧神经
15. 足底外侧神经　16. 阴部神经
17. 股后皮神经　18. 直肠后神经

荐神经丛，由坐骨大孔出盆腔，沿荐结节阔韧带外侧面走向后下方，分出小支到髋结节及闭孔肌。主干经股骨大转子和坐骨结节之间绕至髋关节后方，在臀股二头肌和半膜肌之间下行，到股中部分为腓总神经和胫神经。此外，坐骨神经在股部分出大的肌支，分布于脊髓二头肌、半腱肌和半膜肌。坐骨神经的主要分支有：

（1）股后皮神经　起于坐骨神经起始部后缘，沿荐结节阔韧带外侧面向后伸延，与会阴神经或阴部神经的皮支相连，分布于股后部和会阴部的皮肤。

（2）腓总神经　在股中部与胫神经分开后，沿臀股二头肌和腓肠肌外侧头之间向前下方伸延，至胫骨外侧髁稍下方，分为腓浅神经和腓深神经。腓浅神经分布于小腿部以下背侧的皮肤；腓深神经分布于小腿背外侧的肌肉（跗关节屈肌和趾关节伸肌）。此神经发生麻痹时，引起跗关节轻度的过度伸展，而趾关节不能伸展。

（3）胫神经　与腓总神经分离后，进入腓肠肌两头之间，分出肌支分布于腘肌、比目鱼肌、腓肠肌及趾屈肌。本干在小腿内侧沟向下伸延至跟结节平位处稍下方，分为足底内侧神经和足底外侧神经。胫神经在起始部还分出小腿跖侧皮神经，沿小腿外侧沟下行，分布于小腿、跗部、跖部后外侧的皮肤。足底神经为感觉神经，分布于后肢的跖侧部。此神经发生障碍时，出现跗关节屈曲，在负重时跗关节接近地面。

二、脑神经

脑神经共有12对（图11－6），按其排列顺序，分别用罗马字表示为Ⅰ（嗅神经）、Ⅱ（视神经）、Ⅲ（动眼神经）、Ⅳ（滑车神经）、Ⅴ（三叉神经）、Ⅵ（外展神经）、Ⅶ（面神经）、Ⅷ（前庭耳蜗神经）、Ⅸ（舌咽神经）、Ⅹ（迷走神经）、Ⅺ（副神经）和Ⅻ（舌下神经）。

脑神经和脊神经一样，基本上也含有躯体传入纤维、躯体传出纤维、内脏传入纤维和内脏传出纤维。躯体传入纤维来自皮肤、骨骼肌、腿和大部分口、鼻腔黏膜以及视器和位听器；躯体传出纤维支配头面部和某些脏器的骨骼肌（眼球肌、舌肌、咀嚼肌、面肌和咽喉肌）；内脏传入纤维来自头、味蕾、颈部和胸、腹腔脏器；内脏传出纤维支配平滑肌、心肌和腺体。

各脑神经所含的纤维成分多少不同，但不外乎以上4种，即简单的脑神经只含有1种或2种纤维，复杂的可含有3～4种。如果按各脑神经所含的主要纤维成分和功能分类，可将12对脑神经大致分为3类：

传入（感觉）神经　包括嗅、视和前庭耳蜗神经3对。

传出（运动）神经　包括动眼、滑车、外展、副神经和舌下神经5对。

混合性神经　包括三叉、面、舌咽和迷走神经4对。

（一）嗅神经

嗅神经为感觉神经，由鼻腔黏膜嗅上皮的嗅细胞轴突所构成。这些轴突集合成束，叫做嗅丝即嗅神经，穿过筛板进入颅腔，终于嗅球。

（二）视神经

视神经为感觉神经，传导视觉冲动，由眼球视网膜上节细胞的轴突形成。视神经穿过眼球的巩膜，在眶窝内后行，经视神经孔进入颅腔，与对侧神经共同形成视神经交叉，向后移行为视束，止于外侧膝状体。

（三）动眼神经

动眼神经为运动神经，含躯体传出和内脏传出2种纤维成分。其中躯体传出纤维起于动眼神经核，自大脑脚发出，经眶圆孔出颅腔，分为背侧支和腹侧支。背侧支较细而短，分布于眼球上直肌和上眼睑提肌；腹侧支较粗而长，分布于眼球下直肌、内侧直肌和眼球下斜肌。此外，动眼神经腹侧支上有睫状神经节，系副交感神经节。由神经节发出纤维分布于瞳孔括约肌和睫状肌，完成瞳孔对光反射和调节反射。

（四）滑车神经

滑车神经为运动神经，较细小，起于中脑滑车神经核，在前髓帆前缘出脑，经滑车神经孔出颅腔，分布于眼球上斜肌。

（五）三叉神经

三叉神经为混合神经（图11－21），是最大的脑神经，以2个根起于脑桥侧部。其中大根是感觉根，小根是运动根。感觉根有半月状神经节，位于卵圆孔的内侧部。2根连成一总干，向前伸延，分为3支，即眼神经（感觉支）、上颌神经（感觉支）和下颌神经（混合支）。

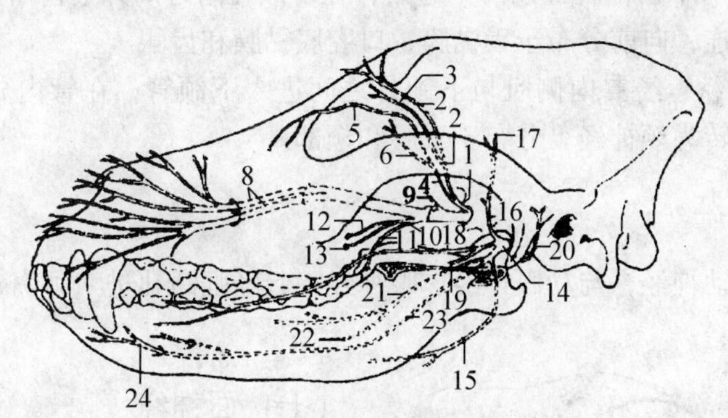

图11－21 犬的三叉神经分布模式图

1. 眼神经 2. 额神经 3. 泪腺神经 4. 鼻睫神经 5. 滑车下神经 6. 筛神经 7. 上颌神经 8. 眶下神经 9. 颧神经 10. 翼腭神经 11. 腭小神经 12. 鼻后神经 13. 腭大神经 14. 下颌神经 15. 颌舌骨肌神经 16. 咬肌神经 17. 颞深神经 18. 颊神经 19. 翼肌神经 20. 耳颞神经 21. 舌神经 22. 舌下神经 23. 下齿槽神经 24. 颏神经

1. 眼神经

较细，经眶圆孔穿出颅腔，在出孔处附近，分为泪腺神经、额神经和鼻睫神经。泪腺神经分布于泪腺和上眼睑；额神经又叫眶上神经，从眶上突前方伸延到上眼睑、颞部和额部的皮肤；鼻睫神经较粗，位于眼球上直肌的深面，在眼球内侧直肌和眼球上斜肌之间分为筛神经和滑车下神经，分布于鼻腔黏膜、眼内角皮肤、第三眼睑、结膜和泪阜等。

2. 上颌神经

上颌神经通过眶圆孔穿出颅腔，在蝶腭窝中分为颧神经、眶下神经和翼腭神经。颧神经从上颌神经分出，沿眼球外侧直肌伸向下眼睑；眶下神经与眶下动脉一起经上颌孔进入眶下管，在管内出分支分布于臼齿、齿龈和上颌窦。本干出眶下孔分为鼻外侧神经、鼻前神经和上唇神经 3 支；翼腭神经又称蝶腭神经，出眶圆孔，紧贴蝶骨体向前伸延，在背侧缘分出许多小支，形成蝶腭神经丛，丛内含有小颗粒状的蝶腭神经节，属副交感神经节。翼腭神经在蝶股窝处分为鼻后神经、腭大神经和腭小神经 3 支，分布于软腭、硬腭黏膜和鼻腔黏膜。

3. 下颌神经

通过卵圆孔出颅腔，出孔后分为数支。分布于咀嚼肌的分支为运动神经，其他分支均为感觉神经。

(1) 耳颞神经　又称颞浅神经，绕过下颌支后缘，在腮腺的深面分为面横神经和耳前神经。面横神经与面横动、静脉并列，向前与面神经的上颊支相连，分布于颊部皮肤。耳前神经在腮腺深部与耳睑神经相连。

(2) 咬肌神经　下颌神经的背侧分出，穿经下颌切迹走向外侧，分布于咬肌。

(3) 颊神经　沿翼外侧肌后部的深面向前伸延，并穿过翼外侧肌至其外侧，分出一短支至颞肌后，主干向前下方伸到颊肌的后缘，分布于颊肌、颊腺、腮腺及颊前部和下唇的黏膜。

(4) 翼肌神经　分布于翼肌。

(5) 舌神经　与下齿槽神经以一干起始，在下颌孔附近离开下齿槽神经。

与鼓索神经相连，向前分布于舌黏膜、口腔底黏膜和齿龈。

(6) 下齿槽神经　经翼内侧肌与下颌骨之间进入下颌管，在管内分支到下颌齿及齿龈。本干出颏孔，转为颏神经，分布于下唇和颏部。

(六) 外展神经

外展神经为运动神经，与动眼神经、眼神经一起经眶圆孔进入眶窝，分布于眼球退缩肌和眼球外侧直肌。

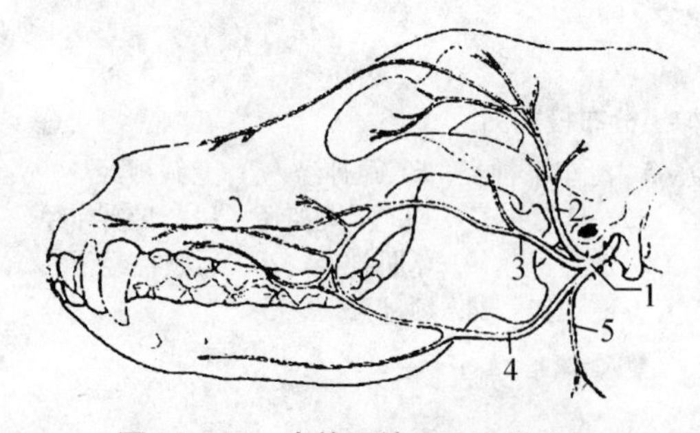

图 11－22　犬的面神经分布模式图

1. 面神经　2. 耳睑神经　3. 上颊支　4. 下颊支　5. 颈支

(七) 面神经

面神经为混合神经（图 11－22），起于斜方体的两侧端，由内耳道进入中耳的面神经管，在管内的面神经上有圆形的小神经节叫膝神经节，由此神经节分出岩大神经和鼓索神经。岩大神经出岩颞骨与来自颈内动脉神经丛的岩深神经相合，形成翼管神经。翼管神经经翼管到蝶腭窝，进入蝶腭神经丛，连于蝶腭神经节。翼管神经是混合神经，它含有交感和副交感神经纤维，也含有感觉神经纤维；鼓索神经在面神经管的出口处，由面神经分出，出鼓室走向前下方，经上颌动脉的内侧与舌神经相连。鼓索神经大部分为感觉纤维，亦含副交感神经纤维，分布于下颌腺和舌下腺，味觉神经分布于舌前部2/3的味蕾。面神经大部分由运动神经构成，分支有耳睑神经、上颊支和下颊支等，主要支配颜面肌肉的运动。

（八）前庭耳蜗神经

前庭耳蜗神经又称位听神经，为听觉及平衡觉的神经。其纤维来自内耳的前庭、半规管和耳蜗的传入纤维，经由前庭神经节和螺旋神经节，止于延髓的前庭核和耳蜗核，传导平衡觉及听觉。

（九）舌咽神经

舌咽神经为混合神经，含有4种纤维成分。躯体传出纤维，起自疑核，支配咽肌。内脏传出纤维，起自后泌涎核，分布于腮腺。内脏传入纤维的胞体位于远（岩）神经节，将舌后1/3部，咽部、颈动脉窦和颈动脉体等部的多种内脏感觉冲动传入脑，止于孤束核。躯体传入纤维很少，胞体位于近神经节内，将耳后的皮肤感觉冲动传入脑，止于三叉神经脊束核。

舌咽神经由颈静脉孔出颅腔，在咽的外侧沿茎舌骨向下方伸延，分出鼓室神经、颈动脉窦支、咽支和舌支。

1. 鼓室神经

较细，起于远神经节，含副交感神经纤维，进入鼓室，参与形成鼓室丛。由丛发出岩小神经，出鼓室进入耳神经节，换神经元后分布于腮腺。

2. 颈动脉窦支

在鼓泡腹侧缘自舌咽神经分出，分布于颈动脉窦，把动脉压力刺激传导入脑。

3. 咽支

1～2支，向前经茎舌骨肌的深面伸至咽，分布于咽肌和咽部黏膜。

4. 舌支

是舌咽神经的终支，沿茎舌骨后缘向前下方伸至舌，分布于软腭、咽峡、扁桃体及舌根部黏膜和味蕾。

（十）迷走神经

迷走神经于副交感神经中叙述。

（十一）副神经

副神经为运动神经，起自颈部前段脊髓侧面和延髓的后段，与迷走神经一起经颈静脉孔出颅腔，分为内侧支和外侧支。内侧支并入迷走神经，分布于咽肌和喉肌。外侧支经下颌腺的深面向后伸延，分为2支；背侧支分布于臂头肌和斜方肌；腹侧支分布于胸头肌。

（十二）舌下神经

舌下神经为运动神经，经舌下神经孔出颅腔伸向前下方，在舌下肌的外侧与二腹肌的内侧向前，分布于舌肌和舌骨肌。

三、植物性神经

在神经系统中，分布到内脏器官、血管和皮肤的平滑肌以及心肌和腺体的神经，称为植物性神经系统，又称自主神经系统或内脏神经系统（图 11－23）。一般它是指自中枢传出的运动神经，植物性神经内也有传入神经，但它们与脑神经和脊神经相同，也是通过脊神经的背侧根进入脊髓，或随同相应的脑神经入脑，故不再论述。本节仅叙述其运动神经。

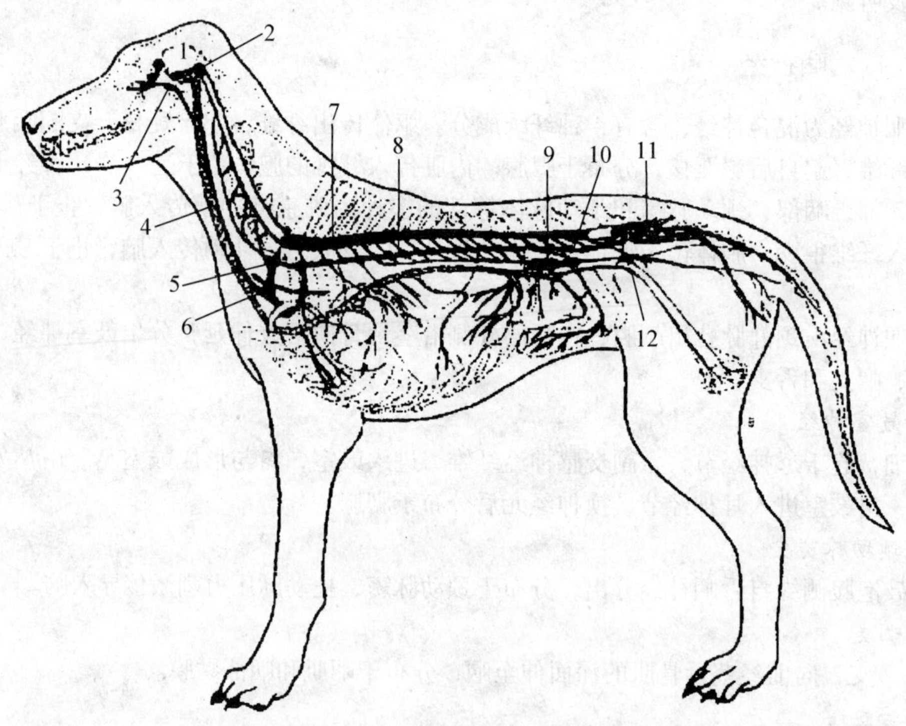

图 11－23　犬的植物性神经系模式图

1. 脑　2. 脑干的副交感神经中枢　3. 颈前神经节　4. 迷走交感神经干　5. 颈胸神经节　6. 颈中神经节　7. 脊髓的交感神经起始部　8. 交感神经干　9. 腹腔神经节　10. 肠系膜前神经节　11. 副交感神经的荐部中枢　12. 肠系膜后神经节

植物性神经和躯体运动神经一样，都受大脑皮质和皮质下各级中枢的控制和调节，而且两者之间在功能上互相依存、互相协调、互相制约，以维持机体内、外环境的相对平衡。然而植物性神经和躯体运动神经，在结构和功能上有较大的差别。

（一）植物性神经的特点

躯体运动神经支配骨骼肌，植物性神经则支配平滑肌、心肌和腺体。

躯体运动神经自中枢到效应器只经过一个运动神经元。植物性神经自中枢到效应器要由 2 个神经元来完成。前一个神经元称节前神经元，其胞体位于脑干和脊髓内，由它们发出的轴突称节前纤维。后一个神经元称节后神经元，其胞体位于周围部的植物性神经节内，轴突称节后纤维。节后神经元的数目较多，一个节前神经元可以和多个节后神经元形成突触，这有利于较多效应器同时活动。

植物性神经节有3类：第一类位于椎骨两侧，沿脊柱排列，称为椎旁神经节，如交感神经干的神经节。第二类离脊柱较远，位于主动脉的腹侧，称为椎下神经节，如腹腔肠系膜前神经节和肠系膜后神经节等。第三类位于器官壁内或在器官的附近，称为终末神经节，如盆神经节和壁内神经节。

躯体运动神经的分布形式和植物性神经节后纤维分布形式也有不同。躯体运动神经以神经干的形式分布，而植物性神经节后纤维则攀附于脏器或血管周围形成神经丛，由丛再发出分支至效应器。

躯体运动神经的纤维一般是较粗的有髓纤维。植物性神经的节前纤维是细的有髓纤维，而节后纤维则是细的无髓纤维。

躯体运动神经一般都受意识支配，而植物性神经在一定程度上不受意识的直接控制。

（二）植物性神经的划分

根据形态和功能的特点，植物性神经分为交感神经和副交感神经。分布于器官的植物性神经，一般是双重的，既有交感神经，也有副交感神经。但也有部分器官单独由一种植物性神经支配。交感神经的节前神经元位于脊髓的胸腰段灰质外侧柱内；副交感神经的节前神经元位于中脑、延髓和脊髓的荐段。

（三）交感神经

交感神经分为中枢部和周围部。交感神经的低级中枢位于脊髓的颈8（或胸1）至腰3节段的灰质外侧柱，节前纤维由外侧柱细胞的轴突形成。交感神经的周围部包括交感神经干、神经节和神经节的分支及神经丛所形成。

交感神经干　位于脊柱两侧，其前端达颅底，后端两干于尾骨腹侧互相合并。干上有一系列的椎旁神经节。交感神经干有灰、白交通支与脊神经相连。白交通支由脊髓外侧柱细胞发出的节前纤维组成，纤维具有髓鞘，呈白色。节前纤维行经脊神经的腹侧根、脊神经、白交通支进入椎旁神经节。因节前神经元的胞体仅存在于胸1（或颈8）至腰3节脊髓外侧柱内，故白交通支只存在于胸1（或颈8）至腰3段脊神经与交感神经干之间。灰交通支由椎旁神经节神经元发出的节后纤维组成，纤维多无髓鞘，颜色灰暗。交感神经的节前纤维有2种去向，一种是在椎旁神经节内交换神经元，另一种经椎旁神经节和内脏神经至椎下神经节，与其中的节后神经元发生突触，发出节后纤维分布于内脏器官的平滑肌和腺体。节后纤维有3种去向，经灰交通支返回脊神经，随着脊神经分布于躯干和四肢的血管、汗腺、立毛肌等；在动脉周围形成神经丛，攀附动脉而行，并随动脉分布到相应的器官；由椎旁神经节直接分出内脏支到所支配的脏器。

交感神经干按部位可分为颈部、胸部、腰部和荐尾部。

1. 颈部交感神经干

颈部交感神经干包含有4个神经节，即颈前神经节、颈中神经节、椎神经节和颈后神经节（图11－24）。位于颈前神经节与颈胸神经节之间的神经干，是由来自前部胸段脊髓的节前纤维所组成，向前终止于颈前神经节。颈部交感神经干位于气管两侧、颈总动脉的

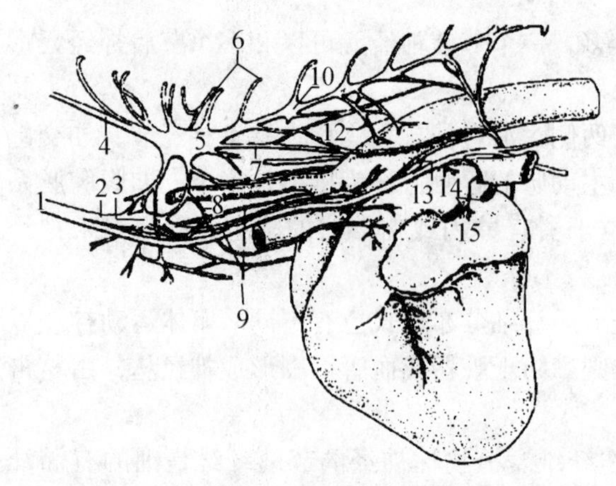

图 11－24　犬的心脏神经及其相关的神经节

（左外侧观）

1. 迷走交感神经干　2. 交感神经干
3. 颈中神经节　4. 椎神经　5. 颈胸神经节
6. 交通支　7. 颈胸后背侧神经
8. 颈胸后腹侧神经　9. 椎骨心脏神经
10. 第 3 胸神经节　11. 第 7 胸神经节
12. 胸心脏神经　13. 返神经
14. 前迷走心脏神经　15. 后迷走心脏神经

背侧，与迷走神经合并成迷走交感神经干。

（1）颈前神经节　呈纺锤形，位于鼓泡外侧。由颈前神经节发出灰交通支连于附近的脑神经和颈静脉神经，并随动脉分布于唾液腺、泪腺和虹膜的瞳孔开大肌以及头部的汗腺、立毛肌。

（2）颈中神经节　较小，位于第 6 颈椎横突腹侧骨板的后方。自颈中神经节发出 1～2 心支，走向后下方加入心神经丛。

（3）椎神经节　又称颈中椎神经节，位于双颈动脉干的前内侧，在肋颈动脉起始部的前方。

（4）颈胸神经节　由颈后神经节与第 l 或第 2 胸神经节合并而成，其形状呈星芒状，又称为星状神经节，位于第 1 肋椎关节的腹侧和第 1 肋骨上端内侧，紧贴于颈长肌的腹外侧面，后接胸部交感神经干，前腹侧与椎神经节相连。由颈胸神经节上部发出交通支至臂神经丛并形成椎神经。由颈胸神经节后部分出数支粗大的心神经，走向主动脉、心肌、气管和食管，形成神经丛，分布于心、主动脉、气管、肺和食管，右侧的还加入前腔静脉神经丛。

2. 胸部交感神经干

胸部交感神经干位于胸椎椎体及颈长肌的两侧，表面被覆有胸内筋膜和胸膜，由颈胸神经节伸延到膈，连于腰部交感神经干。胸部交感神经干上有胸神经节，并分出内脏大神经和内脏小神经走向腹腔器官。

（1）胸神经节　除第 1 或第 2 胸神经节参加形成颈胸神经节外，在每个肋骨小头附近交感神经干上，都有一对胸神经节。胸神经节以白交通支和 1～2 灰交通支，与各相应的胸神经相连。另外还有胸神经节分出走向心神经丛、肺神经丛和主动脉丛的小支。

（2）内脏大神经　主要由节前纤维构成，并含有神经细胞。起自第 6 至第 13 节胸部脊髓，与胸部交感神经干一起向后伸延，在第 13 胸椎的后方，离开胸部交感神经干，通过腰小肌与膈脚之间进入腹腔，连于腹腔肠系膜前神经节，并向外侧分出一系列小支至肾上腺。

（3）内脏小神经　由最后胸部脊髓和第 1、2 节腰部脊髓的节前纤维构成，由腰部交感神经干分出进入腹腔，一部分纤维入肾上腺神经丛和腹腔肠系膜前神经节，一部分纤维走向肾动脉连于肾神经节，参与组成肾神经丛。

（4）腹腔肠系膜前神经节　位于腹腔动脉及肠系膜前动脉的根部，由一对圆的腹腔神经节和一个长的肠系膜前神经节组成。两侧的神经节由短的神经纤维相连，它们接受内脏大神经和内脏小神经的交感神经的节前纤维，发出的节后纤维参与形成腹腔神经丛和肠系膜前神经丛，沿动脉的分支分布到胃、肝、脾、胰、肾、小肠、盲肠和结肠前段等器官。

肠系膜前神经节和肠系膜后神经节之间有节间，沿主动脉的两侧伸延（图 11－25）。

3. 腰部交感神经干

腰部交感神经干较细，位于腰小肌内侧缘，在腰椎椎体的侧面，其前端与胸部交感神经干相连，后端延续为荐部交感神经干。腰神经干的节前纤维走向肠系膜后神经节以及盆神经丛，腰部交感神经节的节后纤维走向腰神经。

肠系膜后神经节　由两个扁的小神经节合成，位于肠系膜后动脉的根部。肠系膜后神经节接受腰部交感神经干的节前纤维和肠系膜前神经节来的节间支，节后纤维形成肠系膜后神经丛，随动脉分布到结肠后段、精索、睾丸和附睾或母畜的卵巢、输卵管及子宫角。肠系膜后神经节还向后发出较大的腹下神经沿输尿管进入盆腔，在直肠两侧下方加入盆神经丛。

4. 荐、尾神经交感神经干

荐部交感神经干更细，位于荐部的骨盆面，沿荐盆侧孔内侧向后伸延。与尾神经的腹侧支相连。内侧支在第 1（或第 2）尾椎腹侧面与对侧的内侧支汇合为一支，汇合处有一个脊神经节。尾部交感神经干沿尾中动脉腹侧后行，达第 7～8 尾椎部。荐部交感神经干常有 4 个荐神经节。尾部交感神经干有 2～4 个尾神经节。

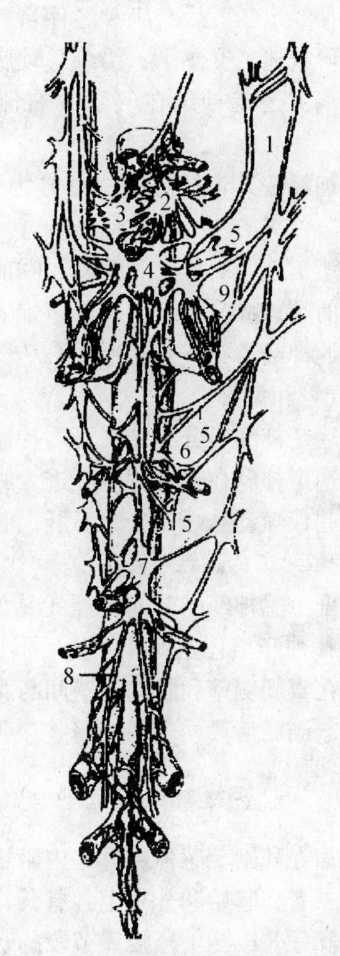

图 11－25　犬腹腔的神经节和神经丛

（腹侧观）

1. 内脏大神经　2. 左腹腔神经节
3. 右腹腔神经节　4. 肠系膜前神经节
5. 内脏腰神经节　6. 睾丸（卵巢）动脉神经节
7. 肠系膜后神经节　8. 右腹下神经
9. 肾神经节

（四）副交感神经

副交感神经节前神经元的胞体位于中脑、延髓和脊髓的荐段。节后神经元的胞体多数位于器官壁内的终末神经节。

1. 脑部副交感神经

包括中脑部副交感神经和延髓部副交感神经。

（1）中脑部副交感神经　中枢为动眼神经副核，节前纤维随动眼神经到动眼神经腹侧支上的睫状神经节，由睫状神经节发出节后纤维叫睫状短神经，含有交感神经纤维和副交感神经纤维，与视神经一起走向眼球，副交感神经的纤维分布于瞳孔括约肌和睫状肌，而交感神经的纤维分布于瞳孔开大肌。

（2）延髓部副交感神经　有面神经副交感纤维、舌咽神经副交感纤维和迷走神经副交感纤维。

①面神经内的副交感神经　其节前纤

维伴随面神经出延髓后分为2部分：一部分纤维通过蝶腭神经节更换神经元，其节后纤维走向上颌神经，通过颧神经的分支，到泪腺神经分布于泪腺；另一部分纤维经鼓索神经，再经舌神经到下颌神经节，其节后纤维分布于舌下腺和下颌腺。

②舌咽神经内的副交感神经　其节前纤维伴随舌咽神经出延髓后，依次经过鼓室神经、鼓室丛和岩小神经后终止于耳神经节。在耳神经节交换神经元后，其节后纤维随下颌神经的颊神经分布于腮腺和颊腺。

③迷走神经　它是一对行程最长、分布最广的混合神经，含有4种纤维成分。其中副交感纤维即内脏传出纤维主要分布胸、腹腔脏器的平滑肌、心肌和腺体；内脏传入纤维来自咽、喉、气管、食管以及胸、腹腔内脏器官；躯体传出纤维支配咽、喉的横纹肌；躯体传入纤维来自外耳的皮肤。

迷走神经出颅腔后与副神经伴行，向下至颈总动脉分支处与颈交感干并列，并有结缔组织包被形成迷走交感干，沿颈总动脉的背侧向后伸延到胸腔前口，交感神经干与迷走神经彼此分离。迷走神经在气管的右侧面或食管的左侧面进入胸腔内，沿着食管伸延到腹腔。

迷走神经按其走行路程，可分为颈部、胸部和腹部。在神经通路上还具有大量神经细胞。

颈部迷走神经的分支有咽支、喉前神经、心支和喉返神经。咽支主要分布于咽部的肌肉和食管前端；喉前神经主要分布于喉黏膜和环甲肌。心支分布于心脏及大血管，与交感神经和喉返神经的心支一起形成心丛。喉返神经又叫喉后神经，其分支分布于喉肌（除环甲肌）、气管和食管。

胸部迷走神经出分支到气管后神经丛，分布于食管、气管、心脏和血管。

腹部迷走神经在食管背侧干进入腹腔后，分出腹腔丛支，同腹腔肠系膜前神经节及交感神经一起伴随动脉分支分布于肝、脾、胰、肾、小肠、盲肠及结肠前段等器官。

2. 荐部副交感神经

荐部副交感神经的节前神经元是位于第1（2）～3（4）荐段脊髓腹角基部外侧，节前纤维随荐神经出荐盆侧孔，然后形成独立的2～3支，叫盆神经。盆神经沿盆腔壁向腹侧伸延，在直肠侧壁和膀胱侧壁间与腹下神经一起构成盆神经丛，丛内有盆神经节。节后纤维分布于结肠后段、直肠、膀胱、阴茎或子宫、阴道等。

（五）交感神经和副交感神经的主要区别

交感神经和副交感神经都是内脏运动神经，它们常共同支配一个器官，形成双重神经支配。但二者在起始和分布上各有其特殊性，结构和功能也不相同：①交感神经的低级中枢位于脊髓颈8或胸1至腰3节段的灰质外侧柱副交感神经的低级中枢位于脑干和脊髓的荐1（2）～3（4）节段。②交感神经节位于脊柱的两旁（椎旁节）和脊柱的腹侧（椎下节）；副交感神经节位于所支配器官的附近（器官旁节）和器官壁内（器官内节）。因此，副交感神经节前纤维长，节后纤维则很短。③一个交感节前神经元的轴突可与许多节后神经元形成突触；而一个副交感节前神经元的轴突则与较少的节后神经元形成突触。故交感神经的作用范围较广泛，而副交感神经则比较有局限性。④一般认为，交感神经的分布范围较广，除分布于胸、腹腔内脏器官外，遍及头颈各器官以及全身的血管和皮肤；副交感神经的分布则不如交感神经广泛，一般认为大部分的血管、汗腺、立毛肌、肾上腺髓质均无副交感神经支配。⑤交感和副交感神经对同一器官的作用既是互相对抗，又是互相统一的。例如交感神经活动加强，而副交感神经则减弱，出现心跳加快、血压升高、支气管扩张和消化活动受到抑制等现象，以适应在机体运动加强时代谢旺盛的需要；而到交感神经活动加强时，交感神经却受到抑制，因而出现心跳减慢、血压下降、支气管收缩、消化活动增强，以适应体力的恢复和能量储备的需要。

四、猫的周围神经

（一）脑神经

12 对，结构与分布情形与犬的大体相似。

（二）脊神经

猫的脊神经有 38 或 39 对，其中颈神经 8 对，胸神经 13 对，腰神经 7 对，荐神经 3 对，尾神经 7 或 8 对。从脊髓颈膨大和腰膨大发出的脊神经较其他脊神经粗大。

（三）植物性神经

1. 交感神经

从胸腰段脊髓的灰质外侧柱发出，主要由椎体两侧一连串的神经节及神经纤维组成。神经纤维将各神经节彼此连接成交感干。神经节以交通支与脊神经相连。同时，从交感干发出许多分支到胸部和腹部的内脏器官、血管和淋巴管等形成复杂的神经丛。

2. 副交感神经

从脑干与荐段脊髓发出，其神经纤维常见于第 3、第 7、第 9、第 10 对脑神经内和第 1 至第 3 对荐神经中。神经节位于副交感神经所支配的器官壁内或附近。因此，节后纤维很短，这与交感神经有明显的区别。

陈敏（信阳农业高等专科学校）

第十二章 内分泌系统

第一节 概述

内分泌系统由独立的内分泌腺、位于其他器官中的内分泌腺和散布在其他器官中的内分泌细胞组成。内分泌系统的结构特点是没有导管、具有丰富的毛细血管和血窦。分泌到血液或淋巴循环中的激素被运送至较远、较广的靶器官中起作用；分泌到细胞间隙中的激素弥散至邻近的靶细胞以传递局部信息。激素的分泌受神经和体液因素的调节，内分泌腺作用不容忽视，激素过多或过少都会影响正常的生理活动或发生疾病。

内分泌系统主要包括：内分泌器官比如垂体、肾上腺、甲状腺、甲状旁腺、松果体等；下丘脑和中枢神经系统内某些核团和其他成分；胰腺与胃肠道内的内分泌细胞；胸腺、肾、皮肤与心、血管系统内具有内分泌功能的细胞等。

一、激素的概念和分类

（一）激素的概念

内分泌腺或内分泌细胞分泌的高效化学物质称为激素。它作为化学信使经体液传递到达靶细胞，活化或抑制其固有的反应，以调节其生理功能。

典型的激素应具有以下一些特点：①具有一定的特异性，它只对某些特定的靶细胞产生作用；②它只调节细胞内生理反应的速度，但不能发动新的反应；③呈现高效性，微量的激素就能起显著的作用，所以有效剂量通常以微克或皮克计；④分泌速率不均一，因此表现出间断性或周期性分泌；⑤通过代谢在肝脏或靶组织内失活或排泄，因而不断地从体内消失。

（二）激素的分类

按其化学性质可分为两类：①含氮激素，包括氨基酸衍生物、肽类激素和蛋白质激素，动物体内大多数激素都属于这一类。分泌含氮激素的内分泌腺一般起源于外胚层或内胚层，它的细胞结构特点是：粗面内质网和高尔基复合体发达。②类固醇激素，包括肾上腺皮质和性腺所分泌的某些激素。这些内分泌腺均起源于中胚层，其细胞质内具有丰富的滑面内质网和管状嵴的线粒体。

二、激素的合成、分泌、转运和代谢

（一）激素的合成

细胞核内多肽激素 DNA $\xrightarrow{\text{转录}}$ 信使 RNA（mRNA）$\xrightarrow{\text{（核糖体）翻译}}$ 多肽激素链

类固醇激素、胺类激素，是依靠细胞浆或分泌小泡内制造的各种专门的酶并不是直接由基因转录和翻译产生的，是经过一系列酶促反应过程以胆固醇、酪氨酸等为原料而合成的。

（二）激素的分泌

分泌 指内分泌细胞合成激素后释放到细胞外和血液中的过程。由于激素合成和储存的方式不同，因此分泌的方式也有较大差异。含氮类激素合成后都以颗粒形式在细胞内储存，通过胞吐作用从细胞释放至细胞外或体液中。然而固醇激素很少储存，它们合成后主要通过单纯扩散经细胞膜释放到细胞外的体液中。

（三）激素的转运

激素的转运 激素分泌后经血液循环或体液扩散到达靶细胞的过程。转运的方式不尽相同，多数是以游离状态随血液运行，或与非特异性运载蛋白或特异性结合蛋白结合而转运。游离型激素与结合型激素之间有一定的正常比例，由于结合型激素代谢速度慢，因此可起临时“储藏库”作用，用来维持血中游离激素的含量不致急剧变动，从而满足机体的生理需要。

（四）激素的代谢

1. 概念

激素从释放出来直到失活并被清除的过程。

2. 表示方法

半衰期，用激素的浓度或活性在血液中减少一半所需要时间来表示。不同种类激素的半衰期不同。

3. 代谢

激素的失活主要是在靶组织发挥作用后被降解，也有在肝、肾等被酶解、破坏，随胆汁经粪和尿排出体外；只有极少量激素也可不经降解，直接随尿排出。

三、激素的作用

促进生长和发育 有多种激素如生长激素、甲状腺激素等的协调和相互作用，控制机体正常的生长发育和成熟。促进生长，促进骨、软骨、肌肉和肝、肾等组织细胞的分裂增殖。促进代谢，促进蛋白质合成，减少其分解。

完善机体繁殖机能 从受精卵→妊娠→泌乳等各个环节，都主要受生殖激素特别是垂体和性腺分泌的激素的控制。如催产素可使乳腺肌上皮和导管平滑肌收缩引起排乳；同时促使妊娠子宫强烈收缩，利于分娩。

调节体内物质代谢、能量代谢和维持消化器官的正常功能。

调控机体的应激过程和免疫。

在本章中着重介绍内分泌器官。

第二节 垂体

脑垂体（图 12－1）位于间脑的底面，凭借漏斗连于丘脑下部。是动物体内机能最复杂的内分泌腺。脑垂体可分为腺垂体和神经垂体两大部分。神经垂体包括漏斗和神经部，漏斗的上部膨大，因此将其称为正中隆起；下部称为漏斗柄。腺垂体包括远侧部、中间部和结节部。腺垂体和神经垂体的来源不同，一方是由胚胎原口顶部外胚层上皮向上生长形成拉克氏囊，并伸向间脑腹侧；另一方是间脑腹侧突出形成漏斗囊，两者相遇后，前者发展成腺垂体，后者成为神经垂体。

腺垂体远侧部称前叶，分泌生长激素，影响骨骼发育和身体生长，还分泌调节其他内分泌腺活动的激素，如调节卵巢，甲状腺，肾上腺等内分泌腺活动的激素。中间部和神经部合成后叶。

犬的脑垂体较小，呈一个卵圆形小腺体，位于间脑腹侧面和视交叉束的后方，悬挂在下丘脑向下伸出的漏斗的顶端，恰好嵌入颅腔内蝶骨垂体窝中，表面被一层纤维囊包绕，它属于硬脑膜的一部分。

猫的脑垂体呈一个小的圆锥体，位于视交叉的后方，在蝶骨的蝶鞍内，其背部与漏斗相连。漏斗是中空的，贴在灰结节的腹正中，是由第 3 脑室底部向腹面延伸而形成的，是构成第 3 脑室顶部的一部分。

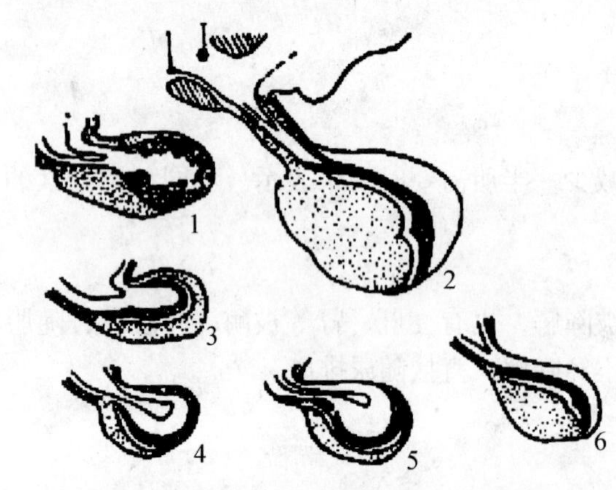

图 12－1 不同动物脑垂体的正中矢面模式图

（表示各部位位置关系）

1. 马 2. 牛 3. 狗 4. 猪 5. 猫 6. 羊

第三节 肾上腺

犬的两侧肾上腺的形态位置有所不同，右肾上腺略呈菱形，处于右肾内缘前部与后腔静脉之间，左肾上腺较大，呈现不规则的梯形，前宽后窄，背腹扁平，位于左肾前端内侧与腹主动脉之间，皮质部呈黄褐色，髓质部为深褐色。

猫的肾上腺位于肾脏前内侧，靠近腹腔动脉基部及腹腔神经节，因而常不与肾脏相接。外部形状为卵圆形，长径约 1cm，重量为0.3～0.7g，呈黄色或淡红色，但常被脂肪包埋。在它的腹面被腹膜覆盖。

肾上腺由皮质和髓质两部分组成，皮质在外，起源于中胚层。皮质部依细胞的形态和排列不同，自外向内分为球状带（或弓状带）、束状带和网状带，分别分泌不同的类固醇激素。后者来源于神经嵴。主要功能是分泌肾上腺素和去甲肾上腺素。

肾上腺的被膜由致密不规则的结缔组织构成，可见少量平滑肌纤维。由被膜发出薄的小梁穿入皮质，但很少进入髓质。

一、皮质的组织结构

根据细胞排列和形态的不同，自外向内可分为多形带、束状带和网状带。

（一）多形带

实质细胞的排列因动物种类不同而异。

（二）束状带

实质细胞呈辐射状排列，细胞索之间有血窦和少量结缔组织。细胞呈立方形或多边形，胞核较大，染色较浅，细胞器也较多形区丰富，线粒体较大，圆形，嵴呈管状。猫犬在球状带与束状带之间有一细胞密集区，细胞小，核深染，此区范围小，称为中间带。其余动物不明显或无此构造。

（三）网状带

由细胞索互相吻合形成网状结构，索间有宽大的血窦。细胞呈多边形，其结构与束状带很相似，但脂滴较少，脂褐素较多。

二、皮质激素的种类和分泌

肾上腺皮质激素均为类固醇激素，按照其功能与结构可分为三大类：①糖皮质激素，由束状带和网状带分泌，主要参与糖代谢调节，如皮质醇等；②盐皮质激素，它是由球状带分泌，主要用来参与水盐代谢调节，如脱氧皮质酮等；③性激素，由网状带分泌，以脱氢异雄酮为主，还有少量雌二醇，具有性激素活性。

皮质激素是胆固醇的衍生物，它是皮质细胞从血液摄取胆固醇作为原料，通过不同的酶反应过程而合成的。

皮质部能分泌多种类固醇激素，它的合成主要是靠滑面内质网和线粒体的协同作用的结果。皮质激素很少在细胞内储存，它合成后很快被分泌入血液，运至靶细胞发挥它的生理作用。

三、皮质激素的生理作用和功能

（一）性激素

分泌量的多少对机体产生影响。正常时因分泌量少不会产生明显效应；但分泌量过多时会因性别年龄不同而引起机体的异常改变。

（二）盐皮质激素

主要具有排钾保钠的作用，因为它可促进肾远曲小管对 Na^+ 的主动重吸收同时抑制对 K^+ 和 H^+ 的重吸收，可刺激大肠重吸收 Na^+，并降低汗腺和唾液腺对 Na^+ 的分泌。Na^+ 被保留后，较多的水分被机体保留。但过量的盐皮质素也可使 Na^+ 增加，但是经过很小的一段时间后，动物又能重新获得保钠排钾的能力——盐皮质激素脱逸。

（三）糖皮质激素

1. 参与机体的应激反应

当动物受到以下意外刺激，如环境温度、湿度突然改变、缺氧气、气体中毒，饥饿等发生应激反应时，糖皮质激素分泌显著增高，皮质机能亢进特征表现并不明显，表示机体对糖皮质激素的需要量增大，从而动员能量，增强机体对外部不良环境的适应能力。

2. 对糖、蛋白质、脂肪代谢起调节作用

加强肝糖原合成和糖原异生作用；限制对葡萄糖的摄取和利用；同时促进组织中蛋白质和脂肪的分解。

3. 调节某些器官功能

骨骼肌、心血管和神经系统等器官组织需要生理剂量的糖皮质激素，因为糖皮质激素是正常活动所必需的，缺乏时会使肌肉无力，心输出量降低，同时血管紧张性下降，红细胞数和血红蛋白含量减少，神经系统的兴奋性与反应能力下降；但是过量会使神经系统活动加强。

4. 抗炎和抗免疫作用

糖皮质激素对炎症的发生和发展有抑制作用。

四、髓质的作用和组织结构

髓质细胞呈圆形、多边形、柱形，形成不规则的细胞索，细胞索间为血窦。髓质中央有大的中央静脉，有助分泌物排出。

肾上腺素的主要作用是提高心肌的兴奋性，加快心率，但对血压无大影响。而去甲肾上腺素的主要作用是促使全身小血管收缩，而使血压升高。

第四节　甲状腺

犬的甲状腺处于气管前部，位于第6、7气管环的两侧，腺体呈红褐色，包括两个侧叶和两叶之间的腺峡。侧叶长而窄，呈扁平椭圆形，腺体的峡部形状不定，大型犬峡部宽度可达1cm，中小型犬常无峡部。同属于甲状腺组织的还有副甲状腺——多为小腺体，分布在甲状腺附近的气管表面，每侧有3～4个左右，其中正中的一个靠前，接近舌骨。

猫的甲状腺位于气管与食管两侧，是由两个侧叶和中间的峡部组成。每一侧叶长约2cm，宽约0.5cm，而峡部是一个细长的带，宽约2mm。连接于两个侧叶的尾端而横过气管的腹面。甲状腺全重为0.5～2.8g。

甲状腺激素能维持机体的正常代谢、生长和发育，对神经系统也有影响。具体作用如下：

（1）调节代谢的作用　甲状腺素能使组织的氧化和代谢增加，升高血糖，甲状腺激素能促进小肠对葡萄糖和半乳糖的吸收作用，可使血糖升高，但大剂量可促进糖的分解代谢。甲状腺素对脂肪合成、分解都有一定的影响。甲状腺激素的剂量含量多少对蛋白质的代谢影响不同。剂量小的甲状腺激素能促进蛋白质合成，但是剂量大的甲状腺激素能促进蛋白质分解，并能使血浆、肝和肌肉中的游离氨基酸增加，促进脂肪分解和脂肪酸氧化，调节水盐代谢；常量时加速蛋白质的合成；超生理量时，加速蛋白质的分解。甲状腺激素含量的多或少，都会影响维生素代谢从而对机体造成相应的维生素缺乏症。

（2）促进生长发育的作用　甲状腺素能促进红细胞生成；促进组织分化、生长、发育、成熟。甲状腺激素是影响机体正常的生长、发育和成熟的重要因素，可促进细胞分化和组织器官的发育。在神经、肌肉和骨的正常发育中起作用。幼龄动物缺乏甲状腺激素会出现机体生长发育障碍：脑发育不全，生长缓慢，性腺发育停止，不会出现副性征。

（3）提高神经兴奋性的作用　甲状腺素能使心率加快，心收缩力增强。如在胚胎期和幼年时期缺乏，则大脑生长迟缓。

（4）对生殖的作用　幼龄动物缺乏甲状腺激素，性腺停止发育；如成年动物缺乏会影响其发情和妊娠及雄性动物精子的发育。

（5）促进和维持泌乳的作用　甲状腺素对泌乳有促进作用，若缺少会使泌乳量下降。

（6）对某些器官的调控作用　甲状腺激素对心血管系统的作用是引起心率加快，对消化系统会增强消化腺分泌和消化道运动。

第五节　甲状旁腺

甲状旁腺一般都很小，被膜很薄，实质的腺细胞密集排列，有主细胞和嗜酸细胞两种。

甲状旁腺是2对小腺体，体积似粟粒，犬的甲状旁腺位于两个甲状腺相对的两端上面，即两个甲状腺的外上方，而另外两个在其内下方。猫甲状旁腺很小，通常有两对，类似球状，位于甲状腺前上方，颜色较甲状腺浅，呈黄色。

甲状旁腺分泌的甲状旁腺素的机能，主要是通过增强破骨细胞对骨质的溶解从而升高血钙，使血钙维持在一定水平，即维持机体内钙盐代谢。甲状旁腺素还可以促进肾小管对钙的重吸收，抑制肾小管对磷的重吸收，因此会降低血磷。

第六节　松果体

松果体因形似松果而得名，它是由间脑顶部第三脑室后端的神经上皮形成的内分泌腺，有一细柄连于第三脑室顶的后部。因位于脑的上方，又名脑上腺。

松果体外有脑膜延伸而来的被膜，被膜薄，小叶不明显，结缔组织进入实质，形成许多网孔，网孔中含有松果体细胞和神经胶质细胞，有钙质沉积物，常将此称脑砂。犬的松果体在间脑背侧后方，丘脑与四叠体之间，处于缰连合背侧面的正中，是一个卵圆形小腺体。松果体的后下方即为后连合。通常认为松果体能产生抑制性腺活动的物质是某些肽类激素，如促性腺激素释放激素、促甲状腺激素释放激素等。松果体还可分泌褪黑激素，它的合成和分泌受交感神经调节并呈24h周期性变化，其高峰值在夜晚，这种激素的作用是抑制性腺和副性器官的发育。此外，褪黑激素还能抑制甲状腺素、肾上腺皮质和胰岛素的分泌。

李景荣（黑龙江生物科技职业学院）　程广东（佳木斯大学医学院）

第十三章　感觉器官

感觉器官是感受器及其辅助装置的总称。

感受器是感觉神经末梢的特殊装置，广泛分布于身体的所有器官和组织内，形态多种多样，结构有简有繁，能接受体内外的各种刺激，并能将刺激转变为神经冲动，传到中枢神经系统。

感受器根据其所在部位和所接受刺激的来源，分为三大类：

①外感受器　能接受来自外界环境中的各种刺激，分布于皮肤、黏膜、视觉器官和听觉器官等。感受皮肤的触觉、温觉和痛觉、舌的味觉、鼻的嗅觉等刺激。

②内感受器　分布于内脏，心脏和血管，可以接受物理或化学刺激，如渗透压、温度、压力等。

③本体感受器　分布于肌肉、腱、关节以及内耳，接受机体在运动过程中和在空间内的平衡刺激。

第一节　视觉器官（眼）

视觉器官能感受光的刺激，经视神经传至脑的视觉中枢从而引起视觉。视觉器官包括眼球和辅助器官（图 13－1）。

一、眼球

眼球位于眼眶内，是视觉器官的主要部分，后端借视神经与脑相连，其构造由眼球壁和眼内容物两部分组成。

（一）眼球壁

眼球壁由 3 层膜构成，外层为纤维膜，厚而坚韧；中层为血管膜，富含血管，供应眼球大部分的营养；内层为视网膜，是感光的膜。

1. 纤维膜

为眼球的外壳，由胶原纤维组成，构成眼球的外廓。有保护眼球内部结构和维持眼球外形的作用。又分为前部的角膜和后部的巩膜。

（1）巩膜　约占纤维膜的后4/5，呈白色，不透明，由大量胶原纤维和少量弹性纤维所构成。巩膜前缘接角膜，交界处有环状的巩膜静脉窦，是眼房水流出的通道，巩膜的后下部视神经纤维的通路——巩膜筛板。

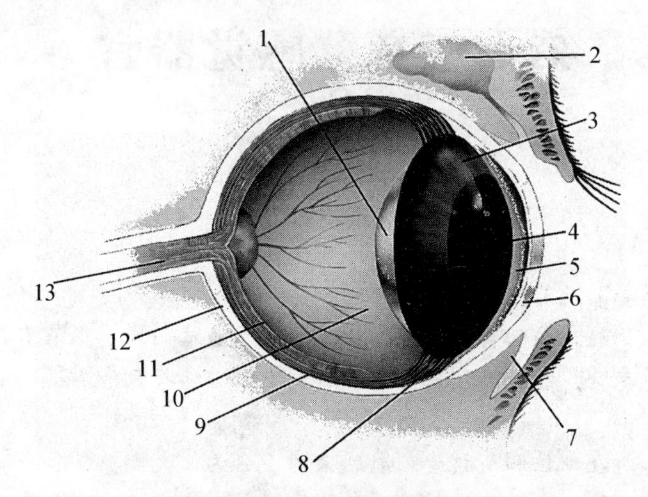

图 13－1　犬眼睛的结构

1. 水晶体　2. 泪腺　3. 虹膜　4. 瞳孔　5. 眼前房液　6. 角膜　7. 第三眼睑　8. 悬韧带　9. 脉络膜　10. 眼后房液　11. 视网膜　12. 巩膜　13. 视神经

（2）角膜　约占纤维膜的前1/5，光线通过角膜折射进入眼球。无色透明，呈现出外凸内凹的球面。无血管与淋巴管，但分布丰富的神经末梢，所以感觉灵敏。角膜表面的再生能力很强，损伤后易恢复，但若损伤很深，就形成了疤痕或因炎症而变得混浊，严重影响视力。

角膜的结构从外到内分为5层：①上皮层；②上皮下基膜；③角膜固有层；④后界膜；⑤内皮细胞层。

2. 血管膜

是眼球壁的中层，位于纤维膜与视网膜之间，含有丰富的血管和色素，有供给眼球内部组织营养的作用并且形成暗的环境，有利于视网膜对光色的感应。血管膜由后向前依次为脉络膜、睫状体、虹膜。

（1）脉络膜　是薄而软的棕色膜，紧贴巩膜内面，其外层含有多量弹性纤维，富含色素和血管。供给视网膜营养物质，以及排泄代谢产物。在脉络膜后壁有呈青绿色带金属光泽的三角区，称为照膜，能反射进入眼球的光线，有利于动物在暗环境中对光的感应。猫的夜视能力强的重要原因是猫眼脉络膜内有大量反光色素层的反光细胞，其具有强大的反射作用。

（2）睫状体　是血管膜中部增厚的部分，呈环状睫状体的内面有许多呈放射状排列的皱褶，称为睫状突，而在其后面平坦光滑，称为睫状环。睫状体的外面具有睫状肌，这是平滑肌，受副交感神经支配，具有调节晶状体凸度大小的作用，从而调节视力。

（3）虹膜　是位于血管膜前部，呈环状，从眼球前面透过角膜能看到。虹膜的中央有一孔，称为瞳孔，为横椭圆形。虹膜的中层含有色素细胞，使虹膜呈现不同色泽，犬呈黄褐色。虹膜中含有许多血管，血管之间充满结缔组织。虹膜内有两种平滑肌，一种叫瞳孔括约肌，呈环状围在瞳孔边缘，在强光下可以缩小瞳孔，受副交感神经支配；另一种叫瞳孔开大肌，以瞳孔为中心向周围呈放射状排列，受交感神经支配，在弱光下可放大瞳孔。

3. 视网膜

略呈红色的薄膜，位于眼球壁的最内层，其结构可分为10层，共由4层细胞组成。4层细胞从外到内是：色素上皮层、视杆细胞和视锥细胞层、双极细胞层、节细胞层。此外还有一些神经支持细胞。

视网膜可分为盲部和视部两部分。

（1）视网膜视部　在视网膜后部有一圆形或卵圆形的白斑，称为视神经乳头，其表面略凹，是视神经穿出视网膜的径路，没有感光能力，所以又叫盲点。在视神经乳头处，视网膜中央动脉由此呈放射状分布于视网膜。在临床上作眼底检查时可以看到视神经乳头和动脉。在视神经乳头的外上方，约在视网膜的中央，有一小圆形区叫视网膜中心。是感光最敏感的地方，相当于人的黄斑。

（2）视网膜盲部　盲部粘附在虹膜和睫状体的内面，无感光能力。

（二）眼球内容物

是眼球内一些无色透明的折光结构，包括呈液态的眼房水，固态的晶状体和胶状半流动的玻璃体。它们与角膜一起组成眼的折光系统。

1. 晶状体

是位于虹膜后方，玻璃体之前，呈双凸透镜状，富有弹性且无色透明的。凭借晶状体悬韧带与睫状体相连。晶状体悬韧带随睫状肌的收缩和舒张，改变晶状体的凸度，从而使物象呈现在视网膜上，调节焦距。晶状体外包有一层透明而有高度弹性的晶状体囊，其实质主要由多层纤维构成。晶状体无血管，如晶状体因疾病或创伤而变浑浊，光线不能通过，临床上称为白内障。

2. 眼房水和眼房

（1）眼房水　是无色透明的液体，充满于眼房内，眼房水是由晶状体分泌产生，由眼后房经瞳孔流至眼前房，然后在眼前房的周缘渗入巩膜静脉窦而至眼静脉。眼房水的作用是：折光，运输营养和代谢产物以及维持眼内压的作用。如果眼房水发生循环障碍或者过多时，使眼内压升高，从而影响了正常的视力，在临床上被称为青光眼。

（2）眼房　是晶状体和角膜之间的空隙，被虹膜分为前房和后房两部分。经瞳孔相通。

3. 玻璃体

为无色透明的胶冻状物质，充满于晶状体与视网膜之间，外包一层透明的，很薄的膜，并附于视网膜上。作用：折光，还有支持视网膜的作用。

二、眼球的辅助器官

眼的辅助器官包括有眼睑、泪器、眼球肌和眼眶。

（一）眼睑

是覆盖在眼球前方的皮肤褶，俗称眼皮。分为上眼睑和下眼睑，有保护眼球免受伤害的作用。在上下眼睑之间的空隙，称为睑裂。眼睑外面有皮肤，内面有睑结膜，中间有眼轮匝肌，近游离缘处有一排睑板腺。被覆到眼球的巩膜前部的睑结膜折转，成为球结膜。在睑结膜和球结膜之间，形成一个环形的结膜囊。正常时结膜呈淡红色，在发绀、黄胆和贫血时显示出不同的颜色，因此，常作为临床诊断的依据。

第三眼睑又称瞬膜，是位于眼内侧角的半月形结膜褶，常见色素，内有一片软骨。第3眼睑没有肌肉控制，只是眼球被眼肌向后拉动时，压迫眼眶内的组织，使眼睑被动露出。动物在闭眼后或转动头部时，第3眼睑可覆盖至角膜中部。

（二）泪器

由泪腺和泪道两部分组成。

1. 泪腺

位于眼球的背外侧，有十余条导管开口于上眼睑结膜囊内，分泌的泪水借眨眼运动分布于眼球表面，有润滑和清洁眼球表面的作用。

2. 泪道

是泪水的排出通道，由泪小管、泪囊和鼻泪管三段组成。泪小管有两条位于眼内侧角的管道，上端为呈缝状泪孔，下端共同汇入泪囊。泪囊位于泪囊窝内，是鼻泪管上端的膨大部。鼻泪管先后通过额窦和鼻胫外侧壁，开口端是鼻前庭。

（三）眼球肌

是位于眶骨膜内的一些横纹肌，包括四块眼球直肌，即内直肌、外直肌、上直肌和下直肌；两块眼球斜肌，即上斜肌和下斜肌，还有一块眼球退缩肌和一块上眼睑提肌。4块眼球直肌均呈带状，作用是收缩时可使眼球作上、下、内、外运动；眼球斜肌的作用是能使眼球转动；眼球退缩肌的形状呈喇叭形，包于视神经的周围。作用：收缩时可后退眼球。上眼睑提肌位于上直肌上方，作用是能提举上眼睑。

（四）眼眶

眼眶由额骨、泪骨、颧骨及颞骨所构成，具有保护眼的作用。外侧是头骨形成的眶窝，其内是眶骨膜，眶骨膜呈鞘状包围在眼球和眼肌周围。眶骨膜的内外充满着许多脂肪，也具有保护眼的作用。

第二节　位听器官（耳）

耳包括听觉感受器和平衡觉感受器，分为内耳、中耳和外耳三个部分（图13－2）。内耳是接收声波和平衡刺激的器官，中耳和外耳是收集和传导声波的部分。

一、外耳

（一）耳廓

耳廓的形状、大小与动物种类和品种的不同而异。上端宽大，向前开口，下端较小与外耳道相连。以耳廓软骨作为耳廓的支架，内、外都有皮肤覆盖，但皮下组织很少。里面的皮肤与软骨紧密相接，具有丰富的皮脂腺，且形成一些纵褶。

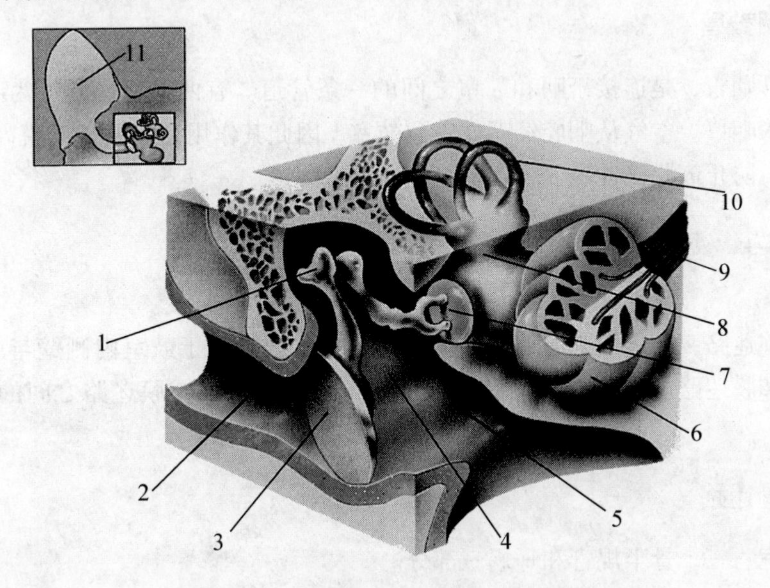

图 13－2　犬耳的结构（左上角为外耳）

1. 听小骨（锤骨、砧骨及镫骨）　2. 外耳道　3. 鼓膜　4. 中耳　5. 鼓室　6. 耳蜗　7. 卵圆窗　8. 内耳　9. 听觉神经　10. 半规管　11. 耳翼

（二）外耳道

为由耳廓基部到鼓膜的管道，外耳道是由外部的软骨性外耳道与内部的骨性外耳道两部分组成。软骨性外耳道以环状软管为支架。外耳道内面被覆皮肤，在软骨部具有短毛，皮脂腺和特殊的耵聍腺腺体。耵聍腺的作用：具有保护外耳道和鼓膜外部的功能。

（三）鼓膜

位于外耳道底部，处于外耳和中耳之间的一片圆形质地坚韧具有弹性的纤维膜。鼓膜分为三层，从外到内分别是：外层为表皮层，中层为纤维层，内层为鼓室黏膜的延续。

二、中耳

（一）鼓室

是颞骨里的一个空腔，内面有黏膜。外侧壁以鼓膜与外耳道相隔开，内侧壁为骨质壁与内耳为界。内侧壁上有前庭窗和耳蜗窗，前庭窗被镫骨底及环韧带封闭。鼓室的前下方有孔通咽鼓管。

（二）听小骨

横贯鼓室的小听骨有三块，从内向外依次为镫骨、砧骨和锤骨。三块骨凭借着关节连接成一列，一端以锤骨柄附着于鼓膜上，另一端以镫骨底的环状韧带附着于前庭窗。作用：将声波传递到内耳。

（三）咽鼓管

又称为耳咽管，是连接于咽和鼓室之间的一条管道。有两个口，其一为咽鼓管鼓口，另一为咽鼓管咽口。空气从咽腔经咽鼓管到鼓室，因此其作用是：保持鼓膜内外两侧大气压力的平衡，防止鼓膜被冲破。

三、内耳

内耳也称迷路，为不规则的管状结构，位于颞骨内，介于鼓室内侧壁与内耳道之间，可分骨迷路和膜迷路两部分。膜迷路内充满内淋巴。骨迷路与膜迷路之间的空隙充满外淋巴。

（一）骨迷路

包括前庭、三个骨半规管和耳蜗三部分。

1. 前庭

为位于骨迷路中部较为膨大的空隙，在骨半规管和耳蜗之间。前庭的外侧壁上有前庭窝和窝窗。

2. 骨半规管

位于前庭的后上方，是三个彼此互相垂直的半环形骨管，根据其位置分别称为上半规管，后半规管和外半规管。每个半规管的一端膨大，称为壶腹，另一端称为脚。

3. 耳蜗

形状很像蜗牛壳，位于前庭前下方，窝顶朝向前外侧，窝底朝向内耳道。耳蜗由一窝轴和环绕窝轴的骨螺旋管构成。窝轴呈圆柱状，由松骨质构成。沿窝轴向螺旋管内发出骨螺旋板，将螺旋管部完全的分隔为前庭阶和鼓室阶两部分。

（二）膜迷路

为套在骨迷路内，互相联通的膜质管和囊，由纤维组织构成，里面衬有单层上皮。

1. 椭圆囊

位于椭圆囊隐窝内，椭圆囊后壁有五个孔与膜半规管相通，向前以椭圆球囊管连接球囊和内淋巴管。椭圆球囊管再发出内淋巴管，穿经于前庭至脑硬膜间的内淋巴囊。椭圆囊内有乳白色的增厚部分称为椭圆囊斑，是平衡感受器。

2. 球囊

位于球囊隐窝内，较椭圆囊小，囊的下部以联合管通于耳蜗管，后部接椭圆球囊管及内淋巴管，通过前庭水管到脑硬膜两层之间的静脉窦。球囊内有球囊斑，也是平衡感受器。

3. 膜半规管

套于骨半规管内，壶腹和脚都开口于椭圆囊。呈乳白色的半月状隆起，处于每个壶腹的内侧壁上称为壶腹脊，也是平衡感受器。

4. 耳蜗管

耳蜗管在耳蜗内，一端连于球囊，另一端位于窝顶，为一盲端。耳蜗管的断面呈三角形，顶壁是前庭膜，将前庭阶和耳蜗管隔开，外侧壁是骨膜的增厚部分即为耳蜗壁，底壁是基底膜，连于骨螺旋板的游离缘和耳蜗外侧壁之间。基底膜上有螺旋器，又称科蒂氏器官，是听觉感受器。

陈荣（内蒙古农业大学）　杨彩然（河北科技师范学院）

第十四章　其他动物的解剖特征

第一节　鸽解剖特征

一、运动系统

运动系统构成鸽子身体的支架，是鸽子飞翔的动力来源，包括骨骼和肌肉两大部分。

（一）骨骼

由于鸟类具有飞翔能力，鸽的骨骼系统也发生了适应性变化。其主要特点是：①长骨的腔内充有空气，且骨壁较薄；②许多骨骼相互愈合，减少了骨骼的数目；③在骨骼成分中，无机盐的含量增加（兔骨的无机盐是75.15%，小鸽是84.3%），所以骨骼坚硬；④有一些骨骼（如胸骨、盆骨等）增大，形成宽大的面积，供发达的肌肉附着。这些特点使鸽的骨骼轻而坚固，适应于空中飞行的生活。

鸽的骨骼系统由4部分组成，即：中轴骨骼——脊柱；胸骨和肋骨；头骨；附肢骨与带骨（图14－1）。

1. 中轴骨骼——脊柱

鸽的脊柱可分为颈椎、胸椎、荐椎和尾椎4部分，成鸽的腰椎包括在荐椎中。

（1）颈椎　鸽的颈椎有13～14个，第1颈椎为寰椎，第2颈椎为枢椎，其他颈椎的椎体呈马鞍形，即椎体的水平切面是前凹型，矢状切面为后凹型，所以称为异凹型椎体，这种椎体可使颈部关节活动性大，弯曲自如。鸽同兔一样，椎体背面也有髓弧和棘突，两侧有横突，由于不发达的颈肋与颈椎椎体以及横突的愈合，因此颈椎的两侧形成了椎动脉管。椎动脉即由此管上升进入颅腔。最后两个颈椎上附着1对短小游离的肋骨，但不连于胸骨。

（2）胸椎　鸽的胸椎有5～6个，其特点是胸椎间彼此愈合，同时最后1个胸椎与腰荐椎也愈合在一起。

（3）荐椎　鸽的荐椎有14个，由荐椎、腰椎、尾椎和最后1个胸椎愈合而成，形成鸟类所特有的愈合荐椎。它借骨盆来支持后肢。

（4）尾椎　鸽有6个能活动的尾椎。其后由4～6块退化的尾椎骨愈合而成尾综骨，它是尾羽的支持物。

2. 胸骨和肋骨

鸽的胸骨很发达，为一宽大的骨片，呈扁平状。胸骨有三角形片状突起部，叫龙骨突起。此突起可以增加强大胸肌的附着面积。

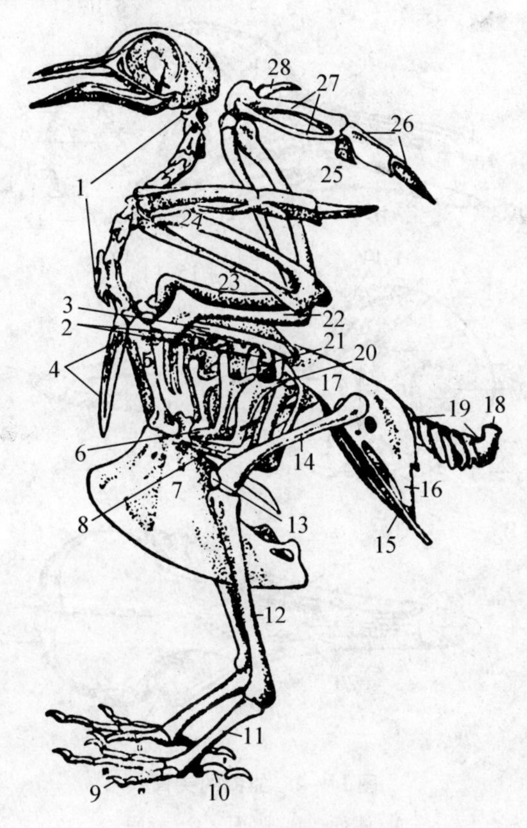

图 14－1　鸽的骨骼

1. 颈椎　2. 胸椎　3. 肩胛骨　4. 叉骨　5. 乌喙骨　6. 胸肋　7. 龙骨突起　8. 胸骨　9. 第 4 趾　10. 第 1 趾　11. 跗蹠骨　12. 胫骨　13. 膝盖骨　14. 股骨　15. 耻骨　16. 坐骨　17. 髂骨　18. 尾综骨　19. 尾椎　20. 肋的沟状突　21. 椎肋　22. 肱骨　23. 桡骨　24. 尺骨　25. 第 3 指骨　26. 第 2 指骨　27. 腕掌骨　28. 第 1 指骨

在胸椎的两侧各附有一条肋骨，伸至胸骨，并与其形成可动关节。每一肋骨可分为两部分：背部与椎体相连的椎肋；腹部与胸骨相连的胸肋。椎肋与胸肋之间也有能动的关节。由于肌肉的收缩，胸骨能接近或远离脊椎，使胸廓扩大或缩小，以增强呼吸动作。

3. 头骨

鸽的头骨很轻，颅腔较大，颌骨伸延成喙，颅骨的两侧有大的眼眶。鸽的枕骨大孔不在头骨的后壁，而在头骨的底部。成鸽颅骨中所有骨片均完全愈合，且愈合处平滑无缝线。

雏鸽的骨缝较为明显，可以看到以下骨片（图 14－2）。在枕部有上枕骨，基枕骨和外枕骨。在耳囊部有 3 块耳骨：前耳骨、上耳骨和后耳骨。在颅底壁主要有基蝶骨和副蝶骨。颅顶壁与侧壁有额骨、顶骨、鳞骨和鼻骨。构成眼眶的骨有前部的中筛骨和泪骨、后部的翼蝶骨。

上喙是由前颌骨和上颌骨构成，上颌骨的后端与鼻骨突起及额骨相愈合，颧骨借棒状方轭骨向后与方骨相接，形成鸟类所具有的下颞弧。下喙由关节骨、齿骨、隅骨、上隅骨及夹板骨愈合而成。

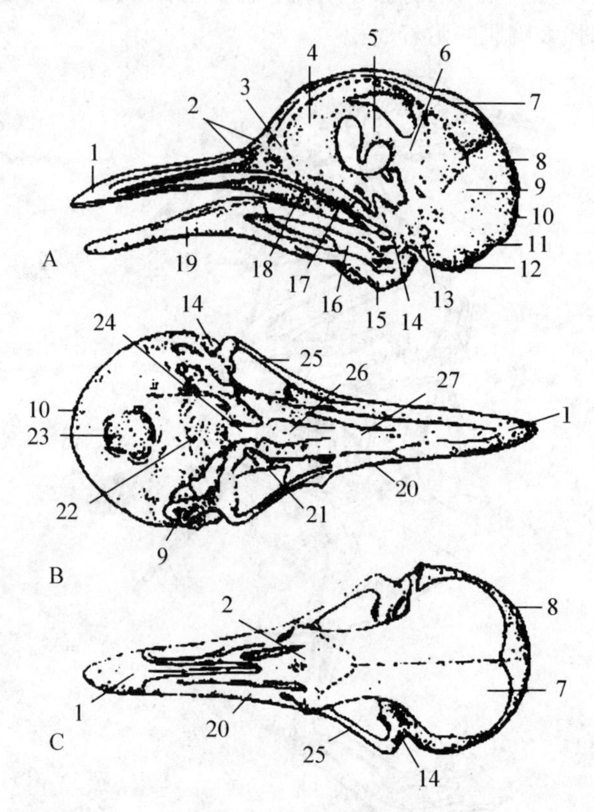

图 14－2　雏鸽的头骨

A. 侧面　B. 腹面　C. 背面

1. 前颌骨　2. 鼻骨　3. 泪骨　4. 中筛骨　5. 眶间隔　6. 翼蝶骨　7. 额骨　8. 顶骨　9. 鳞骨　10. 上枕骨　11. 外枕骨　12. 枕髁　13. 耳骨　14. 方骨　15. 隅骨　16. 头节骨　17. 翼骨　18. 颧骨　19. 齿骨　20. 上颌骨　21. 耳咽管孔　22. 基枕骨　23. 枕骨大孔　24. 基蝶骨　25. 方轭骨　26. 副蝶骨　27. 犁骨

4. 附肢骨与带骨

（1）肩带与前肢骨

①肩带　包括肩胛骨、乌喙骨和锁骨 3 对骨片。肩胛骨狭长，呈剑状，位于肋骨背方、胸椎的两侧，乌喙骨粗短，居于直立的位置，其上端与肱骨、肩胛骨和锁骨相关节，下端与胸的前缘相连接。锁骨细长，起自乌喙骨上端内侧，锁骨的下端则左右愈合呈“V”字形，称为叉骨。这种叉骨是一般鸟类所特有的，在飞翔时起着横木的作用，这样更能增强肩带的弹性。

②前肢　由肱骨、桡骨、尺骨、腕骨、掌骨和指骨 6 部分组成。由于前肢变为翼，故前肢骨骼的变化很大，并有一部分退化。

（2）腰带和后肢骨

①腰带　由宽而长的髂骨、面积较小的坐骨和细长的耻骨所构成。髂骨的前半部向内

凹，后半部向外凸，内缘同荐骨的外缘相愈合。髂胃的外缘为坐骨，耻骨沿坐骨的外侧下缘延伸。左右耻骨的腹面并不愈合，所形成的骨盆腹面大而开放，故为开放型骨盆。这种结构是鸟类所特有的，与其生产硬壳的大形卵有关。

②后肢骨　鸽的后肢股部有 1 根股骨。胫部有胫骨和腓骨。胫骨为发达的长骨，腓骨退化，附于胫骨的外侧。雏鸽有两列跗骨；成鸽的上一列跗骨与胫骨愈合，所以胫骨又叫胫跗骨，下一列跗骨与完全愈合在一起的蹠骨愈合，所以蹠骨又叫跗蹠骨。鸽的趾部有 4 趾，概无第 5 趾。

（二）肌肉

鸽的肌肉系统同其他鸟类一样，突出的特征是与飞翔有关的肌肉发达，而躯干背部的肌肉则明显退化。这里着重介绍与飞翔有关的肌肉以及腹部肌肉。

1. 胸肌

是两翅膀运动的肌肉，特别发达，约占体重的五分之一。胸肌（图 14－3）可分为胸大肌与胸小肌（锁骨下肌）。

（1）胸大肌　为一强大的肌肉束，位于胸部皮下，龙骨突起的两侧。它以宽阔的基部起于胸骨体及龙骨突起，也有一部分起于乌喙骨和锁骨。另一端逐渐缩小以肌腱附着于肱骨近端的腹面。其肌纤维斜着从内往外伸展，向肱骨上的附着处集中。所以肌肉在收缩时，两翼下降。

（2）胸小肌　是宽阔扁平的肌肉片，位于胸大肌的深层。其一端附着于龙骨突起及胸骨前端，以肌腱附着于肱骨近侧部的背面。在肌肉收缩时，两翼上举。

2. 腹肌

在胸骨的后端和骨盆的耻骨之间，这些肌肉很不发达。腹肌包括腹直肌、腹外斜肌、腹内斜肌和腹横肌。

（1）腹直肌　是位子腹壁正中线两侧的纵行扁平的肌肉带。从胸骨后缘向后延伸，以膜附着于耻骨。

（2）腹外斜肌　位于腹部外侧面，附着于胸肋骨至胸骨后侧缘，肌纤维向后下方斜行，但未达于耻骨。

（3）腹内斜肌　位于腹外斜肌的下面，此肌的大小与腹外斜肌大致相等，肌纤维向上后方斜行，止于耻骨的前部。

（4）腹横肌　位于腹内斜肌的下方，由横走的肌纤维构成。腹横肌附着于耻骨后半段，它的一部分与腹外斜肌和腹横肌相重叠，但未达胸骨。

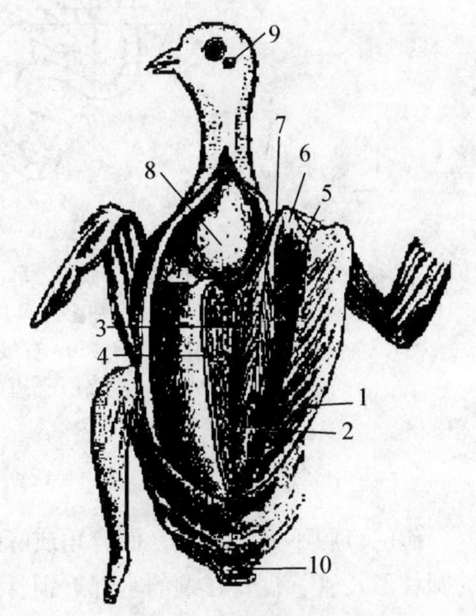

图 14－3　鸽的胸肌

1. 胸大肌　2. 胸小肌　3. 胸骨
4. 龙骨突起　5. 肱骨　6. 乌喙骨
7. 锁骨　8. 嗉囊　9. 耳　10. 肛门

二、消化系统

鸽的消化系统由消化道和消化腺两部分组成。消化道从口腔和咽开始，直至泄殖腔。消化腺主要有肝脏和胰脏（图 14－4）。

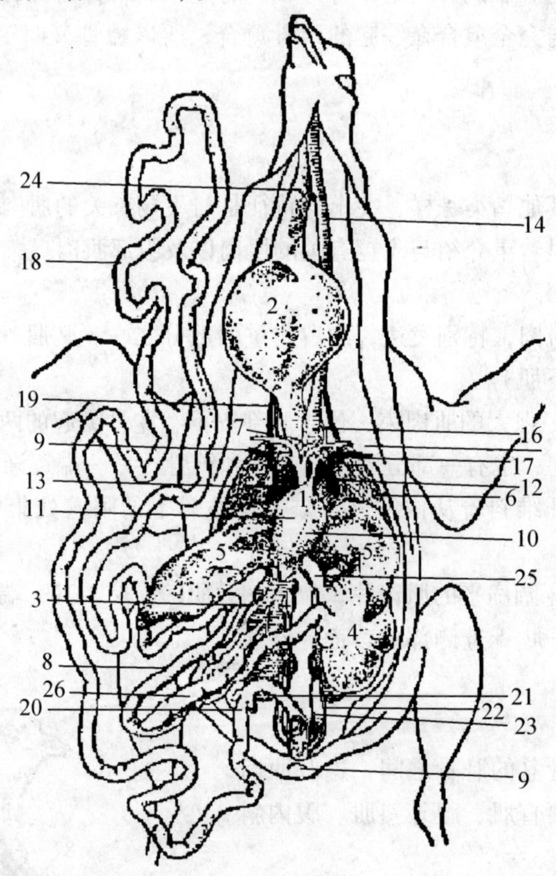

图 14－4　鸽内脏的一般位置

1. 心脏　2. 嗉囊　3. 睾丸　4. 肌胃　5. 肝脏　6. 肺脏　7. 支气管　8. 十二指肠　9. 泄殖腔孔　10. 左心室　11. 右心室　12. 左心房　13. 右心房　14. 气管　15. 左锁骨下动脉　16. 左颈动脉　17. 左锁骨下静脉　18. 小肠　19. 右颈静脉　20. 盲肠　21. 肾脏　22. 输尿管　23. 输精管　24. 食道　25. 腺胃　26. 胰腺

（一）消化道

鸽的口腔不大，无齿，而有角质喙口食管位于颈部的腹侧，为一个沿颈部伸展的薄壁的圆柱形长管。食管在颈的基部近锁骨处膨大成囊状，叫嗉囊。薄壁的嗉囊是临时贮藏食物的地方。食物在嗉囊可进行部分发酵，具有初步的化学消化作用。食管的下端是胃，鸽的胃是由腺胃和肌胃两部分组成，腺胃又名前胃，壁较薄，内壁富有消化腺，可分泌盐酸和胃蛋白酶以消化食物。腺胃之下为肌胃又名砂囊。肌胃有厚的肌肉壁，肌腱皆向中间集中，呈放射状。其内壁覆有硬的黄绿色角质膜，是由肌胃的内壁分泌物形成的，肌胃具有强大的肌肉层（坚硬的内壁以及吞入的砂粒，有助于磨碎食物进行机械消化），这种特有的结构与其牙齿的丧失是相关的。肌胃的下面接呈“U”形弯曲的十二指肠，其下连其他小肠（鸽的空肠与回肠不易区分），它们细长而盘曲于腹腔中。肠内有绒毛，可吸收已消化的营养物质，最后与短的直肠相连，直肠开口于泄殖腔上部。由于直肠粗而短，不能贮存粪便，这是鸟类排便较多的原因，也与减轻体重相关。在小肠与直肠的交界处有1对中空的小突起，此为鸽的盲肠，它具有吸收水分的作用。

（二）消化腺

1. 肝脏

鸽的肝脏很大，红褐色，位于心脏的后方。肝脏分为左右两叶，右叶大而左叶小，口由接近肝脏中央的右叶背部发出两条肝管，短而粗的左管靠近胃，细而长的右管靠近第1、2胰管（下述）的开口，两肝管各开口于十二指肠。鸽无大多数鸟类所有的胆囊。

2. 胰脏

位于十二指肠“U”形弯曲之间，为一实心腺体。胰脏可分为背、腹、前各叶，由腹叶中部分出两细管，为第1、2胰管，它们开口于十二指肠后部的几乎同一部位。第3胰管由背叶前端发出，开口于小肠附近。胰脏可分泌胰液，其中含有脂肪酶原、蛋白酶原、淀粉酶原等，同肠液共同消化淀粉、脂肪、蛋白质等食物。

3. 唾液腺

包括舌下腺、颌下腺和耳下腺，以唾液导管开口于口腔。鸟类的唾液无化学消化作用，仅可润湿食物。

三、呼吸系统

鸽的呼吸系统包括外鼻孔、鼻腔、咽喉口、喉头、气管、支气管、鸣管、气囊和肺等（图14－5）。鸟类的飞翔生活使其呼吸器官发生了极为特殊的变化，这里仅介绍肺脏和气囊在结构上的特征。

（一）肺脏

鸽的肺与蛙所具有的囊状肺不同，而是一对弹性较小的实心海绵状体，肺呈淡鲜红色，它的背面紧贴在体腔背壁脊椎两侧肋骨之间，腹面盖有一层坚硬的肺胸膜，膜内散布有扇形的肌肉组织，称为闭胸膜肌，这些肌肉起于脊椎与肋骨的交界处，注意在保持肺与支气管完整性的情况下，把它们取出放入水中，如从支气管吹入空气，可见有数处漏气，这便是与肺相通的气囊的孔。

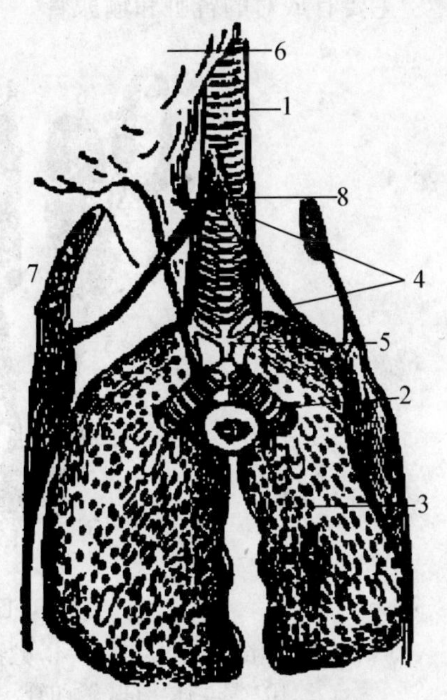

图14－5　鸽的呼吸系统

1. 气管　2. 支气管　3. 肺脏　4. 鸣肌　5. 鸣管　6. 嗉囊　7. 胸骨　8. 食管

（二）气囊

鸽的肺部连有5对气囊。第1对为颈气囊，由肺脏前缘发生，位于嗉囊的背侧和颈基部的左右两侧。第2对为锁间气囊，由肺脏上方发生，左右愈合为1囊，位于两锁骨之间，自此气囊又分出3对气囊，即胸肌间气囊、肱骨气囊和腋下气囊。第3对为腹气囊，是气囊中最大的，位于腹部内脏之间。第4对为后胸气囊，位于胸腔中腹气囊的前方。第5对为前胸气囊，位于后胸气囊的前方。这些气囊都是由支气管的末端或支气管分支末端的黏膜膨大而形成的。这些气囊的生理功能是多方面的，主要是辅助呼吸，同时也可调节体温和减轻体重。气囊辅助呼吸的作用在飞翔时才明显地表现出来，这就是鸟类所特有的双重呼吸。

静止时鸽的呼吸动作是靠呼吸肌的收缩，使胸骨靠近或离开脊柱、胸廓扩大或缩小的方式进行。但在飞行时，由于胸部肌肉紧张，胸骨相对地不动，胸廓的活动范围也相对地缩小了，这时主要靠双重呼吸来完成肺部的气体交换，气囊的作用即明显地表现出来，当两翼上升时，气囊扩大，充满氧气的空气便迅速地由肺进入气囊，但气囊无气体交换作用。当两翼下降时，气囊收缩，其中的空气再经过肺排出，当空气经肺时仍能进行气体交换。肺这种在吸气与呼气时均能进行气体交换的现象叫双重呼吸，这是鸟类对飞行生活的适应性。

四、泌尿生殖系统

（一）鸽的泌尿系统

主要有成对的肾脏和输尿管。

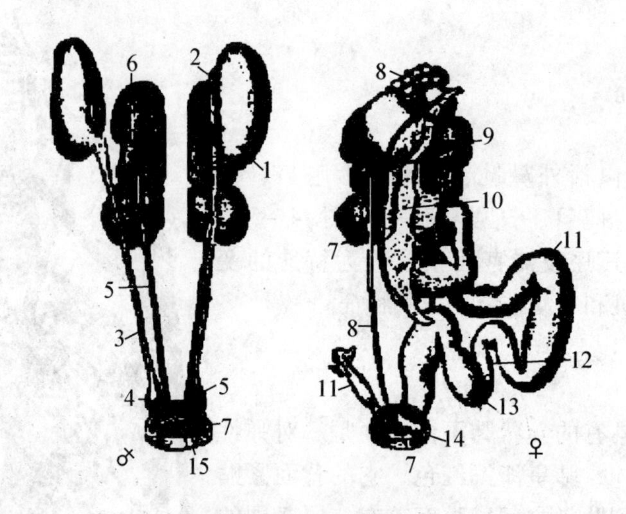

图14－6　鸽的泄殖系统

1. 睾丸　2. 附睾　3. 输精管　4. 贮精囊　5. 输尿管　6. 肾脏　7. 泄殖腔　8. 卵巢　9. 喇叭口　10. 漏斗体　11. 输卵管　12. 峡部　13. 子宫　14. 子宫口　15. 泄殖腔孔

1. 肾脏

以系膜附着于愈合荐椎的腹面两侧，长扁形，暗褐色。每一肾脏均分为前、中、后3叶。从体积大小之比来看，鸟类的肾脏比哺乳动物还大，这与其较强的代谢作用有关。从内部构造来看，肾小球的数目很多，在相同的单位面积中，鸟类肾小球的数目比哺乳动物大 2 倍，总共约有 200 000 个，但鸟类的肾脏尚未分化为皮质和髓质，因此，肾小球的排列比较分散。

2. 输尿管

由每一肾脏的中叶内侧发出，向后延伸，交叉于输精管之下，并列于内侧，由直肠背部通出，开口于泄殖腔中部的背侧壁上（图 14－6）。

（二）生殖系统

1. 雄鸽的生殖器官

是一对白色的卵圆形的睾丸，位于肾脏腹面的前缘，以系膜连于腹腔背壁上。睾丸体积的大小随季节而不同，平时较小，不易见到，生殖时期则膨大，且左侧比右侧大。睾丸由许多精细管和结缔组织构成，内侧连以很不明显的附睾。由睾丸内侧发出细而盘旋的输精管，沿输尿管的外侧后行，在进入泄殖腔前膨大而成贮精囊，末端的乳状突开口于泄殖腔。鸽与大多数鸟类一样，无交尾器（鸵鸟和鸭等有交尾器），交配时靠雌雄泄殖腔孔的互相接触而进行体内受精。

2. 雌鸽的生殖器官

与大多数鸟类一样，只有 1 个卵巢和 1 个输卵管（右侧的卵巢与输卵管在胚胎发育过程中已退化）。卵巢黄色，不规则，位于肾脏的前部，稍偏左方，以卵巢系膜连于腹腔背壁上。卵巢包括由结缔组织形成的基质，在基质中分布着各个不同时期的卵泡。每一卵泡中有 1 个卵。输卵管分化为 3 个部分：①前部为漏斗体，以喇叭口开口于腹腔内。漏斗体由一薄壁的肌肉质组织构成，里面贴以纤毛上皮。漏斗体同卵巢非常接近，但不直接相连。②中部为腺体部分，是一长而盘旋的管子。腺体能分泌蛋白，所以又叫蛋白分泌部，当卵经过此部时，蛋白即包围在外面。③峡部是输卵管末端短而宽、且管壁较薄的一部分，由其内壁分泌卵壳膜和卵壳。输卵管以峡部通入子宫。子宫比较膨大，壁上有很多腺体。子宫下面狭窄的部分叫阴道，阴道开口于泄殖腔。

五、脉管系统

鸟类的循环系统由心脏和血管系统（动脉与静脉系统）所组成。它较爬行动物进化，与哺乳动物相似。因静脉窦完全退化，腔静脉直接注入右心房；心脏已具有完备的四室；成鸟的动脉系统仅保留心体动脉弓，左体动脉弓退化，这就使动静脉血流完全分隔开来，以适应鸟类较高的代谢水平。

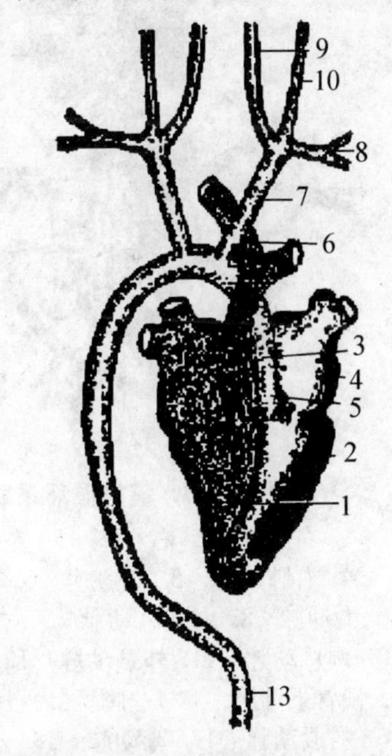

图 14－7　鸽的心脏和重要的血管

1. 右心室　2. 左心室　3. 右心房　4. 左心房　5. 右体动脉弓　6. 肺动脉　7. 无名动脉　8. 胸动脉　9. 左总颈动脉　10. 左锁骨下动脉　11. 背大动脉

（一）心脏

鸽的心脏较大，呈圆锥形，位于身体的中线上，差不多在躯干部的中心（图 14－7）。心尖的位置在肝脏各叶的中间。心脏处在一个狭小的心包腔内，心包腔的铺覆层叫心包。

心脏具有四室，上部为左心房和右心房；下部为左心室和右心室（图 14－7）。右心室壁较薄，左心室壁较厚，且右心室常覆盖着左心室的右半面。右心室的内腔呈半月形，而左心室的内腔呈多角形。在左房室孔处有两个肌肉质的二尖瓣。它以丝状的腱索附着于心室内壁的乳头肌上。在右房室孔处只有 1 个肌肉质瓣，此瓣是由附近的心室壁褶皱而成，没有哺乳动物所具有的膜状瓣。在左心室与大动脉相接处，右心室与肺动脉相接处，各有 3 个袋状的半月瓣。这些瓣膜犹如单向阀门，可以防止血液倒流。此外，在大动脉的根部有冠状动脉的小开口；在后大静脉的内壁有通向前大静脉的孔和冠状静脉的小开口。

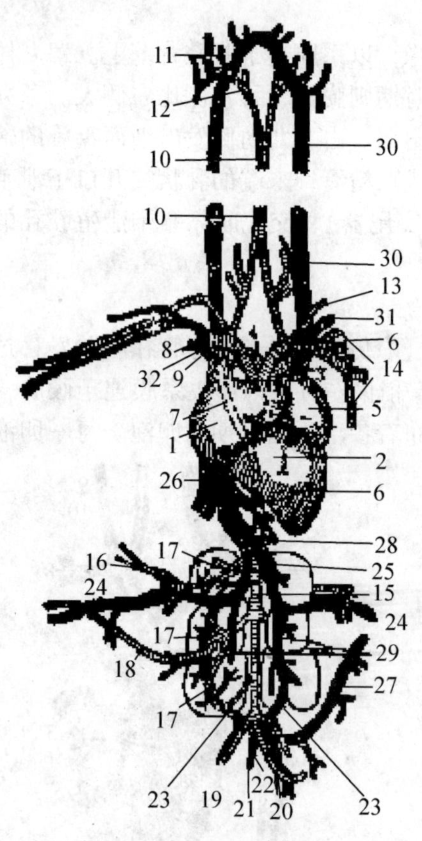

图 14－8　鸽的循环系统

1. 右心房　2. 右心室　3. 左肺动脉　4. 右肺动脉　5. 左心房　6. 左心室　7. 大动脉　8. 左无名动脉　9. 右无名动脉　10. 颈总动脉　11. 外颈动脉　12. 内颈动脉　13. 锁骨下动脉　14. 左胸动脉　15. 背大动脉　16. 右股动脉　17. 肾动脉　18. 右坐骨动脉　19. 髂动脉　20. 肠系膜后动脉　21. 尾动脉　22. 尾静脉　23. 肾门静脉　24. 股静脉　25. 髂静脉　26. 后大静脉　27. 尾综骨肠系膜静脉　28. 肠上静脉　29. 肾静脉　30. 左颈静脉　31. 左锁骨下静脉　32. 左前大静脉

（二）动脉系统

成鸽由左心室发出向右弯曲的体动脉弓——右体动脉弓，在离开心脏后，向前伸出不远，即分出 1 对直径比动脉弓还大的无名动脉（图 14－7、14－8）。左右无名动脉又分出以下动脉：①颈总动脉，它是无名动脉到达颈部的外侧时分出的。每一颈总动脉又在头骨的腹面分成两支：颈外动脉和颈内动脉，其分支分布于舌部、眼窝、颜面及颈后侧等处；颈内动脉由大孔进入头骨内，分布于脑。②锁骨下动脉，是 1 对粗而短的动脉干，为无名动脉的直接延续，其分支分布于前肢。③胸动脉，是进入胸大肌的粗血管，分布于胸部。

右体动脉弓分出无名动脉后继续向右弯曲，绕过后支气管到达心脏的背面，则移行为背大动脉，沿脊柱下行。背大动脉在胸部发出肋间动脉，分布于肋骨基部，在腹腔内，背大动脉又发出腹腔动脉，其分支分布于腺胃和肌胃。在腹腔动脉的稍后方约 4～5mm 处，背大动脉发出肠系膜前动脉，其分支进入肠系膜，分布于肠的大部分。其后，背大动脉在肾脏之间的水平位置上通过时，发出肾动脉到达肾脏。背大动脉还发出生殖腺动脉，分布于生殖腺。背大动脉伸展到荐部，在肾脏前部的水平位置上发出1对股动脉，进入后肢；在肾脏中部和后部交界的地方发出直对坐骨动脉，分布于腰带；往后发出髂动脉到骨盆；发出肠系膜后动脉到直肠和泄殖腔。背大动脉向后延伸成为尾动脉。

由右心室发出的肺动脉，是从心脏基部约在左无名动脉外侧发出的1条总干，以后随即分成两个短支，左、右肺动脉。它们向前向外走行、然后绕到背侧分别进入左、右肺。

（三）静脉系统

两支细小的尾静脉是由尾部来的小静脉。髂内静脉是由大腿后部和尾坐骨的侧方来的1对静脉。尾静脉和髂内静脉相互汇合，形成两条大的静脉干——左右肾门静脉和肾门静脉由肾脏的腹面经过，在肾脏中部和后部的分界处，接受来自大腿基部内侧的坐骨静脉。肾门静脉再向前延伸与后肢来的股静脉在肾脏的前部与中部的水平位置上相汇合，形成髂静脉。肾门静脉有少数细微的分支进入肾脏，形成毛细血管，而后再经过数支肾静脉注入髂静脉。在门静脉的主干内有瓣膜，可防止血液倒流。左右髂静脉相互汇合形成后大静脉。

肝门静脉也是静脉系统的一部分，它由3条静脉汇合而成：①胃十二指肠静脉，接受从肌胃的右侧和十二指肠来的血液；②肠系膜前静脉，是相当大的血管，位于肠的主要部分的肠系膜内。接受肠部的血液；③尾综骨肠系膜静脉，是在尾静脉分叉处分出的1条粗大的静脉，接受小肠的后部、直肠和泄殖腔的血液。尾综骨肠系膜静脉沿着悬挂小肠后段和直肠的系膜走行，在胰脏前缘的水平位置上汇入肝门静脉。肝门静脉进入肝右叶并分成小门静脉和在肝的两叶形成毛细血管，然后由极短的肝静脉汇入后大静脉。鸽的左右前大静脉各由以下静脉汇合而成：①颈静脉，位于颈部外侧面，接受头部的血液；②锁骨下静脉，接受前肢来的血液；③胸静脉，接受胸大肌来的血液。

前大静脉和后大静脉汇合后进入右心房，而4条肺静脉进入左心房。

（四）淋巴系统

鸽的淋巴管左右成对，颈部淋巴管的走向与颈静脉平行。在肠、血管以及甲状腺的下方的颈静脉处均可看到淋巴结口淋巴管汇入胸导管，各胸导管通向左右前大静脉，最后进入右心房。

六、神经系统

以鸽为代表的鸟类的神经系统比爬行动物更发达，如脑体增大、大脑两半球和小脑均很发达。中脑形成的视叶膨大，意味着视觉的发达。同哺乳动物一样，鸽的神经系统可分为中枢神经系统（包括脑和脊髓）、外周神经系统（包括脑神经和脊神经）以及植物性神经系统三部分。但为叙述方便，以下按脑和脑神经、脊髓和脊神经以及植物性神经系统三方面讲述。

（一）脑和脑神经

1. 鸽的脑

由3层脑膜所覆盖，硬脑膜是含有黑色素附于颅骨内面的脑膜；软膜是具有血管的透明的脑膜；蜘蛛膜是直接附于脑外面的网状脑膜。现将脑的主要组成部分（图14－9）简述如下：

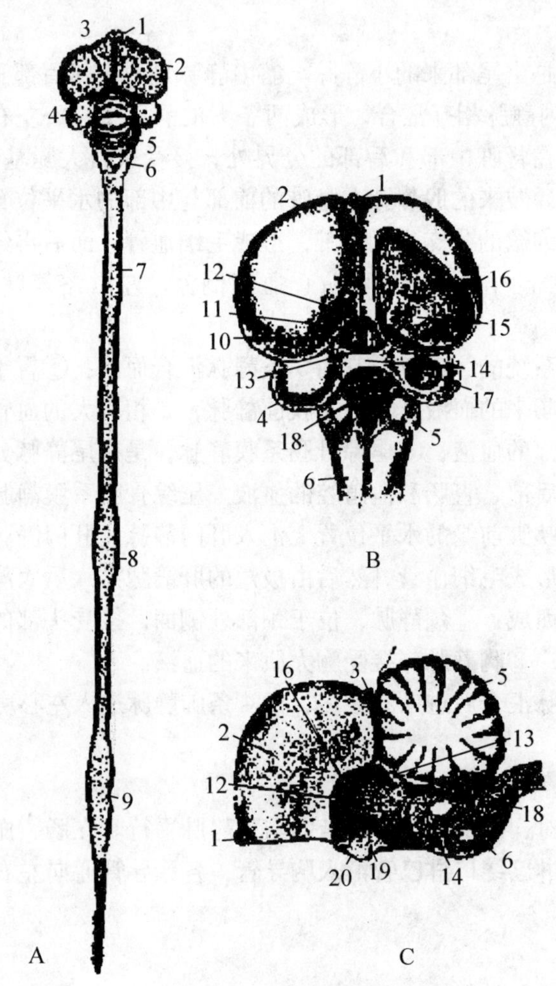

图14－9　鸽的中枢神经系统

A. 鸽的脑和脊髓背面观

B. 鸽脑背面观（部分切除示脑室）

C. 鸽脑纵切面，示内部结构

1. 嗅叶　2. 大脑半球　3. 松果体　4. 视叶　5. 小脑　6. 延髓　7. 脊髓　8. 胸膨大　9. 腰膨大　10. 间脑　11. 第3脑室　12. 前联结　13. 后联结　14. 视联结　15. 纹状体　16. 孟氏孔　17. 视叶腔　18. 第4脑室　19. 第3脑室　20. 视神经交叉

（1）大脑　分为左右两个大脑半球，向后掩盖间脑及中脑的前部，每个半球都很膨大，但无皱褶。大脑如此膨大是由于底部纹状体的增大，而不是大脑皮层的加厚。

（2）嗅叶　为大脑前端成对的椭圆形小体，每个小体从腹侧面和相应的大脑半球相连。

(3) 小脑 位于大脑中线的后方，较大，呈椭圆形。小脑不仅体积增大，其后部掩盖了延脑的大部分，而且分化为中央具有横沟的蚓部和左右 1 对小脑鬈。小脑皮层（灰质）加厚，深深地陷入里面的白质中，形成髓树。小脑的腹面形成神经纤维束，构成桥脑，作为联络小脑与大脑间的径路。小脑的发达与纹状体的增大，对鸟类飞翔时运动器官的协调和维持身体平衡，具有密切的关系。

(4) 视叶 中脑视叶位于大脑半球的后缘和小脑的前侧方，白色，椭圆形。视叶是中脑顶部成对的膨大部，中脑的中部被小脑从上方所遮盖。两视叶中间的部分为视联结（视联合）。

(5) 间脑 位于大脑半球后缘。

(6) 延髓 位于小脑的腹侧、视联结的后面。延髓下为脊髓。此外，在脑部还有内分泌腺体：大脑半球背面中线后方的松果体和视交叉后方的垂体，垂体的附着点为漏斗。

(7) 脑室

①侧脑室 大脑白质块纹状体与皮质间的空腔。左侧脑室为第 1 脑室，右侧脑室为第 2 脑室。

②第 3 脑室 是间脑的内腔，下部为漏斗。第 3 脑室与侧脑室相通的孔为孟氏孔。

③第 4 脑室 小脑后部下方、延髓背侧的菱形窝，相当于第 4 脑室。它与小脑的树状内腔相通。

2. 脑神经

(1) 嗅神经 由嗅叶发出第Ⅰ对脑神经（感觉性），末梢分布于鼻黏膜。

(2) 视神经 视神经交叉位于第Ⅱ对脑神经的基部。视神经（感觉性）分布于眼球。

(3) 动眼神经 由漏斗后缘的水平位置、中脑腹侧面发出第Ⅲ对脑神经（运动性），支配眼的下直肌、内直肌、上直肌和外斜肌。

(4) 滑车神经 由中脑和小脑背侧分界处发出第Ⅳ对脑神经（运动性），支配眼的上斜肌。

(5) 三叉神经 由第Ⅳ对脑神经后方发出第Ⅴ对脑神经（混合性），分出 4 支从眼窝的后侧。

(6) 外展神经 在三叉神经的水平位置，靠近延髓的中线处发出第Ⅵ对脑神经（混合性），分布于眼的外直肌。

(7) 面神经 由三叉神经稍后方发出第Ⅶ对脑神经（混合性），其分支进入耳部肌肉，走向后方分为两支，一支达舌部，另一支再向后方前进，与第 2～4 脊神经交通支相合，成为神经丛。

(8) 听神经 由面神经后面发出较为粗大的第Ⅷ对脑神经（感觉性），进入内耳。

(9) 舌咽神经 由听神经的后面发出第Ⅸ对脑神经（混合性），到达舌及咽头等，分支达于下方食管。

(10) 迷走神经 由舌咽神经的后面发出最大的第Ⅹ对脑神经（混合性），它经颈部的侧面下行，达胸腔和腹腔。

(11) 副神经 由迷走神经的后面发出较小的第Ⅺ对脑神经（运动性），支配颧皮肌。

（12）舌下神经　由副神经的后面发出第Ⅻ对脑神经（运动性），向背腹分出两支，一支支配背方头后直肌及颈部肌肉；另一支是在与第1颈部脊神经相合以后，向上而达舌肌和喉头。

（二）脊髓和脊神经

1. 脊髓

鸽脊髓的前端与延髓相接，贯穿身体的全长，向后直达脊柱的后端（图14－9）。在胸部和腰部各有一膨大，分别称为胸膨大和腰膨大。在腰膨大处的中央管膨大，形成第2菱形沟。

脊髓的横断面是由“H”形的灰质和周围的白质所组成。在正中央有中央管，背腹各有向内凹陷的背、腹中沟。脊髓的背根和腹根连在灰质的上下端，两者合成为脊神经。其背根组成脊神经节，由椎孔发出并分为短背枝至脊椎上部的皮肤，主枝达于体侧，长的腹枝至四肢。腹根与交感神经节相连。

2. 脊神经

包括颈脊神经和臂神经丛。颈脊神经由颈部脊髓发出，达于皮肤；臂神经丛由颈神经和胸背神经合并而成，分布于前肢。

（1）胸椎神经　其背支伸向肋骨提肌，腹支伸向肋间肌中央。

（2）腰神经丛　由腰部脊神经合并而成，它发出股神经与股动脉并行。

（3）荐神经丛　由荐部脊神经合并而成，它发出坐骨神经与坐骨动脉伴行，腰丛和荐丛神经分布于后肢。

（4）尾椎神经　由尾骨侧方发出的小神经。

（三）植物性神经系统

鸽的植物性神经系统也分为交感神经和副交感神经。

1. 交感神经

自第Ⅸ～Ⅹ对脑神经根下的颈上神经节开始，沿脊柱的后下方下行，为交感神经干，在各脊柱两侧形成交感神经节。自第14脊椎的水平位置处发出1支到达心脏，在第18～21脊椎间的下方，形成交感神经丛，夹着大动脉至腺胃，进而达肌胃和肝脏等。又在后方分出一小支到达肾上腺（在腰部向肾脏发出神经丛），在腰尾部主干成为一支。

2. 副交感神经

主要是迷走神经，沿胸腺与颈静脉一同下行，在下颈部形成神经节，至心脏背部，再行至腺胃和肌胃，并有肺神经分出。另有一大支向上返回至嗉囊背侧，叫嗉囊神经。除迷走神经外，副交感神经还包括动眼神经和荐部的神经。

七、内分泌系统

鸽的内分泌系统由脑垂体、甲状腺、甲状旁腺、鳃后腺、肾上腺和松果体等腺体组成。睾丸、卵巢和胰岛同属内分泌腺。内分泌腺的特点是不具导管，所以又称无管腺。组成内分泌腺的细胞都呈索状、网状、泡状或团块状排列，周围有丰富的血管和淋巴管，它们都能分泌特殊的化学物质，即激素。激素直接进入组织液、淋巴或血液，随血液循环流至全身，对机体的生长发育和生殖等机能起着重要的调节作用。

（一）脑垂体

脑垂体位于脑的基部，蝶骨上的陷窝内，视交叉的后方，分前叶和后叶两部分。前叶由腺组织构成，称腺垂体；后叶由神经组织构成，称神经垂体。脑垂体的结构复杂，能分泌多种激素，对肾上腺、甲状腺和性腺的功能都起到刺激和调节作用。如促甲状腺激素可以刺激雌鸽卵巢产生卵泡和分泌激素，刺激睾丸曲精细管生长发育和产生精子，还能调节甲状腺的功能。促黄体生成激素可以促进雌鸽排卵，刺激雄鸽睾丸间质细胞产生雄性激素。催乳激素能促进亲鸽分泌鸽乳（嗉囊乳）和引起孵化。生长激素可以促进雏鸽正常生长发育。如果把雏鸽的脑垂体切除，就会出现侏儒症，可见该激素对幼鸽生长发育的重要性。促肾上腺皮质激素可以调节肾上腺的功能。

脑垂体后叶能分泌加压素和催产素，前者具有升高血压和减少尿分泌的作用，后者可以刺激鸽子输卵管平滑肌收缩，促进产蛋。

（二）甲状腺

甲状腺是呈圆形或椭圆形的成对腺体，深红色，位于胸腔入口的气管两侧，紧靠颈总动脉和颈静脉。甲状腺的大小变化很大，根据品种、年龄、季节、环境、温度、饲料中含碘成分和机能状态的不同而发生变化。甲状腺激素的功能是，刺激机体对周围环境温度变化作出反映，对冷热起到调节作用；刺激机体和生殖器官发育，提高产蛋量。甲状腺激素分泌增多时，可以促进换羽和刺激新羽生长。

（三）甲状旁腺

甲状旁腺位于颈的两侧、甲状腺的后方，左右各一对，可能融合在一起或附着于甲状腺上，外包结缔组织，呈黄色。如果机体缺乏维生素、矿物质，或紫外线照射不足，都可以导致甲状旁腺的细胞增生的数目增多而肥大。甲状旁腺激素具有调节体内钙、磷代谢的作用，促进钙质吸收和提高血钙水平。在产蛋时，它调节血浆中钙离子的水平，大量的钙从髓质骨中输出，参与蛋壳的形成。这部分钙质占蛋壳中总钙质的30%或更多一点（来自饲料中的钙约占蛋壳中总钙质60%～70%）。注射甲状旁腺浸出液，能促使骨中钙质参加血液循环，同时也促进磷从肾脏排出。

（四）鳃后腺

鳃后腺（也称鳃后体）体积很小，位于甲状腺之后，与甲状旁腺邻近。鳃后腺内的C细胞很多，并形成细胞索。C细胞分泌降血钙素，可能阻断钙从骨骼上输入血液，以及抑制甲状旁腺激素的作用。

（五）肾上腺

肾上腺是成对的椭圆形器官，呈黄色或橘黄色，位于胸腺前叶附近和后腔静脉的分叉前。肾上腺由皮质和髓质构成，皮质细胞呈泡沫状，核呈球形，染色深，髓质由不规则的嗜碱性多角形细胞群组成。雄鸽的肾上腺与附睾相连，雌鸽左肾上腺与卵巢相连。肾上腺大小因年龄、性别、健康状况和环境因素的不同而有很大的差异。皮质都能分泌皮质酮和醛固酮，对电解质平衡与碳水化合物和蛋白质有重要的作用。同时，还影响到性腺、腔上囊和胸腺的活动。

（六）松果体

松果体位于大脑半球和小脑之间的深窝内，外有被膜，并伸入内部组成网状结构，将腺体分成许多小叶。小叶实质内含有许多神经胶质细胞。松果体的功能可能与鸽子的生长和性腺发育以及产蛋有密切的关系。

陈敏（信阳农业高等专科学校）

第二节　鱼解剖特征

一、外部形态

（一）鱼类的体型

脊椎动物一般能将身体区分成左右相等的两部分，称左右对称。鱼类的身体除少数种类成体不对称外，也呈左右对称。

1. 鱼体的三个不同体轴

（1）头尾轴　又称主轴或第一轴，是自鱼体头部到尾部贯穿体躯中央的一根轴线。

（2）背腹轴　又称矢轴或第二轴，是自鱼体的最高部通过头尾轴，与头尾轴垂直，贯穿背腹的一轴线。

（3）左右轴　又称侧轴或第三轴，是贯穿鱼体中心而与头尾轴和背腹轴成垂直的一根轴线。

2. 鱼类的四种基本体型

（1）纺锤形　最常见，大部分行动迅速的鱼类多属于这种体型。例如：金枪鱼、鲐鱼、青鱼、草鱼。

（2）侧扁形　硬骨鱼类中较普遍，大多生活在平静的水中、中下层水流缓慢的内湾及湖泊，其运动不甚敏捷，如团头鲂、长春鳊、乌鲳、银鲳等。

（3）平扁形　硬骨鱼类中的鮟鱇、爬岩鳅、平鳍鳅，软骨鱼类中常见的鳐、魟、鲼等，它们大部分栖息于水底，运动较迟缓。

（4）圆筒形　又称棒形或鳗鲡形，如黄鳝、鳗鲡、海鳗等，具有这种体型的鱼类适于穴居，善于钻泥或穿绕水底礁石岩缝间，但行动不甚敏捷，游泳缓慢。

3. 其他独特的体型

主要有带形（如带鱼）、箱形（如箱鲀）、球形（如东方鲀）、海马形（如海马）、箭形（如颚针鱼、鱵鱼、银鱼）、不对称形（如鲽形目鱼类）、翻车鱼形（如翻车鱼）。

（二）鱼体外形区分

鱼类的体型任其如何变异，仍然可以清楚地区分为头部、躯干部和尾部三个主要部分（图 14－10）。

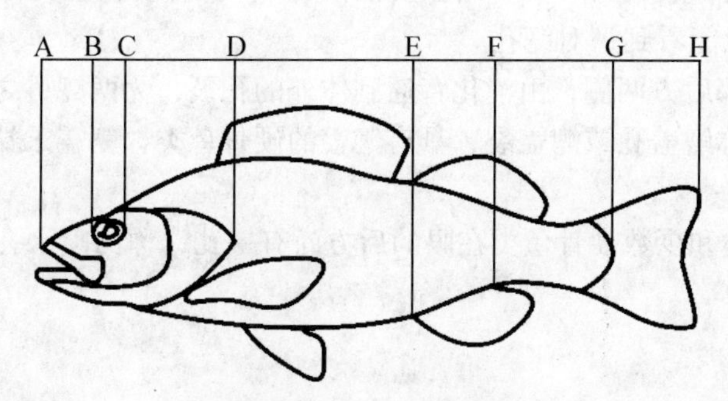

图 14－10　鱼类的外形

A－B. 吻长　A－D. 头长　C－D. 眼后头长　B－C. 眼径　D－E. 躯干部　E－H. 尾长　F－G. 尾柄长　A－G. 体长　A－H. 全长

（三）头部器官

鱼类的头型多种多样，但各种鱼类在头部着生的器官却无增减。头部主要的器官有口、唇、须、眼、鼻、鳃裂和鳃孔、喷水孔等。

1. 口

（1）软骨鱼类的口　一般位于头部的腹面，鲨鱼的口多作新月形；魟、鳐等不十分活泼的底栖性软骨鱼类，其口呈裂缝状。

（2）硬骨鱼类的口　可区分为上位口（如翘嘴红鲌、麦穗鱼、鳓鱼、大眼鲷等）、端位口（如鲟鱼、密鲴、鲮鱼）和下位口，也称前位口（如鲢、鳙、海水的鲐鱼、马鲛鱼等）。

2. 唇

唇是围绕在口边的一层厚皮，鱼类的唇一般不发达，生活在水底层的鱼类有比较发达的唇。有些板鳃类的口角具一裂状沟，称为唇沟，其内方的皮褶称为唇褶。如条纹斑竹鲨。

3. 须

有一部分鱼类在口周围及其附近，常有各种类型的须着生，须上分布有作为感觉器的味蕾，起触角作用，其功用是辅助鱼类发现和觅取食物。

4. 眼

鱼类的眼睛一般较大，多位于头部两侧；生活在水底的平扁型鱼类，眼睛多着生在背面且两眼相距甚近。鱼类的眼睛无泪腺，无真正的眼睑。

5. 鼻

软骨鱼类的鼻孔位于头部腹面，口的前方。硬骨鱼类的鼻孔一般位于眼的前方。绝大多数每边均有由瓣膜隔开的两个鼻孔，前面的称前鼻孔，为进水孔，后面的称后鼻孔，为出水孔。

6. 鳃裂和鳃孔

板鳃类的鳃裂共5～7对，在鲨类开口于头部的两侧；在鳐类则开口于头部腹面。全头类的银鲛具四对鳃裂，因具有一皮褶的假鳃盖，从外观上只看到一对鳃孔。

硬骨鱼类的鳃裂一般具五对（多鳍鱼类仅四对），所有硬骨鱼类都具有鳃盖，并有骨骼支持，在外观上只能看到一对鳃孔。

（1）鳃裂　头部后方两侧，由消化管通到体外的孔裂，为两鳃弓之间的裂缝。

（2）鳃孔　又称鳃盖孔或鳃盖裂，具有鳃盖的硬骨鱼类，鳃盖末端的开口。

7. 喷水孔

大部分软骨鱼类和少数硬骨鱼类在眼的后方尚有一孔，称为喷水孔，实质上是一个退化鳃裂。

（四）鳍

鳍是鱼形动物和鱼类特有的外部器官，通常分布在躯干部和尾部，是鱼体运动和维持身体平衡的主要器官，分为背鳍、臀鳍、尾鳍、胸鳍、腹鳍等。

1. 鳍的构造

鳍由支鳍骨和鳍条组成。鳍条又分为软骨鱼类所特有的角质鳍条（不分支不分节）和硬骨鱼类所特有的骨质鳍条（鳞质鳍条，是由鳞片衍生而来）。

2. 鳍的作用

（1）背鳍和臀鳍　像船的龙骨一样，能维持鱼体直立稳定，防止左右摇摆，也能帮助游泳。

（2）尾鳍　在静止时能保持身体稳定，在游泳时像螺旋桨和舵一样起推进作用及掌握运动方向。

（3）胸鳍　在静止时，与尾鳍合作控制身体的稳定平衡，缓慢游泳时，可像船桨一样拨动，使鱼体徐徐向前，快速游泳时能突然举起，鱼类停止前进，当一鳍举起，一鳍靠近身体时鱼体向举鳍方向转弯。

（4）腹鳍　能帮助背鳍、臀鳍维持鱼类平衡，在高等鱼类中有的腹鳍胸位的则还有转弯的作用。

二、皮肤及其衍生物

（一）皮肤

鱼类的皮肤由外层的表皮和内层的真皮组成。主要有保护、防御、减少摩擦、加快游泳速度、感受刺激等功能。

（二）鱼类皮肤的衍生物

鱼类皮肤的衍生物有鳞片、黏液腺、毒腺、珠星、色素细胞、发光器等。

三、运动系统

（一）骨骼

鱼类的骨骼按其性质来分，有软骨和硬骨（软骨化骨、膜骨）。圆口类、软骨鱼类，由生骨区产生的软骨细胞，形成软骨，并终生保持软骨阶段。对硬骨鱼类来说，硬骨细胞侵入软骨区域内，经过骨化作用，逐渐代替了软骨而成的硬骨称软骨化骨；真皮和结缔组织等，由于硬骨细胞的作用，直接骨化不经过软骨阶段而成的硬骨称膜骨。

鱼类的骨骼也可按着生部位来分（图 14 – 11），可分为内骨骼和外骨骼。内骨骼又分为中轴骨骼（包括头骨、脊柱、肋骨）和附肢骨骼（包括肩带、腰带、支鳍骨）；外骨骼主要是皮骨（包括鳞片、鳍条、鳍棘）。

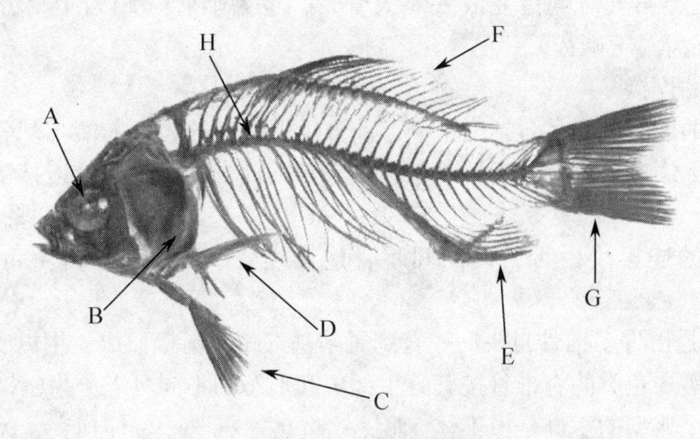

图 14 – 11　鱼的骨骼

A. 头骨　B. 鳃盖　C. 腹鳍　D. 胸鳍　E. 臀鳍　F. 背鳍　G. 尾鳍　H. 脊椎骨

1. 中轴骨骼

鱼类各部分的骨骼数目很多，不同种类鱼数目也不同，现仅以白鲢为例介绍各部分的骨骼名称、主要结构。

(1) 头骨

鱼类的头骨可分为脑颅和咽颅两部分。

①脑颅　位于整个头骨的上部，用来包藏脑及嗅、视、听等感觉器官。白鲢的脑颅骨片有五十余块，按各骨所在的部位，可以分为四个部分。

嗅区　包括鼻骨 2 块，前筛骨 1 块，中筛骨 1 块，侧筛骨 2 块，犁骨（锄骨）1 块。

眼区　包括额骨 2 块、眶蝶骨 2 块、翼蝶骨 2 块、副蝶骨 1 块、围眶骨（眶上骨 2 块、眶下骨 16 块）18 块。

耳区　包括顶骨 2 块、蝶耳骨 2 块、翼耳骨 2 块、上耳骨 2 块、前耳骨 2 块、后耳骨 2 块、鳞片骨 2 块、后颞骨 2 块。

枕区　包括上枕骨 1 块、外枕骨 2 块、基枕骨 1 块。

②咽颅　也称脏颅，位于整个头骨的下部，呈弧状排列，包围着消化道前端（口咽腔及食道前部）的两侧。咽颅又称咽弓，一般有七对咽弓，第一对为颌弓，第二对为舌弓，

第三至第七对为鳃弓。

上颌区 包括前颌骨2块、上颌骨2块、翼骨2块、中翼骨2块、后翼骨2块、方骨2块、腭骨2块。

下颌区 包括齿骨2块（膜骨）、关节骨2块（软骨化骨）、前关节骨2块（膜骨）、隅骨2块（膜骨）、米克尔氏软骨2块（软骨）。

舌弓区 包括间（茎）舌骨2块、上舌骨2块、角舌骨2块、下舌骨2块、基舌骨2块、续骨2块、舌颌骨2块、尾舌骨1块、前鳃盖骨2块、主鳃盖骨2块、间鳃盖骨2块、下鳃盖骨2块、鳃条骨。

鳃弓区 包括咽鳃骨、上鳃骨、角鳃骨、下鳃骨、基鳃骨，均为软骨化骨。鳃弓有五对，每对鳃弓从上而下由咽鳃骨、上鳃骨、角鳃骨、下鳃骨及基鳃骨组成。其中基鳃骨单一条状，其余各骨左右对称。第五对鳃弓在所有的真骨鱼类中变化甚大，通常叫咽骨（下咽骨）。在鲤科鱼类第五对鳃弓变成一对大骨片，也为咽骨（相当于第五对鳃弓的角鳃骨），上长有咽喉齿（下咽齿）。

③头骨各部的连接

颌弓与脑颅的连接 颌弓包括上下颌，前方由上颌区的腭骨前端与犁骨相关节，后方通过续骨缝合着上颌区的方骨与后翼骨，续骨连舌颌骨，再由舌颌骨连接脑颅，与脑颅相关节。

舌弓与脑颅的连接 由舌弓区的间舌骨连接续骨、舌颌骨，再由舌颌骨与脑颅相关节。

（2）脊柱 是由许多椎骨自头后一直到尾鳍基部相互衔接而成，用以支持身体和保护脊髓、主要血管等。鱼类的脊椎骨按其着生部位和形态的不同可以分为躯椎和尾椎两类。

①躯椎 一个典型的躯椎是由椎体、髓弓、髓棘、椎管、椎体横突、关节突构成。

椎体 硬骨鱼类的椎体为双凹椎体，凹处有退化的残余脊索存在。

髓弓 即椎体背侧方两块小骨所形成的弓状构造。

椎管 髓弓中间呈三角形的空腔即为椎管，有脊髓从椎管中通过。

髓棘 从髓弓的顶端向其背方向突出的一根细长的突起。

椎体横突 椎体腹面向外侧突出的部分，以此与肋骨相关节。

前后关节突 椎体背前方和后方各有两个突出的短棒状小骨，为前关节突和后关节突。有些鱼类在椎体腹面也有关节突存在，称为脉关节突。

②尾椎 一个典型的尾椎具有椎体、髓弓、髓棘、椎管、前关节突、脉弓、脉管、脉棘。脉弓是由椎体横突向腹面突出，左右合成的弓状构造。脉弓中间的空腔为脉管，内容纳尾动脉及尾静脉。脉棘为脉弓向腹面突出的细长骨片。硬骨鱼类最后几个尾椎的脉棘或髓棘常和尾鳍基部连接，最后一尾椎的后方有一对扁阔的突起，称为尾部棒状骨，脉棘也常较粗大，都与尾鳍鳍条连接，起到支持尾鳍的作用。

③软骨鱼类的椎骨 躯椎是由椎体、髓弓、椎管、髓棘、椎体横突组成。尾椎由椎体、髓弓、椎管、髓棘、脉弓、脉管、脉棘等构成。软骨鱼类的椎体为双凹椎体，前后面呈凹漏斗形，内容纳脊索。椎体未骨化，但有不同程度的钙质沉淀，增强了坚固性，按其钙化情况可分为单环椎（如角鲨）、多环椎（如圆犁头鳐）、星椎（如星鲨）三种类型。

④韦伯氏器 硬骨鱼类鲤形总目第1～3椎体的两侧有四对小骨，由前向后依次称为

带状骨、舶状骨、间插骨、三脚骨，这四块骨骼称为韦伯氏器。带状骨位于最前端，与外枕骨相接，呈椭圆漏斗状，由第一髓棘演变而来；舶状骨是覆盖在带状骨外侧面的一块小骨，呈圆形，由第一髓弓演变而来，外侧后方有粗的韧带与间插骨、三脚骨相连；间插骨呈“丫”形，由第二髓弓演变而成，其叉状一端以结缔组织连在第二、第三椎骨的侧面，另一端以韧带分别与舶状骨、三脚骨相连；三脚骨呈三角形，是最大的一块，由第一椎骨的肋骨演变而来，在第二、第三椎骨横突之间，前端以韧带与间插骨、舶状骨相连，后端埋在鳔前室的结缔组织中。

韦伯氏器的机能：三脚骨后端与鳔相接，而带状骨及覆盖其上的舶状骨紧贴在外枕骨围成的外枕基枕骨小孔，此小孔通内耳的围淋巴腔，腔内有淋巴液，当鳔中气体的增减及外来声音传导鱼体，又经鳔加强声波振幅之后，通过三脚骨，韧带经间插骨、舶状骨、带状骨将振动传导至内耳，再经听神经传达到脑。韦伯氏器在分类上是鲤形总目区别于其他总目鱼类的主要特征。

(3) 肋骨及肌间骨

①肋骨　是中轴骨骼的一个组成部分。肋骨与椎体横突相关节，起到支持身体、保护内脏器官的作用。鱼类的肋骨可分为两大类，即背肋和腹肋。软骨鱼类板鳃亚纲的肋骨也是软骨，位置在水平隔膜内，从发生上分析仍属腹肋。全头亚纲无肋骨。一些硬骨鱼类具有背肋，也有腹肋，如鲈形目、鳢形目的一些鱼类；鲤科鱼类只有腹肋。

②肌间骨　见于低等真骨鱼类，如鲱形目及鲤形目等，它是分布于椎体两侧肌隔中的小骨。分布于轴上肌的每一肌隔中的称上肌间骨，是由髓弓基部发生的。分布于轴下肌每一肌隔中的称下肌间骨，是由椎体两侧生出的。肌间骨随着鱼类的演化而逐渐减少，到鲈形目等已完全消失。

2. 附肢骨骼

鱼类的附肢骨骼包括奇鳍骨骼和偶鳍骨骼。

(1) 奇鳍骨骼　包括背鳍、臀鳍和尾鳍的骨骼。

①背、臀鳍　背鳍、臀鳍虽着生部位不同，但其骨骼构造组成却比较相似，都由支鳍骨（鳍担）、鳍条组成。鱼类背、臀鳍鳍条的基部一般有1～3节支鳍骨支持。硬骨鱼类支鳍骨深入体躯肌肉中，鳍条起着支持整个鳍的作用。板鳃亚纲的支鳍骨一般由三节的棍状软骨所组成，如灰星鲨，或基部愈合为一节（鳍基软骨），如虎鲨。全头亚纲奇鳍支鳍骨只一行。软骨鱼类虽有角质鳍条，但支鳍骨（亦称辐状软骨）仍然担任着主要作用，延伸至身体外面支持整个鳍。

背、臀鳍支鳍骨数与肌节、鳍条数的关系　有些种类的鱼，支鳍骨的数目和鳍所在的椎骨或肌节数相当，如现代的肺鱼类、绝大多数真骨鱼类其支鳍骨的数目远超过鳍所在的椎骨或肌节数，一般约为两倍。

鳍条和支鳍骨的关系在各类鱼中有所不同。软骨鱼类和肺鱼类的鳍条数远远超过其下的支鳍骨数。辐鳍亚纲的多鳍鱼类、软骨硬鳞类和其有关的古代鱼类，鳍条的数目超过其下的支鳍骨数目，故亦称这些鱼类为古鳍鱼类。自全骨类起，包括一切的真骨鱼类在内，鳍条数目都是和所在的支鳍骨数一致，即每一枚鳍条均由一列支鳍骨所支持，故亦称这类鱼类为新鳍鱼类。

②尾鳍骨骼　根据椎骨末端位置及尾鳍分叶对称与否，可分为原型尾、歪型尾、正型

尾、矛型尾。

原型尾 脊柱后端平直地伸入尾鳍中央，将尾鳍分为完全相等的上下两叶。外部形态和内部结构都是上下对称的。这是最原始的一种类型，多见于古代鱼类中。

歪型尾 脊椎骨后端向上翘起，将尾鳍分为上下不相等的两叶。尾鳍支鳍骨仅见于上叶，下叶无支鳍骨，由脉弓支持鳍条。板鳃鱼类及鲟鱼类为典型的歪型尾。

正型尾 尾鳍在外观上是上下对称的，但内部结构上，脊椎骨末端上翘，尾鳍上叶的支鳍骨大部分退化。

矛型尾 具中央叶，呈矛形，外表与内部都对称，如矛尾鱼。

尾鳍骨骼组成：尾椎最后一上翘的椎骨后方常有向背腹方突出的棒状突起，称为尾部棒状骨（尾杆骨）。尾部棒状骨的后方有排列成扇形的数块骨骼，称为尾下骨，大部分尾鳍由尾下骨支持。尾下骨的数目各类鱼不同。真骨鱼类的尾鳍多为正型尾，它们的鳍条就是由尾部棒状骨、尾下骨及最后几个椎骨的髓弓和脉弓共同支持。

白鲢最后一枚尾椎变异产生了向背腹方突出的二枚尾部棒状骨，在背部的棒状骨上方有一枚尾下骨（即支鳍骨），在背、腹两棒状骨之间有 4 枚尾下骨，腹部棒状骨前方还有一枚最大、呈三角形的尾下骨，再加上第三十六、三十七尾椎粗大的髓弓、脉弓、脉棘等共同支持尾鳍的三十六枚鳍条。

（2）偶鳍骨骼 偶鳍骨骼包括带骨、支鳍骨、鳍条。支持胸鳍的骨骼为肩带，支持腹鳍的骨骼为腰带。

①胸鳍骨骼 包括肩带、支鳍骨、鳍条。白鲢是低等的真骨鱼类，每侧的肩带由六块骨骼组成，由背至腹为：上匙骨（上锁骨）、匙骨（锁骨）、后匙骨（后锁骨）、肩胛骨、乌喙骨、中乌喙骨。在真骨鱼类的肩带一般每侧由以上六块骨骼组成，高等真骨鱼类无中乌喙骨，如鲈鱼、梭鱼等，中乌喙骨往往是低等硬骨鱼类分类特征之一。胸鳍骨骼除肩带外，还有支鳍骨，在真骨鱼类中数目甚少，一般不超过五枚，直接与肩带相连。白鲢的支鳍骨为 4 块，它们一端与肩胛骨相连，另一端与鳍条相连。

软骨鱼类的肩带 在咽颅后方呈“U”形，腹面的称乌喙部，在两侧伸向背方的称肩胛部，在两部之间左右均有关节面与胸鳍的鳍基础骨相关节。

②腹鳍骨骼 包括腰带、支鳍骨、鳍条。真骨鱼类的腰带由一对无名骨组成。腹鳍的支鳍骨在白鲢是一块很退化的小骨，位于无名骨与鳍条之间，前方有一凹窝恰与无名骨的突起相接。低等鱼类如鲱形目、鲤形目鱼的肩带和腰带彼此分离。高等鱼类如鲈形目的肩带和腰带借结缔组织密切相连。鲻形目鱼则介于上述两情况之间，肩带和腰带间有一短的距离，借一粗壮的腱相连。

软骨鱼类的腰带 位于泄殖腔前方，为“一”字形的软骨，它的两端与左右腹鳍的鳍基骨相关节。星鲨的鳍基骨有前鳍基骨和后鳍基骨，其外为两列辐状软骨，雄性有鳍脚，其骨骼由鳍基骨向后延长而成。

③颌与脑颅的悬系方式

自接型 腭方骨的各突起与脑颅合并或一部分合并或与之相关节，仅留方骨支持上颌，舌颌骨退化，如总鳍鱼、肺鱼、多鳍鱼。

全接型 腭方骨的全部与脑颅合并，并依赖方骨区支持下颌，舌颌骨消失，仅见于全头亚纲的银鲛类。

两接型　腭方骨与脑颅贴接，腭突与耳突赖韧带和脑颅相接。舌颌骨的韧带上连脑颅，前接下颌，舌颌骨正常。见于原始的软骨鱼类如化石的裂口鲨、肋棘鲨及现存的七鳃鲨和六鳃鲨。

舌接型　腭方骨和脑颅接触疏松，舌颌骨借韧带，上和耳囊区相连。腭突和其他突起的连接亦可出现，舌颌骨很发达，大多数板鳃类属此型。

后接型　舌颌骨发达，背面与脑颅的耳骨区（蝶耳骨、前耳骨、翼耳骨等）相关节，腹端连续骨、方骨和下颌的关节骨相关节，见于一般硬骨鱼类。

④骨骼各部分的连接

上下颌的连接　下颌的关节骨后端与上颌区的方骨相关节。

颌弓与脑颅的连接　前方由上颌区的腭骨前端近叉突起的内侧凹与犁骨前方两侧的突起相嵌合，后方通过续骨缝合着上颌区的方骨与后翼骨、续骨连舌颌骨，再由舌颌骨连接脑颅的长形关节面（翼耳骨、蝶耳骨、前耳骨）。

舌弓与脑颅的连接　由舌弓区的茎舌骨连接续骨，续骨接舌颌骨，再由舌颌骨与脑颅的蝶耳骨、翼耳骨、前耳骨形成的长形关节面相关节。

肩带与脑颅的连接　脑颅的后颞骨后端覆盖着肩带的上匙骨前部，肩带与脑颅靠这两块骨骼连接。

（二）肌肉

1. 鱼类肌肉的类别和功能

（1）肌肉的基本构造　组成肌肉的基本单位是肌纤维，也就是肌细胞。

（2）肌肉的种类　肌肉根据构造、功能、分布的不同，分为三大类：平滑肌、心肌、横纹肌。

2. 硬骨鱼类横纹肌的分布

鱼类横纹肌根据来源不同又可以分为：①体节肌：来自中肌层的生肌节，一般受意志支配；②中轴肌：头部肌肉，躯干部、尾部肌肉；③附肢肌：奇鳍肌，偶鳍肌；④鳃节肌：来源于胚层间叶细胞，与平滑肌同源，但它的肌纤维上有横纹，受意志支配，与横纹肌相同，包括颌弓肌、舌弓肌、鳃弓肌。现以白鲢为例简要介绍横纹肌分布概况。

（1）头部肌肉

①眼肌　头部因头骨发达，使得头部肌肉趋于退化，体节肌在头部只留下眼肌。眼肌共有六条，即上斜肌、下斜肌、上直肌、下直肌、内直肌、外直肌。

②与鳃盖启闭有关的肌肉　主要有鳃盖开肌、鳃盖提肌、舌颌提肌、鳃盖收肌。

③与口咽腔活动有关的肌肉　主要有下颌收肌、咬肌、舌颌收肌、颏舌肌、胸舌肌。

④与鳃弓活动有关的肌肉　主要有鳃弓提肌、鳃弓收肌、鳃间背斜肌、鳃间腹斜肌、鳃弓连肌。

下咽骨是第五对鳃弓的变形物，与其发生联系的肌肉有上耳咽匙肌、基枕骨咽骨肌、内咽匙肌、外咽匙肌、咽骨缩肌、颈匙肌、匙基鳃肌等。

（2）躯干部、尾部肌肉　分布在头后直至尾基两侧的肌肉为躯干部、尾部肌肉，包括大侧肌、上棱肌、下棱肌。

（3）附肢肌肉　主要包括背鳍肌、臀鳍肌、尾鳍肌、肩带肌、腰带肌。

3. 发电器官

鱼类的发电器官除电鲶外，都是由肌肉衍生而成。主要来源于尾部肌肉变异（如电鳗)、鳃肌变异（如电鳐)、眼肌变异（如电瞻星鱼)、真皮腺体组织转化（如电鲶)。发电器官一般都是由许多称为电细胞或电板、电函的盘形细胞所构成。发电器官产生的电位取决于每柱电细胞的数目，而电流强度则取决于每柱电细胞横切面的总面积。

四、消化系统

（一）消化管

消化管包括口咽腔、食道、胃、肠、肛门等部分（图 14－12)。

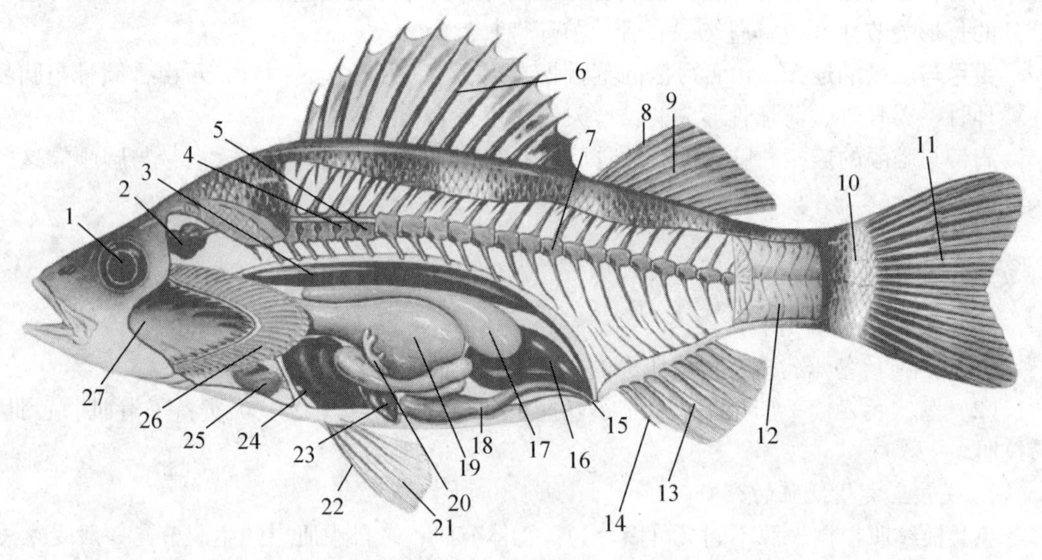

图 14－12　鱼的构造

1. 眼　2. 脑　3. 肾　4. 神经索　5. 脊椎（已切开）　6. 第一背鳍（硬棘）　7. 脊椎骨节　8. 第一硬棘　9. 第二背鳍（软条）　10. 鳞片　11. 尾鳍（软条）　12. 肌节　13. 臀鳍（软条）　14. 第一硬棘　15. 肛门　16. 生殖腺　17. 鳔　18. 肠　19. 胃　20. 幽门盲囊　21. 胸鳍（软条）　22. 第一硬棘　23. 脾　24. 肝　25. 心脏　26. 鳃耙　27. 喉腔

1. 口咽腔

鱼类的口腔和咽没有明显的界限，鳃裂开口处为咽，其前即为口腔，故一般统称为口咽腔。鱼类口咽腔的形态和大小与食性有关。凶猛的肉食性鱼类口咽腔较大，便于吞食大的食物，如鳜、鲈鱼、带鱼、鳡、鲶等。有些专食微小浮游生物的滤食性鱼类口咽腔也宽大，如鲢、鳙等，这是与它们不停地滤取水中食物的习性相适应的。口咽腔常覆盖以复层上皮，其中有黏液细胞和味蕾的分布，口咽腔内有齿、舌及鳃耙等构造。

2. 食道

鱼类食道短而宽，管壁较厚。仅少数鱼类的食道较细长，如烟管鱼。鱼类食道由三层组织构成，即黏膜层（内层)、肌肉层（中层)、浆膜层（外层)。黏膜层中尚有味觉细胞味蕾分布，具有选择食物的作用。食道还能分泌黏液，将食物制成团状，便于吞咽。

3. 胃

其接近食道的部分称为贲门部，胃体的盲囊状突出部分称盲囊部，连接肠的一端称为幽门部。多数鱼类有胃，但鲤科鱼类无胃，仅在食道后方一段延长而略膨大的部分，称肠球。此外，鲔科、海龙科、飞鱼科、隆头鱼科、翻车鱼、鳗鲶、颚针鱼等鱼类没有胃。一般鱼类的胃由四层组织组成，即黏膜层、黏膜下层、肌肉层、浆膜层。

4. 肠

鱼类肠管组织由黏膜层、黏膜下层、肌肉层和浆膜层等组成。

（1）软骨鱼类的肠　板鳃亚纲的肠可分出小肠和大肠，小肠又分为十二指肠及回肠，大肠又分为结肠和直肠。肠管末端以肛门开口于体外，无泄殖腔。

（2）硬骨鱼类的肠　硬骨鱼类的肠分化不明显。低等硬骨鱼类的软骨硬鳞类，肺鱼类有发达的螺旋瓣，全骨类有不发达的螺旋瓣，真骨鱼类无螺旋瓣。

5. 幽门垂（幽门盲囊）

大部分硬骨鱼类在肠开始处有许多指状盲囊突出物，为幽门垂（或称幽门盲囊）。幽门垂的组织结构与肠壁组织相似，其作用一般认为是用来扩充肠子的吸收面积，同时又能分泌与肠壁相同的分泌物。幽门垂均开口于小肠。

6. 肛门

肠道最后开口处为肛门，消化管中的残渣经此排出体外。肛门的位置通常位于臀鳍前方。

（二）消化腺

鱼类的消化腺有胃腺、肠腺、肝脏、胰脏等，所有鱼类均无唾液腺，而只有黏液腺。

五、呼吸系统

（一）鳃

1. 鳃的一般构造

（1）鳃囊　胚胎时期左右两侧咽壁上出现的小凹。

（2）鳃裂　鳃囊洞穿咽壁形成的裂缝。鳃裂开裂于咽喉的一侧称内鳃裂，开裂于体外的称外鳃裂。

（3）鳃间隔　相邻两鳃裂中间的间隔。鳃间隔基部有鳃弓支持。

（4）鳃丝　鳃间隔前后两壁上的许多梳齿状或板条状突起。鳃丝中还分散着一些黏液细胞及泌氯细胞。泌氯细胞执行氯离子运转任务。

（5）鳃片（鳃瓣）　一列鳃丝整齐排列在一起组成的片状物。

（6）半鳃　一列鳃片称为一个半鳃。鳃间隔前方的半鳃称前半鳃，后方的半鳃称后半鳃。

（7）全鳃　每一鳃间隔前后两半鳃合称一个全鳃。

（8）鳃小片　每一鳃丝两侧的许多细板条状突起，彼此平行并与鳃丝垂直。是气体交换的场所，一般由单层上皮细胞包围着结缔组织的支持细胞所组成。相邻两鳃丝的鳃小片不是相对排列，而是相互嵌合。

(9) 窦状隙　鳃小片上皮细胞与支持细胞间的微血管。

2. 硬骨鱼类的鳃

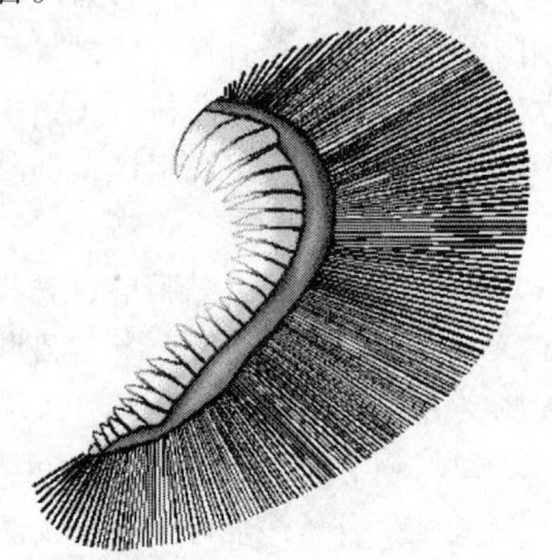
图 14－13　鳃

鳃（图 14－13）位于头部两侧的鳃腔中，外面覆以骨质的鳃盖。一般有五对鳃裂，开口于鳃腔。鳃弓为硬骨。第五对鳃弓上没有鳃片，因此多数硬骨鱼类只有四对全鳃。有少数鱼类仅有三对全鳃和一个半鳃，如杜父鱼，也有仅有三对全鳃的，如黄鳝。双肺鱼仅在第二鳃弓上长着 1 个半鳃。鲟类、全骨类具舌弓鳃。

鳃间隔不发达或几乎消失。

3. 软骨鱼类的鳃

(1) 板鳃亚纲　无鳃盖。多数板鳃鱼类具 5 对鳃裂，少数具 6 对及 7 对，直接开口体外。鳃弓为软骨，其后面有一半鳃，第 1～4 鳃弓都有两个半鳃，第 5 鳃弓没有鳃，所以共有九个半鳃，即 4 个全鳃。鳃间隔发达，长于鳃丝，鳃间隔中有鳃条软骨支持。

(2) 全头亚纲　具皮膜状的假鳃盖。仅具四对鳃裂，第 5 对鳃裂已封闭，舌弓半鳃存在，共有八个半鳃。鳃间隔比板鳃类短，已有部分鳃丝伸出鳃间隔。

(二) 辅助呼吸器官

少数鱼类可以暂时离开水或者在含氧量极少的水中利用一些特殊结构呼吸，这种兼管呼吸作用的构造，称为辅助呼吸器官。主要包括：皮肤呼吸（如鳗鲡、鲶鱼、弹涂鱼、黄鳝等）、肠呼吸（如泥鳅）、口咽腔黏膜的呼吸（如黄鳝、弹涂鱼、电鳗）、鳃上器官（如胡子鲶、乌鳢、攀鲈及斗鱼等）、气囊（如囊鳃类、双肺鱼）。

(三) 鳔

1. 鳔的形态构造

圆口类、软骨类无鳔。真骨鱼类底栖种类鳔不发达或缺如，上层快速游泳的种类如金枪鱼、马鲛鱼等也无鳔。低等硬骨鱼类如肺鱼类、多鳍鱼等的鳔具肺的作用。根据鳔管的有无，鳔可分为两大类：

(1) 喉鳔类　终生有鳔管与食道相通，鳔内气体由口经食道、鳔管入鳔，也由鳔管排气，红腺不明显或不发达，如鲱形目、鲤形目等鱼类的鳔（图 14－14）。

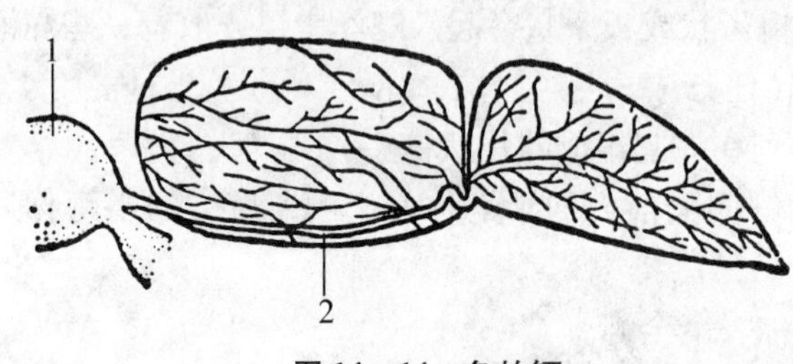

图 14－14　鱼的鳔
1. 食管　2. 鳔管

(2) 闭鳔类　鳔管退化或消失，与食道无联系，鳔前腹面内壁有红腺（或叫气腺）分泌气体，鳔后背方有卵圆窗吸收气体。如鲈形目鱼类的鳔。

2. 鳔的功能

鳔主要有调节比重、呼吸、感觉、发声的作用。

六、循环系统

鱼类的循环系统主要有运输、保护、防御、调节内环境等作用。鱼类的循环系统是闭锁式的单循环（肺鱼除外），血液走向是：心脏→鳃→背大动脉→分支成毛细血管→静脉→心脏。

（一）血液

1. 血浆

其成分主要包括水分（约占76%～90%）、蛋白质（有白蛋白、球蛋白、纤维蛋白原三种）、营养物质（糖类、氨基酸、脂肪酸等及氧气）、无机盐类（钠、钙、镁的氯化物，酸性碳酸盐、磷酸盐等）、各种代谢产物（二氧化碳、尿素、尿酸等）以及各种内分泌激素和酶类。

2. 血细胞

包括红细胞和白细胞（颗粒性白细胞——多形核白细胞、无颗粒白细胞、纺锤细胞）。

（二）血管系统

包括心脏（图14－15）、动脉、静脉和毛细血管。

1. 心脏

（1）静脉窦　位于心脏后背侧，近似三角形，壁甚薄，接受身体前后各部分回心脏的静脉血。

（2）心耳　位于静脉窦的腹下方，心耳腔较大，壁薄。

（3）心室　位于心耳的腹前方，呈圆球状，壁厚。心宜搏动力最强，为心脏主要的搏动中心。

（4）动脉圆锥　在软骨鱼类及硬骨鱼类的总鳍类、肺鱼类、软骨硬鳞类和全骨类，心室前方为动脉圆锥。真骨鱼类的动脉圆锥退化。只留2个半月瓣，并为动脉球代替，动脉球是指在心室前方一圆球状构造，其壁也厚，不能搏动，其实系腹侧主动脉基部扩大而成，因此不认为是心脏的一部分。鲱形目一些鱼还残留动脉圆锥，具两行瓣膜，同时又有动脉球。动脉圆锥与动脉球的功能在于使血液均匀地流入腹大动脉，它们能够减轻由于心室的强烈搏动而对鳃血管所产生的压力。

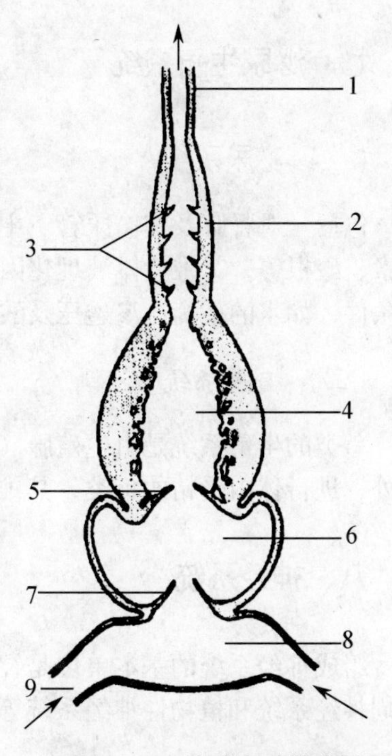

图14－15　鱼类心脏模式图

1. 腹大动脉　2. 动脉圆锥或动脉球　3. 半月瓣　4. 心室　5. 房室瓣　6. 心房　7. 窦房瓣　8. 静脉窦　9. 总主静脉

（5）瓣膜　心耳与静脉窦之间有两个瓣膜，称窦耳瓣；心室与心耳间也有两个袋状瓣膜，称耳室瓣；心室与动脉圆锥之间有半月瓣，防止血液倒流。

2. 动脉（白鲢）

（1）鳃区动脉　包括动脉球、腹侧主动脉、入鳃动脉、入鳃丝动脉、入鳃小片动脉、出鳃小片动脉、出鳃丝动脉、出鳃动脉、鳃上动脉、鳃下动脉、冠动脉、伪鳃动脉。

（2）头部动脉　包括颈总动脉、内颈动脉、外颈动脉、头环。

（3）躯干部、尾部动脉　包括背主动脉、枕动脉、锁骨下动脉、腹腔动脉、节间动脉、肾动脉、髂动脉、臀鳍动脉、尾动脉。

3. 静脉（白鲢）

（1）古维尔氏管　在静脉窦的背上方连接的一对大导管，所有身体各部分的静脉血都要经过此导管再入心脏。

（2）头部静脉　包括前主静脉、颈下静脉。

（3）躯干部、尾部静脉　包括尾静脉、肾门静脉、后主静脉、肝门静脉、肝静脉、锁骨下静脉等。

4. 毛细血管

鱼类的毛细血管主要分布于动脉与静脉之间（多数情况，动脉由粗变细，以毛细血管与静脉相连）、动脉与动脉之间（在鳃上入鳃小片动脉分散成毛细血管，汇集成出鳃小片动脉）、静脉与静脉之间（肾门静脉、肝门静脉）。

（三）淋巴系统

包括淋巴液、淋巴管、淋巴心、造血组织（拟淋巴组织）等。

七、泌尿生殖系统

（一）泌尿系统

包括一对肾脏及其输尿管。主要功能是：①排除对鱼体有害的代谢最终产物，如氨、尿素、酸根等；②维持体液理化因素的恒定，以保证组织器官正常活动时所必需的内部环境条件，如水的平衡，渗透压及酸碱平衡等。

（二）生殖系统

鱼类的生殖系统是由生殖腺（精巢、卵巢）和生殖导管（输卵管、输精管）所组成。此外，进行体内受精的鱼类，其雄体有特殊的交接器。

八、神经系统

组成神经系统的基本单位是神经元或称神经纤维。鱼类的神经系统由中枢神经系统、外周神经系统和植物性神经系统等三部分组成。

（一）中枢神经系统

由脑（脑颅中）和脊髓（髓弓中）两部分组成，呈一中空的管子。

1. 脑

（1）脑的基本构造　鱼类脑的构造已分化为五个区（图 14－16）：端脑、间脑、中

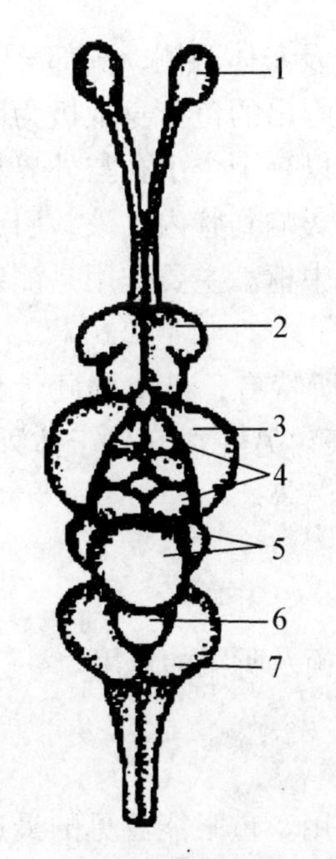

图 14-16　鲤鱼的脑（背面）
1. 嗅球　2. 大脑　3. 中脑
4. 小脑瓣　5. 小脑
6. 面叶　7. 迷叶

脑、小脑和延脑。在胚胎发生中，鱼类的脑以神经管（由外胚层形成）前端扩大部分为基础，迅速分化为前、中、后三个脑球，随后由前脑分化成端脑和间脑，中脑球不再分化而形成中脑，后脑球以顶部突出的方式形成小脑，下方形成延脑。

（2）脑的生理机能　端脑包含嗅觉中枢，可能是运动的高级中枢；间端含有暗化中枢；中脑包含视觉中枢，与鱼体的位置和移动的控制有关；小脑有运动协调中枢，小脑瓣与延脑的侧线中枢有机能上的联系；延脑有味觉、听觉、侧线感觉、呼吸中枢。此外还有色素调节中枢、皮肤感觉中枢，能使鱼具有触、痛和温冷的感觉。

2. 脊髓

整个脊髓的背面正中有一向内凹入的纵沟为背中沟。腹面正中有一极浅窄、不甚显著的沟为腹中沟。脊髓的中央为空腔，称中心管（髓管），前面与脑室相通。在中心管的周围神经原本体所占有的区域称为灰质，呈蝶形，除了神经原本体外，也有树突，一部分轴突与夹杂于其间的神经胶质。在灰质的四周部分只有神经纤维，称白质，包括上行于脑及由脑发出的纤维。灰质的背方两个突出的角称为背角，脊神经背根经背角通入灰质中。灰质的腹面突出的两个角为腹角，脊神经腹根即由此发出。

（二）外周神经系统

外周神经系是由中枢神经系发出的神经与神经节组成，它包括脑神经和脊神经。

1. 脑神经

鱼类的脑神经一般都有十对。即嗅神经、视神经、动眼神经、滑车神经、三叉神经、外展神经、面神经、听神经、舌咽神经、迷走神经。

2. 脊神经

由脊髓按体节成对地向两侧发出。

3. 植物性神经系统

包括交感神经系统和副交感神经系统。

九、感觉器官

（一）皮肤感觉器官

（1）感觉芽　构造最简单的皮肤感觉器官，芽状，分散在表皮细胞之间，具触觉及感觉水流等机能。圆口类、板鳃类具有，硬骨鱼身上等也有不规则的分布。

（2）陷器（丘状感觉器）　感觉细胞低于支持细胞，因而形成中凹的小丘状构造，可感觉水流、水压，在板鳃类及硬骨鱼类的头部及身体分布很广，如白鲟。

(3) 侧线感觉器官　为沟状或管状的皮肤感觉器，分布在头部及身体两侧，头部分布较复杂。原始的侧线感觉器个别分散排列，其顶露于体表。这在刚孵出的鱼苗身上极为明显。后沉入皮下形成短沟，然后彼此连接相通形成封闭的长管，仅以一个个小孔与外界相通。其内充满黏液，感觉器浸润在黏液中。当水流冲击身体时，即影响到管内黏液，引起感觉器顶的倾斜，从而把外来的刺激传给感觉细胞，再传递到神经中枢。主要作用是测定方位和感觉水流。活泼种类发达。

(4) 罗伦氏器（瓮、壶腹）　侧线器的变形构造，为板鳃类所特有，极个别硬骨鱼类有，分布在头部的背腹面，呈管状，内有黏液，一端膨大成壶腹，另一端开口于体外。机能基本上与侧线相同，只是反映比较慢些，可感水流、水压、水温等。

(二) 听觉器官

鱼类只有埋在头骨内的内耳，没有中耳和外耳。内耳主要有平衡及听觉的作用。

(三) 视觉器官

鱼类的视觉器官是眼，位于脑颅两侧的眼眶内。主要起视觉作用。鱼眼能看见的最远距离一般不超过10～12米。

(四) 嗅觉器官

鱼类的嗅觉器官是嗅囊（或称鼻囊），位于鼻腔中，以外鼻孔与外界相通，一般鱼类都没有内鼻孔，鼻腔不与口腔相通，无呼吸作用。

(五) 味觉器官

鱼类的味觉器官是味蕾，没有固定的味觉器官，味蕾的分布很广，在口腔、舌、鳃弓、鳃耙、体表皮肤、触须及鳍上都有分布，从体侧一直可以分布到尾部，分布于体表触须、鳍膜上的味蕾称之为皮肤味蕾。

李建柱（信阳农业高等专科学校）

实验实训

一、实训的目的与任务

本实训内容是根据宠物医疗专业的教学计划，结合各课程专业特点而制定的，其目的和任务在于掌握宠物体的大体解剖构造及其组织细胞构成，并进一步掌握必要的大体解剖基本技术和技能，同时培养学生的动手能力。

二、实训要求

（一）突出实践能力

在教学实训中要按实训内容进行，注意学生的能力培养和实用性，切实把培养学生的实践能力放在突出位置。

（二）实现自主参与能力

在实训中按照学生形成实践能力的客观规律，让学生自主参与实验实训活动，注重多做、反复练习。

（三）培养兴趣、强化诊断思维

要注意学生的态度、兴趣、习惯、意志等非智力因素的培养，注重学生在实训过程中的主体地位，培养学生的观察能力、分析能力和实践动手能力。

（四）理论联系实际

教师在实验实训准备时要紧密结合生产实际的应用，对实训目标、实训用品、实训方法和组织过程进行认真设计和准备。

（五）实验实训结束必须进行实训技能考核

三、实训学时分配

根据宠物解剖及组织胚胎的实验实训内容合理安排实训课时，实训学时分配见表1。

表1　实训课时分配表

序　号	实　训　内　容	学　时
1	上皮组织结构观察	2
2	固有结缔组织结构观察	2
3	血液成分观察	2
4	肌肉组织结构观察	2
5	宠物全身主要骨、关节和骨性标志的识别	4
6	宠物全身主要肌肉和肌性标志的识别	4
7	消化器官组织结构观察	2
8	宠物消化器官形态和构造的识别	4
9	肺组织结构观察	2
10	宠物呼吸器官形态和构造的识别	2
11	肾组织结构观察	2
12	宠物泌尿器官形态和构造的识别	1
13	生殖器官组织结构观察	2
14	宠物生殖器官形态和构造的识别	1
15	宠物心脏形态和构造的识别	2
16	宠物淋巴结、脾形态结构和位置观察	2
17	宠物内分泌腺的形态结构和位置观察	2
18	家鸽解剖	2
19	鱼解剖	2
总　计		44

四、实训技能考核

根据实训的内容，结合各学院的实际情况，选其中任何一项的一个内容和完成时间进行考核，未列入实训技能考核中的实训内容，在理论考试内容中予以考试或考查。

实训技能考核要求见表2：

表2　操作技术实训技能考核表

考核内容	评分标准		考核方法	熟练程度	时限
	分值	扣分依据			
细胞认识	5	可在光镜下认识细胞基本结构，每缺一项扣1分，最多扣5分	单人操作考核	熟练掌握	60min
基本组织	20	准确识别四大组织的结构及主要成分，每缺一项扣1分，最多扣20分			
器官组织	30	准确识别各器官组织结构，每缺一项扣1分，最多扣30分			
系统解剖	45	准确认识各器官系统的解剖形态，每系统缺项最多扣5分，总分最多扣45分			

实训一　上皮组织结构观察

【目的要求】

了解和掌握上皮组织的结构特点。

【实验材料】

甲状腺切片、小肠切片、气管和食管切片。

【方法步骤】

1. 单层立方上皮：在甲状腺切片上低倍观察甲状腺滤泡，找到滤泡上皮细胞后高倍观察细胞形态。

2. 单层柱状上皮：在小肠切片上低倍观察，找到黏膜上皮细胞后高倍观察细胞形态。

3. 假复层柱状纤毛上皮：在气管和食管切片上低倍观察，找到气管后高倍观察黏膜上皮细胞形态。

4. 复层扁平上皮：在气管和食管切片上低倍观察，找到食管后高倍观察黏膜上皮细胞形态。

【作业要求】

绘单层立方上皮、单层柱状上皮图（高倍）各一幅。

实训二　固有结缔组织结构观察

【目的要求】

了解和掌握固有结缔组织的结构特点。

【实训材料】

皮下疏松结缔组织切片、淋巴结切片、腱切片。

【方法步骤】

1. 皮下疏松结缔组织：在皮下疏松结缔组织切片上高倍观察成纤维细胞、组织细胞、胶原纤维、弹性纤维形态结构。

2. 网状组织：在淋巴结切片上低倍观察，找到组织成分最稀薄的部分后高倍观察网状组织形态。

3. 致密结缔组织（示范）：在腱切片上高倍观察腱细胞及胶原纤维形态。

【作业要求】

绘皮下疏松结缔组织图（高倍）一幅。

实训三　血液成分观察

【目的要求】

了解和掌握动物血液的组成和血细胞形态。

【实训材料】

犬（猫）血液涂片、鸡（鸽）血液涂片。

【方法步骤】

1. 犬（猫）血液涂片：高倍观察红细胞、嗜中性粒细胞、嗜酸性粒细胞、淋巴细胞、单核细胞的形态结构。

2. 鸡（鸽）血液涂片：除上述细胞外，注意观察凝血细胞及红细胞的特点。

【作业要求】

绘犬（猫）血有形成分图（高倍）一幅。

实训四　肌肉组织结构观察

【目的要求】

了解和掌握三种肌肉组织的组织结构特征。

【实训材料】

骨骼肌切片、平滑肌切片、心肌切片。

【方法步骤】

高倍观察上述三种肌细胞的细胞核数量与位置、肌细胞形态、有无横纹，并观察横断面结构特征。

【作业要求】

绘心肌图（高倍）一幅。

实训五　宠物全身主要骨、关节和骨性标志的识别

【目的要求】

在标本、活体上识别犬（猫）主要的骨、关节和骨性标志。

【实训材料】

犬（猫）的骨骼标本、整体骨架标本、活犬（猫）。

【方法步骤】

1. 在犬（猫）的骨骼标本上识别头骨、躯干骨、四肢骨的主要特征。

2. 在犬（猫）的整体骨骼标本上观察头骨、躯干骨、四肢骨的位置关系，前后肢的主要关节。

3. 在犬（猫）活体上识别前后肢的主要关节和骨性标志。

【技能考核】

1. 能在犬（猫）的骨骼标本上正确识别头骨、躯干骨、四肢骨的名称，并能区分四肢骨的左右。

2. 能在犬（猫）的整体骨骼标本上识别躯干、四肢关节。

实训六　宠物全身主要肌肉和肌性标志的识别

【目的要求】

在犬（猫）整体标本上识别主要的肌肉和肌性标志。

【实训材料】

犬（猫）的整体肌肉标本。

【方法步骤】

在犬（猫）的整体肌肉标本上观察、识别全身主要肌肉和肌沟（颈静脉沟）。

【技能考核】

能在犬（猫）的整体肌肉标本上正确识别主要肌肉和临床上常用的肌性标志。

实训七　消化器官组织结构观察

【目的要求】

了解和掌握胃小肠、大肠、肝脏的组织结构特征。

【实训材料】

胃底腺切片、空肠切片、结肠切片、肝脏切片。

【方法步骤】

1. 胃底腺切片：低倍观察并找到胃的黏膜层，高倍观察黏膜层中的主细胞、壁细胞、颈黏液细胞的组织结构形态。

2. 空肠切片：低倍观察并找到空肠的黏膜层，高倍观察黏膜层中的上皮细胞和肠腺细胞的组织结构形态。

3. 大肠切片：与小肠的区别。

4. 肝脏切片：低倍观察并找到肝小叶及门管区，高倍观察肝细胞和小叶间动脉、小叶间静脉和小叶间胆管的组织结构。

【作业要求】

绘胃底腺或小肠图（高倍）一幅，绘肝小叶（高倍）图一幅。

实训八　宠物消化器官形态和构造的识别

【目的要求】

准确识别犬（猫）消化器官的形态、构造和位置。

【实训材料】

犬（猫）消化器官浸渍标本，犬（猫）新鲜尸体标本。

【方法步骤】

1. 观察犬（猫）口腔、食管、胃、小肠、大肠、肝和胰浸渍标本的形态和结构。

2. 观察犬（猫）新鲜尸体标本的上述器官的形态、结构和位置。

3. 观察比较犬（猫）消化器官的结构特征和位置关系。

【技能考核】

能在犬（猫）的新鲜尸体标本上正确识别主要消化器官的形态、结构和位置。

实训九　肺组织结构观察

【目的要求】

了解和掌握肺导气部和呼吸部的组织结构特征。

【实训材料】

肺切片。

【方法步骤】

先低倍观察细支气管、终末细支气管、呼吸性支气管、肺泡管、肺泡囊、肺泡，然后高倍观察结构的特征。

【作业要求】

绘肺组织结构图（高倍）一幅。

实训十　宠物呼吸器官形态和构造的识别

【目的要求】

准确识别犬（猫）呼吸器官的形态、构造和位置。

【实训材料】

犬（猫）肺浸渍标本，犬（猫）新鲜尸体标本。

【方法步骤】

1. 观察犬（猫）肺、喉浸渍标本的形态。

2. 观察犬（猫）新鲜尸体标本的喉、气管、支气管和肺的形态、位置、颜色、质地和肺的分叶情况。

【技能考核】

能在犬（猫）的新鲜尸体标本上正确识别主要呼吸器官的形态、结构和位置。

实训十一　肾组织结构观察

【目的要求】

了解和掌握肾的组织结构特征。

【实训材料】

肾切片。

【方法步骤】

先低倍观察区分肾的皮质部和髓质部，然后高倍观察血管球、肾小囊、近曲小管、远曲小管、细段和集合管的细胞结构特征。

【作业要求】

绘肾皮质部组织结构图（高倍）一幅。

实训十二　宠物泌尿器官形态和构造的识别

【目的要求】

准确识别犬（猫）泌尿器官的形态、构造和位置。

【实训材料】

犬（猫）肾浸渍标本，犬（猫）新鲜尸体标本。

【方法步骤】

1. 观察犬（猫）肾浸渍标本的形态，重点观察肾叶、皮质、髓质、肾乳头、肾盏、肾盂等结构，注意区别肾的类型。

2. 观察犬（猫）新鲜尸体标本的肾、输尿管、膀胱等器官的形态、位置和颜色。

【技能考核】

能正确识别不同动物肾的类型及结构特点。

实训十三　生殖器官组织结构观察

【目的要求】

了解和掌握睾丸、卵巢的组织结构特征。

【实训材料】

睾丸切片、卵巢切片。

【方法步骤】

1. 睾丸切片：高倍观察睾丸曲精小管内精原细胞、初级精母细胞、次级精母细胞、精子细胞和精子的细胞结构特征，注意不同曲精小管内出现的细胞类型。

2. 卵巢切片：先低倍观察区分卵巢皮质和髓质，然后高倍观察初级卵泡、次级卵泡、生长卵泡、成熟卵泡和闭锁卵泡的结构特征及细胞形态。

【作业要求】

绘曲精小管及生长卵泡组织结构图（高倍）各一幅。

实训十四　宠物生殖器官形态和构造的识别

【目的要求】

准确识别犬（猫）生殖器官的形态、构造和位置。

【实训材料】

犬（猫）生殖器官浸渍标本，犬（猫）新鲜尸体（公母各一）标本。

【方法步骤】

1. 观察犬（猫）生殖器官浸渍标本的形态，重点比较观察卵巢、子宫、阴道、阴茎等结构特点。

2. 观察犬（猫）新鲜尸体标本的生殖器官的形态、位置和颜色。

【技能考核】

能在犬（猫）的新鲜尸体标本上正确识别主要生殖器官的形态、结构和位置。

实训十五　宠物心脏形态和构造的识别

【目的要求】

准确识别犬（猫）心脏的形态、构造和位置。

【实训材料】

犬（猫）心脏浸渍标本，犬（猫）新鲜尸体标本。

【方法步骤】

1. 观察犬（猫）心脏浸渍标本的外形、心房、心室及连接在心脏上的各类血管。

2. 在犬（猫）新鲜尸体标本上观察心脏、心包及心包腔的位置。

【技能考核】

能在犬（猫）心脏浸渍标本上正确识别心脏的外形，心房、心室的主要结构特征，以及连接在心脏上的各类血管。

实训十六　宠物淋巴结、脾形态结构和位置观察

【目的要求】

在新鲜标本上识别宠物主要淋巴结和脾脏。

【实训材料】

犬（猫）新鲜尸体标本。

【方法步骤】

在犬（猫）尸体标本上找到下颌淋巴结、肩前淋巴结、股前淋巴结、腹股沟浅淋巴结、腘淋巴结、肠系膜淋巴结和脾。

【技能考核】

能在犬（猫）尸体标本上正确识别上述淋巴结和脾脏。

实训十七　宠物内分泌腺的形态结构和位置观察

【目的要求】

在新鲜标本上识别宠物甲状腺和肾上腺。

【实训材料】

犬（猫）新鲜尸体标本。

【方法步骤】

在犬（猫）尸体标本上找到气管，在前3～4个气管环的两侧和腹侧找到甲状腺；在肾的内侧缘找到肾上腺。

【技能考核】

能在犬（猫）尸体标本上正确找到甲状腺和肾上腺。

实训十八　家鸽解剖

【目的要求】

掌握家鸽解剖法，识别家鸽主要器官形态、位置和构造。

【实训材料】

活家鸽。

【方法步骤】

1. 将家鸽致死，用水将羽毛浸湿，也可用热水浸烫拔毛，仰卧于解剖台上。

2. 从喙腹侧开始，沿颈部、胸部、腹部到泄殖孔剪开皮肤，并向两侧剥离到两前肢、后肢与躯干相连处。

3. 在头部暴露口咽，将吸管插入喉或气管，慢慢吹气到腹部鼓起，小心分离部分腹壁肌肉，观察腹气囊。

4. 从胸骨后缘两侧、沿肋骨中部剪开，打开胸腔，剪除胸骨和肌肉，观察主要内脏器官。

【技能考核】

能正确解剖并识别家禽主要内脏器官。

实训十九　鱼解剖

【目的要求】

1. 学习掌握鱼类活体采血技术、硬骨鱼的一般测量方法和硬骨鱼解剖方法，学习利用年轮推测鱼类年龄的方法。

2. 通过对鲤鱼或鲫鱼外形和内部构造的观察，了解硬骨鱼类的主要特征及适应于水生生活的形态结构特征。

【实训材料】

活鲤鱼（或鲫鱼）。

【方法步骤】

1. 鱼的外形：将鲤鱼（或鲫鱼）放在解剖盘中，观察其体形及各部分区，并观察口、眼、鼻、须、鳞、鳍等器官特征。

2. 骨骼系统：观察头骨、脊柱、肢带与鳍骨的特征。

3. 消化系统：观察口腔、咽、食道、肠、肝脏、胆囊等器官特征。

4. 呼吸系统：观察鳃及鳔等器官特征。

5. 循环系统：主要观察心脏的特征。

6. 尿殖系统：观察肾脏、精囊（卵巢）的形态特征。

7. 神经系统：主要观察脑的结构特征。

【技能考核】

能正确解剖并识别鱼的主要内脏器官。

包玉清（黑龙江民族职业学院）

参考文献

[1] 南开大学实训动物编写组．实训动物解剖学．北京：高等教育出版社，1983

[2] 内蒙古农牧学院，安徽农学院．家畜解剖学．上海：上海科学技术出版社，1985

[3] 内蒙古农牧学院，安徽农学院．家畜解剖学及组织胚胎学．北京：农业出版社，1985

[4] 汪堃仁等．细胞生物学．北京：北京师范大学出版社，1990

[5] 王太一等．实训动物解剖图谱．辽宁：辽宁科学技术出版社，2000

[6] 马仲华．家畜解剖学及组织胚胎学（第三版）．北京：中国农业出版社，2002

[7] 陈耀星．动物局部解剖学．北京：中国农业大学出版社，2002

[8] 安铁洙等．犬解剖学．吉林：吉林科学技术出版社，2003

[9] 陈小麟．动物生物学（第3版）．北京：高等教育出版社出版，2005

[10] 林德贵等（译）．犬猫解剖彩色图谱．辽宁：辽宁科学技术出版社，2006

[11] 董军等（译）．犬猫临床解剖彩色图谱（第2版）．北京：中国农业大学出版社，2007